INTRODUÇÃO À ENGENHARIA DE PRODUÇÃO

Mário Otávio Batalha
(organizador)

INTRODUÇÃO À ENGENHARIA DE PRODUÇÃO

17ª tiragem

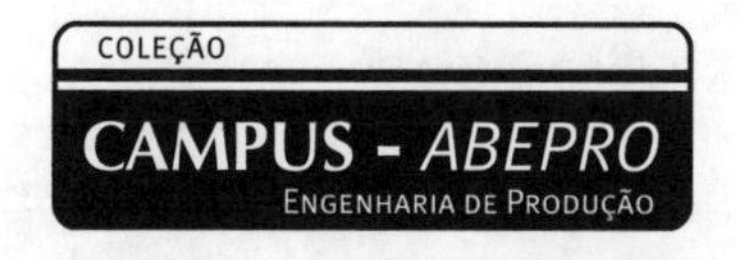

Copidesque: Ivone Teixeira
Editoração Eletrônica: Estúdio Castellani
Revisão Gráfica: Marco Antônio Corrêa

Projeto Gráfico
Elsevier Editora Ltda.
Conhecimento sem Fronteiras
Rua Sete de Setembro, 111 – 16º andar
20050-006 – Centro – Rio de Janeiro – RJ – Brasil

Rua Quintana, 753 – 8º andar
04569-011 – Brooklin – São Paulo – SP – Brasil

Serviço de Atendimento ao Cliente
0800-0265340
sac@elsevier.com.br

ISBN 978-85-352-2330-9

Nota: Muito zelo e técnica foram empregados na edição desta obra. No entanto, podem ocorrer erros de digitação, impressão ou dúvida conceitual. Em qualquer das hipóteses, solicitamos a comunicação ao nosso Serviço de Atendimento ao Cliente, para que possamos esclarecer ou encaminhar a questão.

Nem a editora nem o autor assumem qualquer responsabilidade por eventuais danos ou perdas a pessoas ou bens, originados do uso desta publicação.

CIP-Brasil. Catalogação na fonte.
Sindicato Nacional dos Editores de Livros, RJ

I48 Introdução à engenharia de produção / organizador Mário Otávio Batalha. – Rio de Janeiro: Elsevier, 2008.

ISBN 978-85-352-2330-9

1. Engenharia de produção. I. Batalha, Mário Otávio, 1963-

07-3109 CDD: 658.5
CDU: 658.5

Sobre os autores

Adiel Teixeira de Almeida, Ph.D. em Engenharia de Produção pela University of Birmingham (Inglaterra), mestrado e graduação na área de Engenharia, no Brasil. Professor titular da Universidade Federal de Pernambuco (UFPE) em Sistema de Informação e Decisão, envolvendo as áreas de Gestão da Produção e Pesquisa Operacional. Coordenou a implantação dos cursos de graduação, mestrado acadêmico, mestrado profissional e doutorado em Engenharia de Produção da UFPE. Atua como pesquisador do CNPq e coordenador do Grupo de Pesquisa em Sistemas de Informação e Decisão (www.ufpe.br/gpsid).

Afonso Fleury, graduação em Engenharia Naval (1970), mestrado em Industrial Engineering pela Stanford University (1975), doutoramento pela Epusp (1978), livre-docente (1983), professor titular do Departamento de Engenharia de Produção da Universidade de São Paulo. Foi chefe do departamento (1991–1993; 1995–1997; 2003–2007). Desenvolve pesquisas com instituições brasileiras, inglesas, francesas e americanas. É "Associate Editor" do *Journal of Manufacturing Technology Management*.

Alessandra Rachid, Engenheira de Produção Mecânica pela Escola de Engenharia de São Carlos, Universidade de São Paulo. Mestre em Política Científica e Tecnológica e doutora em Engenharia Mecânica pela Universidade Estadual de Campinas. Professora e pesquisadora do Departamento de Engenharia de Produção da Universidade Federal de São Carlos e do Programa de Pós-Graduação em Engenharia de Produção da mesma universidade. Bolsista do CNPq. Editora da revista *Gestão & Produção*.

Alexandre de Avila Leripio, engenheiro agrônomo e mestre em Agronomia pela Universidade Federal de Pelotas (UFPel). Doutor em Engenharia de Produção pela Universidade Federal de Santa Catarina (PPGEP/UFSC). Professor e pesquisador da Universidade do Vale do Itajaí (Univali), vinculado aos cursos de graduação em Engenharia Ambiental, Engenharia Civil e Administração, além do mestrado em Ciência e Tecnologia Ambiental. Professor colaborador do Programa de Pós-Graduação em Engenharia e Gestão do Conhecimento da Universidade Federal de Santa Catarina (PPGEGC/UFSC). Diretor da LCG Consultoria e Treinamento em Gestão Ltda.

Ana Elisa Tozetto Piekarski, bacharel em Informática pela Universidade Estadual de Ponta Grossa. Mestre em Ciências da Computação e Matemática Computacional pelo Instituto de Ciências Matemáticas e de Computação da Universidade de São Paulo. Doutora em Engenharia de Produção pela Universidade Federal de São Carlos. Professora do Departamento de Ciência da Computação da Universidade Estadual do Centro-Oeste, em Guarapuava, PR.

Ana Lúcia Vitale Torkomian, possui graduação em Engenharia de Produção pela Universidade Federal de São Carlos e mestrado e doutorado em Administração, área de Gestão de Ciência e Tecnologia, pela Faculdade de Economia, Administração e Contabilidade da Universidade de São Paulo (FEA/USP). É professora do Departamento de Engenharia de Produção da Universidade Federal de São Carlos (DEP/UFSCar) e do Programa de Pós-Graduação em Engenharia de Produção da mesma universidade, sendo ainda membro do GeTec, grupo de pesquisa na área de Gestão de Tecnologia, vinculado ao seu departamento.

Ana Paula Cabral Seixas Costa, DSc em Engenharia de Produção pela Universidade Federal de Pernambuco. Coordenadora do Programa de Pós-Graduação em Engenharia de Produção da UFPE. Pesquisadora do CNPq. Atua nas áreas de Sistemas de Informação e Pesquisa Operacional.

Antonio Cezar Bornia, engenheiro mecânico pela Universidade Federal do Paraná. Mestre e doutor em Engenharia de Produção pela Universidade Federal de Santa Catarina. Professor do Departamento de Engenharia de Produção da Universidade Federal de Santa Catarina.

Antonio Freitas Rentes, engenheiro de produção pela Escola de Engenharia de São Carlos – USP, mestre em Engenharia Elétrica pela UNICAMP (1989) , doutor em Engenharia Mecânica pela Universidade de São Paulo (1995), pós-doutor pela Virginia Tech (2000) e livre-docente em Engenharia de Produção pela Universidade de São Paulo (2000). Atualmente é professor na Escola de Engenharia de São Carlos – USP.

Cid Alledi é Administrador de Empresas pela UFRJ, Mestre em Sistemas de Gestão pela UFF, Doutorando em Engenharia Civil pela UFF, Consultor em Responsabilidade Social e Ética Empresarial. Participa como membro do Comitê Brasileiro/ABNT para elaboração da ISO26000. Atuou, na ABNT, para elaboração da norma NBR 16000. É membro efetivo do Comitê de Responsabilidade Social do IBP Instituto Brasileiro do Petróleo. Atua como instrutor do Uniethos, Instituto Ethos.

Fernando César Almada Santos, engenheiro de Produção Mecânica pela Escola de Engenharia de São Carlos da Universidade de São Paulo (EESC–USP). Mestre em Administração pela Pontifícia Universidade Católica de São Paulo (PUC–USP). Doutor em Administração de Empresas pela Escola de Administração de Empresas de São Paulo da Fundação Getulio Vargas (EAESP-FGV). Professor doutor e pesquisador do Departamento de Engenharia de Produção da EESC-USP. Coordenador do curso de graduação em Engenharia de Produção Mecânica da EESC-USP de agosto de 2000 a agosto de 2006. Autor de artigos publicados em revistas especializadas como *Produção, Gestão & Produção, International Journal of Operations and Production Management, European Journal of Innovation Management, Journal of Cleaner Production* e *Business Process Management Journal.*

Francisco Soares Másculo, engenheiro de Produção pela Escola de Engenharia da Universidade Federal do Rio de Janeiro, mestre em Engenharia de Produção pela Coordenadoria de Programas de Pós-Graduação em Engenharia, COPPE-UFRJ, na área de Gerência de Operações e Projeto do Produto. Ph.D. pela Universidade de Nova York em Saúde Ocupacional, Segurança e Ergonomia. Professor e pesquisador do Departamento de Engenharia de Produção da Universidade Federal da Paraíba e do Programa de Pós-Graduação em Engenharia de Produção da mesma universidade. Membro do comitê centífico da Associação Brasileira de Ergonomia.

Lucila Maria de Souza Campos, engenheira de Produção de Materiais pela Universidade Federal de São Carlos, mestre e doutora em Engenharia de Produção e Sistemas pela Universidade Federal de Santa Catarina. Professora e pesquisadora do Programa de Pós-Graduação em Administração e Turismo da Universidade do Vale do Itajaí. Auditora ambiental líder pela Environmental Resources Management/Certification and Verification Systems desde 1999.

Marcelo Jasmim Meiriño, arquiteto e urbanista pela Universidade Federal do Rio de Janeiro, mestre em Engenharia Civil – Sistemas de Gestão, Produção e Qualidade pela Universidade Federal Fluminense. Especialista em Eficiência Energética em Edificações, consultor e pesquisador do Latec – Laboratório de Tecnologia, Gestão de Negócios e Meio Ambiente da Universidade Federal Fluminense.

Mário Otávio Batalha, engenheiro químico e mestre em Engenharia de Produção pela Universidade Federal de Santa Catarina. Doutor em Engenharia de Sistemas Industriais pelo Institut National Polytechnique de Lorraine (França). Professor do Departamento de Engenharia de Produção da Universidade Federal de São Carlos e coordenador do Programa de Pós-Graduação em Engenharia de Produção da mesma universidade. É pesquisador do CNPq e coordena o Grupo de Estudos e Pesquisas Agroindustriais (GEPAI) da UFSCar. É coordenador do Núcleo Editorial da ABEPRO e editor da Coleção de Livros Didáticos ABEPRO-Campus.

Marly Monteiro de Carvalho, professora livre-docente do Departamento de Engenharia de Produção da Escola Politécnica da Universidade de São Paulo, atuando na graduação e pós-graduação. Formada em Engenharia de Produção pela Escola de Engenharia de São Carlos da USP, com mestrado e doutorado em Engenharia de Produção pela Universidade Federal de Santa Catarina. Pós-doutora em Engenharia de Gestão pelo Politécnico de Milão. Editora da revista *Produção.*

Osvaldo Luiz Gonçalves Quelhas é engenheiro civil de formação, atualmente é professor Associado da UFF Universidade Federal Fluminense, coordena o LATEC Laboratório de Tecnologia, Gestão de negócios e Meio Ambiente, é presidente da ABEPRO Associação Brasileira de Engenharia de Produção(Gestão 2006/2007), Membro Efetivo da Comissão de Responsabilidadde Social do IBP Instituto Brasileiro de Petróleo e Assessor do Bureau Veritas Quality International. Através de Convênio entre a UFF e o Centro Universitário Senac SP, participa como docente do Programa de Mestrado Profissional em GEstão Integrada de Meio Ambiente e Saúde. Coordena o Mestrado em Sistemas de Gestão, particularmente participando da Linha de Pesquisa em Responsabilidade Social e Sustentabilidade. Pós-doutor pela Universidade do Minho (Portugal), doutor em Engenharia de Produção pela UFRJ Universidade Federal do Rio de Janeiro e Mestre em Engenharia Civil pela UFF. Atuou como Engenheiro e Gestor de Processos em várias organizações nacionais e internacionais.

Paulo Mauricio Selig, engenheiro mecânico pela Unversidade Federal do Rio Grande do Sul, mestre e doutor em Engenharia de Produção pela Universidade Federal de Santa Catarina (PPGEP/UFSC). Professor e pesquisador do Departamento de Engenharia de Produção da Universidade Federal de Santa Catarina e do Programa de Pós-Graduação em Engenharia e Gestão do Conhecimento da Universidade Federal de Santa Catarina. Atualmente é o primeiro vice-presidente da Associação Brasileira de Engenharia de Produção (ABEPRO).

Reinaldo Morabito, engenheiro civil pela Universidade Estadual de Campinas (Unicamp), mestre em Ciências da Computação, doutor em Engenharia de Transportes e livre-docente em Engenharia Mecânica pela Universidade de São Paulo (USP). Fez pós-doutorado em Pesquisa Operacional no Massachusetts Institute of Technology (MIT) em Cambridge, Estados Unidos. Professor e pesquisador do Departamento de Engenharia de Produção (DEP) da Universidade Federal de São Carlos (UFSCar) e do Programa de Pós-Graduação em Engenharia de Produção da mesma universidade. Seus principais interesses de pesquisa situam-se na área de Pesquisa Operacional Aplicada a Sistemas de Produção e Logística.

Ricardo Manfredi Naveiro, engenheiro mecânico pelo Centro Técnico Científico da Pontifícia Universidade Católica/RJ, mestre em Engenharia de Produção pelo Instituto Alberto Luiz Coimbra (COPPE) da Universidade Federal do Rio de Janeiro (UFRJ). Doutor em Engenharia do Produto pela FAU/USP. Professor do curso de Engenharia Mecânica e do curso de Engenharia de Produção da Escola Politécnica da UFRJ e do programa de pós-graduação em Engenharia de Produção do Instituto Alberto Luiz Coimbra (COPPE) da UFRJ.

Prefácio

Este é o terceiro livro publicado no âmbito da "Coleção Livros Didáticos ABEPRO-CAMPUS de Engenharia de Produção". Os outros dois livros já lançados, Gestão da Qualidade e Pesquisa Operacional, vêm atingindo plenamente os objetivos traçados pela ABEPRO para esta Coleção. Entre estes objetivos está a elaboração de livros que sirvam como textos de referência em Engenharia de Produção e que contenham o conteúdo essencial a ser transmitido ao leitor no assunto abordado pela obra. Este é um dos objetivos centrais deste livro de Introdução à Engenharia de Produção.

O conhecimento abordado neste livro possui um aspecto motivador importante para os estudantes e outros interessados na área de Engenharia de Produção. A apresentação de alternativas concretas de atuação profissional faz com que eles consigam vislumbrar mais facilmente quais opções de carreira um engenheiro de produção dispõe. Assim, este livro permite que os interessados tenham seu primeiro contato e adquiram suas primeiras impressões sobre a Engenharia de Produção.

A disciplina Introdução à Engenharia de Produção é obrigatória em praticamente todos os cursos de Engenharia de Produção do país. Normalmente, ela tem como objetivo apresentar aos estudantes ingressantes neste curso em que consiste a Engenharia de Produção, bem como as principais áreas de atuação desse engenheiro.

Em grande parte dos casos, a ementa dessa disciplina está dividida em duas partes principais. A primeira delas define e apresenta o escopo de atuação da Engenharia de Produção, discutindo sua evolução ao longo do tempo. Uma segunda parte do curso é comumente voltada para a apresentação das principais áreas de conhecimento da Engenharia de Produção e, portanto, das possibilidades de inserção profissional desse engenheiro. Neste contexto, são apresentadas as áreas de Qualidade, Gestão de Operações, Ergonomia, Gestão Econômica etc.

Atualmente, a organização de uma disciplina deste tipo exige do professor um esforço considerável de trabalho e experiência em áreas de conhecimento extremamente diversificadas. A exposição de cada um dos temas da ementa, já mencionados, demanda do professor um grande trabalho de coleta e seleção da bibliografia adequada. Além disso, não é trivial encontrar textos que resumam, em uma linguagem acessível aos leigos na matéria, os principais conceitos e aplicações das várias áreas de Engenharia de Produção. Dessa forma, a reunião em uma só obra desse conhecimento pode ser extremamente útil para os docentes que ministram a disciplina. Cada um dos capítulos pode ser facilmente transformado em uma aula introdutória de cada uma das áreas da Engenharia de Produção. Além disso, este livro serve para uniformizar o entendimento sobre o conteúdo e as aplicações de cada uma das áreas, além do próprio conceito de Engenharia de Produção. É importante dizer que não existe na literatura nacional nenhum outro livro com este conteúdo.

O livro é também uma importante obra de referência para os profissionais que já estão inseridos no mercado de trabalho. Os seus vários capítulos expõem o conhecimento essencial em cada uma das áreas abordadas. Para as empresas, trata-se de conhecer em qual área estão os conhecimentos desejados para solucionar um determinado problema organizacional. Essa identificação é importante para o planejamento de programas de treinamento e formação, bem como para a definição de políticas de contratação de pessoal.

O livro está organizado em 13 capítulos. Os dois primeiros capítulos definem o que é a Engenharia de Produção e como ela tem evoluído no Brasil e no mundo. Os capítulos subsequentes estão divididos por áreas de conhecimento. Onze áreas tradicionais de conhecimento da Engenharia de Produção são apresentadas. Essas áreas são:

- Gestão de Operações
- Qualidade
- Gestão Econômica
- Ergonomia e Segurança do Trabalho
- Engenharia do Produto
- Pesquisa Operacional
- Estratégia e Organizações
- Gestão da Tecnologia
- Sistemas de Informação e Conhecimento
- Gestão Ambiental
- Ética e Responsabilidade Social em Engenharia de Produção.

De maneira geral, os capítulos apresentam as origens e um histórico da área, seus principais conceitos e metodologias, bem como exemplos de aplicação dessas metodologias. Os exemplos, normalmente oriundos de casos brasileiros, são ferramentas poderosas para que o leitor identifique rapidamente o potencial de aplicação dos conhecimentos apresentados para a resolução de problemas gerenciais das organizações. A bibliografia apresentada ao final de cada capítulo permite que o leitor aprofunde seus conhecimentos no assunto do seu interesse.

A equipe de autores responsável pela elaboração dos capítulos é oriunda de algumas das mais renomadas universidades do país. Os cursos de origem desses pesquisadores estão entre os que possuem longa tradição em ensino e pesquisa em Engenharia de Produção no Brasil. Os autores possuem uma longa experiência acadêmica, ligada ao ensino, pesquisa e extensão, em suas respectivas áreas de atuação. Acreditamos que o livro conseguiu captar toda essa experiência e competência. Os capítulos são apresentados de forma didática, em linguagem acessível aos neófitos em Engenharia de Produção, e ilustrados com exemplos práticos.

Eu não poderia terminar esta apresentação sem, em meu nome e em nome da ABEPRO, fazer um sincero agradecimento à equipe pela confiança no nosso trabalho. Todos souberam, em meio à agenda atribulada que possuem, encontrar tempo para contribuírem com esta obra.

Aos leitores desta obra deixo a oportunidade de descobrirem o fascinante mundo da Engenharia de Produção. Tão diversificada quanto interessante, a Engenharia de Produção possui múltiplas aplicações para o aumento da competitividade das organizações. O leitor certamente saberá rapidamente identificar essas aplicações e trazê-las para a sua realidade. É essa riqueza de conhecimentos e multiplicidade de aplicações que faz com que a Engenharia de Produção esteja entre aquelas que mais crescem em número de cursos de graduação e pós-graduação no Brasil.

Boa leitura e bem-vindos à Engenharia de Produção!

Mário Otávio Batalha

Sumário

CAPÍTULO 1

O QUE É ENGENHARIA DE PRODUÇÃO?

Afonso Fleury
Departamento de Engenharia de Produção
Universidade de São Paulo

Eu sou um gerente de produção. Este foi o título de uma reportagem publicada no final da década de 1990, numa revista de ampla circulação. Surpreendentemente, tratava-se de uma entrevista com um famoso técnico de futebol (vamos designá-lo TF), naquele tempo atuando num clube de São Paulo. Figura sobejamente conhecida, TF depois passou por outros times brasileiros, pela Seleção Brasileira e por clubes estrangeiros.

É óbvio que um técnico de futebol que se autointitula gerente de produção não deve ser identificado com um engenheiro de produção, no sentido convencional do termo, por mais bem-sucedido que ele possa ser. Porém, como sabemos que todo brasileiro ou brasileira é um(a) apaixonado(a) e potencial técnico(a) de futebol, a metáfora pode auxiliar aqueles que fazem sua primeira incursão no campo da Engenharia de Produção a compreender o que ela é e o que se espera de um(a) engenheiro(a) de produção.

Este capítulo tem como objetivo apresentar o que é a Engenharia de Produção, utilizando exemplos da prática das empresas e mantendo a referência ao clube de futebol sempre que conveniente.

DEFINIÇÃO DE ENGENHARIA DE PRODUÇÃO

A definição mais utilizada de Engenharia de Produção é a seguinte:

> "A Engenharia de Produção trata do projeto, aperfeiçoamento e implantação de sistemas integrados de pessoas, materiais, informações, equipamentos e energia, para a produção de bens e serviços, de maneira econômica, respeitando os preceitos éticos e culturais. Tem como base os conhecimentos específicos e as habilidades associadas às ciências físicas, matemáticas e sociais, assim como aos princípios e métodos de análise da engenharia de

projeto para especificar, predizer e avaliar os resultados obtidos por tais sistemas" (definição da American Industrial Engineering Association modificada pelo autor).

Trata-se de uma definição objetiva mas densa, não muito fácil de ser decodificada pelas pessoas menos afeitas ao tema. Vamos tratá-la nos seus diferentes elementos.

Comecemos com o trecho "pessoas, materiais, informações, equipamentos e energia". Estes constituem os recursos utilizados nos sistemas de produção. Cada sistema de produção tem uma determinada configuração de recursos.

Por exemplo, no clube onde o nosso TF trabalha, ele conta com os diferentes tipos de recursos:

- Pessoas: são os jogadores, os auxiliares de treinador, o médico e outros indivíduos contratados pelo clube e que atuam na produção do serviço.
- Materiais: envolvem desde a infraestrutura (o estádio, o gramado, os alojamentos para a concentração etc.) até o material de consumo diário, como as garrafas de água ou as bolas para o treinamento.
- Informações envolvem um enorme número de fontes e de usos: desde a informação sobre o mercado de jogadores (o mercado de trabalho), sobre os campeonatos e os outros times (os concorrentes), sobre a federação e a FIFA (o ambiente institucional), entre outros; envolvem também a comunicação interna ao clube e até entre os jogadores (quem não viu ainda a forma como os jogadores de voleibol transmitem como a jogada será estruturada?).
- Equipamentos: talvez sejam os recursos de menor importância em um clube de futebol, mas poderíamos incluir neste item os equipamentos utilizados na concentração e no departamento médico até o *laptop* que os técnicos hoje costumam utilizar (TF já usava em 1997).
- Energia: inclui tudo aquilo que serve para movimentar os recursos e as pessoas; no caso de um time de futebol, talvez o entendimento mais apropriado seja "energia dos jogadores". Os recursos financeiros energizam o sistema.

As questões financeiras são sempre importantes, pois raramente há situações nas quais os recursos são ilimitados. Assim, um treinador de futebol num bom clube talvez conte com recursos financeiros sob sua própria responsabilidade. Mas, em geral, o desafio é saber trabalhar com as restrições financeiras.

Outros tipos de sistema de produção têm outras configurações de recursos. Uma empresa industrial ou de serviços tem pessoas (funcionários, gestores), tem equipamentos (de produção, de computação etc.), tem materiais (para transformação, para embalagem, por exemplo), tem informações (de mercado de trabalho, de mercado financeiro, sobre novas tecnologias de produto e de produção etc.), tem energia (vapor, elétrica etc.). A função do engenheiro de produção é organizá-los para que a função produção ocorra de acordo com o previsto na definição antes mencionada: produzindo bens e/ou serviços de maneira econômica, respeitando os preceitos éticos e culturais.

Neste ponto, aparece uma diferenciação importante entre o engenheiro de produção e os outros engenheiros. As demais especializações da Engenharia, em geral,

focalizam fortemente apenas um dos elementos constituintes dos sistemas de produção. Assim, existe a Engenharia de Materiais, a Engenharia Mecânica (equipamentos), a Engenharia de Energia e Automação, a Engenharia de Computação etc. Diferentemente dessas especializações, o engenheiro de produção tem de entender como estruturar um sistema de produção que utiliza conjuntamente materiais, equipamentos, informações, energia e pessoas. Assim, o engenheiro de produção tem de conhecer o que é essencial em cada uma dessas áreas da Engenharia, mas saber analisar as relações e interdependências entre esses diferentes elementos constituintes.

As escolas de Engenharia que oferecem cursos de Engenharia de Produção em geral definem "ênfases" para seus programas: Engenharia de Produção Mecânica, Engenharia de Produção Agroindustrial, Engenharia de Produção Civil, entre outras (estão começando a surgir os cursos de Engenharia de Produção na área de mídia e entretenimento). O objetivo dessa escolha é fornecer uma base de conhecimentos tecnológicos que permita a atuação profissional competente em diferentes setores de atividade. Assim, o engenheiro de produção possui competências na área tecnológica que são articuladas com competências na área de administração e gestão. Por sua vez, as escolas de Administração focam exclusivamente na última área, não preparando os alunos para tratar de questões tecnológicas específicas.

Uma decisão típica no âmbito da Engenharia de Produção é onde localizar uma fábrica. No sul do Brasil? No Nordeste? Por que não em Minas Gerais? Ou talvez na China? Para encaminhar uma decisão como essa, o engenheiro de produção tem de levar em consideração a disponibilidade e os tipos de materiais necessários ao empreendimento, as fontes de energia e a infraestrutura, os tipos de equipamentos disponíveis ou possíveis de serem adquiridos e as características dos trabalhadores locais, entre outros fatores.

Entendendo a natureza e as características dos elementos constituintes, o engenheiro de produção projeta, implanta e aperfeiçoa sistemas integrados de pessoas, materiais, informações, equipamentos e energia, para a produção de bens e serviços, de maneira econômica, respeitando os preceitos éticos e culturais.

Por que de modo econômico? Neste ponto precisamos entender o conceito de "econômico" de maneira ampla. Não se trata de "produzir ao mínimo custo, custe o que custar". Essa é uma tática tacanha e de curto prazo, que pode ser executada por pessoas desprovidas dos conhecimentos da Engenharia de Produção (e na vasta maioria dos casos não dá certo!). Para os engenheiros de produção, o custo é uma variável que depende de produzir com o mínimo refugo, o mínimo retrabalho, os menores impactos ambientais e sem que haja consequências adversas para a saúde dos trabalhadores. Idealmente, o grande desafio é produzir sem refugo, sem retrabalho, melhorando as condições ambientais e assumindo as responsabilidades sociais, promovendo o desenvolvimento dos trabalhadores, física e mentalmente. É esta a abordagem que vai otimizar o custo a curto prazo e levar ao crescimento sustentado da empresa ou da organização.

Voltando ao exemplo do técnico de futebol TF, ele iniciava a entrevista demonstrando claro entendimento de sua inserção profissional: ele era um profissional, técnico de futebol, contratado por um clube, o qual tinha objetivos econômicos a serem atingidos. É interessante lembrar que a época era o final dos anos 1990 e o desafio da sustentação financeira já estava colocado para todos os clubes. O clube que o contratara tinha acabado de assinar contrato de patrocínio com uma empresa europeia, entrando no mercado brasileiro, que tinha sua estratégia de marketing dependendo do sucesso do time. Naquela época, já havia times estrangeiros ainda mais adiantados na questão financeira: por exemplo, o Manchester United já tinha inovado lançando ações na Bolsa de Londres.

Na entrevista, TF declarava que o que se esperava dele não era apenas ganhar jogos e títulos: era criar valor para o clube. Para criar valor para o clube, gerenciando um "sistema de produção futebolístico", o mais importante era aumentar o valor do passe dos jogadores: o clube contrata jogadores por um dado valor e os revende por valores mais altos. A diferença entre o valor pago pelo jogador e aquele que o clube pode receber pela sua venda vai depender do desempenho do time e do desempenho do jogador, é claro. As formas de valorizar o jogador eram ganhando jogos e títulos e sendo convocado para a seleção.

Mas, para isso, seu grande desafio era desenvolver os jogadores, tornando-os cada vez mais competentes na arte do futebol. Ele afirmava que sua atividade mais importante era selecionar corretamente os jogadores, depois entender profundamente cada um deles, tanto do ponto de vista técnico e profissional quanto do ponto de vista comportamental. Eram esses conhecimentos que possibilitavam a estruturação de uma equipe equilibrada e harmoniosa, que pudesse realmente vencer.

Independentemente do tipo de organização com que o engenheiro de produção decidir trabalhar, saber entender e lidar com as pessoas é fundamental. Não se trata apenas de criar um clima positivo e estabelecer boas relações interpessoais. É saber organizar as pessoas para que elas contribuam para a consecução dos objetivos econômicos da organização, ao mesmo tempo em que se desenvolvem enquanto pessoas, cidadãos. Ser um bom técnico de um time de futebol exige muito mais competências do que ser um exímio jogador de futebol de botão.

UM POUCO DA HISTÓRIA DA ENGENHARIA DE PRODUÇÃO

A Engenharia de Produção começou, há mais de um século, com uma concepção de racionalidade econômica aplicada aos sistemas de produção. Coube a duas figuras paradigmáticas do final do século XIX e início do século XX o início da transformação dos conhecimentos empíricos sobre a produção em conhecimentos formalmente estabelecidos. Trata-se de Frederick Winslow Taylor e Henry Ford.

Taylor é reconhecidamente o precursor da Engenharia de Produção, tendo publicado, em 1911, o livro *Princípios da administração científica*. Taylor não era acadêmico, ele era o que convencionamos chamar de praticante (creio que o nosso TF também não frequentou nenhuma universidade de futebol). Taylor desenvolveu sua carreira numa empresa siderúrgica americana chamada Bethlem Steel. É sempre bom lembrar que, na época de Taylor, a indústria siderúrgica era a indústria de ponta. Seria como se Taylor trabalhasse numa Microsoft, Google ou Toyota dos dias de hoje.

Na Bethlem Steel, Taylor começou como torneiro-mecânico, ou seja, como participante do processo de produção. Apesar de não ser engenheiro nessa época, tinha uma "cabeça de engenheiro" e uma enorme preocupação com a eficiência. O que mais incomodava Taylor eram os desperdícios que ele dizia presenciar: desperdício de tempo, de recursos e, principalmente, do tempo e dos esforços das pessoas.

Para mudar esse cenário, Taylor precisou apenas de um método e um equipamento, o cronômetro. O método que Taylor utilizava, e que propalava ser científico, consistia em identificar uma atividade de produção, seu início, seu final e as atividades constituintes. Em seguida, dissecava as atividades em atividades elementares, e media o tempo necessário para cada atividade elementar. Depois remontava a atividade do início ao final, de forma que o tempo total para a sua execução fosse minimizado.

Essa ideia de gênio para a época (hoje nos parece elementar), simples como pode parecer, teve uma enorme repercussão no plano empresarial, mudando a lógica da organização da indústria e estabelecendo as bases para a construção de uma área do conhecimento chamada Engenharia Industrial (*Industrial Engineering* para os americanos) ou Engenharia de Produção (*Production Engineering* para os ingleses).

A proposta de Taylor foi colocada em prática, em todas as suas dimensões e nuanças, por Henry Ford, ao construir e organizar a planta de River Rouge, Detroit, na qual por mais de 15 anos produziu o Ford Modelo T. Ele não foi o primeiro a produzir automóveis. Naquela época já havia muitos fabricantes de automóveis. Mas Ford foi o primeiro a produzir automóveis em grande volume e baixo preço, colocando no mercado um produto de acordo com as expectativas e os recursos dos consumidores.

Um dos conceitos de base utilizados por Ford foi o da intercambialidade. Pela primeira vez os automóveis eram produzidos com partes padronizadas e intercambiáveis. Para isso, ele se baseou em conceitos de engenharia que haviam sido desenvolvidos pelo exército americano na produção de armas, por volta de 1820. Esse conceito também foi adotado na empresa de máquinas de costura Singer, que foi a primeira empresa no mundo a ter componentes intercambiáveis. Um outro conceito de base utilizado por Ford foi o da linha de montagem, celebrizado na paródia *Tempos modernos*, de Charles Chaplin. Para desenvolver a linha de montagem, Ford se inspirou numa visita que fez aos abatedouros. Depois de abatidos, os bois eram pendurados em ganchos que circulavam por um determinado recinto onde havia diferentes estações de trabalho. Em cada parada, a mesma parte do boi era cortada, ou seja, tratava-se de linhas de "desmontagem" de bois. Henry Ford inverteu o processo. Ele desenvolveu o conceito de linhas de montagem e criou as bases para a criação da indústria automobilística no sentido moderno do termo.

Mas o conceito "de modo econômico" mudou com o tempo. Se, antigamente. quem estabelecia o que tinha de ser entendido como "de modo econômico" eram os donos de empresa e os gerentes de produção, hoje temos uma concepção muito mais ampla, que incorpora outros tipos de *stakeholders* (pessoas e instituições que influenciam na definição dos objetivos e planos da organização).

Assim, para desenvolver corretamente sua atividade como engenheiro de produção, a pessoa precisa entender quem influencia na forma como os sistemas de produção têm de ser projetados, implantados e aperfeiçoados.

A EMPRESA E SEU AMBIENTE

Uma pequena empresa familiar tem uma estrutura de comando clara e visível (se bem que as relações internas possam ser complexas). Por outro lado, uma grande empresa multinacional com ações cotadas em bolsas, lidando com diferentes tipos de representantes dos acionistas (representados nos conselhos de administração), dos trabalhadores (os sindicatos), dos consumidores (eventualmente representados pelos serviços de proteção ao consumidor), das comunidades (as associações comunitárias e as ONGs), das instituições nacionais e internacionais que definem padrões e normas para produtos e processos (no Brasil, o Inmetro; no exterior, a ISO, entre outros) têm suas decisões influenciadas por uma ampla gama de interesses externos. O Estado (Executivo, Legislativo e Judiciário) nos seus diferentes níveis (federal, estadual e municipal) influencia as decisões nas empresas em função das políticas que aplica e da regulação da atividade produtiva. Não obstante, a não ser que o governo tenha participação na estrutura decisória da empresa, ele é considerado parte do ambiente onde a empresa opera.

A forma como esses *stakeholders* influenciam o processo de tomada de decisões na empresa deve ser entendida e incorporada pelo engenheiro de produção. Ela vai influenciar a forma como os recursos vão ser organizados e o desempenho da empresa vai ser avaliado.

No caso do nosso TF, ele também tinha de considerar uma série de fatores ambientais, de *stakeholders*. A começar pela diretoria do clube, que em geral influencia no seu trabalho, passando pelo patrocinador e chegando às torcidas uniformizadas, sem falar da chamada mídia especializada. Ou seja, tanto a empresa quanto o time de futebol devem ser vistos como “sistemas abertos” em oposição a “sistemas fechados”. Os sistemas abertos realmente são mais complexos para gerenciar, mas é essa troca de informações, de materiais, de energia que permite que o sistema se regenere e evolua. Assim, o engenheiro de produção tem de desenvolver um modelo mental que trabalhe não só as questões diretamente ligadas ao processo de produção propriamente dito, mas também as variáveis ambientais que possam vir a afetar o desempenho desse sistema.

A EMPRESA ONDE A PRODUÇÃO OCORRE

A sabedoria popular identifica num clube de futebol, como aquele no qual TF trabalha, a diretoria e o departamento médico essencialmente. Já numa empresa de produção de bens e serviços, independentemente de seu tamanho, várias funções têm de ser executadas, sendo em geral estruturadas em departamentos. Três funções são consideradas funções-fim: produção; marketing; pesquisa e desenvolvimento. Elas estão diretamente relacionadas ao ciclo de produção dos bens ou serviços. O marketing faz a relação com os clientes: inicia o ciclo procurando entender quais são as necessidades dos consumidores e, depois, fecha o ciclo divulgando e comercializando os produtos da empresa. Depois que o marketing identifica as demandas dos consumidores, a pesquisa e desenvolvimento deve projetar o produto e o processo. Finalmente, a produção tem de organizar os recursos e coordená-los para entregar o produto nas condições demandadas pelo mercado de forma que a empresa possa atingir seus objetivos.

Há muito tempo, essas três funções (marketing; pesquisa e desenvolvimento; produção) trabalhavam de maneira relativamente independente. Cada uma fazia sua parte e transmitia os resultados para as seguintes. Atualmente, dadas as pressões colocadas para as empresas, essas três funções trabalham de modo compartilhado, buscando otimizar os indicadores de desempenho da empresa. Consequentemente, o engenheiro de produção tem de saber se relacionar/trabalhar em equipes multidisciplinares que envolvem pessoas do marketing e de projeto de produto e de processo, entre outras (por exemplo, do departamento financeiro e do departamento jurídico).

A Embraer fornece um exemplo interessante para o exposto acima. Para o desenvolvimento dos novos aviões da família EMB 170-190, que é composta por aeronaves com 70 a 110 lugares, a empresa pesquisou cuidadosamente o mercado, os concorrentes e os seus clientes potenciais. Depois, elaborou um conceito de produto, já em parceria com seus (futuros) fornecedores. Esse conceito de produto gerou um protótipo (um avião feito de maneira artesanal) que foi apresentado aos clientes. Só depois de receber as primeiras encomendas (de um produto que ainda estava apenas esboçado) é que a Embraer passou a fazer a especificação detalhada do projeto e a montar a fábrica para produzir em série. Um dos trunfos da Embraer para ganhar as encomendas foi prometer um prazo de entrega curto, o que significou que o projeto do produto e o projeto e a instalação da fábrica foram realizados de maneira praticamente simultânea. Para tanto, a empresa utilizou as mais modernas tecnologias e, acima de tudo, inovou criando formas de trabalho de grande eficácia.

Mas, além do marketing – desenvolvimento – produção, as funções-fim, todas as empresas têm funções de apoio. Elas incluem finanças, gestão de pessoas, sistemas de informação e outras. Neste ponto, duas observações se fazem necessárias. Primeiro, há empresas nas quais a função-fim não é uma transformação física, como ocorre na Embraer ou numa empresa automobilística ou farmacêutica, mas é um outro tipo de transformação. Num banco, como o Bradesco ou o Itaú, a transformação é do tipo financeiro, através da prestação de um serviço; ou seja, o sistema de produção trabalha com insumos de diferentes naturezas, mas a lógica da aplicação da Engenharia de Produção é a mesma. Este ponto pode ser estendido para hospitais, supermercados e clubes de futebol. Não deveria surpreender, então, que o nosso TF tenha se declarado um gerente de produção, pois ele gerencia um sistema de produção de serviços (entretenimento).

A segunda observação é que, independentemente do tipo de empresa, abordagens, métodos e técnicas da Engenharia de Produção podem ser aplicados às atividades das funções de apoio. Por exemplo, são muitas as aplicações da Engenharia de Produção na área de gestão de pessoas. É por isso que na definição da Engenharia de Produção lemos o seguinte: "Tem como base os conhecimentos específicos e as habilidades associadas às ciências físicas, matemáticas e sociais." Por que ciências sociais?

A INTERFACE DA ENGENHARIA COM AS CIÊNCIAS SOCIAIS

Na entrevista que concedeu, o nosso TF dizia que seu maior desafio era escolher os jogadores para o time e criar um clima de cooperação entre eles, ao mesmo tempo em que estimulava a competição. Para recrutar, ele analisava cuidadosamente o histórico dos potenciais candidatos e depois mantinha longas conversações antes de tomar a decisão de contratá-los. Aliás, não é só TF quem tem preocupações maiores com essa decisão. Na verdade, as melhores empresas têm como um dos seus maiores desafios a contratação das pessoas certas e a forma de gerenciá-las da maneira correta, explorando ao máximo as potencialidades de cada uma delas.

Voltando, então, ao campo da Engenharia de Produção, entendemos que a Economia não é a única ciência social que está no currículo do engenheiro de produção. A Sociologia e a Psicologia também têm lugares de destaque porque, como prega a nossa definição, pessoas são partes integrantes dos sistemas de produção, os quais são projetados, implantados e aperfeiçoados pelos engenheiros de produção. Evidentemente, o currículo da Engenharia de Produção não comporta uma profunda incursão por esses campos do conhecimento, mas nele devem ser tratados todos os conceitos e abordagens básicas para que o engenheiro de produção possa projetar processos de trabalho adequados às pessoas. Dessa forma, temas como motivação, participação, processos de decisão, clima e cultura organizacional, entre outros, devem ser do conhecimento do engenheiro de produção.

A ênfase na economia de empresas, a consideração de outras ciências sociais, como a Sociologia e a Psicologia, a necessidade de conhecer finanças criam uma aproximação muito forte com os cursos de Administração. Além do componente tecnológico, haveria outras diferenças entre a Engenharia de Produção e a Administração?

Ela está na frase final da definição: "Tem como base (...) os princípios e métodos de análise da engenharia de projeto para especificar, predizer e avaliar os resultados obtidos por tais sistemas." Em outras palavras, o engenheiro de produção possui uma capacitação distintiva naquilo que diz respeito ao desenvolvimento de modelos para a tomada de decisões relativas a sistemas de produção.

A CONSTRUÇÃO DE MODELOS

A última parte da nossa definição diz que o engenheiro de produção trabalha utilizando "os princípios e métodos de análise da engenharia de projeto para especificar, predizer e avaliar os resultados obtidos por tais sistemas". Na prática isso significa que o engenheiro de produção deve ser capaz de criar modelos que subsidiem os processos de tomada de decisão sobre sistemas de produção. Um modelo é uma representação simplificada de uma realidade. Na Engenharia de Produção usamos modelos para resolver os complexos problemas que as empresas encontram.

Voltemos ao caso TF. Como técnico de um time de futebol, as decisões que ele toma não são baseadas apenas em experiência e intuição; ele tem diversos modelos/teorias que abrangem desde a tática do jogo até as relações entre os jogadores (na entrevista ele mencionava ter desenvolvido vários *softwares* para tanto). A necessi-

dade de modelos/teorias para embasar decisões é muito mais importante no caso de um diretor industrial, de um gerente de produção ou de um engenheiro de produção.

Um dos instrumentos de trabalho mais importantes do engenheiro de produção é a modelagem: a construção de modelos que capturam as dimensões mais relevantes de um problema (em geral, complexo demais para ser tratado apenas a partir da experiência e intuição) e geram insumos para tomadas de decisões bem fundamentadas. A capacidade de construir modelos formais, utilizando principalmente a matemática e a estatística, para o enfrentamento dos complexos problemas relacionados a sistemas de produção é que caracteriza o engenheiro de produção.

Aqueles diagramas que os técnicos (de futebol, de voleibol, de basquete etc.) utilizam são modelos. Mas não é possível resolver problemas mais complicados usando modelos visuais, gráficos. Imagine a Fedex fazendo a programação de encomendas usando papel e lápis. Ou uma empresa, identificando o risco de transferir sua fábrica para o Nordeste ou para a Malásia, usando apenas experiência e intuição.

No decorrer deste livro, vários capítulos vão apresentar, de maneira detalhada e cuidadosa, como a Engenharia de Produção cuida da questão da modelagem para tratar das decisões relativas aos sistemas de produção.

OS DESAFIOS DA ENGENHARIA DE PRODUÇÃO

Para o Natal de 2006, a Microsoft estava preparando o lançamento de um novo X-Box. Tal como para o seu antecessor (o modelo anterior de X-Box ja não havia sido muito bem-sucedido), o sucesso ou o fracasso desse novo produto estava condicionado a como o sistema de produção reagiria a uma demanda impossivel de ser prevista. Se o produto "emplacasse", ou seja, se os consumidores reagissem positivamente e o X-Box se tornasse moda, um *hit* de Natal, o sistema de produção, que envolvia uma complexa rede de fornecedores distribuídos por todo o mundo, teria de ser estruturado rapidamente para entregar milhões de unidades. Por outro lado, a Microsoft sabia que, se estruturasse todo o sistema de produção antes das vendas de Natal, estocasse o produto e os consumidores não reagissem positivamente, teria sérios prejuízos operacionais e financeiros.

Na medida em que o sucesso de um *game* como o X-Box exige o contínuo lançamento de novidades, o sistema de produção organizado pela Microsoft envolvia não apenas os fornecedores da primeira versão do X-Box a ser vendida no Natal de 2006, mas já previa as versões subsequentes, que envolviam outros fornecedores de outros tipos de *softwares* e de acessórios. Como nesse tipo de produto o desafio maior é o chamado *ramp-up* (o que significaria criar um grande volume de clientes, como aconteceu com o I-Pod que chegou a 100 milhões de unidades vendidas), se o produto emplacasse, esses fornecedores deveriam ser rapidamente ativados; caso contrário, seria necessário rever todo o projeto do produto e a sua estratégia de comercialização.

Esse exemplo mostra bem os atuais desafios enfrentados por aqueles que projetam, implementam e aperfeiçoam sistemas de produção.

Os sistemas de produção não estão mais necessariamente concentrados num local, mas dispersos pelo mundo, envolvendo diferentes tipos de empresas em diferentes países, envolvendo sistemas de logística, exigindo uma enorme capacidade de coordenação e tendo de ser ágil, flexível e, ao mesmo tempo, eficiente.

Essa fragmentação e dispersão dos sistemas de produção estão sendo, em grande parte, consequência da evolução das tecnologias de informação. Mas parece que ainda há muito a surgir no plano das tecnologias de comunicação e computação, o que pode levar a novas formas de organizar sistemas de produção.

Há um campo ainda pouco explorado que é a aplicação da Engenharia de Produção nas áreas de mídia e entretenimento. Esse é um campo que vai trabalhar questões relacionadas à economia do conhecimento e desenvolver abordagens para a organização de processos de produção de conhecimento.

Os problemas ambientais e os sistemas de regulação que estão sendo estabelecidos nos diferentes níveis de atuação institucional (local, subnacional, nacional, regional, internacional) trazem desafios cada vez mais drásticos para que seja possível a "produção limpa" ou ecologicamente correta.

As novas tecnologias (a nanotecnologia e a biotecnologia, em particular) prometem uma revolução que vai exigir novas abordagens para sistemas de produção cujas características ainda não estão muito bem identificadas e entendidas.

A questão da responsabilidade social das empresas tem consequências importantes no desempenho da profissão de engenheiro de produção, especialmente naquilo que diz respeito às contribuições para as comunidades e a sociedade em geral.

As respostas para esses tipos de demanda ainda não são de todo conhecidas e representam o futuro, não só para os estudiosos da Engenharia de Produção, mas também para aqueles que atuam nas empresas. O engenheiro de produção vai desempenhar papel cada vez mais importante nos processos de inovação e nas questões de sustentabilidade.

Não obstante, a Engenharia de Produção pode trazer conhecimentos e comportamentos de grande valor e utilidade, mesmo se você quiser abrir o seu próprio negócio ou ser um técnico de futebol.

CAPÍTULO 2

EVOLUÇÃO DOS CURSOS DE ENGENHARIA DE PRODUÇÃO NO BRASIL

Fernando César Almada Santos
Departamento de Engenharia de Produção
Escola de Engenharia de São Carlos
Universidade de São Paulo

INTRODUÇÃO

O objetivo deste capítulo é apresentar, em dois principais momentos, a evolução dos cursos de graduação e de pós-graduação em Engenharia de Produção no Brasil. Em um primeiro momento, os cursos de Engenharia de Produção foram regulamentados, com a definição de conteúdos de conhecimento, com respectivas cargas horárias mínimas, que garantiam a formação profissional em Engenharia de Produção. Em um segundo momento, a rigidez da formação acadêmica em Engenharia de Produção foi substituída pela flexibilização dos cursos, que passaram a ser baseados em competências a serem desenvolvidas pelos alunos.

Espera-se mostrar a diversidade existente entre os vários cursos de graduação e de pós-graduação no Brasil, no contexto de uma complexidade acadêmica que envolve cursos de graduação e de pós-graduação, a universidade, a faculdade ou escola de engenharia, departamentos, laboratórios, áreas de pesquisa e biblioteca.

Os principais cursos de graduação e de pós-graduação brasileiros escolhidos para exemplificação de situações foram aqueles cujos programas de pós-graduação obtiveram, durante a avaliação trienal da Coordenadoria de Aperfeiçoamento de Pessoal de Nível Superior (CAPES) de 2004, conceito 5 (alto nível de desempenho) ou 4 (bom desempenho). Essa avaliação é relativa ao período 2001-2003 (Brasil, 2004a). Todos os cursos de graduação baseados nas universidades citadas são reconhecidos pelo Ministério da Educação. Outros cursos foram mencionados em função de especificidades.

No que se refere aos cursos norte-americanos, para exemplificação de situações, foram escolhidas instituições de ensino superior cujos cursos de graduação em Industrial Engineering são reconhecidos pela ABET (2007), organização norte-americana que avalia e reconhece cursos de graduação em Engenharia. Além de cursos norte-americanos, foram analisados cursos da University of Toronto (2007) e da Helsinki University of Technology (2007), localizados, respectivamente, no Canadá e na Finlândia.

A RIGIDEZ INICIAL DOS CURSOS DE ENGENHARIA DE PRODUÇÃO

As Resoluções 48/76 e 10/77 do Ministério da Educação (Brasil, 1976, 1977) realizaram importantes determinações sobre os cursos de graduação em Engenharia de Produção:

- A divisão do currículo dos cursos de Engenharia em áreas de formação básica, de formação profissional e de formação geral. A ABET utiliza critério semelhante para reconhecimento de cursos de Engenharia (ABET, 2007), apresentado no item "*Criteria for accrediting programs*" do seu *site*;
- A criação de seis grandes áreas da Engenharia, a saber: Civil, Elétrica, Materiais, Mecânica, Metalurgia e Minas.
- Para os cursos de Engenharia de Produção, determinam uma área de formação profissional geral – uma grande área da Engenharia – e uma área de formação profissional específica em Engenharia de Produção. Nesse contexto, a Engenharia de Produção pode ser considerada uma área secundária da Engenharia, na qual se aprofundam estudos após a formação profissional em uma grande área da Engenharia.
- A obrigatoriedade do oferecimento do currículo mínimo, ou seja, quais matérias devem ser oferecidas em cada uma das áreas de formação e sua carga horária mínima.

O pressuposto de tais resoluções é que o cumprimento da carga horária mínima nas matérias de um determinado curso de Engenharia garante a formação profissional do engenheiro.

Na área de formação específica, as matérias exigidas foram (Brasil, 1977):

- Controle de Qualidade.
- Estudo de Tempos e Métodos.
- Métodos de Pesquisa Operacional.
- Planejamento e Controle da Produção.
- Projeto do Produto e da Fábrica.

Da mesma forma que os cursos de graduação possuíam um currículo muito parecido, devido à exigência de apresentarem disciplinas com títulos muito semelhantes às matérias exigidas, os cursos de pós-graduação criaram disciplinas, áreas de pesquisa e laboratórios com títulos muito próximos a essas denominações.

Analisando essas resoluções, no que se referem à criação e ao oferecimento de disciplinas, conclui-se que levaram à especialização, ao consequente isolamento dos docentes em matérias específicas e à não exploração da interdisciplinaridade dessas matérias. Para a coordenadoria de um curso de graduação, bastava oferecer as disciplinas relacionadas a essas matérias para garantir a formação profissional do engenheiro de produção. Pensava-se em objetivos de disciplinas e não em objetivos de curso de graduação, que podiam ser definidos de forma centralizada pelas coordena-

dorias de curso. Os conhecimentos e as habilidades necessários para a formação desse profissional eram tidos como estáveis (Santos, 2003, p. 27).

Outras consequências negativas dessas resoluções também foram encontradas no currículo da Industrial Engineering da Texas A&M University (Kuo e Deuermeyer, 1998, p. 17-19):

- O currículo tradicional é caracterizado por uma ênfase em ferramentas muito maior do que em problemas de Engenharia.
- O currículo tradicional é caracterizado pela pobre integração dos conceitos fundamentais da Engenharia de Produção.
- O currículo tradicional falha em atender às necessidades atuais do setor industrial.
- O currículo tradicional implica uma lacuna entre a formação dos cursos de graduação e dos cursos de pós-graduação.

A FLEXIBILIZAÇÃO DOS CURSOS DE ENGENHARIA DE PRODUÇÃO

Conradsen e Lystlund (2003) apontam importantes mudanças que vêm ocorrendo nas empresas e que estão levando a uma nova geração da Engenharia de Produção. Essas mudanças estão agrupadas em:

- Práticas relacionadas às pessoas.
- Desenvolvimento de processos, inovação e gestão da mudança.
- Tecnologia, modelagem, simulação e sistemas de informação.
- Rede de trabalho e integração.

Quanto às práticas relacionadas às pessoas, a liderança tende a ser compartilhada e caracterizada pela descentralização das decisões para funcionários e equipes, o que leva a maior flexibilidade do trabalho. A produção passa a ser organizada em equipes, e a liderança torna-se mais conselheira e orientadora. Grande parte das atividades pode ser feita por diferentes trabalhadores que passam a receber treinamento para tal. Todos os membros da produção estão ligados a um sistema e podem compartilhar a informação da empresa. Simultaneamente, as pessoas e suas equipes assumem maior responsabilidade sobre o seu trabalho. Estratégias passam a ser conhecidas por todos na organização, e os trabalhadores conhecem os seus principais papéis. Porém, as estratégias e metas são estabelecidas com grande participação do trabalhador individual.

No que se refere ao desenvolvimento de processos, inovação e gestão da mudança, passa a haver uma clara estratégia de desenvolvimento de produtos, que é conhecida por todos na empresa, com um sistema dinâmico para a tomada de decisão. Intensifica-se o uso de recursos em projetos de risco. Todos na organização realizam melhorias contínuas. Registram-se os tempos para desenvolvimento de produtos e criam-se sistemas para atualizá-los. Vários novos produtos contribuem para substituir os anteriores. Cria-se um desenvolvimento de produtos e processos totalmente integrado e interfuncional que envolve clientes e fornecedores.

Ao se tratar de tecnologia, modelagem, simulação e sistemas de informação, nota-se que o desenvolvimento de produtos e processos passa a ser baseado na modelagem e simulação. Sistemas de informação são totalmente integrados e apoiam o desenvolvimento de processos. Com esses sistemas, os clientes estão envolvidos desde cedo no processo de desenvolvimento de produtos e processos de produção e podem testar virtualmente o novo produto. Os sistemas de informação apóiam o negócio e o processo desde a ideia inicial até a produção, vendas e pós-vendas.

Quanto à rede de trabalho e integração, estrutura-se uma rede de conhecimento para intensa troca de informação confidencial entre parceiros na empresa. Essa rede de trabalho utilizada no desenvolvimento de produtos e processos tende a ser totalmente integrada. Multiplicam-se os parceiros organizacionais, inclusive com colaboração integrada e próxima estabelecida sobre a produção com membros de outras empresas, caracterizando-se, assim, uma intensa colaboração com agentes externos da área de produção.

Nesse amplo contexto de mudanças, a rigidez da formação acadêmica em Engenharia de Produção é substituída por um novo perfil profissional:

> "(...) com formação generalista, humanista, crítica e reflexiva, capacitado a absorver e desenvolver novas tecnologias, com atuação crítica e criativa na identificação e resolução de problemas, que considere seus aspectos políticos, econômicos, sociais, ambientais e culturais, com visão ética e humanística, em atendimento às demandas da sociedade" (Brasil, 2002a).

A Resolução CNE/CES do Ministério da Educação (MEC), que institui Diretrizes Curriculares para os cursos de graduação em Engenharia (Brasil, 2002a),

> "(...) propõe competências e habilidades a serem desenvolvidas nos cursos de Engenharia, exige o oferecimento de trabalhos de síntese e integração de conhecimentos, tais como os projetos de final de curso e de estágio supervisionado, orientados individualmente por um docente. Propõe, ainda, a realização de atividades complementares que possibilitem ao aluno de graduação a interação com a realidade prática dos projetos de Engenharia" (Santos, 2003, p. 27).

De acordo com as Diretrizes Curriculares, essas atividades passam a fazer parte do núcleo de extensões e aprofundamentos dos currículos dos cursos de Engenharia (Brasil, 2002a).

São apresentadas, a seguir, algumas das competências do engenheiro de produção propostas pela ABEPRO (2001) que complementam e reforçam as competências das Diretrizes Curriculares do MEC:

- Competência para utilizar ferramental matemático e estatístico para modelar sistemas de produção e auxiliar na tomada de decisões.
- Competência para projetar, implementar e aperfeiçoar sistemas, produtos e processos, levando em consideração os limites e as características das comunidades envolvidas.

- Competência para acompanhar os avanços tecnológicos, organizando-os e colocando-os a serviço da demanda das empresas e da sociedade.
- Competência para compreender a inter-relação dos sistemas de produção com o meio ambiente, tanto no que se refere à utilização de recursos escassos quanto à disposição final de resíduos e rejeitos, atentando para a exigência de sustentabilidade.
- Capacidade de trabalhar em equipes multidisciplinares.
- Capacidade de identificar, modelar e resolver problemas.
- Compromisso com a ética profissional.
- Comunicação oral e escrita.
- Disposição para autoaprendizagem e educação continuada.
- Domínio de técnicas computacionais.

A totalidade das competências e habilidades propostas pela ABEPRO (2001) é apresentada no *site* de graduação da Universidade Federal do Rio Grande do Sul (UFRGS, 2007a).

Áreas de Conhecimento da Engenharia de Produção

Quanto ao conhecimento em Engenharia de Produção, houve uma grande renovação dos conteúdos de suas áreas, como pode ser verificado no Quadro 2.1 (ABEPRO, 2007). Optou-se por apresentar as áreas temáticas do Encontro Nacional de Engenharia de Produção (ENEGEP) de 2007 pelo fato de elas representarem a compreensão mais atual das áreas de conhecimento da Engenharia de Produção, que estão sendo continuamente reformuladas. Foram essas grandes áreas que nortearam a elaboração deste livro.

QUADRO 2.1 Áreas da Engenharia de Produção

1.	Gestão da Produção
2.	Gestão da Qualidade
3.	Gestão Econômica
4.	Ergonomia e Segurança do Trabalho
5.	Gestão do Produto
6.	Pesquisa Operacional
7.	Gestão Estratégica e Organizacional
8.	Gestão do Conhecimento Organizacional
9.	Gestão Ambiental
10	Educação em Engenharia de Produção

Fonte: ABEPRO (2007).

Em decorrência dessa renovação, os currículos dos cursos de Engenharia de Produção se flexibilizaram e – não obstante disciplinas de todas as áreas da Engenharia de Produção devam ser incluídas – essas disciplinas diversificaram-se bastante, como pode ser observado no Quadro 2.2. Mesmo as disciplinas centrais ligadas às áreas de

Engenharia de Produção possuem títulos diferentes, ainda que com conteúdos semelhantes. A diversificação dos cursos de graduação e de pós-graduação em Engenharia de Produção é contínua, e a todo momento novos temas são incluídos, como demonstra o estudo de Furlanetto, Malzac Neto e Neves (2006). Essas novas disciplinas são bastante voltadas para os objetivos de cada curso.

QUADRO 2.2 Flexibilização e Diversificação das Disciplinas de Cursos de Graduação em Engenharia de Produção no Brasil

Exemplos de Disciplinas de Graduação	Curso de Graduação
• Engenharia de Métodos • Arranjo Físico Industrial • Ergonomia • Economia da Engenharia • Estratégia e Análise de Produção • Transporte e Logística • Análise de Decisões e Risco • Projeto de Formatura	Engenharia de Produção da PUC do Rio de Janeiro (PUC/RJ, 2007a) http://sphere.rdc.puc-rio.br/ensinopesq/ccg/eng_producao.html#epr
• Modelagem e Otimização de Sistemas de Produção • Automação e Controle • Organização do Trabalho na Produção • Gestão da Qualidade de Produtos e Processos • Projeto do Produto e Processo • Logística e Cadeias de Suprimento • Gestão da Tecnologia de Informação • Trabalho de Formatura e Estágio Supervisionado	Engenharia de Produção da Escola Politécnica da USP (USP/EP, 2007a) http://sistemas1.usp.br:8080/jupiterweb/listarGradeCurricular?codcg=3&codcur=3082&codhab=0&tipo=N
• Organização Industrial para Engenharia • Modelagem de Sistemas de Produção • Planejamento da Produção • Economia Industrial • Logística • Ergonomia • Sistema de Desenvolvimento de Produto • Trabalho de Graduação	Engenharia de Produção da Universidade Federal de Minas Gerais (UFMG, 2007a) http://www.dep.ufmg.br/graduacao/grade.html
• Engenharia Econômica e Financeira • Gestão da Produção • Pesquisa Operacional • Gestão da Qualidade • Controle Estatístico da Qualidade • Engenharia de Segurança do Trabalho • Ecologia e Controle da Poluição • Projeto de Final de Curso	Engenharia de Produção da Universidade Federal de Pernambuco (UFPE, 2007a) http://www.proacad.ufpe.br/cursos/perfis/eng_producao.pdf

(Continua)

Exemplos de Disciplinas de Graduação	Curso de Graduação
• Pesquisa Operacional para Engenharia • Sistemas Produtivos • Programação da Produção • Engenharia do Produto • Organização Industrial • Engenharia Econômica e Avaliações • Projeto da Fábrica e *Layout* • Trabalho de Diplomação em Engenharia de Produção	Engenharia de Produção da Universidade Federal do Rio Grande do Sul (UFRGS, 2007b) http://www1.ufrgs.br/graduacao/xInformacoesAcademicas/curriculo.php?CodHabilitacao=75&CodCurriculo=211&sem=2006022
• Planejamento Estratégico Industrial • Pesquisa de Marketing • Automação da Produção • Pesquisa Operacional e Modelos Estocásticos • Gerenciamento da Qualidade Total • Sistemas de Informação • Projeto de Viabilidade Técnica, Econômica e Financeira • Projeto Final de Engenharia de Produção	Engenharia de Produção da Universidade Federal Fluminense (UFF, 2007a) http://www.vestibular.uff.br/fluxogramas/UFF-Engenhariade Produção-Niterói.PDF

Essa diversidade de disciplinas também pode ser observada em cursos do exterior (Quadro 2.3). Ainda que não tenham sido apresentadas disciplinas de pós-graduação, observa-se que estas também guardam a flexibilidade das disciplinas de graduação e apresentam maior diversidade em função do processo criativo da pesquisa acadêmica. Essa diversidade de disciplinas "pode ser explicada principalmente por especificidades regionais, necessidades de mercado e consolidação de grupos de pesquisa" (Santos *et al.*, 1997, p. 11).

QUADRO 2.3 Diversidade das Disciplinas de Cursos de Graduação em "Industrial Engineering" no Exterior

Exemplos de Disciplinas de Graduação	Curso de Graduação
• Projeto em *Design* e Desenvolvimento • Probabilidade e Estatística para Solução de Problemas em Engenharia • Análise Econômica em Engenharia • Processos de Manufatura • Análise e Projeto de Instalações • Aplicações de Técnicas Determinísticas de Pesquisa Operacional • Controle da Produção • Controle de Qualidade • Simulação de Modelos Estocásticos	Industrial Engineering da Arizona State University (2007) http://www.asu.edu/aad/catalogs/general/t-fse-industrial.html#49988

(Continua)

Exemplos de Disciplinas de Graduação	Curso de Graduação
• Ergonomia Aplicada e Projeto do Trabalho • Controle de Qualidade • Otimização • Análise Estocástica • Sistemas de Produção • Comunicação Profissional • Modelagem de Sistemas de Manufatura • Engenharia de Sistemas de Manufatura • Projeto em Engenharia de Produção	Industrial Engineering da Iowa State University (2007) http://www.iastate.edu/~catalog/2001-03/curric/eng-ind.htm
• Projeto e Análise do Trabalho • Economia em Engenharia • Estatística e Probabilidade em Engenharia • Gestão em Engenharia e Produção • Princípios de Pesquisa Operacional • Processos de Manufatura • Gestão em Engenharia e Projeto • Projeto de Instalações e Manuseio de Materiais • Qualidade Assegurada	Industrial Engineering da Montana State University (2007) http://www.montana.edu/wwwcat/programs/mie.html
• Introdução à Engenharia e Resolução de Problemas • Engenharia de Manufatura I – Processos • Modelos Estocásticos em Engenharia Industrial • Análise e Projeto do Trabalho • Controle de Qualidade • Ergonomia • Análise Econômica em Engenharia • Projeto de Instalações	Industrial Engineering da North Carolina State University (2007) http://www.ncsu.edu/registrar/curricula/engineering/14ie.html
• Introdução aos Sistemas de Produção • Análise Econômica em Engenharia • Controle Estatístico da Qualidade • Planejamento de Sistemas de Produção • Operação de Sistemas de Produção • Pesquisa Operacional • Localização de Instalações, Arranjo Físico e Manuseio de Materiais • Simulação de Sistemas • Ética e Engenharia • Projeto de Sistemas de Manufatura	Industrial Engineering da Texas A&M University (2007a) http://www.tamu.edu/admissions/catalogs/06-07_UG_Catalog/look_engineering/indus_eng.htm
• Projeto Auxiliado por Computador • Materiais para Engenharia • Introdução à Pesquisa Operacional • Fatores Humanos • Controle de Qualidade Industrial • Planejamento e Projeto de Instalações • Planejamento e Controle da Produção • Projeto para Manufaturabilidade	Industrial Engineering da University of Illinois de Urbana-Champaign (2007) http://www.courses.uiuc.edu/cis/programs/urbana/2006/spring/undergrad/engin/ind_engin.html

(Continua)

Desde 1997, a ABEPRO reivindica que a Engenharia de Produção se torne uma grande área da Engenharia, a exemplo do que acontece com a Engenharia Mecânica e Civil. Mesmo que esse importante objetivo esteja por ser atingido, vários cursos de Engenharia de Produção, antes ligados às grandes áreas da Engenharia, foram transformados em Engenharia de Produção Plena ou somente Engenharia de Produção. Enquadram-se nesse caso os cursos das universidades federais Fluminense, de Minas Gerais, do Rio Grande do Sul, do Rio de Janeiro e de São Carlos. Há 148 cursos de Engenharia de Produção (Plena) apresentados no Cadastro de Cursos de Graduação em Engenharia de Produção do MEC–INEP (Brasil, 2007a).

Quanto aos trabalhos de síntese e integração do conhecimento, também são uma exigência para reconhecimento de cursos da ABET (2007), que afirma que os estudantes devem estar preparados para a prática da Engenharia por meio de um currículo que culmine em uma substancial experiência de projeto baseada nos conhecimentos e habilidades adquiridas anteriormente no curso, incorporando padrões de Engenharia apropriados e múltiplas restrições da realidade.

No Quadro 2.2 mostram-se as diferentes denominações dos trabalhos de síntese e integração do conhecimento que compõem os currículos de todos os cursos de graduação investigados: Projeto de Formatura, Trabalho de Diplomação em Engenharia de Produção, Trabalho de Formatura e Estágio Supervisionado, Projeto de Final de Curso, Projeto Final de Engenharia de Produção, Trabalho de Graduação e Trabalho de Conclusão de Curso.

O fortalecimento da Engenharia de Produção é evidenciado pelo surgimento de várias áreas de pesquisa, o que ocorre no contexto dos programas de pós-graduação (Quadro 2.4).

QUADRO 2.4 Áreas de Pesquisa de Programas de Pós-Graduação em Engenharia de Produção no Brasil

Áreas de Pesquisa	Programas de Pós-Graduação
• Transporte e Logística • Gerência de Produção • Finanças e Análise de Investimentos	Pontifícia Universidade Católica do Rio de Janeiro (PUC/RJ, 2007b) http://www.ind.puc-rio.br/index.html
• Pesquisa Operacional Aplicada a Sistemas de Produção • Gestão da Mudança e Melhoria Organizacional • Redes Produtivas e Logística Integrada • Gestão do Conhecimento e Sistemas de Informação • Análise de Organizações de Trabalho • Economia e Finanças Corporativas	Escola de Engenharia de São Carlos da Universidade de São Paulo (USP/EESC, 2007a) http://www.prod.eesc.sc.usp.br/producao/pos_graduacao/pos_areas_e_temas.htm
• Economia da Produção e Engenharia Financeira • Gestão de Operações e Logística • Gestão da Tecnologia da Informação • Qualidade e Engenharia do Produto • Trabalho, Tecnologia e Organização	Escola Politécnica da Universidade de São Paulo (USP/EP, 2007b) http://www.pro.poli.usp.br/pro/

(Continua)

Áreas de Pesquisa	Programas de Pós-Graduação
• Produção e Logística • Produto e Trabalho	Universidade Federal de Minas Gerais (UFMG, 2007b) http://www.dep.ufmg.br/pos/
• Gerência da Produção • Pesquisa Operacional	Universidade Federal de Pernambuco (UFPE, 2007b) http://www.ufpe.br/ppgep/
• Sistemas de Produção • Sistemas de Qualidade • Sistemas de Transportes	Universidade Federal do Rio Grande do Sul (UFRGS, 2007c) http://www.producao.ufrgs.br/areas_concentracao.asp
• Dinâmica Organizacional e Trabalho • Gestão da Qualidade • Gestão da Tecnologia e da Inovação • Gestão de Sistemas Agroindustriais • Planejamento e Controle de Sistemas Produtivos	Universidade Federal de São Carlos (UFSCAR, 2007a) http://www.ppgep.dep.ufscar.br/areaPesquisa.php
• Gestão e Inovação • Pesquisa Operacional • Avaliação de Projetos Industriais e Tecnológicos	Universidade Federal do Rio de Janeiro (UFRJ, 2007a) http://www.producao.ufrj.br/area_apit.htm
• Gerência da Produção • Qualidade • Estratégia e Organizações • Gestão Ambiental	Universidade Metodista de Piracicaba (UNIMEP, 2007a) http://www.unimep.br/phpg/posgraduacao/stricto/engproducao/s_ep.php?arq=sep_4.htm
• Competitividade • Conhecimento e Inovação Tecnológica • Finanças e Gestão de Investimento • Gestão e Estratégia de Negócios • Gestão da Informação • Logística e Cadeias de Suprimento • Modelagem no Apoio a Decisão • Políticas Públicas e Privadas de Ciência e Tecnologia	Universidade Federal Fluminense (UFPE, 2007b) http://www.producao.uff.br/pos/linhasdepesquisa.html

As áreas de pesquisa em Engenharia de Produção reúnem professores pesquisadores, mestrandos, doutorandos e alunos de graduação. Os projetos de pesquisa são realizados em laboratórios associados às áreas e subáreas da Engenharia de Produção. Nesse contexto, projetos de iniciação científica podem ser elaborados com maior iniciativa do aluno de graduação, com base nos objetivos de uma área de pesquisa ou em uma posição intermediária. Nos Quadros 2.5 e 2.6, estão relacionados alguns laboratórios de Engenharia de Produção no exterior e no Brasil, respectivamente. Aqui nota-se, novamente, a flexibilização e a diversidade que marcam a Engenharia de Produção no mundo e no Brasil.

QUADRO 2.5 Laboratórios em Engenharia de Produção no Exterior

Laboratórios	Instituição de Ensino Superior Estrangeira
• Engenharia de Qualidade Avançada • Ergonomia • Educação e Sistemas de Aprendizagem • Sistemas Homem-Computador	Department of Industrial Engineering da Clemson University (2007) http://www.ces.clemson.edu/ie/research/labs/aqel.htm
• Gestão Industrial • Psicologia do Trabalho e Liderança • Estratégia e Negócios Internacionais • Gestão Ambiental e da Qualidade	Department of Industrial Engineering and Management da Helsinki University of Technology (2007) http://www.tuta.hut.fi/units/Teta/TETA_E.php
• Engenharia de Sistemas Humanos • Logística e Engenharia de Transporte • Engenharia de Sistemas de Gestão • Simulação e Computação Avançada	Department of Industrial Engineering da Mississipi State University (2007) http://www.ise.msstate.edu/
• Biodinâmica • Engenharia de Sistemas Cognitivos • Ergonomia • Automação e Processos de Manufatura	Department of Industrial, Welding, and Systems Engineering da Ohio State University (2007) http://www-iwse.eng.ohio-state.edu/research_labs.cfm
• Ambientes de Equipes de Engenharia de Alto Desempenho • Produção, Robótica e Integração de Software para Manufatura e Gestão • Sistemas Inteligentes e Operações	School of Industrial Engineering da College of Engineering of Purdue University (2007) https://engineering.purdue.edu/IE/Research/CentersLabs
• Ergonomia • CAD/CAM • Qualidade • Manufatura Avançada	Department of Industrial Engineering da Texas Tech University (2007) http://www.depts.ttu.edu/ieweb/labs/main.php
• Antropometria • Excelência na Gestão de Empresas Globais • Engenharia Cognitiva • Projeto e Engenharia da Manufatura • Análise e Projeto do Trabalho	Department of Industrial and Systems Engineering da University at Buffalo – The State University of New York (2007) http://www.ie.buffalo.edu/research-facilities.shtml#ant
• Gerenciamento de Projetos e *Design* • Sistemas Integrados de Manufatura • Manufatura Avançada • Engenharia de Manufatura • Manufatura Ágil e Robótica • Fatores Humanos e Ergonomia	Mechanical and Industrial Engineering Department da University of Minnesota Duluth (2007a) http://www.d.umn.edu/mie/BSIE/labs.htm
• Engenharia Cognitiva • Manufatura Integrada por Computador • Ergonomia em Teleoperação e Controle • Manufatura Integrada e Engenharia Logística • Qualidade, Confiabilidade e Manutenção	Department of Mechanical and Industrial Engineering da University of Toronto (2007) http://www.mie.utoronto.ca/grad/ContactUs/directlabs.html#Research%20Lab

(Continua)

QUADRO 2.6 Laboratórios em Engenharia de Produção no Brasil

Exemplos de Laboratórios	Instituição de Ensino Superior
• Economia e Administração • Estudos de Graduação • Projetos de Graduação • Gestão de Operações • Pesquisa Operacional e Sistemas de Apoio a Decisão • Simulação e Jogos	Departamento de Engenharia de Produção da Escola de Engenharia de São Carlos da Universidade de São Paulo (USP/EESC, 2007b) http://www.prod.eesc.sc.usp.br/producao/pos_graduacao/pos_infraestrutura.htm
• Ergonomia e Saúde • Desenvolvimento de Sistemas de Produção • Laboratório Integrado de *Design* e Engenharia do Produto • Tecnologia da Qualidade e da Inovação	Departamento de Engenharia de Produção da Universidade Federal de Minas Gerais (UFMG, 2007c) http://www.dep.ufmg.br/labs/index.html
• Estudos e Pesquisas Agroindustriais • Simulação & CAD • Gestão de Tecnologia • Pesquisa Operacional • Qualidade • Planejamento e Controle da Produção • Sociologia Econômica e das Finanças • Estudos sobre Indústria Automobilística	Departamento de Engenharia de Produção da Universidade Federal de São Carlos (UFSCAR, 2007b http://www.dep.ufscar.br/grupos.php
• Otimização de Produtos e Processos • Sistemas de Transportes	Departamento de Engenharia Industrial da Universidade Federal do Rio Grande do Sul (UFRGS, 2007d) http://www.engenharia.ufrgs.br/index.asp?cod_ctd=272&tipo=conteudo&item=Laboratórios
• Ergonomia e Novas Tecnologias • Produção Integrada • Tecnologia e Desenvolvimento Social • Desenvolvimento Gerencial Tecnológico de Micro, Pequenas e Médias Empresas • Tecnologia, Gestão e Logística	Departamento de Engenharia Industrial Universidade Federal do Rio de Janeiro (UFRJ, 2007b) http://www.producao.ufrj.br/apresentacao_laboratorios.htm
• Automação da Manufatura • Sistemas Computacionais para o Projeto e Manufatura • Gestão da Manutenção	Universidade Metodista de Piracicaba (UNIMEP, 2007b) http://www.unimep.br/feau/laboratorios/

A consolidação da Engenharia de Produção no Brasil também é marcada pelo significativo aumento de seus cursos de graduação. O primeiro curso de graduação foi criado na Escola Politécnica da USP em 1957 (Faé e Ribeiro, 2005). De acordo com Oliveira (2005), na década de 1970 foram criados novos cursos na USP/EESC e UFRJ e, em 1980, 1997 e 2005, existiam, respectivamente, 18, 37 e aproximadamente 200 cursos de graduação. O Cadastro das Instituições do Ensino Superior (Brasil, 2007a) registra a existência de 250 cursos de graduação em Engenharia de Produção em 2007.

Com o objetivo de melhor caracterização dos cursos de graduação em Engenharia de Produção no Brasil, eles são classificados como oferecidos por instituições de ensino superior (IES) públicas ou privadas, por região geográfica e por tipo, veja o Quadro 2.7. Atualizações e mais detalhes podem ser obtidos no Cadastro das Instituições de Ensino Superior (Brasil, 2007a).

QUADRO 2.7 Caracterização dos Cursos de Engenharia de Produção no Brasil

Tipo de IES	Total
Pública	64
Privada	186

Região Geográfica	Total
Norte	10
Centro-Oeste	11
Nordeste	25
Sul	46
Sudeste	158

Tipo dos Cursos de Engenharia de Produção	Total
Plena	148
Mecânica	40
Agroindustrial	7
Civil	7
Elétrica	6
Química	6
Metalúrgica	2
Confecção Industrial	1
Energias Alternativas	1
Materiais	1
Software	1
Têxtil	1
Outras	29

Fonte: Baseado em Brasil (2007a).

Deve-se ressaltar um importante fator de sucesso nas pesquisas realizadas nos programas de pós-graduação. Revistas científicas eletrônicas internacionais de alta qualidade, relacionadas às áreas da Engenharia de Produção, foram assinadas pela Coordenadoria de Aperfeiçoamento de Pessoal de Nível Superior (CAPES) em conjunto com várias universidades brasileiras e órgãos de fomento à pesquisa. O Quadro 2.8 traz importantes revistas eletrônicas da Engenharia de Produção disponíveis no Portal Brasileiro de Informação Científica (Brasil, 2007b).

Entre as revistas científicas brasileiras, uma fonte importante é a *Scientific Electronic Library Online*. Importantes revistas científicas brasileiras da Engenharia de Produção, tais como *Gestão & Produção* (SCIELO, 2007a), *Pesquisa Operacional* (SCIELO, 2007b) e *Produção* (SCIELO, 2007c), estão disponíveis nessa biblioteca eletrônica de acesso público e irrestrito.

Além disso, os resultados de pesquisas brasileiras em Engenharia de Produção podem ser encontrados em bibliotecas digitais de teses de doutorado e dissertações de mestrado das seguintes universidades: Universidade Estadual Paulista (UNESP, 2007a); Universidade Federal do Rio Grande do Sul (UFRGS, 2007e); Universidade Federal de Santa Catarina (UFSC, 2007a); Universidade Federal de São Carlos (UFSCAR, 2007c); Universidade de São Paulo (USP, 2007).

QUADRO 2.8 Revistas Científicas Internacionais em Engenharia de Produção

Exemplos de Periódicos Internacionais
1. Gestão da Produção *International Journal of Advanced Manufacturing Technology* *International Journal of Operations and Production Management* *Journal of Intelligent Manufacturing* *Journal of Operations Management* *Production and Operations Management* *Robotics and Computer-Integrated Manufacturing: an International Journal of Manufacturing and Product and Process Development*
2. Gestão da Qualidade *Journal of Quality Technology*
3. Gestão Econômica *International Journal of Production Economics* *Journal of Industrial Economics*
4. Ergonomia e Segurança do Trabalho *Applied Ergonomics: Humans Factors in Technology and Society* *International Journal of Industrial Ergonomics*
5. Gestão do Produto *Journal of Product Innovation Management*
6. Pesquisa Operacional *European Journal of Operational Research* *Operations Research*
7 Gestão Estratégica e Organizacional *Industrial Marketing Management* *Industrial Relations: a Journal of Economy and Society* *International Journal of Industrial Organization* *Journal of Business Ethics* *Journal of Engineering and Technology Management* *Journal of International Business Studies* *Long Range Planning*
8. Gestão do Conhecimento Organizacional *Computers and Industrial Engineering* *Data & Knowledge Engineering*
9. Gestão Ambiental *Business Strategy and the Environment* *Journal of Cleaner Production* *Journal of Environmental Management* *Natural Resources Forum*
10. Educação em Engenharia de Produção *British Journal of Educational Technology* *International Journal of Engineering Education*

Fonte: Baseado em Brasil (2007b).

No que se refere à divulgação externa de trabalhos de síntese e integração de conhecimento da graduação, somente o Grupo de Produção Integrada da UFRJ (2007c) e o curso de Engenharia de Produção da Universidade Federal de Itajubá (UNIFEI, 2007a) disponibilizam os projetos de fim de curso e os trabalhos de diploma no formato digital. A atitude de divulgar os projetos realizados pelos alunos formandos deveria servir de exemplo para vários outros cursos, para que os iniciantes possam ter noção da aplicabilidade do conhecimento teórico da Engenharia de Produção, como também para atestar que um curso de graduação pode capacitar seus alunos para a realização de um primeiro grande projeto em Engenharia de Produção.

Com base em todas as considerações tecidas nesta seção, apresenta-se uma síntese da evolução dos cursos de graduação e de pós-graduação em Engenharia de Produção (Quadro 2.9).

QUADRO 2.9 Evolução dos Cursos de Engenharia de Produção

	Currículos Rígidos	Currículos Flexíveis
Foco do Currículo	Conteúdos Carga horária	Habilidades Competências
Aluno	Passivo	Ativo
Engenharia de Produção	Parte de outra modalidade	Modalidade de Engenharia

Fonte: Adaptado de Oliveira (2005, p. 296).

PERSPECTIVAS DE MELHORAMENTOS E MECANISMOS DE AVALIAÇÃO DOS CURSOS DE ENGENHARIA DE PRODUÇÃO

Segundo Oliveira (2005, p. 298):

> "As Diretrizes Curriculares (Brasil, 2002a) trouxeram mudanças significativas para serem implantadas nos cursos de graduação em Engenharia e, em particular, para os cursos de Engenharia de Produção. Tais mudanças estão em fase de implantação e ainda não se tem um quadro claro do alcance e das consequências das mesmas nos cursos em termos de organização e formação profissional."

Santos (2003, p. 37) afirma que, da forma genérica e abrangente como estão expostas atualmente, as competências das Diretrizes Curriculares não possibilitam uma gestão da graduação baseada em competências. Embora haja grande mobilização a favor das competências, elas não são definidas em seus detalhes, não se planeja sua implementação e, assim, não se tem como avaliá-las. É vital que seja estabelecida uma relação entre os objetivos das disciplinas e as competências do engenheiro de produção. As disciplinas não devem ser planejadas individualmente, pois a formação de competências se dá com base na assimilação de conhecimentos e na vivência de métodos de ensino, ocorridas em diversas disciplinas de forma sistêmica.

Para aperfeiçoar o sistema de avaliação de cursos de graduação, criou-se a Lei nº 10.861 que "institui o Sistema Nacional de Avaliação da Educação Superior – SINAES – e dá outras providências" com o "objetivo de assegurar o processo nacional de avaliação das instituições de educação superior, dos cursos de graduação e do desempenho acadêmico de seus estudantes" (Brasil, 2004b, p. 1). O SINAES aponta para a unificação dos sistemas de avaliação existentes: a Avaliação Institucional das Universidades, Escolas e Faculdades, a Avaliação dos Cursos de Graduação e o Exame Nacional de Cursos – ENADE (Oliveira, 2005, p. 298).

Encontram-se nas referências bibliográficas deste capítulo tanto o Instrumento de Avaliação de Cursos de Graduação (Brasil, 2006), como o Manual de Avaliação do Curso de Engenharia de Produção (Brasil, 2002b) elaborado por comissão extraordinária nomeada pelo MEC (Oliveira, 2005, p. 297).

De acordo com o SINAES (Brasil, 2002b e 2006), os cursos de graduação devem ser avaliados em três dimensões: organização didático-pedagógica, corpo docente e instalações (Quadro 2.10).

QUADRO 2.10 Dimensões Avaliadas nos Cursos de Engenharia de Produção

Dimensão	Categorias	Indicadores
1 – Organização didático-pedagógica	1.1 Administração acadêmica	1.1.1Coordenação do curso 1.1.2 Organização acadêmico-administrativa 1.1.3 Atenção aos discentes
	1.2 Projeto do curso	1.2.1 Concepção do curso 1.2.2 Currículo 1.2.3 Sistema de avaliação
	1.3 Atividades acadêmicas articuladas ao ensino de graduação	1.3.1 Participação dos discentes nas atividades acadêmicas 1.3.2 Estágio curricular supervisionado 1.3.3 Trabalhos de final de curso
2 – Corpo docente	2.1 Formação acadêmica e profissional	2.1.1 Titulação dos docentes com especialização na área 2.1.2 Experiência profissional 2.1.3 Adequação da formação
	2.2 Condições de trabalho	2.2.1 Regime de trabalho 2.2.2 Plano de carreira e ações de capacitação 2.2.3 Estímulos (ou incentivos) profissionais 2.2.4 Dedicação ao curso 2.2.5 Relação alunos/docente 2.2.6 Relação disciplinas/docente
	2.3 Atuação e desempenho acadêmico e profissional	2.3.1 Publicações e artigos em periódicos científicos 2.3.2 Produções intelectuais, técnicas, pedagógicas, artísticas e culturais 2.3.3 Atividades relacionadas ao ensino de graduação 2.3.4 Atuação nas atividades acadêmicas e atuação dos docentes em sala de aula
3 - Instalações	3.1 Instalações gerais	3.1.1 Espaço físico e salas de aula 3.1.2 Equipamentos e acesso a equipamentos de informática pelos docentes 3.1.3 Serviços de manutenção e conservação das instalações físicas

(Continua)

Dimensão	Categorias	Indicadores
	3.2 Biblioteca	3.2.1 Espaço físico e instalações para o acervo 3.2.2 Acervo de livros e periódicos 3.2.3 Serviços e horário de funcionamento
	3.3 Instalações e laboratórios específicos	3.3.1 Laboratórios de apoio ao ensino de conteúdos básicos 3.3.2 Laboratórios de apoio ao ensino de conteúdos profissionalizantes gerais 3.3.3 Laboratórios de apoio ao ensino de conteúdos profissionalizantes específicos

Fonte: Brasil (2002b e 2006).

De forma semelhante, Jaraiedi e Ritz (1994, p. 34-35) afirmam que o primeiro passo para configurar a educação como um sistema é abordá-la como um processo de produção. O processo educacional pode ser decomposto em três partes: entradas, sistema educacional e saídas. As entradas são: alunos, faculdade, corpo de professores, funcionários, financiamento, instalações e metas da universidade. Os principais aspectos do sistema educacional são: treinamento de todas as pessoas, métodos de ensino, aprendizagem, orientação aos alunos, aconselhamento, tutoria e outros modos de auxílio adicional aos alunos, avaliações que levem à promoção e mandatos, serviços de secretaria, políticas e práticas da infraestrutura e regulamentação. As saídas são: avaliação do perfil dos egressos pelos empregadores, percentual dos alunos formados *versus* alunos ingressantes nos cursos, avaliação dos ex-alunos, colocação e progressão no mercado de trabalho, educação continuada e ingresso dos alunos em programas de pós-graduação.

Koksal e Egitman (1998, p. 641) reforçam a importância de se tratar uma lista completa de exigências do projeto de sistemas educacionais (Quadro 2.11).

Oliveira (2005, p. 303) observa que cabem aperfeiçoamentos na avaliação de cursos do SINAES a serem realizados com o objetivo de criar uma instrução verdadeira para corrigir falhas e melhorar os cursos e, dessa forma, viabilizar um crescimento quantitativo dos cursos de Engenharia de Produção, sem se perder de vista a qualidade.

Uma fonte que os interessados em cursos de graduação e de pós-graduação buscam é o *Guia do Estudante* da Editora Abril. Essa publicação fornece informação sobre a qualidade de cursos de graduação, de pós-graduação e de universidades (Guia do Estudante, 2007). Essa avaliação da qualidade é disponibilizada ao público após um amplo e longo processo de levantamento e análise de dados semelhantes aos mencionados anteriormente.

O primeiro elemento importante que se deve analisar em um curso, de graduação ou de pós-graduação, são seus objetivos, que podem ser traduzidos como o perfil dos profissionais que se pretende formar. Esse perfil pode ser entendido como o conjunto de competências e habilidades a serem desenvolvidas, como as propostas pelas Diretrizes Curriculares para os cursos de Engenharia (Brasil, 2002a). Esses objetivos representam também a qualificação que as pessoas desejam obter na universidade.

QUADRO 2.11 Exigências do Projeto de Sistemas Educacionais

Projeto do Currículo	Instalações e Equipamentos	Membros da Faculdade	Ensino e Aconselhamento
• Disciplinas necessárias • Disciplinas optativas • Pré-requisitos • Total de créditos • Experiência na indústria (estágio e experiências em empresas juniores e organizações dos alunos)	• Computadores e rede de trabalho • Laboratórios • Outros equipamentos eletrônicos (TV, vídeo, audio, máquinas copiadoras etc.) • Salas de aula • Biblioteca • Lanchonete e cantinas • Dormitórios • Estacionamentos	• Tempo de dedicação • Motivação • Credenciais	• Tamanho das salas • Domínio de computadores • Trabalho em equipe • Estilos de ensino • Exames • Seminários e conferências • Programação das disciplinas • Abordagens multidisciplinares para problemas da vida real • Aconselhamento
Pesquisa	**Administração**	**Vida Estudantil**	**Outros Programas**
• Publicações • Projetos industriais • Pesquisa científica	• Orçamento • Filosofia do departamento • Administradores	• Organizações estudantis • Atividades extracurriculares e sociais	• Estudos de pós-graduação • Programas pré-universitários • Programas internacionais • Programas interdisciplinares

Fonte: Koksal e Egitman (1998, p. 641).

A ABET (2007), organização norte-americana que avalia e reconhece cursos de Engenharia, exige que eles tenham:

- Objetivos educacionais detalhados e publicados que sejam consistentes com a instituição e seus critérios.
- Um processo baseado nas necessidades dos vários elementos e dimensões, como os apresentados no Quadro 2.10, em que os objetivos são determinados e periodicamente avaliados.

Assim, é importante mostrar como as várias dimensões e elementos dos cursos que formam a complexidade das universidades (Figura 2.1) contribuem para atingir esses objetivos. Nos projetos, ou *self-study report*, dos cursos de graduação em Industrial Engineering da University of Rhode Island (2007, p. 31) e da Worcester Polytechnic Institute (2007) apresenta-se, com detalhes, a integração entre os objetivos dos cursos e seus elementos e dimensões.

Outro ponto a ser analisado é o currículo do curso, ou seja, o conjunto das disciplinas a ser cursado pelos alunos, que é mais rígido na graduação e mais flexível na pós-graduação. Na grande maioria dos *sites* dos cursos acessáveis via Internet ob-

tém-se um resumo ou ementa do programa das disciplinas, embora o recomendado seja a apresentação do programa completo, como no caso do sistema de graduação da USP (2007b).

Ao analisar um programa de disciplina, ou *syllabus* de um *course*, cabe verificar se:

- A disciplina e seus tópicos estão associados aos objetivos do curso ou às competências a serem desenvolvidas pelos alunos.
- A bibliografia da disciplina é apresentada e consta no acervo bibliográfico da biblioteca da faculdade ou da escola de Engenharia.
- Os métodos de ensino, tais como aula expositiva, seminários, exercícios, projetos e os instrumentos de avaliação estão claramente apresentados para a disciplina como um todo e para tópicos específicos.
- As aulas e práticas de laboratório estão apresentadas. Seria interessante visitar o *site* dos laboratórios para verificar quais disciplinas são atendidas e com quais práticas.
- Os professores que ministram as disciplinas têm capacidade e afinidade para ministrá-las. E, para isso, seria conveniente acessar o *curriculum vitae* do responsável pela disciplina na Plataforma Lattes do CNPq (Brasil, 2007c) e verificar suas áreas de atuação.

Ainda que somente as ementas das disciplinas sejam oferecidas nos *sites* dos cursos, vale investigar os vários aspectos de um curso de graduação ou de pós-graduação em Engenharia de Produção, ou seja, o acervo bibliográfico, os laboratórios, os currículos dos professores apresentados na Plataforma Lattes do CNPq (Brasil, 2007c), os métodos de ensino e os instrumentos de avaliação, para determinar a qualidade das disciplinas.

A escola ou faculdade de Engenharia é o centro de um curso de graduação em Engenharia. Ela deve ter capacidade suficiente e competências para cobrir todas as áreas curriculares do programa de um curso de graduação em Engenharia. Salas de aula, laboratórios, equipamentos, *softwares*, professores, livros e periódicos devem ser adequados para se atingir os objetivos das disciplinas dos cursos de graduação e de pós-graduação, fornecendo um ambiente propício à aprendizagem. Para os cursos de graduação em Engenharia obterem o reconhecimento da ABET, eles precisam comprovar o apoio institucional da faculdade e da universidade no que se refere a recursos financeiros, que devem ser suficientes para adquirir, manter e operar as instalações e os equipamentos (ABET, 2007).

Para a ABET (2007), deve haver coerência entre os objetivos dos cursos e a visão e missão dos departamentos. Como essa exigência ainda não é realizada no Brasil, algumas poucas práticas existem.

É de grande importância a orientação aos alunos, a qual passa a ser um novo item da avaliação de cursos em Engenharia no Brasil (Brasil, 2006), e se constitui uma exigência para reconhecimentos de cursos pela ABET (2007). De acordo com esta organização, a instituição deve avaliar o desempenho dos estudantes, aconselhá-los em questões curriculares e de carreira profissional, monitorar seu progresso a fim de orientá-los na obtenção de bons resultados e, dessa forma, possibilitar que atinjam os objetivos do curso.

Outro fato a ressaltar é a presença dos ex-alunos – *alumni* –, nos *sites* dos cursos estrangeiros. Eles podem contribuir para a definição e avaliação de objetivos de um curso, como ocorre no projeto de curso de graduação em Industrial Engineering da University of Rhode Island (2007). Um *site* de ex-alunos pode também colaborar para mostrar os resultados positivos de colocação de estudantes no mercado de trabalho e, consequentemente, aumentar a autoestima dos atuais alunos.

As atividades extracurriculares também devem ser valorizadas e estar ligadas aos objetivos de um curso de graduação em Engenharia de Produção.

Badiru e Baxi (1994, p. 67) afirmam que se pode promover a interdisciplinaridade em projetos industriais em que estudantes de mais de um departamento acadêmico participam. Isso facilita o compartilhamento de visões de diferentes ângulos. Nota-se essa interdisciplinaridade de projetos no Mechanical and Industrial Engineering Club da University of Minnesota Duluth (2007b). Exemplo semelhante no Brasil, na equipe EESC-USP Fórmula SAE, é apresentado por Franciosi (2006).

Nos *sites* de laboratórios e cursos estrangeiros, há geralmente um item de iniciação científica ou *undergraduate research*. No Brasil, isso vem se tornando mais comum. Nesses laboratórios, estimula-se a convivência de estudantes de graduação com pós-graduandos por meio de projetos temáticos compartilhados.

A intensificação do relacionamento dos alunos da graduação e da pós-graduação com a comunidade externa à universidade é marcada por uma série de fatos. Os cursos estão mostrando onde seus alunos podem estagiar em *sites* de estágio. A realização de estudos no exterior em universidades conveniadas está sendo estimulada. As empresas juniores convidam os alunos ingressantes na graduação para comporem equipes de projetos. Os alunos organizam semanas de Engenharia de Produção com palestras, mesas-redondas, minicursos e visitas técnicas com apoio e patrocínio de empresas, como a realizada em São Carlos (SEMEP, 2007).

A pesquisa tem sido reforçada de várias maneiras nos cursos de graduação e de pós-graduação em Engenharia de Produção. Vários novos eventos científicos e congressos em Engenharia de Produção foram criados, além dos tradicionais Encontro Nacional de Engenharia de Produção – ENEGEP (ABEPRO, 2007) e Simpósio Brasileiro de Pesquisa Operacional (SOBRAPO, 2007), como: Encontro da Engenharia de Produção da UFRJ – Profundão (UFRJ, 2007d); Simpósio de Engenharia de Produção – SIMPEP (UNESP, 2007b); Encontro Mineiro de Engenharia de Produção – EMEPRO (UFJF, 2005); Congresso Brasileiro de Gestão do Desenvolvimento de Produto – CBGDP (IBGDP, 2007); Encontro Nacional sobre Gestão Empresarial e Meio Ambiente – ENGEMA (Centro Universitário Positivo, 2007); Encontro de Estudos sobre Empreendedorismo e Gestão de Pequenas Empresas – EGEP (UEM, 2005). Várias novas revistas científicas em Engenharia de Produção foram criadas: *Produção Online* (UFSC, 2007b); *Gestão Industrial* (UTFPR, 2007); *Pesquisa e Desenvolvimento de Engenharia de Produção* (UNIFEI, 2007b); *Gestão da Produção, Operações e Sistemas – Gepros* (UNESP, 2007c); *Product: Management and Development* (IBGDP, 2007b); *Ação Ergonômica* (UFRJ, 2007e), entre outras.

CONSIDERAÇÕES FINAIS

A evolução dos cursos de Engenharia de Produção foi marcada inicialmente pelo foco no conhecimento e na carga horária. Essa abordagem está evoluindo para a aplicação da noção de competências, entendidas como objetivos de um curso, aos cursos de Engenharia de Produção. Além dessa tendência, está se iniciando uma fase em que as especificidades institucionais viabilizadoras dos objetivos dos cursos de graduação e de pós-graduação são tratadas com grande atenção (Figura 2.1). O grande desafio deste momento é ter a capacidade de tratar a complexidade institucional dos cursos e atingir uma integração sistêmica desses vários elementos.

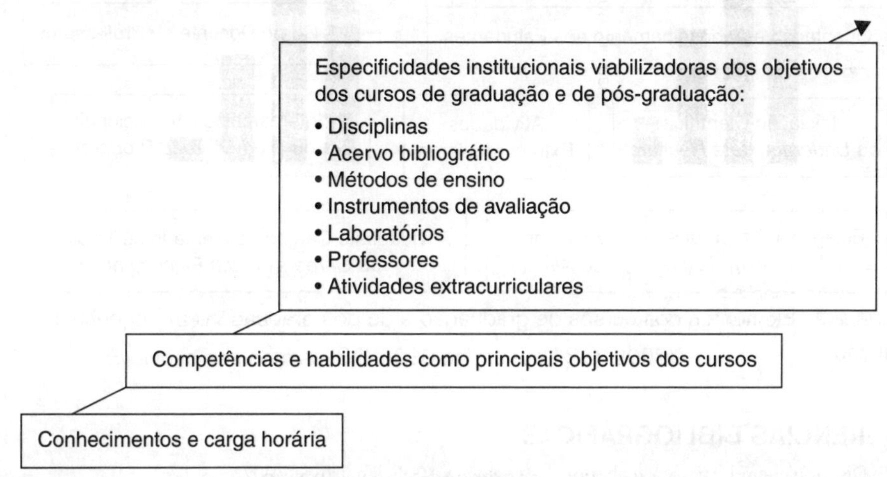

FIGURA 2.1 Evolução dos cursos de graduação e de pós-graduação em Engenharia de Produção.

Recomenda-se complementar as avaliações prontas de cursos de Engenharia de Produção com uma análise dos elementos apresentados na Figura 2.2, atentando para a qualidade e integração das informações disponibilizadas nos *sites* de cursos.

Finalmente, é importante ressaltar que não existe um caminho único na formação acadêmica e na carreira profissional em Engenharia de Produção. Várias perspectivas e caminhos devem ser abertos para e pelos alunos de graduação e de pós-graduação. Cada pessoa deve planejar sua trajetória de acordo com sua vocação, interesse, motivação e oportunidades. Cursos de graduação e de pós-graduação, departamentos de Engenharia de Produção e universidades devem criar todas as condições para tornar possível a flexibilidade das carreiras profissionais aos seus alunos.

Esta leitura pode ainda ser complementada com filmes que apresentam a Engenharia de Produção, disponíveis nos *sites* da Texas A&M University (2007b) e da Escola Politécnica da USP (USP/EP, 2007c).

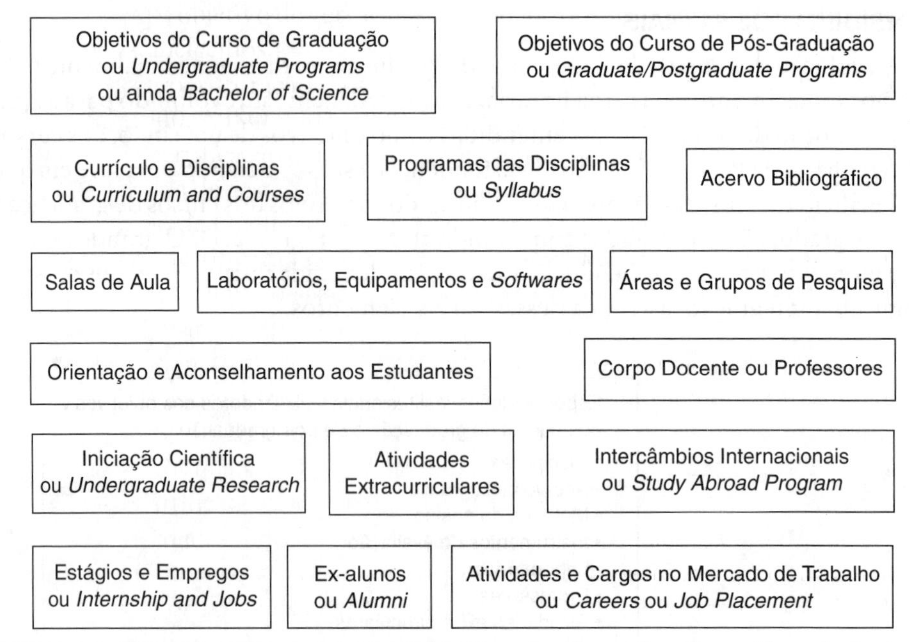

FIGURA 2.2 Elementos dos cursos de graduação e de pós-graduação em Engenharia de Produção.

REFERÊNCIAS BIBLIOGRÁFICAS

ABET. Disponível em http://www.abet.org/. Acesso em 10 de janeiro de 2007.

ASSOCIAÇÃO BRASILEIRA DE ENGENHARIA DE PRODUÇÃO – ABEPRO. *Proposta de diretrizes curriculares para cursos de graduação em Engenharia de Produção – 2001*. Piracicaba: ABEPRO, 2001. Disponível em http://www.ABEPRO.org.br/diretrizes.htm. Acesso em 23 de dezembro de 2002.

ASSOCIAÇÃO BRASILEIRA DE ENGENHARIA DE PRODUÇÃO – ABEPRO. *XXVII Encontro Nacional de Engenharia de Produção – ENEGEP*. Disponível em *http://www.ABEPRO.org.br/indexsub.asp?ss=8*. Acesso em 17de junho de 2007.

ARIZONA STATE UNIVERSITY. *Cursos de graduação*. Disponível em http://www.asu.edu/aad/catalogs/general/t-fse-industrial.html#49988. Acesso em 3 de julho de 2007.

BADIRU, A. B.; BAXI H. J. Industrial Engineering for the 21st century. *Industrial Engineering*, v. 26, n. 7, p. 66-68, Jul. 1994.

BRASIL. Senado Federal. Resolução nº 48/76 de 21 de junho de 1976. *Fixa os mínimos de conteúdo e de duração do curso de graduação em Engenharia e define suas áreas e habilitações*. LEX: Coletânea de legislação e jurisprudência, São Paulo.

BRASIL. Senado Federal. Parecer nº 860/77 de 10 de março de 1977. *Habilitação "Engenharia de Produção" do curso de Engenharia: projeto de resolução que fixa mínimos de conteúdo e duração*. LEX: Coletânea de legislação e jurisprudência, São Paulo.

BRASIL. Ministério da Educação – MEC – Conselho Nacional de Educação – Câmara de Ensino Superior. *Resolução CNE/CES, de 11 de março de 2002, que institui Diretrizes Curriculares para os cursos de graduação em Engenharia*. Brasília: MEC, 2002a. Disponível em http://www.mec.gov.br/. Acesso em 10 de janeiro de 2007.

BRASIL. Ministério da Educação – MEC – Instituto Nacional de Estudos e Pesquisas Educacionais Anísio Teixeira – INEP – Diretoria de Estatísticas e Avaliação da Educação Superior. *Manual de avaliação do curso de Engenharia de Produção*. Brasília: MEC, 2002b. Disponível em http://www.inep.gov.br/download/superior/2002/condicoes_ensino/ACE-ENG_PROD.pdf. Acesso em 10 de janeiro de 2007.

BRASIL. Ministério da Educação – MEC – Coordenação de Aperfeiçoamento de Pessoal de Nível Superior – CAPES. *Avaliação Trienal (dos Programas de Pós-Graduação) 2004a*. Disponível em

http://www.capes.gov.br/export/sites/capes/download/avaliacao/ AvTrienal2004_FinalPorArea.pdf. Brasília: MEC, 2004a. Acesso em 10 de janeiro de 2007.

BRASIL. Congresso Federal. Lei nº 10.861 de 14 de abril de 2004. *Institui o Sistema Nacional de Avaliação da Educação Superior – SINAES e dá outras Providências*. Brasília: Diário Oficial da União, 2004b. Disponível em http://www.inep.gov.br/download/superior/2004/Legislacao/LEI_n10861_14_4_04_SINAES.doc. Acesso em 16 de janeiro de 2007.

BRASIL. Ministério da Educação – MEC – Instituto Nacional de Estudos e Pesquisas Educacionais Anísio Teixeira – INEP. *Avaliação de cursos de graduação*: instrumento. Brasília: MEC, 2006. Disponível em http://www.inep.gov.br/download/condicoes_ensino/2006/instrumento_25_abril_2006.pd. Acesso em 10 de janeiro de 2007.

BRASIL. Ministério da Educação – MEC – Comissão Nacional de Avaliação da Educação Superior – INEP. *Cadastro das instituições da educação superior*. Brasília: MEC, 2007a. Disponível em http://www.educacaosuperior.inep.gov.br/. Acesso em 3 de junho de 2007.

BRASIL. MEC – CAPES. *O portal brasileiro da informação científica*. Disponível em http://www.periodicos.capes.gov.br/portugues/index.jsp. Brasília: MEC, 2007b. Acesso em 10 de janeiro de 2007b.

BRASIL. Conselho Nacional de Desenvolvimento Científico e Tecnológico – CNPQ. *Plataforma Lattes:* base de dados de currículos e instituições das áreas de Ciência e Tecnologia. Brasília: CNPq, 2007c. Disponível em http://lattes.cnpq.br/index.htm. Acesso em 10 de janeiro de 2007.

CENTRO UNIVERSITÁRIO POSITIVO. *IX Encontro Nacional sobre Gestão Empresarial e Meio Ambiente*. Disponível em http://engema.unicenp.edu.br/. Acesso em 17 de junho de 2007.

CLEMSON UNIVERSITY. *Laboratórios*. Disponível em *http://www.ces.clemson.edu/ie/research/labs/aqel.htm*. Acesso em 10 de janeiro de 2007.

CONRADSEN, N.; LYSTLUND, M. The vision of next generation manufacturing: how a company can start. *Integrated Manufacturing Systems*, v. 14, n. 4, p. 324-333, 2003.

FAÉ, C. S.; RIBEIRO, J. L. D. Um retrato da Engenharia de Produção no Brasil. *Gestão Industrial*, v. 1, n. 3, p. 315-324, 2005.

FRANCIOSI, L. A. Empreendedorismo na equipe EESC-USP Fórmula SAE. In: SIMPÓSIO DE ENGENHARIA DE PRODUÇÃO – SIMPEP, 13., 2006, Bauru. *Anais*... Bauru, SIMPEP, v. 1, p. 1-9, 2006.

FURLANETTO, E. L.; MALZAC NETO, G.; NEVES, C. P. Engenharia de Produção no Brasil: reflexões acerca da atualização dos currículos dos cursos de graduação. *Gestão Industrial*, v. 2, n. 4, p. 38-50, 2006.

GUIA DO ESTUDANTE. *Publicações*. Disponível em *http://guiadoestudante.abril.com.br/aberto/pub/*. Acesso em 17 de junho de 2007.

HELSINKI UNIVERSITY OF TECHNOLOGY. *Laboratórios*. Disponível em http://www.tuta.hut.fi/units/Teta/TETA_E.php. Acesso em 10 de janeiro de 2007.

INSTITUTO BRASILEIRO DE GESTÃO DE DESENVOLVIMENTO DO PRODUTO – IBGDP. *6º Congresso Brasileiro de Gestão de Desenvolvimento de Produto – CBGDP*. Disponível em http://www.centroedata.com/6cbgdp/. Acesso em 17 de junho de 2007a.

INSTITUTO BRASILEIRO DE GESTÃO DE DESENVOLVIMENTO DO PRODUTO – IBGDP. *Revista Product: Management & Development*. Disponível em http://pmd.hostcentral.com.br/. Acesso em 17 de junho de 2007b.

IOWA STATE UNIVERSITY. *Cursos de graduação*. Disponível em http://www.iastate.edu/~catalog/2001-03/curric/eng-ind.htm. Acesso em 10 de janeiro de 2007.

JARAIEDI, M.; RITZ, D. Total quality management applied to Engineering education. *Quality Assurance in Education*, v. 2, n. 1, p. 32-40, 1994.

KOKSAL, G.; EGITMAN, A. Planning and design of Industrial Engineering education quality. *Computers and Industrial Engineering*, v. 35, n. 3-4, p. 639-642, 1998.

KUO, W.; DEUERMEYER, B. *The IE curriculum revisited: developing a new undergraduate program at Texas A&M University. IIE Solutions*, v. 30, n. 6, p. 16-22, 1998.

MISSISSIPI STATE UNIVERSITY. *Laboratórios*. Disponível em http://www.ise.msstate.edu/. Acesso em 10 de janeiro de 2007.

MONTANA STATE UNIVERSITY. *Cursos de graduação*. Disponível em http://www.montana.edu/wwwcat/programs/mie.htm. Acesso em 10 de janeiro de 2007.

NORTH CAROLINA STATE UNIVERSITY. *Cursos de graduação*. Disponível em http://www.ncsu.edu/registrar/curricula/engineering/14ie.html. Acesso em 10 de janeiro de 2007.

OHIO STATE UNIVERSITY. *Laboratórios*. Disponível em http://www-iwse.eng.ohio-state.edu/research_labs.cfm. Acesso em 10 de janeiro de 2007.

OKLAHOMA STATE UNIVERSITY. *Cursos de graduação*. Disponível em http://www.okstate.edu/ceat/iem/neweb/home/. Acesso em 15 de janeiro de 2007.

OLIVEIRA, V. F. A avaliação dos cursos de Engenharia de Produção. *Gestão Industrial*, v. 1, n. 3, p. 293-304, 2005. Disponível em http://www.pg.cefetpr.br/ppgep/revista/. Acesso em 10 de janeiro de 2007.

PONTIFÍCIA UNIVERSIDADE CATÓLICA DO RIO DE JANEIRO – PUC/RJ. *Cursos de graduação*. Disponível em http://sphere.rdc.puc-rio.br/ensinopesq/ccg/eng_producao.html#epr. Acesso em 10 de janeiro de 2007a.

PONTIFÍCIA UNIVERSIDADE CATÓLICA DO RIO DE JANEIRO – PUC/RJ. *Áreas de pesquisa*. Disponível em http://www.ind.puc-rio.br/index.html. Acesso em 10 de janeiro de 2007b.

PURDUE UNIVERSITY. *Laboratórios*. Disponível em https://engineering.purdue.edu/IE/Research/CentersLabs. Acesso em 10 de janeiro de 2007.

SANTOS, F. C. A. Potencialidades de mudanças na graduação em Engenharia de Produção geradas pelas diretrizes curriculares. *Produção*, v. 13, n. 1, p. 26-39, 2003.

SANTOS, F. C. A.; CAMAROTTO, J. A. C.; ARAÚJO FILHO, T.; GERÓLAMO, M. C.; IWAMOTO, R. K. Necessidades de reformulação da legislação regulamentadora dos currículos de graduação em Engenharia de Produção. *Revista de Ensino de Engenharia* (ABENGE), v. 18, p. 11-17, 1997.

SCIENTIFIC ELECTRONIC LIBRARY ONLINE – SCIELO. *Revista Gestão & Produção*. Disponível em http://www.scielo.br/scielo.php/script_sci_serial/pid_0104-530X/lng_en/nrm_iso. Acesso em 6 de janeiro de 2007a.

SCIENTIFIC ELECTRONIC LIBRARY ONLINE – SCIELO. *Revista Pesquisa Operacional*. Disponível em http://www.scielo.br/scielo.php/script_sci_serial/pid_0101-7438/lng_en/nrm_iso. Acesso em 6 de janeiro de 2007b.

SCIENTIFIC ELECTRONIC LIBRARY ONLINE – SCIELO. *Revista Produção*. Acesso em http://www.scielo.br/scielo.php/script_sci_serial/pid_0103-6513/lng_en/nrm_iso. Acesso em 9 de janeiro de 2007c.

SEMANA DE ENGENHARIA DE PRODUÇÃO – SÃO CARLOS – SEMEP. *IV Semana de Engenharia de Produção – São Carlos*. Disponível em http://semep.com/semep/?f=n. Acesso em 17 de junho de 2007.

SOCIEDADE BRASILEIRA DE PESQUISA OPERACIONAL – SOBRAPO. *XXXIX Simpósio Brasileiro de Pesquisa Operacional*. Disponível em http://www.sobrapo.org.br/. Acesso em 17 de junho de 2007.

TEXAS A&M UNIVERSITY. *Cursos de graduação*. Disponível em http://www.tamu.edu/admissions/catalogs/06-07_UG_Catalog/look_engineering/indus_eng.htm. Acesso em 10 de janeiro de 2007a.

TEXAS A&M UNIVERSITY. Department of Industrial and Systems Engineering. *What is IE?* Disponível em http://ise.tamu.edu/. Acesso em 10 de janeiro de 2007b.

TEXAS TECH UNIVERSITY. *Laboratórios*. Disponível em http://www.depts.ttu.edu/ieweb/labs/main.php. Acesso em 19 de janeiro de2007.

UNIVERSIDADE DE SÃO PAULO – USP. *Biblioteca Digital de Teses e Dissertações*. Disponível em http://www.teses.usp.br. Acesso em 11 de janeiro de 2007a.

UNIVERSIDADE DE SÃO PAULO – USP. *Júpiter web: sistema de graduação*. Disponível em http://sistemas1.usp.br:8080/jupiterweb/. Acesso em 16 de janeiro de 2007b.

UNIVERSIDADE DE SÃO PAULO/ESCOLA DE ENGENHARIA DE SÃO CARLOS – USP/EESC. *Áreas de pesquisa*. Disponível em http://www.prod.eesc.sc.usp.br/producao/pos_graduacao/pos_areas_e_temas.htm. Acesso em 11 de janeiro de 2007a.

UNIVERSIDADE DE SÃO PAULO/ESCOLA DE ENGENHARIA DE SÃO CARLOS – USP/EESC. *Laboratórios*. Disponível em http://www.prod.eesc.sc.usp.br/producao/pos_graduacao/pos_infraestrutura.htm. Acesso em 11 de janeiro de 2007b.

UNIVERSIDADE DE SÃO PAULO/ESCOLA POLITÉCNICA – USP/EP. *Cursos de graduação*. Disponível em http://sistemas2.usp.br/jupiterweb/listarGradeCurricular?codcg=3&codcur=3082&codhab=0&tipo=N. Acesso em 10 de janeiro de 2007a.

UNIVERSIDADE DE SÃO PAULO/ESCOLA POLITÉCNICA – USP/EP. *Áreas de pesquisa*. Disponível em http://www.pro.poli.usp.br/pro. Acesso em 10 de janeiro de 2007b.

UNIVERSIDADE DE SÃO PAULO/ESCOLA POLITÉCNICA – USP/EP. Departamento de Engenharia de Produção. *Graduação: o Engenheiro de Produção*. Disponível em http://www.poli.usp.br/pro/. Acesso em 10 de janeiro de 2007c.

UNIVERSIDADE ESTADUAL DE MARINGÁ – UEM. *IV Encontro de Estudos sobre Empreendedorismo e Gestão de Pequenas Empresas – EGEP*. Disponível em http://www.uel.br/eventos/egepe/egepebr/. Acesso em 17 de junho de 2007.

UNIVERSIDADE ESTADUAL PAULISTA JÚLIO DE MESQUITA FILHO – UNESP. *Biblioteca Digital da UNESP*. Disponível em<http://www.biblioteca.unesp.br/bibliotecadigital. Acesso em 10 de janeiro de 2007a.

UNIVERSIDADE ESTADUAL PAULISTA JÚLIO DE MESQUITA FILHO – UNESP. Faculdade de Engenharia de Bauru. *XIV Simpósio de Engenharia de Produção – SIMPEP*. Disponível em http://www.simpep.feb.unesp.br/. Acesso em 17 de junho de 2007b.

UNIVERSIDADE ESTADUAL PAULISTA JÚLIO DE MESQUITA FILHO – UNESP. Faculdade de Engenharia de Bauru. *Revista Gestão da Produção, Operações e Sistemas– GEPROS*. Disponível em http://www.feb.unesp.br/dep/. Acesso em 16 de janeiro de 2007c.

UNIVERSIDADE FEDERAL DE ITAJUBÁ – UNIFEI. Engenharia de Produção. *Projeto final de graduação e estágio supervisionado*. Disponível em http://www.epr.unifei.edu.br/td.htm. Acesso em 11 de janeiro de 2007a.

UNIVERSIDADE FEDERAL DE ITAJUBÁ – UNIFEI. *Revista Pesquisa & Desenvolvimento Engenharia de Produção*. Disponível em http://www.revista-ped.unifei.edu.br/. Acesso em 16 de janeiro de 2007b.

UNIVERSIDADE FEDERAL DE JUIZ DE FORA – UFJF. *I Encontro Mineiro de Engenharia de Produção – EMEPRO 2005*. Disponível em http://www.producao.ufjf.br/emepro/projeto.htm. Acesso em 17 de junho de 2007.

UNIVERSIDADE FEDERAL DE MINAS GERAIS – UFMG. *Cursos de graduação*. Disponível em http://www.dep.ufmg.br/graduacao/grade.html. Acesso em 10 de janeiro de 2007a.

UNIVERSIDADE FEDERAL DE MINAS GERAIS – UFMG. *Áreas de pesquisa*. Disponível em http://www.dep.ufmg.br/pos. Acesso em 10 de janeiro de 2007b.

UNIVERSIDADE FEDERAL DE MINAS GERAIS – UFMG. *Laboratórios*. Disponível em http://www.dep.ufmg.br/labs/index.html. Acesso em 10 de janeiro de 2007c.

UNIVERSIDADE FEDERAL DE PERNAMBUCO – UFPE. *Cursos de graduação*. Disponível em http://www.ufpe.br/ppge. Acesso em 10 de janeiro de 2007a.

UNIVERSIDADE FEDERAL DE PERNAMBUCO – UFPE. *Áreas de pesquisa*. Disponível em http://www.ufpe.br/ppgep. Acesso em 10 de janeiro de 2007b.

UNIVERSIDADE FEDERAL DE SANTA CATARINA – UFSC. *Banco de Teses e Dissertações*. Disponível em http://teses.eps.ufsc.br/. Acesso em 11 de janeiro de 2007a.

UNIVERSIDADE FEDERAL DE SANTA CATARINA – UFSC. *Revista Produção Online*. Disponível em http://www.producaoonline.ufsc.br/. Acesso em 16 de janeiro de 2007b.

UNIVERSIDADE FEDERAL DE SÃO CARLOS – UFSCAR. *Áreas de pesquisa*. Disponível em http://www.ppgep.dep.ufscar.br/areaPesquisa.php. Acesso em 10 de janeiro de 2007a.

UNIVERSIDADE FEDERAL DE SÃO CARLOS – UFSCAR. *Laboratórios*. Disponível em http://www.dep.ufscar.br/grupos.php. Acesso em 10 de janeiro de 2007b.

UNIVERSIDADE FEDERAL DE SÃO CARLOS – UFSCAR. *Biblioteca Digital de Teses e Dissertações*. Disponível em http://www.bdtd.ufscar.br/tde_busca/index.php. Acesso em 10 de janeiro de 2007c.

UNIVERSIDADE FEDERAL DO RIO DE JANEIRO – UFRJ. *Áreas de pesquisa*. Disponível em http://www.producao.ufrj.br/area_apit.htm. Acesso em 10 de janeiro de 2007a.

UNIVERSIDADE FEDERAL DO RIO DE JANEIRO – UFRJ. *Laboratórios*. Disponível em http://www.producao.ufrj.br/apresentacao_laboratorios.htm. Acesso em 10 de janeiro de 2007b.

UNIVERSIDADE FEDERAL DO RIO DE JANEIRO – UFRJ. Grupo de Produção Integrada. *Produção acadêmica: projetos fim de curso*. Disponível em http://www.gpi.ufrj.br/index.html. Acesso em 10 de janeiro de 2007c.

UNIVERSIDADE FEDERAL DO RIO DE JANEIRO – UFRJ. *Profundão: 11º Encontro de Engenharia de Produção da UFRJ*. Disponível em http://www.profundao.org/oqueeh.htm. Acesso em 10 de janeiro de 2007d.

UNIVERSIDADE FEDERAL DO RIO DE JANEIRO – UFRJ. Grupo de Ergonomia e Novas Tecnologias. *Revista Ação Ergonômica*. Disponível em http://coppe.ergonomia.ufrj.br/revistaonline/. Acesso em 16 de janeiro de 2007e.

UNIVERSIDADE FEDERAL DO RIO GRANDE DO SUL – UFRGS. *Perfil do egresso*. Disponível em http://www.producao.ufrgs.br/interna.asp?cod_ctd=295&cod_tipo=8&codmenu=264. Acesso em 17 de junho de 2007a.

UNIVERSIDADE FEDERAL DO RIO GRANDE DO SUL – UFRGS. *Cursos de graduação*. Disponível em http://www1.ufrgs.br/graduacao/xInformacoesAcademicas/curriculo.php?CodHabilitacao=75&CodCurriculo=211&sem=2006022. Acesso em 10 de janeiro de 2007b.

UNIVERSIDADE FEDERAL DO RIO GRANDE DO SUL – UFRGS. *Áreas de pesquisa*. Disponível em http://www.producao.ufrgs.br/areas_concentracao.asp. Acesso em 10 de janeiro de 2007c.

UNIVERSIDADE FEDERAL DO RIO GRANDE DO SUL – UFRGS. *Laboratórios*. Disponível em http://www.engenharia.ufrgs.br/index.asp?cod_ctd=272&tipo=conteudo&item =Laboratories. Acesso em 10 de janeiro de 2007d.

UNIVERSIDADE FEDERAL DO RIO GRANDE DO SUL – UFRGS. *Biblioteca Digital de Teses e Dissertações*. Disponível em www.biblioteca.ufrgs.br/bibliotecadigital/. Acesso em 10 de janeiro de 2007e.

UNIVERSIDADE FEDERAL FLUMINENSE – UFF. *Cursos de graduação*. Disponível em http://www.vestibular.uff.br/fluxogramas/UFF-EngenhariadeProdução-Niterói.PDF. Acesso em 10 de janeiro de 2007a.

UNIVERSIDADE FEDERAL FLUMINENSE – UFF. *Áreas de pesquisa*. Disponível em http://www.producao.uff.br/pos/linhasdepesquisa.html. Acesso em 17 de junho de 2007b.

UNIVERSIDADE METODISTA DE PIRACICABA – UNIMEP. *Áreas de pesquisa*. Disponível em http://www.unimep.br/phpg/posgraduacao/stricto/engproducao/s_ep.php?arq =sep_4.htm Acesso em 8 de janeiro de 2007a.

UNIVERSIDADE METODISTA DE PIRACICABA – UNIMEP. *Laboratórios*. Disponível em http://www.unimep.br/feau/laboratorios. Acesso em 8 de janeiro de 2007b.

UNIVERSIDADE TECNOLÓGICA FEDERAL DO PARANÁ – UTFPR. *Revista Gestão Industrial*. Disponível em http://www.pg.cefetpr.br/ppgep/revista/. Acesso em 16 de janeiro de 2007.

UNIVERSITY AT BUFFALO: THE STATE UNIVERSITY OF NEW YORK. Disponível em http://www.ie.buffalo.edu/research-facilities.shtml#ant. Acesso em 10 de janeiro de 2007.

UNIVERSITY OF ILLINOIS AT URBANA-CHAMPAIGN. *Cursos de graduação*. Disponível em http://www.courses.uiuc.edu/cis/programs/urbana/2006/spring/undergrad/engin/ ind_engin.html. Acesso em 10 de janeiro de 2007.

UNIVERSITY OF MINNESOTA DULUTH. *Laboratórios*. Disponível em http://www.d.umn.edu/mie/BSIE/labs.htm. Acesso em 10 de janeiro de 2007a.

UNIVERSITY OF MINNESOTA DULUTH. *Mechanical and Industrial Engineering Club*. Disponível em http://www.d.umn.edu/~mieclub/Projects.html. Acesso em 10 de janeiro de 2007b.

UNIVERSITY OF RHODE ISLAND. *Self-Study Report for BS in Industrial Engineering, Engineering Accreditation Commission*. Disponível em http://www.egr.uri.edu/ime/abet_ study/self_study.pdf. Acesso em 21 de dezembro de 2006.

UNIVERSITY OF TORONTO. *Laboratórios*. Disponível em http://www.mie.utoronto.ca/grad/ContactUs/directlabs.html#Research%20Lab. Acesso em 10 de janeiro de 2007.

WORCESTER POLYTECHNIC INSTITUTE. *Industrial Engineering Program Self Study Report for 2002-2003 Visit*. Engineering Accreditation Commission. Accreditation Board for Engineering and Technology, June 20, 2002. Disponível em http://www.mgt.wpi.edu/Undergraduate/IE/ABET/fullreport.pdf. Acesso em 8 de janeiro de 2007.

CAPÍTULO 3

GESTÃO DE OPERAÇÕES

Antonio Freitas Rentes
Departamento de Engenharia de Produção
Escola de Engenharia de São Carlos
Universidade de São Paulo

HISTÓRICO

Faz parte da natureza humana transformar coisas. Desde os tempos pré-históricos, a civilização humana tem convertido matérias-primas em produtos acabados. Este é um fenômeno que normalmente envolve uma série de elementos, entre eles um mínimo de coordenação e controle das atividades. Gerenciar essas operações, mesmo que de forma primária, faz parte também da natureza humana, uma vez que a civilização evoluiu por causa da especialização das atividades e do caráter colaborativo dos seus membros. Muito antes do surgimento dos termos "gestão" ou "engenharia de produção", o homem já procurava organizar os recursos para fazer seus produtos ou prestar serviços da forma mais racional possível.

Um dos registros mais antigos de produção gerenciada data de cerca de 5000 a.C. Monges sumérios já contabilizavam os seus estoques, empréstimos e impostos resultantes de suas transações comerciais (Sousa, 2004).

Apesar de outros indícios de gerenciamento por parte dos egípcios, romanos, gregos e chineses ao longo dos últimos milênios, a ciência de gestão de operações só aflorou de forma mais consistente e organizada a partir da Revolução Industrial, mais especificamente a partir de meados do século XIX. A partir daí, esse conhecimento se desenvolveu de forma exponencial. A Figura 3.1 ilustra o desenvolvimento desse conhecimento ao longo dos milênios.

O processo deixou de ser artesanal para ser industrial. Um processo industrial pode ser definido como um conjunto de decisões e ações planejadas para transformar matérias-primas em produtos com valor de mercado.

Frederick Taylor (1856–1915), considerado por muitos como o pai da Engenharia de Produção, foi talvez o primeiro a estudar sistematicamente o processo industrial de produzir e entender a clara separação entre o trabalho dos gerentes e o dos trabalhadores das linhas de produção. Ele considerava que os gerentes deveriam en-

Anos	Conceitos
2000	MRP e Produção Enxuta Linha de montagem e teorias da administração Inicio do "sistema americano de produção" (máquinas ferramentas e partes intercambiáveis) Revolução Industrial (especialização do trabalho)
	Gregos praticando especialização do trabalho com padronização de movimentos
0	
	Idéias de salário minimo e responsabilidade gerencial no Código de Hamurabi
2000AC	Chineses com um sistema de governo plenamente desenvolvido
4000AC	Egípcios usando conceitos básicos de planejamento, organização e controle do trabalho
5000AC	Monges sumérios fazendo contabilidade básica de estoques, empréstimos e taxas

FIGURA 3.1 Exemplo da evolução da gestão de operações ao longo dos milênios. (*Fonte:* Sousa, 2004.)

tender bem o processo produtivo. Caberia aos gerentes identificar as tarefas necessárias à produção, projetar o trabalho, dividir as tarefas entre os trabalhadores, definir os movimentos necessários a uma dada operação, definir o ritmo de produção e verificar se o trabalho estava saindo da forma como fora planejado. Por outro lado, ele entendia que restava aos operários a execução das operações planejadas, sem questionar ou modificar o planejamento detalhado feito pelos gerentes. Na sua forma de pensar, essa era simplesmente a melhor maneira como cada um executaria o trabalho para o qual estava mais qualificado, levando a uma maior eficiência da organização.

Isso representou um entendimento básico para a Engenharia de Produção: planejar o trabalho e executar o trabalho são tarefas distintas. Isso é extremamente importante: independentemente de as tarefas serem feitas por pessoas diferentes ou pela mesma pessoa, planejar antes de executar leva sem dúvida a uma maior eficiência, tornando o trabalho mais fácil e produtivo.

Taylor, no entanto, foi além da simples separação entre planejamento e execução. Ele separou essas atividades em cargos distintos. Sendo assim, na visão de Taylor, quem planeja não executa, e quem executa faz apenas o trabalho "braçal", não sendo responsável por qualquer planejamento. Isso foi um grande erro de Taylor que acabou se propagando e moldando toda a forma de pensar e de organizar o trabalho na indústria ocidental ao longo do século XX (Hoop & Spearman, 1996). Dentro dessa ótica desenvolveu-se toda a era da produção em massa, que teve como principal expoente Henry Ford.

Ford deu prosseguimento aos conceitos de divisão e especialização do trabalho formulados por Taylor, os quais deveriam levar a uma melhor utilização da mão de

obra e de todos os demais recursos produtivos. Ele levou a indústria em geral, a partir de experiências na indústria automobilística, a um nível de produtividade nunca antes imaginado. Esse modelo de separação do trabalho intelectual do trabalho braçal foi adequado para a situação inicial de indústria, quando não existia variação muito grande de produtos, permitindo uma padronização inicial das atividades que se mantinha ao longo do tempo.

A indústria, na época, tinha as seguintes características:

- *Longo ciclo de vida do produto*: um produto era projetado para ser produzido de forma inalterada por um longo período de tempo. Isso facilitava a definição das operações de cada operador, auxiliando a divisão entre o trabalho intelectual e o trabalho braçal.
- *Pouca diversidade de produto*: facilitava o projeto de uma linha rígida de produção, com máquinas especializadas fazendo atividades específicas.
- *Foco no preço, com pouca atenção* para a qualidade: os produtos eram simples, visando competir com os produtos artesanais, que eram mais sofisticados, mas muito mais caros.
- *Altos volumes e foco na economia de escala*: foco em produtos com menor preço e com menor margem de lucro individual, mas atingindo um mercado consumidor muito maior. Esse mercado, parcialmente composto por pessoas que antes não tinham acesso ao consumo, era muito menos exigente.

Pouco a pouco isso foi se alterando. A partir do momento em que a indústria não competia mais com a produção artesanal, mas entre si, o mercado começou a ter opções entre outros produtos industrializados e isso levou a uma nova situação de competição, que perdura até hoje. Algumas das novas características competitivas são:

- *Produtos com ciclo de vida mais curto e alta taxa de renovação de* mix *de produção*: a inovação tecnológica nos produtos é um dos principais fatores competitivos. Com isso, as indústrias tendem a fazer mudanças em suas linhas de produto com muito maior frequência. Isso provoca a necessidade de mudanças constantes nos equipamentos e nas linhas de produção.
- *Alta variedade de produtos*: a indústria atual não busca simplesmente atender ao mercado de forma genérica, mas sim cobrir todos os possíveis segmentos específicos de mercado. Com isso, criou-se uma variedade muito maior de produtos, orientados para esses diversos segmentos. Essa flexibilidade de oferta também se tornou um dos grandes fatores de competitividade das empresas.
- *Consumidores mais exigentes em termos de qualidade e atendimento rápido*: no mundo atual, não basta apenas produzir barato. Para ser competitiva, a indústria precisa produzir com qualidade e com prazos menores de entrega.
- *Aumento da oferta de artigos importados e preços altamente competitivos*: o mercado definitivamente está globalizado. Existe grande facilidade de se obter produtos do mundo inteiro. Logicamente, com isso, as empresas sofrem uma competição ainda maior, que as força a procurar maior eficiência e menor custo para os seus sistemas de produção. Isso, obviamente, se reflete nos preços, tornando-os cada vez menores.

Esses novos desafios levaram a novas formas de se pensar o processo de produção. Certamente o paradigma da produção em massa, da forma como foi concebido no início do século XX por Ford e outros pioneiros, não é mais adequado para as empresas atuais. Aparentemente, uma nova forma de pensar os sistemas produtivos começou a surgir na administração japonesa, a partir das décadas de 1950 e 1960. Essa nova forma de pensar o trabalho chegou mais fortemente ao Ocidente a partir da década de 1980 e início da de 1990 (Womack & Jones, 2003).

Os japoneses desenvolveram uma visão mais abrangente da gestão da produção. Eles perceberam que os trabalhadores mais operacionais devem constantemente fazer planejamento durante a execução do trabalho e que, por outro lado, os planejadores e gestores devem ter a experiência que a prática proporciona. Sendo assim, a empresa continua tendo gestores e planejadores, mas estes têm a função de planejar em um nível mais alto, indicando o que e quando deve ser produzido em termos de produtos finais, sem impor um detalhadamente de como o trabalho tem de ser realizado no chão de fábrica. Os executores do trabalho passam a ter mais responsabilidades sobre esse planejamento operacional. Sendo assim, o detalhamento e a padronização do trabalho são feitos de uma forma mais democrática e participativa, envolvendo tanto a gerência quanto os trabalhadores de chão de fábrica.

Essa nova forma de pensar vem sendo chamada de *produção enxuta*. Ela vem mudando a forma de se planejar e controlar a produção porque quebra significativamente o paradigma de um planejamento totalmente centralizado. A produção enxuta busca eliminar desperdícios, excluindo o que não tem valor para o cliente, dando maior velocidade às atividades da empresa. Como as empresas atualmente têm de dar respostas cada vez mais rápidas ao mercado, o modelo de produção enxuta criou essa flexibilidade permitindo que tomadas de decisões ocorram mais próximas das operações, ou seja, diretamente no chão de fábrica pelos próprios operadores.

Uma das principais características da produção enxuta é a existência de *trabalhadores multifuncionais e com autonomia para tomadas de decisões*. A ideia é tornar o trabalhador mais polivalente dentro do processo de produção, em vez de dedicado a uma única máquina ou processo e com mais autonomia para tomada de decisão, tanto sobre o processo de produção quanto sobre o planejamento das atividades dentro da célula. Uma boa parte das funções tradicionais de planejamento das operações vem sendo sistematicamente transferida para os executores da produção. Por exemplo, através de quadros que representam as quantidades de itens fabricados existentes em estoque, os trabalhadores podem decidir qual tipo de peça devem produzir, dentro de uma política já previamente estabelecida pela gerência, indicando quantidades mínimas e máximas permitidas para cada estoque de peças. Esse tipo de ação possibilita maior flexibilidade de produção às variações constantes de demanda e é bastante desejável nos sistemas de produção modernos. Isso envolve mudança na cultura e no comportamento das pessoas. Ela quebra o princípio de Taylor da divisão entre o trabalho intelectual e o trabalho braçal.

GESTÃO DE OPERAÇÕES

A gestão de operações corresponde ao conjunto das ações de planejamento, gerenciamento e controle das atividades operacionais necessárias à obtenção de produtos e serviços oferecidos ao mercado consumidor.

No que diz respeito a produtos, a gestão de operações compreende o planejamento e a gerência da manufatura de bens de capital (máquinas, ferramentas etc.) e de consumo (aviões, carros, móveis, alimentos, televisões, canetas etc.).

Quanto a serviços, é um tipo de produção que tem como principal característica a impossibilidade de formar estoques de produtos acabados (ninguém consegue estocar serviços), com o cliente consumindo à medida que o sistema vai produzindo. Nesses casos, um sistema de planejamento eficiente é vital. Convém destacar que, nessa situação, o sistema de produção deve ser capaz de atender a demanda conforme ela vai ocorrendo. Esta é uma situação em que há menos espaço para falhas. Também nesse caso a gestão de operações compreende o planejamento e a gerência das atividades necessárias para a obtenção de qualquer tipo de serviços, incluindo bancos, escolas, empresas de consultoria, empresas de telefonia, serviços de TV a cabo, fornecimento de energia etc.

Na verdade, atualmente existe uma distinção tênue entre manufatura e serviço, uma vez que quase toda a indústria de manufatura inclui serviços ao cliente. Por exemplo, quando se compra um automóvel, compra-se essencialmente um produto, mas com a garantia de que vai existir um serviço de atendimento ao cliente e de manutenção ao longo do período de uso desse automóvel. O mesmo ocorre para toda a indústria de bens de capital e para toda a indústria de bens de consumo. Mesmo na indústria de consumo mais imediato, como a indústria alimentícia, todos os consumidores hoje esperam contar com algum tipo de serviço de apoio ao cliente.

Pode-se dizer ainda que é um ideal da indústria de manufatura se aproximar do modelo da indústria de serviços, procurando produzir os produtos à medida que o consumidor faça o pedido. De qualquer forma, deve-se enfatizar que tanto a indústria de manufatura quanto a indústria de serviços demandam gestão de suas operações.

A gestão de operações pode ser definida de diferentes formas, da mais simples à mais complexa. Aqui será apresentada uma visão simplificada, compreendendo as seguintes funções: gestão da demanda, planejamento do negócio, planejamento operacional (envolvendo o planejamento das necessidades de materiais e de capacidade dos recursos) e controle da produção. A Figura 3.2 ilustra essas funções e seus relacionamentos.

A gestão de demanda é uma função de interface entre a produção e o mercado. Ela é uma função relacionada estreitamente com a área comercial da empresa, muitas vezes exercida pelo setor de vendas. Entre suas atividades clássicas estão as previsões de demanda a longo, médio e curto prazos, bem como a administração dos pedidos. Existem diversas técnicas de previsão de demanda. Elas podem ser baseadas no histórico de vendas ou em percepções que o setor de vendas tem do mercado consumidor. A função de gestão de demanda é extremamente importante porque é através das informações de demanda e dos pedidos efetivamente recebidos que a empresa vai saber como a produção deve ser planejada.

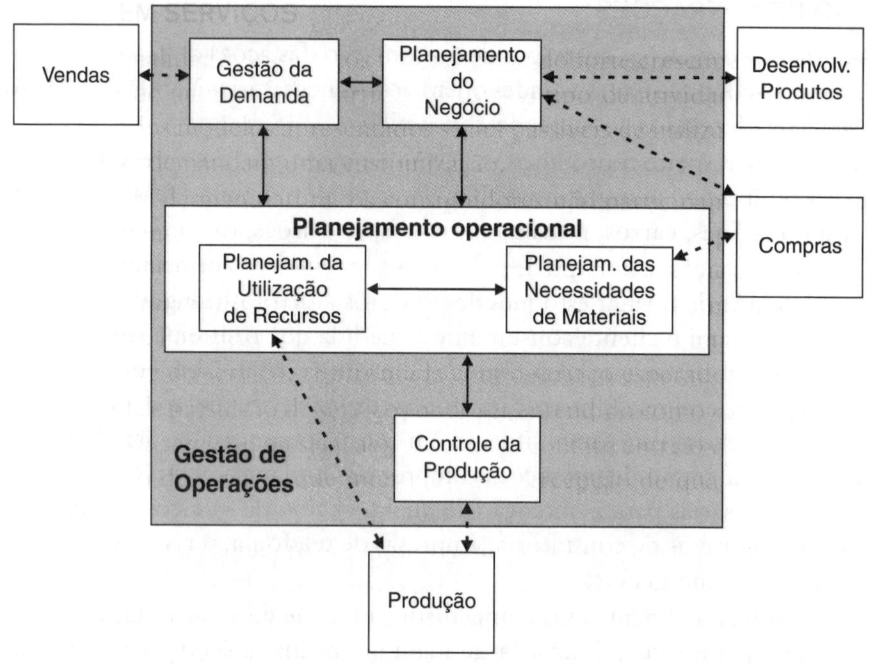

FIGURA 3.2 Funções e principais relacionamentos da gestão de operações.

A função gestão de demanda também participa da definição de política de preços e de promoção de produtos, procurando tornar a demanda da empresa mais estável, barata e fácil de ser produzida. Por exemplo, uma empresa pode manter a sua produção mais estável se mantiver sua demanda mais estável, estimulando a compra do produto em épocas de baixa, através de promoções e descontos, ou inibindo a compra em épocas de alta, elevando o preço do produto ou aumentando o prazo de entrega para o cliente.

O planejamento do negócio (também conhecido como planejamento estratégico) compreende a definição dos recursos de manufatura e de necessidades de materiais que a empresa necessitará no longo prazo. Isso significa definir, a partir de uma demanda prevista e da especificação dos produtos desenvolvidos, a quantidade de espaço físico, máquinas, equipamentos, mão de obra etc. necessária para executar a produção planejada. Também cabe a essa função definir quais peças e componentes serão fabricados internamente e quais serão comprados de terceiros (terceirizados), bem como o leiaute físico (definição de localização das fábricas e de localização dos equipamentos dentro das fábricas) do processo produtivo. Sendo assim, o planejamento do negócio auxilia na definição dos investimentos necessários ao processo produtivo, considerando a expectativa de demanda e o ciclo de vida do produto.

Essa função também atua na definição dos volumes de matéria-prima e componentes que vão ser comprados para atender à produção futura. Nessa fase são desenvolvidos ou definidos, junto com a área de compras da empresa, os fornecedores de materiais que atenderão à produção prevista e os fornecedores de serviços para as operações terceirizadas.

O planejamento operacional compreende as atividades de planejamento de utilização dos recursos de produção e as de planejamento das necessidades de materiais. Ele é um planejamento de curto prazo feito com base na demanda prevista mais imediata ou nos pedidos que já foram feitos pelos clientes. O planejamento operacional é responsável por definir exatamente como a demanda vai ser atendida pela produção. Ele indica quando e como cada produto e seus componentes serão efetivamente produzidos. Isso significa indicar detalhadamente como serão utilizadas as máquinas, a mão de obra necessária, os equipamentos etc. para a realização dessa produção.

O planejamento operacional é ainda responsável por definir quando e quanto de matéria-prima e componentes devem ser comprados para atender à produção. Ele é também responsável tanto pela definição de manutenção ou não de estoques de produtos acabados, de itens sendo processados e de matérias-primas e componentes, quanto pela definição dos níveis de volume desses estoques a serem mantidos para atender ao processo produtivo. Igualmente é responsável pela definição do sistema de controle e reposição de estoques.

O controle da produção compreende as funções de acompanhamento do processo produtivo e de entrega dos produtos. Ele é responsável por garantir que o sistema atenda adequadamente os clientes, permitindo a correção de falhas e desvios nos padrões estabelecidos. Sendo assim, o controle da produção monitora e avalia a produção, fornecendo *feedback* para o planejamento operacional. Essas informações permitem a atualização de dados que levam a um novo ciclo de planejamento.

Exemplo de Gestão de Operações

Vamos utilizar um exemplo para tornar mais claras as funções de gestão de operações. Imagine que você queira montar um negócio, digamos um *disk-pizza*. O disk-pizza é um modelo interessante porque ele tem funções claras de manufatura e de serviços ao mesmo tempo. O produto final tem de ser transportado, faturado e consumido logo após a produção. É também uma produção *assembly-to-order*, ou seja, montagem mediante ordem, que significa que os componentes massa, molho, ingredientes picados e temperos já estão prontos quando se recebe o pedido da *pizza,* faltando só fazer uma montagem, assar e embalar o produto para a entrega.

Esse tipo de produção vem sendo chamado também de *customização maciça*, uma vez que o produto é customizado (diferenciado para cada cliente), mas é feito em uma linha de produção, com processos padronizados. Não existe estoque de produto acabado, não existe geração de ordens de produção para todos os setores envolvidos, sendo cada pedido encaminhado diretamente para a montagem. Esses são elementos bem característicos do modelo de produção enxuta, e essa é uma situação altamente desejável para qualquer tipo de manufatura. Qualquer montadora, por exemplo, adoraria funcionar em um perfeito "padrão *disk-pizza*". A Figura 3.3 ilustra as atividades de planejamento e as atividades operacionais necessárias para o sistema do *disk-pizza*.

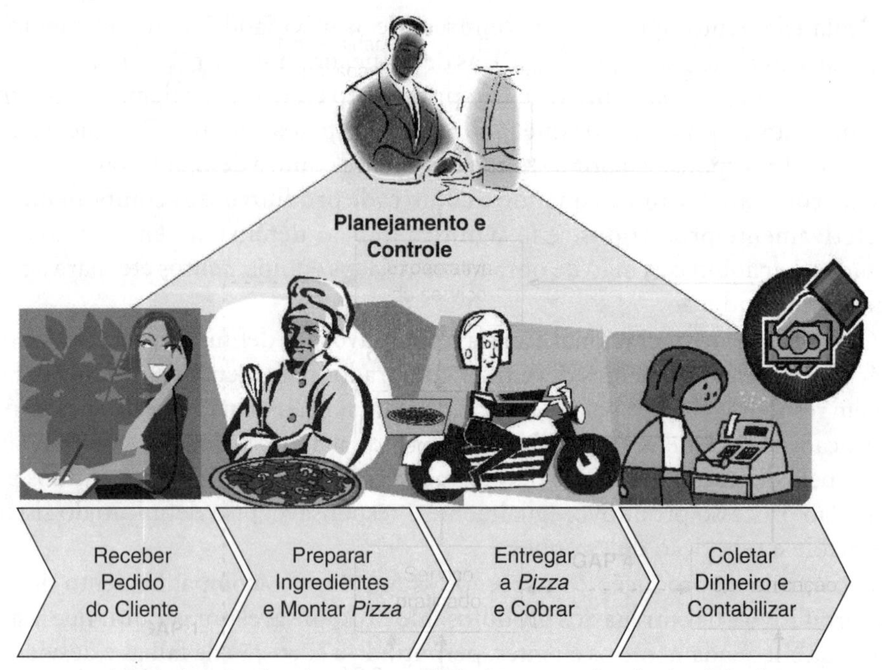

FIGURA 3.3 Atividades de planejamento e atividades operacionais do *disk-pizza*.

Neste exemplo serão apresentadas diversas questões que devem ser respondidas para garantir o sucesso do negócio. Boa parte dessas perguntas é comum a qualquer tipo de negócio. A Engenharia de Produção se propõe a respondê-las, e desenvolveu uma série de métodos, alguns mais técnicos e outros mais relacionados ao bom senso, para fazer isso. Não é objetivo deste capítulo mostrar essas técnicas de resolução, mas sim os tipos de perguntas, a complexidade e as análises que comumente ocorrem em cada etapa do processo.

Gestão da Demanda

Diversas coisas têm de ser feitas para se montar um *disk-pizza*. Inicialmente você tem de conhecer bem o mercado e saber se existe uma quantidade suficiente de clientes para mais um *disk-pizza*, considerando os concorrentes existentes. Em outras palavras: será que tem mercado para mais um *disk-pizza* na região? Se o mercado existe, qual o volume estimado de *pizzas* a serem vendidas por mês? Para montar um negócio sustentável, essas e outras questões têm de ser respondidas.

Suponhamos que a resposta quanto ao mercado seja positiva. O próximo passo é estimar a quantidade de *pizzas* que se pretende vender por mês. Essas definições são típicas da gestão da demanda.

Faz parte também das funções da gestão da demanda o gerenciamento dos pedidos das *pizzas* que serão feitos quando o negócio já estiver funcionando. As informações reais dos pedidos vão realimentar e eventualmente corrigir as previsões inicialmente feitas. Mas isso só vai acontecer quando o negócio já estiver em andamento. No entanto, vamos considerar que o negócio não está em funcionamento, mas ainda na fase de planejamento.

Planejamento do Negócio

Próxima coisa a ser feita: você tem de saber fazer *pizza*. Tem de desenvolver um cardápio de *pizzas* que vão estar disponíveis para os clientes no seu negócio. Esta é uma atividade de desenvolvimento de produtos associada ao planejamento do negócio. A empresa tem de ter a receita das *pizzas*, com a quantidade de ingredientes necessária para fabricá-las e dominar o processo de fabricação. Esse desenvolvimento de produto, no caso, é feito por *pizzaiolos* experientes que possam, além de desenvolver o produto, conduzir mais adiante o seu processo de fabricação das *pizzas*.

No planejamento do negócio, você vai ter de montar também uma estrutura de produção e de entrega das *pizzas*.

Vai ter de determinar, baseado na quantidade prevista de *pizzas* a serem fabricadas, qual a quantidade de recursos de fabricação, no caso fogões para fazer molho, mesas para preparação de massa e montagem das *pizzas* e fornos para assá-las. Uma quantidade inicial de pessoas necessária para a fabricação também vai ter de ser determinada. Isso vai depender daquela primeira estimativa de demanda mensal, feita anteriormente.

Para determinar essa quantidade de pessoas na produção também vai ser necessário ter um perfil da demanda ao longo do dia. Vai haver horário de pico na produção de *pizzas*? O atendimento, e consequentemente a produção, vai ser de 24 horas por dia? Sete dias por semana? Dependendo dessas respostas, você vai alocar certa quantidade de pessoas na produção, eventualmente variando nos horários de pico e nos finais de semana, quando presumivelmente mais *pizzas* serão comercializadas. Essa é uma atividade que fica na interface entre planejamento do negócio e planejamento operacional. A quantidade exata de pessoas necessárias vai depender de como a demanda vai se comportar de fato, quando o *disk-pizza* já estiver em operação. Essa atividade de previsão de curto prazo é uma atividade mais típica de planejamento operacional.

Como vai ser o leiaute, ou a disposição física dessa estrutura de produção? Você vai ter de pensar nisso, primeiro para caber todos os fogões, pias, bancadas e fornos necessários para a produção e, segundo, para ter um melhor desempenho das pessoas dentro dessa estrutura de produção. As pessoas não devem gastar energia nem perder tempo caminhando desnecessariamente dentro dessa cozinha. Esse leiaute tem de ser pensado de forma racional, levando em consideração também aspectos ergonômicos.

Além de tudo isso, considerando que é um *disk-pizza*, você vai ter de pensar em um sistema de atendimento telefônico para receber os pedidos dos clientes, cadastrar esses clientes e os endereços dos clientes, de forma a facilitar o atendimento nas próximas vezes. Da mesma forma que para a produção, você vai ter de ter gente treinada para fazer isso, determinando, de acordo com a previsão de demanda, qual a quantidade necessária de pessoas e linhas telefônicas.

A mesma lógica também serve para definir um sistema de entrega das *pizzas* aos clientes. Você vai ter de ter *motoboys* que entreguem as *pizzas*. Você vai ter de contratar uma quantidade de *motoboys* de acordo com sua previsão de demanda.

Além dessa estrutura de fabricação e entrega, você vai ter de montar um esquema de compra dos ingredientes básicos, de embalagens e de outros itens de consumo constante. Para isso, deve desenvolver os fornecedores. Você já deve ter desenvolvido embalagens e ter um esquema de fornecimento regular dessas embalagens junto a algum fornecedor. Obviamente, o mesmo se aplica aos ingredientes diretos utilizados nas *pizzas* e os itens indiretos utilizados na produção (por exemplo, madeira, se o forno é a lenha, uniformes para os atendentes e *pizzaiolos* etc.).

Finalmente, você vai precisar montar um sistema de recebimento de pagamento das *pizzas* e de contabilidade dos valores pagos pelos clientes. Além disso, é importante pensar em um sistema para computar tudo o que foi gasto, de forma a calcular o custo da operação e, consequentemente, o lucro do negócio. Isso ajudará você a identificar a quantidade de dinheiro, ou capital de giro, que precisará ficar estável no negócio. Será que é melhor manter o *disk-pizza* ou aplicar o dinheiro na caderneta de poupança ou outro investimento qualquer?

Isso completa, mais ou menos, o seu sistema de operação do *disk-pizza*. Existe uma infinidade de outras atividades estruturais para o funcionamento desse negócio, desde a obtenção do alvará de funcionamento junto à prefeitura, pagamento de impostos, planejar e fazer a propaganda necessária, fazer o pagamento dos seus funcionários etc. Mas vamos manter o exemplo simples e não vamos levar isso em consideração. Recapitulando o que foi aqui realçado:

- Processo de planejamento do sistema de *disk-pizza*.
- Definição da demanda (quantidades a serem produzidas).
- Identificação do processo de fabricação.
- Definição dos recursos de fabricação necessários.
- Definição de leiaute de produção.
- Definição do sistema de entrega.
- Definição do sistema de atendimento ao cliente.

Planejamento Operacional

Você vai ter de pensar na sua programação de produção de curto prazo. Qual vai ser a lógica de produção?

A montagem das *pizzas* vai ocorrer à medida que os pedidos vão entrando. Mas, para isso, você já deve ter preparado a massa que vai utilizar, o molho também já deve estar pronto e os demais ingredientes também. Então, você tem uma parte da sua produção que é feita mediante o pedido do cliente e uma parte que vai ser previamente produzida, de forma a já estar pronta quando o cliente pedir a *pizza*. Você poderia resolver iniciar a produção da massa e do molho cada vez que um cliente pedisse uma *pizza*, mas isso seria inviável, pois o cliente de um *disk-pizza* não vai querer esperar horas para que a *pizza* chegue à sua casa. Note que, se você estivesse montando um negócio de jantares para eventos e casamentos, já saberia com antecedência a quantidade de jantares, o cardápio preciso que deveria ser feito e, aí sim, poderia começar a fabricar cada jantar desde o início da fabricação dos componentes de acordo com o pedido do cliente.

Mas, sendo um *disk-pizza*, que presume entrega rápida, esses componentes (massa, molho e ingredientes) já devem estar prontos.

Neste ponto, uma questão impotante aparece: qual quantidade de massa deve ser produzida de cada vez? A mesma questão serve para o molho e os demais ingredientes. Considere que você vai produzir um lote de massa que vai ficar estocado, sendo consumido pouco a pouco a cada pedido. Qual quantidade você vai fabricar de cada vez? Quando você vai fabricar isso? Não seria bom ter de fabricar esses componentes durante o horário de pico, não é mesmo? Nesse horário você vai ter uma demanda maior e precisará de os *pizzaiolos* para montar e assar as *pizzas* pedidas. Outra questão: quem iria fabricar as massas e molhos? Seriam as mesmas pessoas que vão fazer a montagem e assar as *pizzas* ou você vai criar um time especial de ajudantes, que vão preparar a massa, molho e ingredientes?

A demanda vai variar ao longo da semana, com movimento mais intenso às sextas, sábados e domingos, por exemplo. Existe uma previsão inicial sobre isso, mas essa demanda deve ser medida ao longo do tempo para um dimensionamento mais correto dos recursos de produção. Ela também vai variar ao longo do dia, com movimento mais forte à noite. A Figura 3.4 ilustra essa variação ao longo da semana e ao longo do dia.

Considerando esses dias e horários de pico, vai ser necessário fazer uma escala de trabalho para os atendentes, *pizzaiolos* e *motoboys,* de forma a garantir o atendimento da demanda. Essa escala deve indicar quantas pessoas vão trabalhar em cada função ao longo da semana, de forma a cobrir as necessidades de cada período do dia, considerando picos de demanda ao longo do dia e ao longo da semana. Essa tabela de trabalho tem de mostrar claramente quais pessoas (recursos produtivos) vão estar em operação em dias e horários definidos. Ela deve ser feita considerando as folgas e pe-

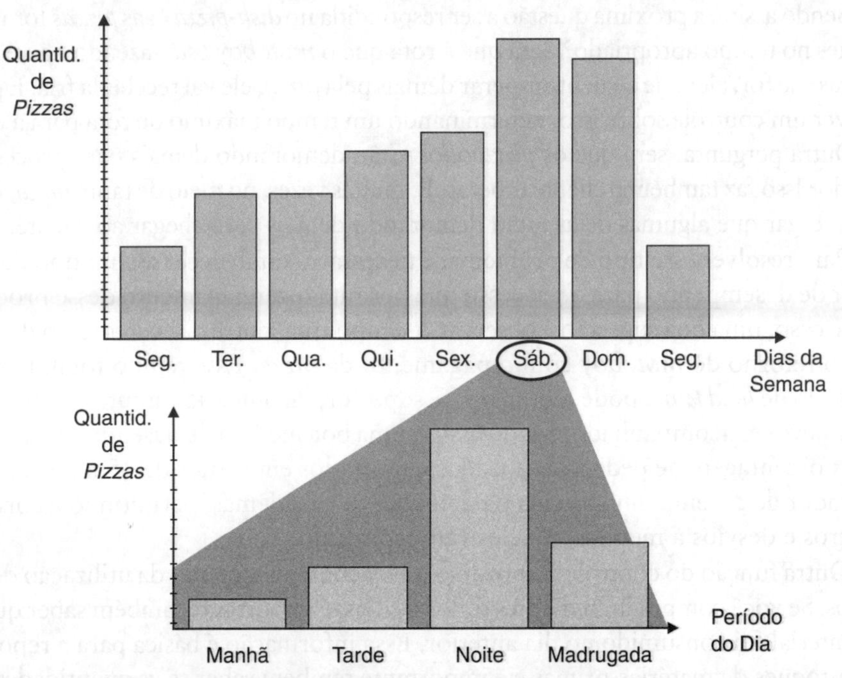

FIGURA 3.4 Distribuição das vendas de *pizza* ao longo da semana e ao longo do dia.

ríodos de férias. Esta é uma atividade típica de planejamento de utilização de recursos. Ela, na verdade, está na interface entre o planejamento dos recursos e o controle da produção, uma vez que também poderá ser usada para acompanhar a presença das pessoas nos horários previstos de trabalho.

Você vai ter de saber qual a quantidade e qual a frequência de compra de cada ingrediente. É necessário saber quais os melhores fornecedores e desenvolver uma forma de controle que garanta que não vai faltar nenhum item durante o atendimento do cliente. Você também vai querer ter a quantidade certa de itens em estoque, de forma a não ter que empatar muito dinheiro nesse estoque e não ter deterioração dos ingredientes. Para isso, será necessário definir níveis adequados de estoques de matéria-prima e de itens já processados (molhos, massas, queijo ralado etc.).

Recapitulando as funções de planejamento operacional vistas neste exemplo:

- Definição da política de planejamento da produção (o que vai ser feito mediante o pedido e o que vai ser produzido antecipadamente).
- Planejamento dos recursos de produção.
- Planejamento da entrega do produto.
- Planejamento da compra das matérias-primas para a produção.

Controle da Produção

A partir do momento em que ocorre a produção e a entrega, essas atividades devem ser acompanhadas, de forma a garantir que o cliente recebeu o que esperava e eventualmente corrigir problemas observáveis no sistema.

Sendo assim, a próxima questão a ser respondida no *disk-pizza* é: as *pizzas* foram entregues no tempo apropriado? Será que a rota que o *motoboy* está fazendo não é longa demais? Se for, além de o cliente esperar demais pela *pizza*, ele vai recebê-la fria. É preciso fazer um controle sobre isso, determinando um tempo máximo de rota para a entrega. Outra pergunta: será que os *pizzaiollos* estão demorando demais para processar o pedido? Isso faz também o cliente esperar. E, muitas vezes, no meio de tanta *pizza,* é difícil enxergar que algumas delas estão demorando demais para chegar ao cliente.

Para resolver esse tipo de problema, é necessário estabelecer algum tipo de indicador de desempenho para o processo que permita o gerenciamento desse processo. Nesse caso, uma boa sugestão é observar o tempo total entre o recebimento do pedido e o retorno do *motoboy* com o pagamento da *pizza.* Esse tempo total, também chamado de *lead time*, pode ter um limite superior, digamos 45 minutos neste exemplo, e deve ser acompanhado. Sendo assim, uma boa medida de desempenho poderia ser a porcentagem de pedidos realizados e faturados em menos de 45 minutos. Esse indicador de desempenho auxilia na detecção de problemas, permitindo a correção de erros e desvios à medida que eles vão ocorrendo.

Outra função do controle da produção é o acompanhamento da utilização dos insumos. Se você compra ingredientes todos os dias, é importante também saber quanto de material foi consumido no dia anterior. Essa informação é básica para a reposição dos estoques de matérias-primas e é importante também saber se as quantidades previstas de consumo se concretizaram. Caso negativo, pode ter havido falta de matéria-prima ou excesso no estoque, uma vez que ele foi determinado com base na demanda prevista. Sendo assim, a partir da informação de consumo, deve-se constantemente redimensionar a quantidade dos estoques de matéria-prima a ser mantida.

Existem ainda questões relacionadas ao trabalho dos funcionários. Os funcionários trabalharam segundo o planejamento? Isso se refere ao acompanhamento da utilização dos recursos produtivos, nesse caso os funcionários. A tabela de escala de trabalho, feita no planejamento operacional, permite o controle sobre a frequência dos funcionários nos postos de trabalho. Esse acompanhamento da mão de obra é uma função importante do controle da produção.

Por exemplo, quando faltam *motoboys* para a entrega, isso pode afetar a demanda porque o tempo de entrega pode aumentar, o que pode não ser aceito pelos clientes, levando-os a comprar de um concorrente. Isso tem de ser observado e reportado pelo controle da produção para o planejamento operacional. Dessa forma, o sistema poderá tomar, inicialmente, uma medida corretiva de curto prazo (no caso poderia ser o atendente já informar ao cliente da demora no momento do pedido e oferecer alguma forma de compensação) e projetar medidas preventivas, de forma a evitar a ocorrência futura de problemas desse tipo (no caso, poderia ser a elaboração de uma relação atualizada de *motoboys* autônomos que poderiam rapidamente substituir os faltantes).

Recapitulando as funções de controle vistas neste exemplo:

- Acompanhamento da produção.
- Medição de desempenho das operações do sistema.
- Acompanhamento da utilização das matérias-primas e componentes.
- Acompanhamento da utilização dos recursos de produção.

Tudo isso faz parte do escopo da gestão de operações. Certamente, você não precisa ser um engenheiro de produção para projetar e gerenciar um *disk-pizza*. É um sistema relativamente simples de entender, mas, como você pôde constatar aqui, tem peculiaridades importantes e detalhes a serem tratados.

Imagine agora se fosse um sistema mais complexo. Imagine que esse seu *disk-pizza* crescesse a ponto de você ter várias lojas. Imagine que ele crescesse e se tornasse uma franquia, com vários franqueados, com fabricação centralizada dos molhos, massas e preparação de ingredientes. Imagine outros sistemas mais complexos ainda, por exemplo, montadoras de automóveis, lidando com diversos produtos, muito mais complexos, com sistemas de produção envolvendo enormes cadeias de fornecedores de peças e componentes, com redes de distribuição também complexas, com assistências técnicas etc. Entender e conceber a gestão das operações para sistemas de produção com este ou qualquer outro nível de complexidade é uma função e um grande desafio para o engenheiro de produção.

GESTÃO DE OPERAÇÕES E O SETOR DE PLANEJAMENTO E CONTROLE DE PRODUÇÃO NAS EMPRESAS

Foram apresentados até agora os conceitos básicos de gestão de operações e um exemplo simples, baseado em um *disk-pizza*, para ilustrar esses conceitos. Agora, como seria o trabalho de um engenheiro de produção atuando em uma empresa real?

Isso vai variar enormemente segundo as características da empresa. Com o objetivo de fornecer uma visão mais geral, será aqui apresentado um padrão mais usual, que é o de atuação em empresas de manufatura.

Dentro de uma empresa típica de manufatura, grande parte das responsabilidades da gestão de operações é atribuída ao setor de planejamento e controle de produção ou PCP. Este setor é normalmente responsável por planejar e controlar a utilização dos recursos de produção e é um setor tipicamente sob responsabilidade de engenheiros de produção. Ele atua sobre os seguintes recursos:

- Instalações físicas.
- Mão de obra, correspondendo aos operadores que atuam direta ou indiretamente no processo de produção.
- Materiais, compreendendo matérias-primas e componentes comprados de fornecedores, componentes e produtos em estágios intermediários de produção, aqui chamados de itens em processo, e produtos acabados, que são os itens já prontos e aguardando expedição para o cliente.
- Equipamentos, incluindo máquinas, equipamentos de apoio, ferramentas e estruturas físicas necessárias para acomodar a produção.
- Informações, que compreendem as informações técnicas (processos de fabricação, projetos, normas etc.) e as informações de planejamento e controle propriamente ditas (programa de produção, ordens de fabricação etc.).

De forma a planejar e controlar esses recursos, o PCP é responsável pela execução de uma série de atividades. Esse conjunto de atividades varia bastante de empresa para empresa. Algumas atividades tipicamente consideradas sob a responsabilidade do PCP são (Vollman, Berry, Whybark, 1997):

- Planejar a capacidade e analisar a disponibilidade para atender as necessidades do mercado.
- Planejar para que os materiais cheguem a tempo e nas quantidades certas para a produção do produto.
- Garantir que a utilização das máquinas e equipamentos de produção seja apropriada.
- Planejar quantidades e locais adequados e manter um controle sobre os estoques de matéria-prima, de itens em processamento e de produtos acabados.
- Programar as atividades de produção, de forma que pessoas e equipamentos trabalhem corretamente nas atividades necessárias.
- Acompanhar as atividades das pessoas, dos materiais, dos pedidos dos clientes, dos equipamentos e de outros recursos da fábrica.
- Comunicar aos clientes e fornecedores sobre as necessidades específicas e administrar relacionamentos de longo prazo.
- Atender às necessidades de clientes, informando andamento de produção e repriorizando quando necessário.
- Corrigir planejamento quando ocorrem problemas inesperados.
- Fornecer informações para outras áreas da empresa a respeito das atividades de manufatura e serviço.

O tamanho de uma estrutura de PCP (departamento, setor etc.) pode variar de acordo com o tamanho e complexidade da empresa. Normalmente é uma estrutura subordinada à área de manufatura e é composta por funcionários especializados.

Em muitas empresas, o PCP pode se tornar um grande problema. Se não atuar corretamente, o PCP pode levar a um mau atendimento ao cliente, excesso de estoques, falta de mão de obra, matérias-primas e componentes para atender às necessidades de produção, má utilização dos equipamentos e de mão de obra, alto índice de obsolescência de matérias-primas, componentes e de produto acabado, atrasos nas entregas e alto nível de "apagação de incêndios" no chão de fábrica.

Esses sintomas de ineficiência do PCP são atualmente as pragas que assolam muitas empresas e seus respectivos gerentes. Vollman, Berry e Whybark (1997) apontam que o PCP ineficiente é uma das maiores fontes de falência de empresas. Isso acontece porque empresas com os sintomas apresentados não são competitivas em relação aos seus concorrentes, ou seja, elas não conseguem sobreviver ou aumentar suas partes de mercado. É como colocar uma pessoa sedentária, com hábitos pouco saudáveis, para concorrer em uma corrida com um atleta profissional. Vai ser uma competição sem chances.

Por outro lado, uma empresa que investe em uma estrutura eficiente e correta de PCP pode obter uma série de benefícios, tais como:

- *Redução de estoques de matéria-primas*, produtos em processo e produtos acabados, sem afetar a capacidade de produção e entrega do produto ao cliente. Este é um grande benefício porque, entre outras coisas, reduz o uso de capital aplicado em materiais. Isso permite que a empresa tenha o mesmo lucro, com uma quantidade menor de investimentos em estoques. Existem aspectos de qualidade também envolvidos na redução dos estoques, pois os problemas de qualidade não ficam escondidos nos grandes lotes de produção que geram esses estoques, sendo mais fácil detectar o problema e corrigir as causas da sua ocorrência.
- *Redução de custos*, devido a um melhor aproveitamento da mão de obra e dos equipamentos. É a filosofia de "fazer muito mais com os mesmos recursos". Sem dúvida, isso coloca a empresa em uma situação bastante competitiva, pois pode manter o preço do seu produto compatível com o do mercado e obter maior lucratividade ou diminuir o preço de seu produto, mantendo a lucratividade de cada produto unitário, mas vendendo mais, aumentando o lucro global e ampliando o seu segmento no mercado.
- *Aumento de flexibilidade de entrega do produto*, quando ocorrem variações nos pedidos dos clientes. Isso acontece quando existe um bom planejamento estratégico de pontos de armazenagem e níveis de estoques ao longo do processo produtivo, associados a um bom gerenciamento da capacidade dos recursos de produção. Isso significa determinar onde, quanto e quando os itens (matérias-primas, componentes ou produtos acabados) devem estar estocados para atender às necessidades, sem formar um volume grande de estoques.

ALGUMAS CONSIDERAÇÕES FINAIS

A gestão de operações é uma das áreas de maior interesse e oportunidade para a carreira dos engenheiros de produção. Ela é uma área de aplicação direta nas empresas atuais, sejam elas de manufatura ou de serviço.

Como já foi dito anteriormente, projetar os processos produtivos e os sistemas de gestão desses processos é uma atividade típica do engenheiro de produção e é uma grande responsabilidade, uma vez que esses sistemas estão entre os principais elementos de diferenciação entre as empresas.

O desafio para o engenheiro de produção está em desenvolver, implementar, manter em funcionamento e melhorar cada vez mais o sistema de gestão, tornando a empresa cada vez mais competitiva no seu mercado de atuação. E esse é um desafio para o qual você tem de se preparar muito bem, durante seu curso de Engenharia de Produção. Boa sorte!

REFERÊNCIAS BIBLIOGRÁFICAS

HOOP, W.J.; SPEARMAN, M.L. *Factory physics: foundations of manufacturing management.* Nova York: McGraw Hill, 1996.

SOUSA, G. L. *Impact of alternative flow control policies on value stream robustness under demand instability: a system dynamics modeling and simulation approach.* Tese de Doutorado. Virginia Tech. Blacksburg, VA, 2004.

VOLLMAN, T.E.; BERRY, W.L.; WHYBARK, D.C. *Manufacturing planning & control systems.* Nova York: McGraw Hill, 1997.

WOMACK, J.; JONES, D. *A mentalidade enxuta nas empresas.* São Paulo: Editora Campus, 2003.

CAPÍTULO 4

QUALIDADE

Marly Monteiro de Carvalho
Departamento de Engenharia de Produção
Universidade de São Paulo

INTRODUÇÃO

Neste capítulo será caracterizada a área de qualidade. A ideia é fornecer ao leitor uma visão histórica da trajetória dessa área, discutir seus principais conceitos, além de discorrer brevemente sobre suas principais subáreas, quais sejam: gestão da qualidade; qualidade em serviços; normalização e certificação para a qualidade; engenharia da qualidade; organização metrológica da qualidade; confiabilidade de produtos; confiabilidade de processos.

Destaca-se que o enfoque deste capítulo é a qualidade no contexto da Engenharia de Produção, e parte da discussão baseia-se no livro organizado por Carvalho e Paladini (2006), que também integra a coleção da ABEPRO de livros-texto em Engenharia de Produção.

EVOLUÇÃO DA ÁREA DA QUALIDADE

Para entendermos a área da qualidade, precisamos passear um pouco pela história desde a Revolução Industrial até os dias de hoje, buscando traçar a trajetória evolutiva desse conceito.

Em seus primórdios, o conceito predominante na área da qualidade era o da *inspeção*, no sentido de segregar os itens que apresentavam não conformidades, ou seja, uma abordagem predominantemente corretiva. No ambiente produtivo do início do século XX predominava o modelo de administração taylorista, ou administração científica, que marcou o surgimento da função do inspetor, responsável pela avaliação da qualidade dos produtos.

Do modelo fordista derivaram conceitos importantes para a área da qualidade. Para viabilizar sua linha de montagem, Ford investiu muito na intercambialidade das peças, adotando um sistema padronizado de medida para todas as peças, o que incentivou o desenvolvimento da área de metrologia (ver seção Organização Metrológica da Qualidade), sistema de medidas, especificações e tolerância. Como o modelo de linha de montagem, esse modelo também se difundiu em outros setores industriais.

Ainda na década de 1920, começam a surgir os elementos do que viria a ser a segunda era da qualidade, o *controle da qualidade*. Walter A. Shewhart, em 1924, criou os gráficos de controle estatístico do processo (ver seção Engenharia da Qualidade), que marca a transição de uma postura corretiva para uma proativa de prevenção, monitoramento e controle. Shewhart também introduziu o conceito de melhoria contínua, propondo o ciclo PDCA (*plan do check act*), que depois foi mundialmente difundido por W. Edwards Deming. Embora a abordagem predominante fosse proativa, nessa época a área de qualidade ainda era de responsabilidade de inspetores e especialistas, com tímida participação dos trabalhadores nos processos de avaliação e melhoria da qualidade.

Já na década de 1930, começa a se desenvolver a normalização para a qualidade, com o surgimento das normas britânicas e americanas de controle estatístico da qualidade, *British Standard BS 600* e *American War Standarts Z1.1–Z1.3*, respectivamente.

Na década seguinte surgiram as primeiras associações de profissionais da área de qualidade nos Estados Unidos: a Society of Quality Enginers (1945) e a American Society for Quality Control – ASQC (1946), atualmente American Society for Quality (ASQ).

A terceira era, denominada *garantia da qualidade*, tem seu embrião na década de 1950, com a primeira abordagem sistêmica, proposta por Armand Feigenbaum, denominada controle da qualidade total (*Total Quality Control* – TQC), que deveria envolver todas as áreas da organização e não só o setor produtivo. A abordagem sistêmica viria a influenciar fortemente as normas da International Organization for Standardization (ISO), série ISO 9000, cuja primeira versão é de 1987 (ver seção Normalização e Certificação para a Qualidade), denominada *sistemas de garantia da qualidade*. Essa primeira versão da norma traduz o pensamento da terceira era, que surgiu em meio à expansão da globalização, para facilitar a relação de clientes e fornecedores no que concerne às questões de qualidade. A essa norma está associada uma certificação, de caráter voluntário, a qual assumiu o papel de garantia da qualidade ao longo de cadeias produtivas dispersas geograficamente. No âmbito interno, o certificado reconhecia o esforço organizacional em busca de um sistema de garantia da qualidade efetivo.

A quarta era, denominada *gestão da qualidade*, começou a ser cunhada no Japão no período pós-guerra, quando especialistas americanos (alguns denominados "gurus da qualidade"), como W. Edwards Deming e Joseph M. Juran, participaram do programa de reconstrução. Nesse período, esses especialistas difundiram os conceitos e técnicas da qualidade, que foram recebidos com muito entusiasmo pelas empresas japonesas. O modelo japonês, controle da qualidade por toda a empresa (*Company Wide Quality Control* – CWQC), incorporou vários elementos da gestão da qualidade total (*Total Quality Management* – TQM), mas enfatizou alguns aspectos, tais como aversão ao desperdício (ou *muda*, termo em japonês), ênfase na melhoria

contínua da qualidade (*kaizen*) e forte participação dos colaboradores. Outro elemento importante no modelo japonês era o sistema de parcerias e alianças com fornecedores (*keiretsu*), que introduziu o conceito de qualidade assegurada (ver seção Gestão da Qualidade).

A *gestão da qualidade,* como se pode observar na Figura 4.1, envolve ainda a perspectiva estratégica dessa área, com foco nos resultados e na visão do cliente (ver seção Gestão de Qualidade). A qualidade passa a ser vista como um critério competitivo e projetada para atender a voz do consumidor. Essa era é a mais abrangente, pois acumula os conhecimentos e conquistas das primeiras eras, tornando-se mais estratégica para as organizações.

O foco nos resultados aparece de forma significativa em programas recentes dessa era, como o programa *seis sigma*, proposto pela Motorola na década de 1980, e os modelos de excelência, tais como o Prêmio Malcom Baldrige (1987) americano e, no Brasil, o Prêmio Nacional da Qualidade – PNQ (1992).

Finalmente, vale destacar que, além dos elementos já apresentados, a área de qualidade hoje também tem uma perspectiva de sistema aberto, que remete às questões de gestão ambiental, responsabilidade social e de ética, e por isto está interligada com outras normas da ISO (ver seção Normalização e Certificação para a Qualidade).

Portanto, a evolução da qualidade pode ser sintetizada em quatro eras: *inspeção, controle da qualidade, garantia da qualidade* e *gestão da qualidade.* A Figura 4.1 apresenta as quatro eras e suas principais características.

Embora atualmente estejamos predominantemente na era da gestão da qualidade, existem organizações em diferentes níveis de implementação, variando em um contínuo que vai desde uma organização *sem comprometimento com a qualidade* até uma *classe mundial*, conforme ilustra a Figura 4.1.

CONCEITOS E DEFINIÇÕES DE QUALIDADE

Qualidade é um conceito complexo e de difícil consenso, podendo assumir diversos significados, dependendo das idiossincrasias de cada indivíduo. Tentando explorar a complexidade e as possíveis interpretações desse conceito, um professor de Harvard, David Garvin, pesquisou no ambiente corporativo e na literatura as várias definições de qualidade e as classificou em cinco abordagens. Na abordagem que ele denominou *transcendental*, o conceito de qualidade é sinônimo de *excelência inata*, absoluta e universalmente reconhecível. Uma segunda abordagem, *baseada no produto*, trata a qualidade como uma variável precisa e mensurável, oriunda dos atributos do produto. Por sua vez, a abordagem *baseada no usuário* admite que a qualidade é uma variável subjetiva, pois está associada à capacidade de satisfazer desejos e necessidades do consumidor. A quarta abordagem, *baseada na produção*, é típica do ambiente produtivo, em que a qualidade é uma variável precisa e mensurável, oriunda do grau de conformidade às especificações. Finalmente, a abordagem *baseada no valor* mistura os conceitos excelência e valor, destacando os *trade-off* qualidade × preço.

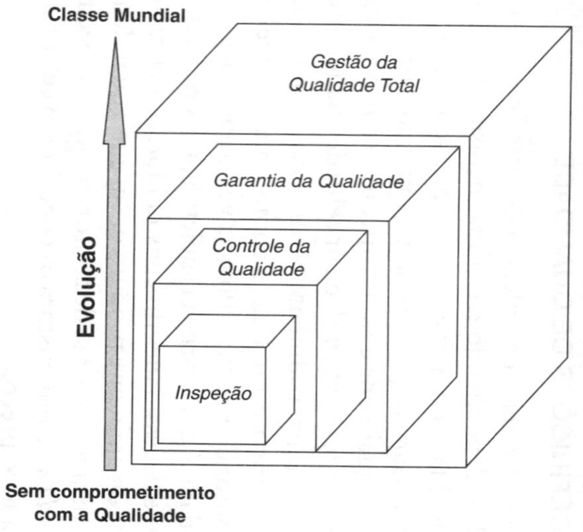

Classe Mundial

Evolução

Sem comprometimento com a Qualidade

Gestão da Qualidade Total

Garantia da Qualidade

Controle da Qualidade

Inspeção

Características	Foco	Visão	Ênfase	Métodos	Papel dos Profissionais	Responsável
Inspeção	Verificação	Um problema a ser resolvido	Um problema a ser resolvido	Um problema a ser resolvido	Inspeção, classificação, contagem, avaliação e reparo	Depto. de Inspeção
Controle	Controle	Um problema a ser resolvido	Uniformidade do produto com menos inspeção	Ferramentas e técnicas estatísticas	Solução de problemas e a aplicação de métodos estatísticos	Deptos. de Fabricação e Engenharia (Controle de Qualidade)
Garantia	Coordenação	Um problema a ser resolvido, mas que é enfrentado proativamente.	Toda cadeia de fabricação, desde o projeto até o mercado, e a contribuição de todos os grupos funcionais para impedir falhas de qualidade	Programas e sistemas.	Planejamento, medição da Qualidade e desenvolvimento de programas	Todos os departamentos, com envolvimento superficial da alta administração no planejamento e execução das diretrizes da Qualidade.
Gestão	Impacto estratégico	Uma oportunidade de diferenciação da concorrência	As necessidades de mercado e do cliente	Planejamento estratégico, estabelecimento de objetivos e a mobilização da organização	Planejamento estratégico, estabelecimento de objetivos e a mobilização da organização	Todos na empresa, com a alta administração exercendo forte liderança.

FIGURA 4.1 Evolução da área de qualidade (Lascelles e Dae, 1993; Garvin, 1988).

Outra forma de entender a qualidade é identificar suas dimensões em produtos e serviços, ou seja, o conjunto de aspectos de desempenho valorizados pelo cliente, nas quais a organização focalizará seus esforços. A Tabela 4.1 apresenta as principais dimensões da qualidade, tanto para serviços como para produtos.

Na prática é muito difícil otimizar todas as dimensões ao mesmo tempo, pois várias delas têm *trade-offs* negativos, ou seja, melhorar uma dimensão da qualidade pode implicar a piora de outra. Por outro lado, a empresa pode adotar estratégias de mitigação, como, por exemplo, compensar o cliente com um serviço pós-venda muito bom quando um produto não tem confiabilidade alta. Portanto, a organização precisa definir o *mix* estratégico de dimensões da qualidade que comporão seus produto ou serviço, que deve ser composto de um número reduzido de dimensões.

TABELA 4.1 Dimensões da Qualidade: Serviços e Produtos

Serviços	Produtos
• **Tangíveis:** Aparência das facilidades físicas, equipamentos, pessoal e comunicação material. • **Atendimento:** Nível de atenção dos funcionários de contato dado aos clientes. • **Confiabilidade:** Habilidade de realizar o serviço prometido de forma confiável e acurada. • **Resposta:** Vontade de ajudar o cliente e fornecer serviços rápidos. • **Competência:** Possuir a necessária habilidade e conhecimento para efetuar o serviço. • **Consistência:** Grau de ausência de variabilidades entre a especificação e o serviço prestado. • **Cortesia:** Respeito, consideração e afetividade no contato pessoal. • **Credibilidade:** Honestidade, tradição, confiança no serviço. • **Segurança:** Inexistência de perigo, risco ou dúvida. • **Acesso:** Proximidade e contato fácil. • **Comunicação:** Manter o cliente informado em uma linguagem que ele entenda. • **Conveniência:** Proximidade e disponibilidade, a qualquer tempo, dos benefícios entregues pelos serviços. • **Velocidade:** Rapidez para iniciar e executar o atendimento/serviço. • **Flexibilidade:** Capacidade de alterar o serviço prestado ao cliente. • **Entender o cliente:** Fazer o esforço de conhecer o cliente e suas necessidades.	• **Desempenho:** Aspectos operacionais básicos de um produto. • **Características**: São os "adereços" dos produtos, as características secundárias que suplementam seu funcionamento básico. • **Confiabilidade:** Reflete a probabilidade de falha de um produto/serviço. • **Conformidade:** Representa o grau em que o projeto e as características operacionais de um produto estão de acordo com padrões preestabelecidos. • **Durabilidade:** A vida útil do produto tem aspectos econômicos (velocidade de obsolescência e gastos de manutenção) e técnicos (impossibilidade de reparo). Portanto, durabilidade e confiabilidade são dimensões intimamente associadas. • **Atendimento**: Aspectos relativos ao serviço associado ao produto, como rapidez, cortesia e facilidade de reparo. • **Estética**: Aparência do produto, *design*. • **Qualidade percebida ou observada:** Inferências feitas pelo consumidor com base em sua percepção, que é afetada pela marca e reputação.

Fonte: Adaptada de Zeithaml (1990) e Garvin (1987).

Nas seções seguintes deste capítulo, passaremos a apresentar brevemente as subáreas da qualidade: gestão da qualidade; normalização e certificação para a qualidade; engenharia da qualidade; organização metrológica da qualidade; confiabilidade de produtos e de processos e qualidade em serviços.

GESTÃO DA QUALIDADE

Na seção Evolução da Área de Qualidade deste capítulo apresentamos as principais características da era de *gestão da qualidade*. Dentre as características apresentadas podemos destacar: comprometimento da alta administração; foco no cliente; participação dos trabalhadores; gestão da cadeia de fornecedores, gerenciamento de processos, além da abordagem de melhoria contínua.

Existem diversos modelos de TQM disponíveis na literatura, cada um com uma *receita própria* de implementação. Todos têm em comum a característica de envolver os principais aspectos da era de gestão da qualidade. Nesta seção vamos apresentar alguns modelos de implementação do TQM disponíveis na literatura, de autores americanos, europeus, japoneses e brasileiros.

O modelo proposto por Shiba, Graham e Waldir ilustra a abordagem americana. Esse modelo apresenta as atividades da área de qualidade (TQM), enfatizando quatro elementos "revolucionários" que marcaram a área: o *foco no cliente*, a *melhoria contínua* e a *participação total*, em um contexto de *entrelaçamento social*.

Os autores mencionam que cada um desses quatro elementos foi uma revolução na área de qualidade. A primeira revolução – *foco no cliente* – enfatiza a capacidade das empresas de reagir rapidamente às mudanças das necessidades dos clientes (*market in*). A segunda revolução, *melhoria contínua*, consiste na percepção de que os resultados provêm dos processos, que devem ser gerenciados tendo em mente a ideia da melhoria como um processo de resolução de problemas com base sistêmica e iterativa. A revolução denominada *participação total* caracteriza o TQM como um movimento que deve envolver todos os funcionários da organização. Finalmente, a quarta revolução, *entrelaçamento social,* enfatiza o compartilhamento de experiências e aprendizados entre as organizações (*benchmark*).

Finalmente, vale destacar que esse modelo parte do pressuposto de que existe forte interação em cada um dos elementos que o compõem, atuando como um sistema de aprendizado que move indivíduos, equipes, organizações e nações na orientação à qualidade, conforme ilustra a Figura 4.2.

O modelo proposto por Zaire faz uma analogia do TQM com as fases construtivas, denominando-o "blocos de construção" (ver Figura 4.3). Para cada uma das fases construtivas, do alicerce ao telhado, são estabelecidas as ações necessárias para a construção do efetivo TQM em uma organização. O autor adverte que a solidez da *construção* (TQM) depende de uma boa fundação e estruturação dos blocos de construção, ou seja, uma fraqueza na fundação ou nos pilares de sustentação pode fazer desabar todo o esforço construtivo do programa TQM na organização. Nesse modelo, a fundação da *construção* (TQM) é composta do conceito de melhoria contínua e envolvimento dos funcionários, com foco no gerenciamento das atividades que agre-

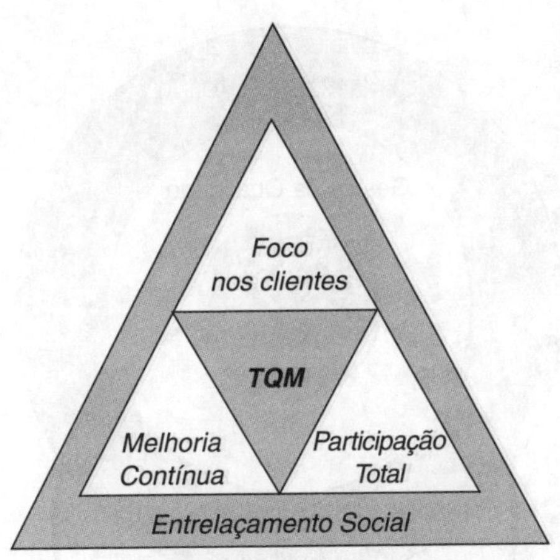

FIGURA 4.2 Modelo americano de gestão da qualidade (Shiba, Graham e Waldir, 1997).

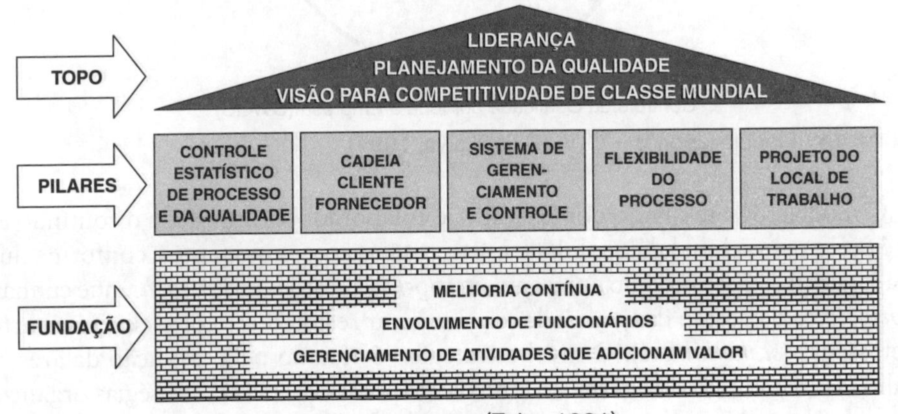

FIGURA 4.3 Modelos dos blocos de construção (Zaire, 1991).

gam valor. Com base nessa fundação são erguidos cinco pilares: *controle estatístico da qualidade, cadeia fornecedor–cliente–fornecedor, sistema de gerenciamento e controle, flexibilidade do processo* e *projeto do local de trabalho*.

O modelo japonês CWQC, já comentado na seção Evolução da Área da Qualidade, possui vários autores de referência. Nesta seção vamos apresentar o CWQC na perspectiva de Ishikawa. O modelo pode ser visto a partir do centro, onde está a garantia da qualidade e a incorporação do controle da qualidade (CQ) já no desenvolvimento de novos produtos (NPD). Em uma amplitude maior surge a gestão da qualidade de todas as modalidades de trabalho na organização. O círculo externo traduz a efetiva adoção em todos os níveis da organização – global, setorial, funcional e individual – do ciclo PDCA (ver subseção Melhoria Contínua) para promover a *melhoria contínua* (Figura 4.4).

Neste contexto, o CWQC enfatiza muito a participação dos trabalhadores, através dos grupos de melhoria denominados círculos de controle da qualidade (CCQs), como forma de envolver toda a organização em prol da melhoria contínua (*kaizen*) e buscando eliminar o desperdício (*muda*).

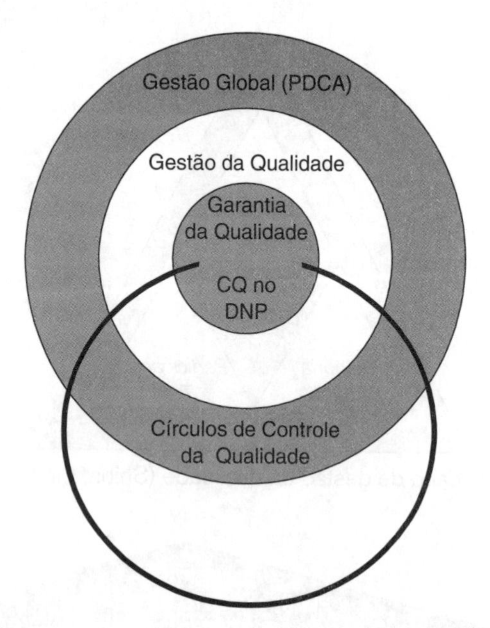

FIGURA 4.4 Modelo japonês – CWQC (Ishikawa, 1997).

O modelo desenvolvido por Carvalho e colaboradores apresenta o contínuo estratégico e operacional da qualidade e seus principais componentes, conforme ilustra a Figura 4.5. Esse modelo apresenta no topo as questões *estratégicas*, que cunham os *princípios* da gestão da qualidade e visam gerar resultados para as diversas partes interessadas (*stakeholders*). O nível estratégico é afetado pela evolução da área de qualidade (tecnologias de gestão e controle disponíveis), pelas estratégias organizacionais, pelo ambiente competitivo (fornecedores, clientes e concorrentes) e pelas demandas mais amplas da sociedade (ética, responsabilidade social, gestão ambiental). Já em um nível mais *tático*, de *sistemas*, o modelo enfatiza o desdobramento, as diretrizes estratégicas e dos processos-chave e a sinergia entre programas de qualidade, como o TQM, o seis sigma e a ISO 9000. Finalmente, o nível *operacional* traz como foco as *ferramentas*, destacando o gerenciamento da rotina, a aplicação dos conceitos de engenharia da qualidade e de custos e ganhos associados à qualidade. Os conceitos de *melhoria contínua* e de *participação dos colaboradores* permeiam desde o nível *operacional* ao *estratégico*. Esse modelo destaca ainda que alguns conceitos podem ser utilizados de forma *geral* (esquerda da Figura 4.5); no entanto, adverte que existem peculiaridades *específicas* no ambiente de serviços que demandam forte customização da gestão da qualidade (ver seção Qualidade em Serviços).

Finalmente, vale destacar os modelos de *excelência*, atrelados às premiações da qualidade. O primeiro modelo de premiação foi estabelecido no Japão em 1951, em homenagem a Deming. O Prêmio Deming deveria ser atribuído à empresa que mais se destacasse na área da qualidade em cada ano. Só no final da década de 1980 surgiu um prêmio similar nos Estados Unidos, o Prêmio Malcom Baldrige (1987) e, posteriormente, na Europa, o Prêmio Europeu da Qualidade (1991), e também no Brasil,

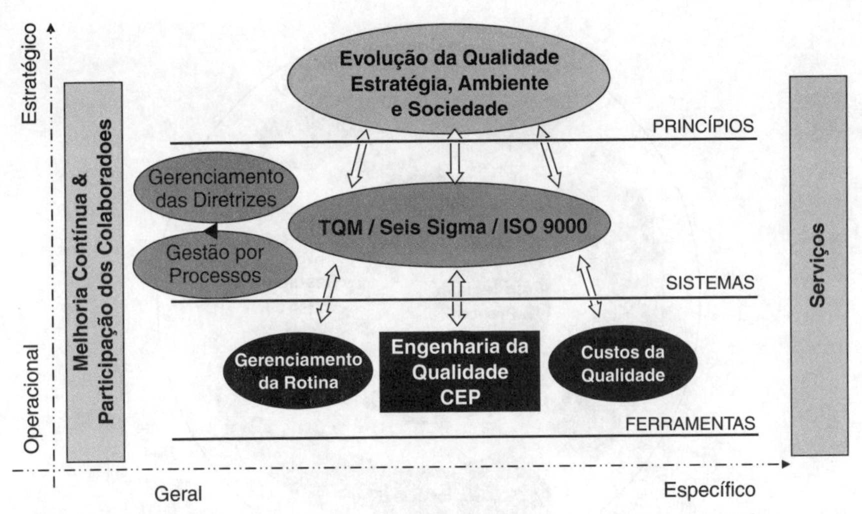

FIGURA 4.5 Modelo geral de gestão da qualidade (Carvalho e Paladini, 2006).

o Prêmio Nacional da Qualidade – PNQ (1992). Nesta seção vamos apresentar brevemente o prêmio Brasileiro, PNQ®, marca registrada da Fundação Prêmio Nacional da Qualidade (FPNQ), que segue os fundamentos do prêmio americano.

O modelo do PNQ é composto de oito critérios de excelência, que correspondem a um sistema de pontuação, cuja soma máxima é de 1.000 pontos (ver Figura 4.6). Cada um dos oito critérios tem um peso diferente, conforme a seguinte ordem decrescente: *resultados* (450 pontos – 45%), *liderança* (100 pontos – 10%), *estratégias e planos* (90 pontos – 9%), *pessoas* (90 pontos – 9%), *processos* (90 pontos – 9%), *clientes* (60 pontos – 6%), *informação e conhecimento* (60 pontos – 6%) e *sociedade* (60 pontos – 6%). Observa-se, portanto, a forte orientação para os resultados, que na visão do modelo representa a excelência da organização em vários aspectos relacionados aos clientes e mercados, a situação econômico-financeira, às pessoas, aos fornecedores, à sociedade e aos processos. Além disto, observa-se a visão sistêmica do modelo, pois ele propõe interação entre os critérios, o que é representado na Figura 4.6 pelos espaços em branco.

As organizações interessadas na obtenção do prêmio podem se candidatar anualmente, fornecendo as informações necessárias para que as duas dimensões de avaliação – *enfoque e aplicação* e *resultados* – sejam avaliadas pelos especialistas da FPNQ. Organizações públicas ou privadas, tanto do setor industrial como de serviços, podem pleitear o prêmio.

NORMALIZAÇÃO E CERTIFICAÇÃO PARA A QUALIDADE

Embora na sua origem os sistemas normalizados da área de qualidade tenham sido elaborados por governos e organizações militares, esse tipo de norma rapidamente se difundiu no ambiente corporativo. Tal difusão esteve ligada ao aumento da complexidade das cadeias produtivas, ao forte crescimento do *outsourcing* e à globalização, fatores que impactaram substancialmente as relações cliente–fornecedor.

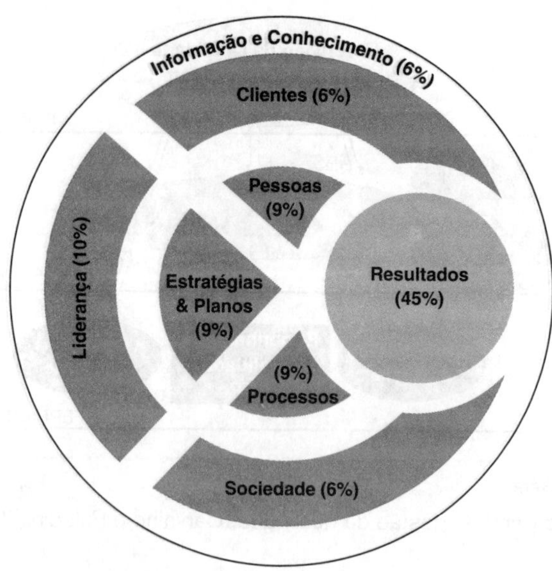

FIGURA 4.6 Modelo do PNQ® (PNQ, 2005).

Foi em 1987 que surgiu a primeira versão das normas ISO 9000 (International Organization for Standardization), denominada sistemas de garantia da qualidade. Essa norma tornou-se um grande sucesso internacional em termos de adoção pelas empresas, sendo requisito de ingresso em muitas cadeias produtivas, em especial a automobilística, que não tardou a criar diretrizes adicionais, como a QS 9000.

Considerando os relatórios da ISO, até dezembro de 2004 existiam 670.399 empresas certificadas no modelo ISO 9001:2000 em 154 países, o que representa um crescimento de 35% sobre os dados de 2003 e de 64% com relação a 2000 (ano anterior à revisão da norma). A Figura 4.7 mostra a evolução do número de empresas certificadas.

No Brasil, o cenário de crescimento não é diferente, atingindo 15.264 empresas certificadas em 2005 (ver Figura 4.8), das quais 49% são de empresas localizadas no estado de São Paulo.

No caminho aberto pelas normas da série ISO 9000, surgiram outras normas de sistemas de gestão, as normas ISO 14000, publicada em 1996, de gestão ambiental e, mais recentemente, a norma de responsabilidade social. Neste capítulo abordaremos apenas a estrutura da série ISO 9000; as demais normas serão tratadas nos Capítulos 14 e 15 deste livro, respectivamente.

A Certificação ISO 9000

A série ISO 9000 é composta por quatro normas principais: ISO 9000:2000; ISO 9001:2000; ISO 9004:2000; ISO 9011:2002. A norma ISO 9000:2000, denominada Sistemas de Gestão da Qualidade – Fundamentos e Vocabulário, como o próprio nome sugere, define os termos e conceitos usados nas demais normas da série. Finalmente, a norma ISO 9011:2002, Diretrizes sobre Auditorias em Sistemas de Gestão da Qualidade e/ou Ambiental, fornece diretrizes para a auditoria interna ou

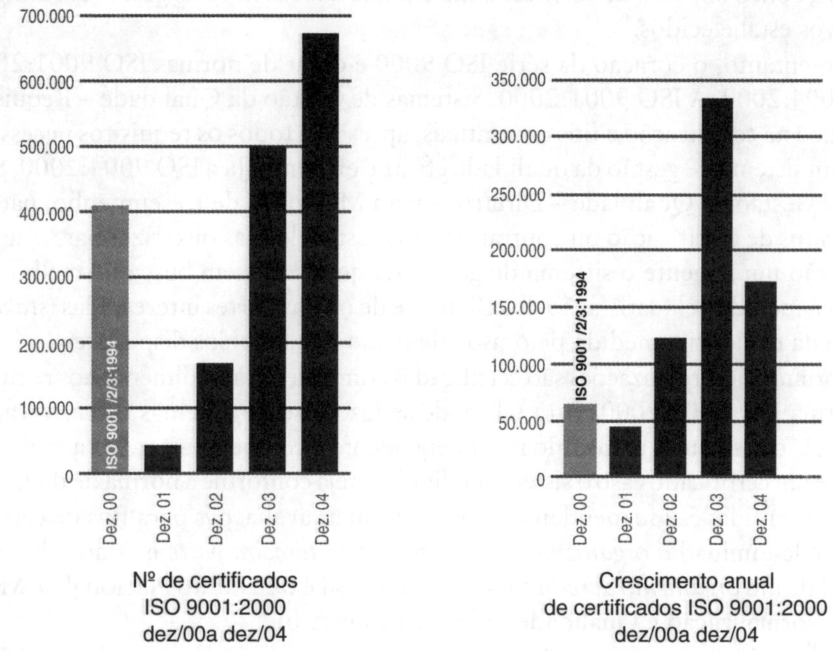

FIGURA 4.7 Evolução das normas ISO 9000 no mundo (ISO, 2005).

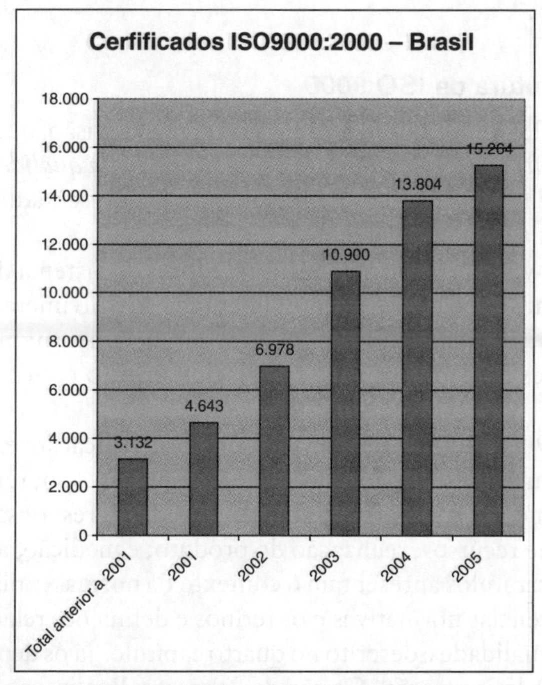

FIGURA 4.8 Evolução do número de certificados no Brasil (Inmetro, 2006).

externa, com o objetivo de verificar a capacidade dos sistemas de gestão em atingir os objetivos estabelecidos.

No entanto, o coração da série ISO 9000 é o par de normas ISO 9001:2000 e ISO 9004:2000. A ISO 9001:2000, Sistemas de Gestão da Qualidade – Requisitos, com foco na certificação e fins contratuais, apresenta todos os requisitos necessários para um sistema de gestão da qualidade eficaz e eficiente. Já a ISO 9004:2000, Sistemas de Gestão da Qualidade – Diretrizes para Melhorias de Desempenho, não tem propósitos de certificação ou contratuais, mas estabelece as diretrizes para que a organização implemente o sistema de gestão da qualidade, em busca da melhoria da eficácia, medida pela satisfação dos clientes e de outras partes interessadas (*stakeholders*) e da eficiência, medida pelo uso adequado dos recursos disponíveis.

Portanto, as organizações são certificadas com base no atendimento aos requisitos da norma ISO 9001:2000. Para tal, pode-se fazer uso de sistemas de certificação e acreditação, nos quais uma entidade independente e competente realiza a avaliação e fornece um certificado caso o sistema auditado esteja conforme a norma de referência.

Essas entidades independentes que realizam as avaliações para fins de certificação são denominadas *organismos certificadores* de *terceira parte* e estão submetidas ao aval de um *organismo acreditador*, que no Brasil é o Instituto Nacional de Metrologia, Normalização e Qualidade Industrial (Inmetro).

Como não existe uma entidade acreditadora que seja aceita em todos os países, o reconhecimento dos certificados em âmbito internacional é tema de discussões no International Accreditation Forum (IAF), que reúne boa parte das entidades *acreditadoras* do mundo.

Princípios e Estrutura da ISO 9000

Atualmente, a ISO 9000:2000 está em sua terceira revisão, que marca sua transição da era da *garantia da qualidade* para a era da *gestão da qualidade*. Portanto, essa norma está balizada nos princípios e fundamentos já apresentados, alinhada às tendências mundiais na área de qualidade.

Nessa terceira versão, os princípios norteadores do sistema de gestão da qualidade são: organização focada no cliente; liderança; envolvimento das pessoas; enfoque no processo; abordagem sistêmica para gerenciamento; melhoria contínua; tomada de decisões baseada em fatos; e relacionamento com fornecedor mutuamente benéfico.

A norma ISO 9001:2000, utilizada para fins de certificação, está estruturada em oito capítulos, além da *Introdução,* conforme se segue: escopo; referências normativas; termos e definições; sistema de gestão da qualidade; responsabilidade da administração; gestão de recursos; realização do produto; e medição, análise e melhoria. Os três primeiros capítulos apresentam o contexto da norma, explicitando o escopo, bem como as referências normativas e os termos e definições relacionados. O Sistema de Gestão da Qualidade é descrito no quarto capítulo. Já os demais capítulos Responsabilidade da Administração, Gestão de Recursos, Realização do Produto e Medição, Análise e Melhoria representam o ciclo de melhoria contínua do sistema, conforme ilustra a Figura 4.9.

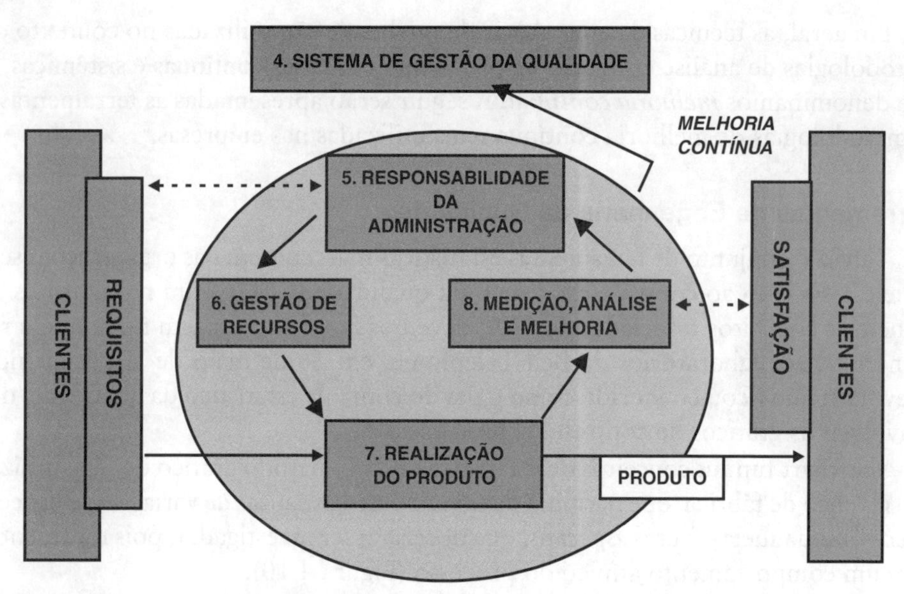

FIGURA 4.9 Estrutura ABNT/ISO 9001:2000 (ABNT, 2000, NBR 19004:2000).

É importante destacar que, na caracterização dos sistemas de gestão da qualidade, a norma estabelece a importância da identificação dos processos-chave, bem como a interação entre eles, o que permite definir as fronteiras e o escopo do sistema proposto, que deve estar alinhado às estratégias da organização. Além disso, é necessário dimensionar os recursos para a implementação do sistema, sua forma de controle e de melhoria contínua.

Uma preocupação presente nessa norma é quanto à documentação, pois a rastreabilidade é um conceito importante nesse tipo de sistema. No entanto, deve-se evitar a burocratização, com a criação de procedimentos e regras em demasia. A documentação obrigatória *dos sistemas de gestão da qualidade* envolve: declarações da política da qualidade e dos objetivos da qualidade, manual da qualidade e procedimentos específicos.

ENGENHARIA DA QUALIDADE

A engenharia da qualidade pode ser vista como um conjunto de atividades operacionais, gerenciais e de engenharia que uma organização utiliza para garantir que as características de qualidade de um produto estejam no nível nominal ou requerido (Montgomery, 1996).

A engenharia da qualidade traduz um dos princípios que sempre norteou a área, que é o gerenciamento com base em fatos e dados da qualidade, com a aplicação de técnicas matemáticas e estatísticas voltadas à melhoria de produtos, serviços e processos. Existe um conjunto muito grande de ferramentas e técnicas associadas à engenharia da qualidade, no entanto, neste capítulo, daremos apenas uma visão geral daquelas mais utilizadas.

Em geral, as técnicas da engenharia da qualidade são utilizadas no contexto de metodologias de análise e solução de problemas em bases contínuas e sistêmicas, o que denominamos *melhoria contínua.* A seguir serão apresentadas as ferramentas e as metodologias de melhoria contínua mais utilizadas nas empresas.

Ferramentas da Engenharia da Qualidade

Talvez o conjunto de ferramentas estatísticas mais comum nas organizações seja aquele associado ao controle estatístico da qualidade (CEQ). Para resgatarmos os principais conceitos associados ao CEQ devemos fazer uma viagem no tempo e retornarmos aos laboratórios da Bell Telephone, em 16 de maio de 1924, quando Shewhart, que ficou conhecido como o pai do controle estatístico da qualidade, desenvolveu os gráficos de controle de processos.

Shewhart fundiu conceitos de estatística em um método gráfico de fácil utilização no chão de fábrica, que permitia distinguir entre as causas de variação de processo *comuns* daquelas causas *especiais*, que deveriam ser investigadas, pois representavam um comportamento atípico do processo (Figura 4.10).

Conforme ilustra a Figura 4.10, a variação *comum,* que representa o comportamento típico do processo, é aquela compreendida entre os limites de controle *superior* e *inferior*. Portanto, para um processo ser considerado estável, é preciso que não haja pontos fora dos limites de controle (conforme o gráfico da direita da Figura 4.10). Quando o processo apresenta pontos fora dos limites de controle, quer dizer que ele está fora de controle, pois existem causas *especiais* atuando no processo, que devem ser eliminadas para que ele volte à situação de controle estatístico (ver gráfico da esquerda da Figura 4.10).

Com o uso sistemático dos gráficos é possível sair de uma postura reativa, predominante na inspeção, e intervir no processo quando ele dá sinais de que está fora de controle. A facilidade de utilização do gráfico foi um dos aspectos que ajudou na sua difusão, por ser uma ferramenta visual, que pode ser preenchida no ambiente de trabalho pelo trabalhador.

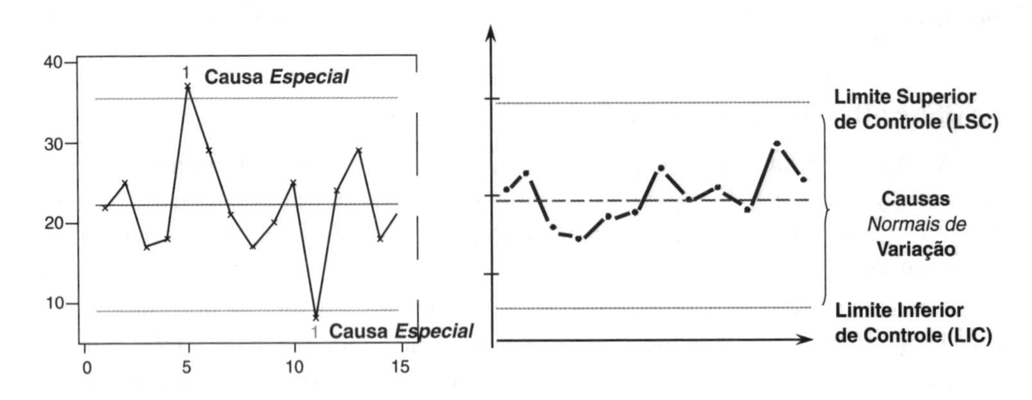

FIGURA 4.10 Exemplo de gráfico de controle.

No entanto, é importante observar que não basta estar sob controle estatístico para se ter um processo de qualidade, é necessário também que ele seja capaz de atender as especificações do cliente. A capacidade do processo* analisa o quão capaz é um processo de atender às especificações demandadas pelos clientes.

Imagine que uma empresa de logística tenha seu processo de entrega estável, ou seja, sob controle estatístico entre os limites de controle inferior (36 horas) e superior (42 horas). Dessa forma, as entregas variam dentro desses limites de controle, mantendo-se estáveis ao longo do tempo. Contudo, o principal cliente dessa empresa está demandado entregas em 24 horas! Conclusão: embora o processo seja estável, ele não é capaz de atender às especificações demandadas pelo cliente.

Como as especificações de mercado estão em permanente mutação, Juran criou o conceito de *trilogia da qualidade*: *planejamento, controle* e *melhoria*. O *planejamento da qualidade* estabelece os objetivos de desempenho e o plano de ações para atingi-los. O *controle da qualidade* consiste em avaliar o desempenho operacional, comparar com os objetivos e atuar no processo, quando os resultados se desviarem do desejado. Finalmente, a *melhoria da qualidade* busca aperfeiçoar o patamar de desempenho atual para novos níveis, tornando a empresa mais competitiva, conforme ilustra a Figura 4.11.

Ishikawa foi também importante na difusão de ferramentas e técnicas de análise e solução de problemas, em especial as sete *ferramentas básicas da qualidade*, que viriam a ser amplamente utilizadas pelos grupos de melhoria da qualidade em organizações do mundo inteiro. Embora a nomenclatura utilizada para as sete ferramentas básicas da qualidade varie na literatura, podemos apresentá-las como: *diagrama de Pareto; diagrama de causa-efeito; histograma; estratificação; lista de verificação* (check list)*; gráficos de controle e diagrama de correlação.*

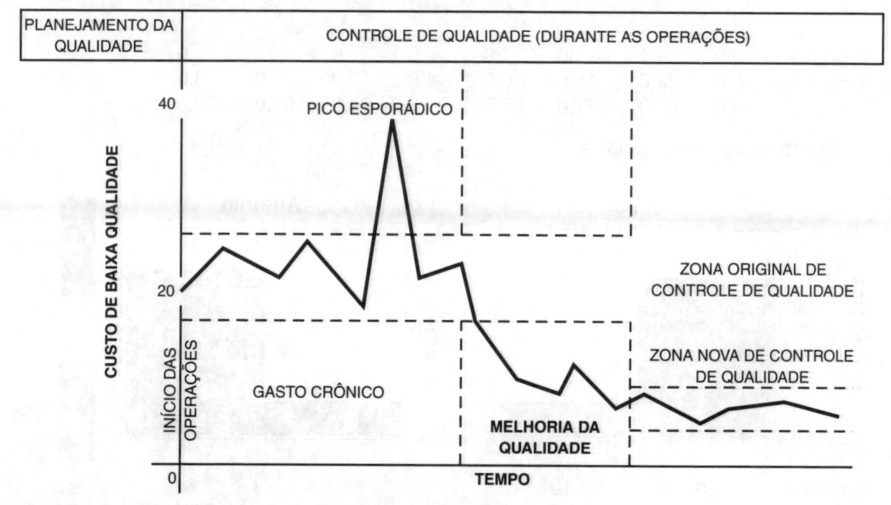

FIGURA 4.11 Trilogia da qualidade (Juran, 1970).

* O termo em inglês é *capability*. No Brasil, alguns autores utilizam o termo *capacidade*, e outros, o termo *capabilidade*.

Como várias dessas ferramentas são aplicadas em contextos outros que os da qualidade, detalharemos nesta seção somente os diagramas de Pareto e de causa-efeito, que são fortemente relacionados à área de qualidade.

O diagrama de Pareto está conceitualmente relacionado à lei de Pareto (um economista italiano), à qual Juran deu uma interpretação para a área de qualidade, que ficou conhecida também como "regra 80-20". Segundo essa regra, 80% dos defeitos relacionam-se a 20% das causas potenciais.

Esse diagrama é uma representação das frequências de ocorrência em ordem decrescente, que mostra quantos resultados foram gerados, por tipo de defeito. Tal ferramenta pode também ser estratificada por categoria de análise, como operador ou turno.

A Figura 4.12(a) mostra à esquerda um diagrama de Pareto simples de um processo de injetora de plástico, no qual é possível observar que a principal ocorrência

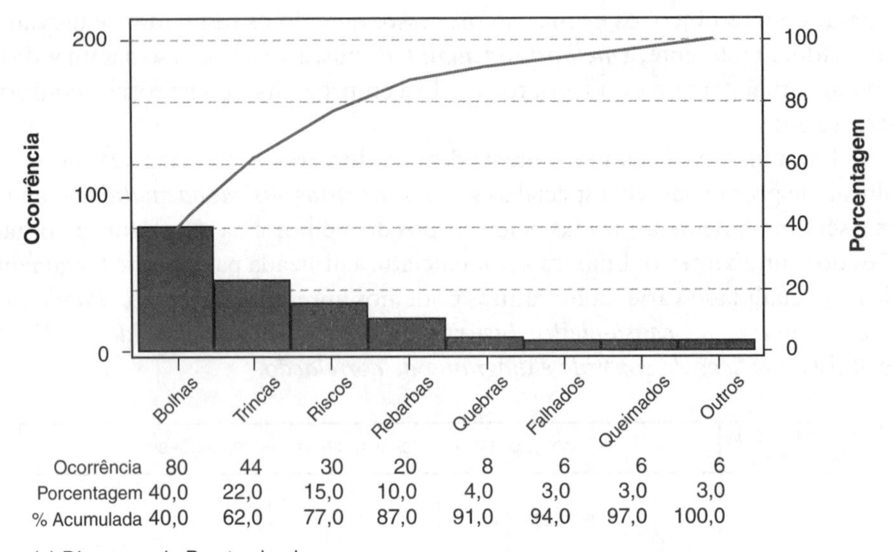

	Bolhas	Trincas	Riscos	Rebarbas	Quebras	Falhados	Queimados	Outros
Ocorrência	80	44	30	20	8	6	6	6
Porcentagem	40,0	22,0	15,0	10,0	4,0	3,0	3,0	3,0
% Acumulada	40,0	62,0	77,0	87,0	91,0	94,0	97,0	100,0

(a) Diagrama de Pareto simples

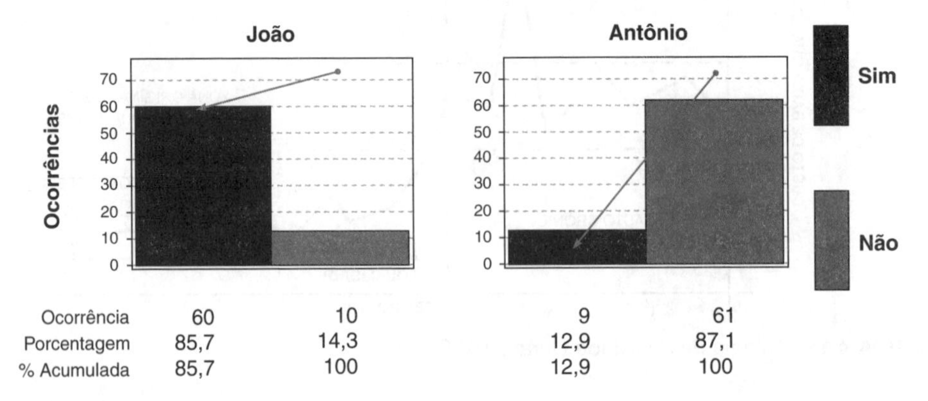

	João		Antônio	
Ocorrência	60	10	9	61
Porcentagem	85,7	14,3	12,9	87,1
% Acumulada	85,7	100	12,9	100

(b) Estratificado por operador

FIGURA 4.12 Exemplos de diagrama de Pareto.

são as *bolhas* nos recipientes de plástico produzidos, que representam 40% do total dos defeitos ocorridos. Já o diagrama de Pareto, na Figura 4.12(b), representa o número de entregas feitas no tempo (Sim) e em atraso (Não), estratificadas por operador. Pode-se observa nessa figura que Antônio (87,1%) gera muito mais entregas atrasadas do que João (14,3%).

Portanto, o diagrama de Pareto permite organizar os dados, estabelecer prioridades e guiar as ações corretivas da equipe de melhoria, que deve priorizar os problemas de maior ocorrência e/ou que representam a maior perda de recursos.

Outra ferramenta muito utilizada pelos grupos de melhoria é o diagrama de causa, também conhecido como espinha de peixe (pela similaridade na forma) ou diagrama de Ishikawa (Figura 4.13). A ideia é construir uma rede lógica de análise de causa e efeito dos problemas da área de qualidade, através dos seguintes passos:

- Identificar problemas (*efeitos*) e colocá-los à direita no diagrama.
- Utilizar o *braimstorming* para gerar as causas desse problema (*efeito*), podendo-se utilizar os seis emes (materiais; métodos; máquinas; mão de obra; meios de medição e meio ambiente) para orientar a discussão.
- Posicionar as principais *causas* nos ramos (*espinhas*) à direita do diagrama.
- Repetir o processo para as subcausas, e assim sucessivamente.

Existem diversas outras ferramentas no contexto da engenharia da qualidade, que podem ser estudadas em vários livros-texto desta área. Nesta seção, demos especial atenção às ferramentas denominadas por Taguchi como controle de qualidade *on-line*, no entanto existem diversas ferramentas associadas ao controle estatístico *off-line* do processo, que segundo ele ajudam a satisfazer às necessidades do cliente e criar produto de qualidade robusta (*robust quality*), dentre elas as ferramentas de projeto de experimento (DoE – *design of experiment*) e de confiabilidade.

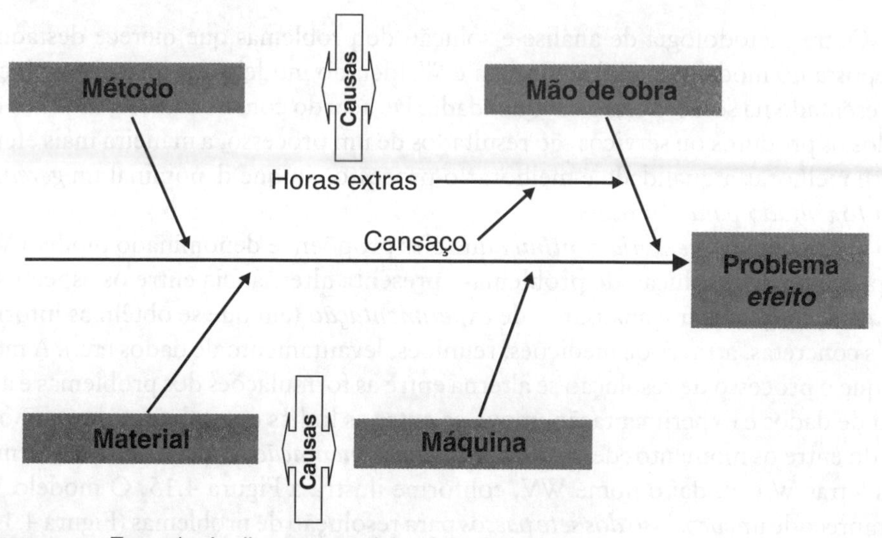

FIGURA 4.13 Exemplo de diagrama espinha de peixe.

Melhoria Contínua

O conceito de *melhoria contínua* foi um pilar fundamental no modelo japonês de qualidade, com o uso sistemático do ciclo PDCA, conforme já apresentamos na seção Gestão de Qualidade deste capítulo.

Até hoje o ciclo proposto por Shewhart e difundido no Japão do pós-guerra por Deming é muito utilizado nas organizações. A ideia de um ciclo que está em constante rotação constituiu para as organizações uma forma sistemática de analisar e resolver problemas em busca da *melhoria contínua*. O ciclo PDCA é dividido em quatro partes (Figura 4.14), denominadas planejar (*plan*), executar (*do*), checar ou verificar (*check*) e agir ou implementar (*action*). Alguns autores, como Ishikawa, subdividem a área do ciclo relativa ao planejar (*plan*) em duas: *definir metas e objetivos* e *definir métodos*. A área executar (*do*) também é subdividida em *efetuar treinamento* e *executar*.

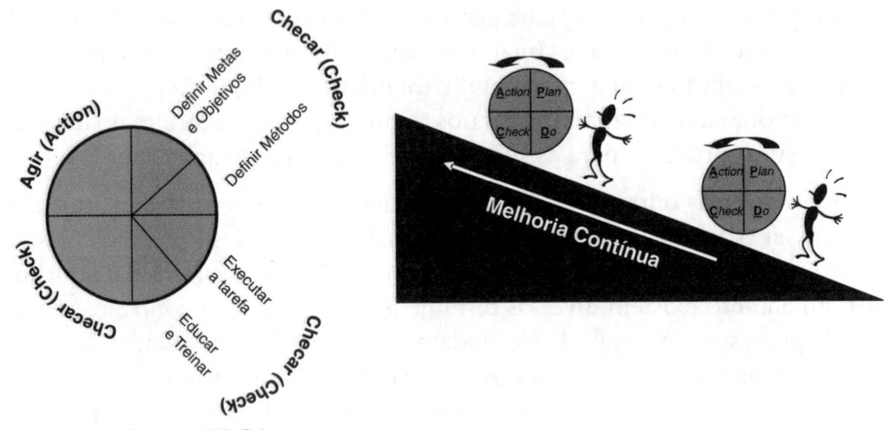

FIGURA 4.14 O ciclo PDCA.

Outra metodologia de análise e solução de problemas que merece destaque é proposta no modelo de Shiba, Grahan e Walden no modelo das quatro revoluções apresentado na seção Gestão da Qualidade. De acordo com os autores, uma vez que todos os produtos ou serviços são resultados de um processo, a maneira mais efetiva de se melhorar a qualidade é melhorar o processo, ao que denominaram *gerenciamento voltado para o processo.*

O modelo de *melhoria contínua* que eles propõem é denominado modelo WV. O processo de resolução de problemas apresenta alternância entre os aspectos de *idealização* (planejar e analisar) e de *experimentação* (em que se obtêm as informações concretas, através de medições, reuniões, levantamento de dados etc.). À medida que o processo de resolução se alterna entre as formulações dos problemas e a coleta de dados e experimentação, move-se entre as linhas que sobem e descem, oscilando entre os momentos de *idealização* e *experimentação*, o que resulta no formato das letras W e V, daí o nome WV, conforme ilustra a Figura 4.15. O modelo WV compreende um *processo dos sete passos* para resolução de problemas (Figura 4.15).

Na alternância desses dois níveis, o modelo utiliza conjuntamente os ciclos PDCA e SDCA (*Standardization*, padronizar; Do: executar; *Check*: verificar; *Action*: agir),

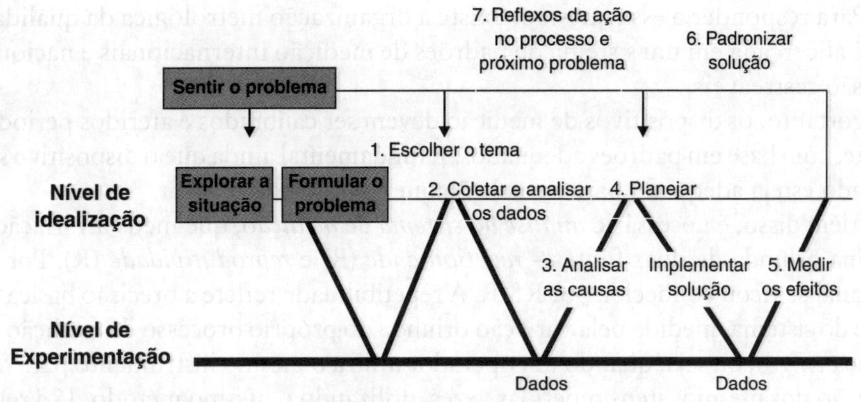

FIGURA 4.15 Modelo WV – processo dos sete passos.

apoiados nas sete ferramentas básicas da qualidade (ver subseção Ferramentas de Engenharia da Qualidade) e nas sete novas ferramentas da qualidade (*diagrama de afinidades, diagrama de relações, diagrama de árvore, diagrama de matriz, diagrama de setas, árvore de decisão* e *matriz de dados).*

Finalmente, é importante apresentar o conceito de *melhoria* no contexto dos programas *seis sigma*. Esse programa surgiu na década de 1980, na Motorola, com a preocupação de usar de forma sistemática as ferramentas estatísticas, seguindo um ciclo denominado DMAIC (*Define* – definir, *Measure* – medir, *Analyse* – analisar, *Improve* – melhorar e *Control* – controlar) – ver Figura 4.16.

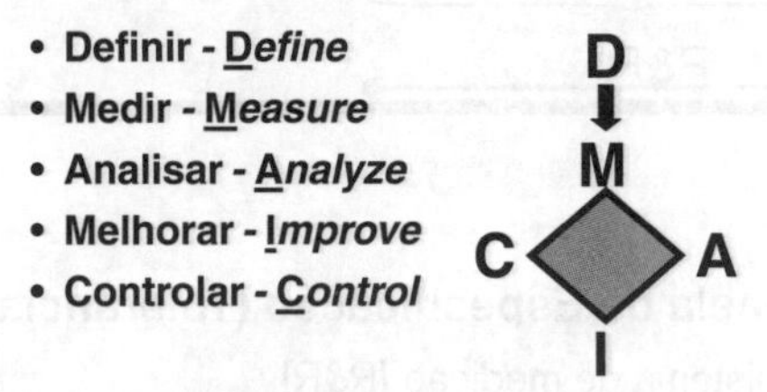

• Definir - Define
• Medir - Measure
• Analisar - Analyze
• Melhorar - Improve
• Controlar - Control
D
M
C
A
I

FIGURA 4.16 Modelo seis sigma – DMAIC.

Diversas ferramentas são utilizadas de maneira integrada às fases do DMAIC, constituindo um método sistemático e disciplinado, baseado em dados e no uso de ferramentas estatísticas (Carvalho e Rotondaro, 2006). O interessante desse ciclo é que ele vai além do uso das ferramentas estatísticas básicas, utilizando, sobretudo na fase *analisar* (*Analyse*), técnicas como análise de variância (Anova), teste qui-quadrado, regressão, podendo até fazer uso de estatística multivariada.

ORGANIZAÇÃO METROLÓGICA DA QUALIDADE

A engenharia da qualidade, apresentada na seção anterior em suas mais variadas técnicas, utiliza algumas formas de medições dos processos feitas com base em dispositivos específicos. Uma questão relevante nesse contexto é saber se os dispositivos de medição são confiáveis.

Para responder a essa questão, existe a organização metrológica da qualidade, que é alicerçada em um sistema de padrões de medição internacionais e nacionais, que são rastreáveis.

Portanto, os dispositivos de medição devem ser calibrados e aferidos periodicamente, com base em padrões adequados. É fundamental ainda que o dispositivo selecionado esteja adequado para a medição que se pretende realizar.

Além disso, é necessário *análise do sistema de medição*, que mede a variação do sistema oriunda de duas fontes – *repetibilidade* (R) e *reprodutividade* (R). Por isso essa análise ficou conhecida por R&R. A repetibilidade reflete a precisão básica inerente do sistema, medida pela variação oriunda do próprio processo de medição (*variação dentro*), ou seja, quando um operador utiliza o mesmo instrumento para fazer medição dos mesmos itens repetidas vezes, utilizando o mesmo método. Já a reprodutibilidade representa a variação introduzida no processo de medição (*variação entre*), ou seja, quando diferentes operadores utilizam um mesmo instrumento para fazer medição dos mesmos itens repetidas vezes, utilizando o mesmo método, por isso é também conhecida como *variação do avaliador* (Montgomery, 1991).

A *análise do sistema de medição* (R&R) geralmente é feita relacionando-se a tolerância à variabilidade do sistema (ver Figura 4.17). Desta forma, analisa-se qual é a faixa de tolerância consumida pela variabilidade do sistema de medição, considerando-se aceitável quando for menor que 10% e inaceitável quando for maior do que 30%.

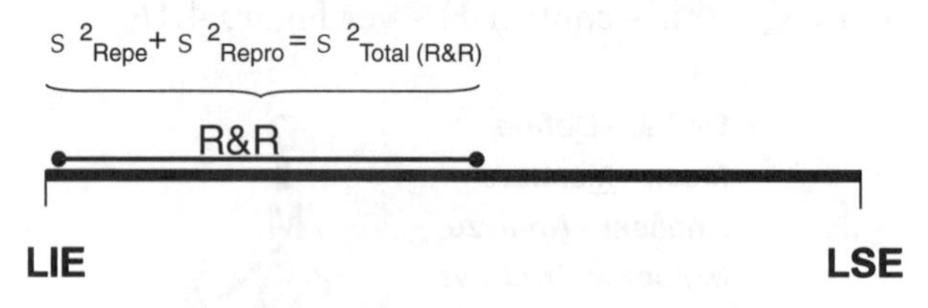

FIGURA 4.17 Análise do sistema de medição (R&R).

CONFIABILIDADE

Como já foi debatido ao longo deste livro, a Engenharia de Produção lida com sistemas integrados de pessoas, materiais, informação, equipamentos e energia. Esses sistemas complexos estão sujeitos a falhas. A subárea da qualidade que lida com essas questões é conhecida como confiabilidade.

A confiabilidade pode ser definida como a probabilidade de um item (produto, serviço, equipamento) desempenhar a função requerida, por um intervalo de tempo estabelecido, sob condições definidas de uso (ABNT, 1994, NBR 5462). Esse conceito pode ser estendido para a confiabilidade humana, definida como a probabilidade de uma tarefa ser concluída com sucesso pelo operador, ou pela equipe de trabalho, no tempo exigido. A Figura 4.18 ilustra o conceito de confiabilidade com a “curva da banheira”, a qual expressa a expectativa de falha de um item ao longo do seu ciclo de vida.

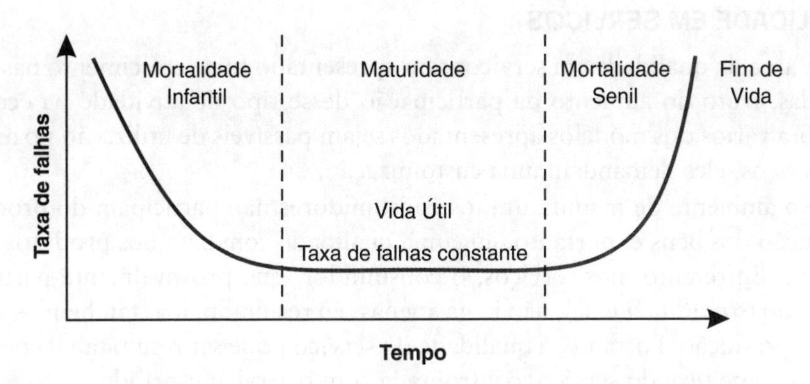

FIGURA 4.18 Curva da banheira.

Pode-se observar na Figura 4.18 que diferentes distribuições de probabilidade descrevem cada fase do ciclo de vida, da infância, passando à maturidade e chegando à fase senil.

É importante destacar que, para definir confiabilidade, é necessário conhecer os requisitos demandados de um item (produto, serviço, equipamento ou tarefa) para, posteriormente, definir seus *modos* possíveis de *falha*. Assim, a *falha* pode ser vista como o evento que interrompe ou suspende o funcionamento da entidade, enquanto os *modos de falha* são as formas de manifestação da falha, que podem apresentar consequências e magnitude distintas. Os indicadores de confiabilidade mais utilizados são: tempo médio para a primeira falha; tempo médio entre falhas (MTBF); tempo médio até o reparo (MTTR); taxa de falhas/tempo.

Neste contexto, na década de 1960, a Nasa criou um método analítico para identificar e documentar de forma sistemática as falhas em potencial, de forma a reduzi-las ou, se possível, eliminá-las. Esse método foi denominado análise dos modos e efeitos das falhas (*Failure Mode and Effect Analysis* – FMEA). Esse método consiste na identificação dos *modos* de falhas potenciais, seus *efeitos* (consequências das falhas) e *causas* potenciais (razões pelas quais as falhas ocorrem). Uma vez identificados os *modos*, os *efeitos* e as *causas* das *falhas* potenciais, é possível calcular o fator de risco (R = O × G × D) a partir do produto de três indicadores: probabilidade de *ocorrência* da falha (O), *gravidade*/severidade do efeito da falha (G) e probabilidade de *detecção* (D). Geralmente se utiliza uma escala que varia de 1 a 10, para os indicadores O, G e D, sendo que quanto maior o valor, pior. Portanto, a lista em ordem decrescente do valor do fator de risco (R) representa as prioridades de ação sob aquele modo de falha, demandando um plano para prevenir a ocorrência de problemas.

O estudo da confiabilidade é fundamental para o desenvolvimento de novos produtos, para a garantia pós-venda, para a elaboração de planos de manutenção de equipamentos e em diversas outras áreas de atuação do engenheiro de produção.

QUALIDADE EM SERVIÇOS

A área da qualidade em serviços tem apresentado forte crescimento nas últimas décadas, fruto do aumento da participação desse tipo de atividade na economia. Embora vários dos modelos apresentados sejam passíveis de utilização no ambiente de serviços, eles demandam uma customização.

No ambiente de manufatura, os consumidores não participam do processo de produção dos bens e, portanto, julgam a qualidade com base nos produtos que adquirem. Entretanto, nos serviços, o consumidor, que provavelmente participa da operação (*simultaneidade*), não julga apenas seu resultado, mas também os aspectos de sua produção. Portanto, a qualidade do serviço pode ser resultante da percepção que o cliente teve do serviço, confrontada com o serviço esperado.

O processo de prestação de serviços pode ser entendido como *momentos da verdade* (ou *ciclos de serviço*), ou seja, as situações de contato entre o cliente e a organização prestadora de serviço, que interferem na percepção de qualidade do cliente (Figura 4.19).

Pode-se observar na Figura 4.19 que a percepção do cliente se forma durante os vários *momentos* de contato com o prestador do serviço, resultando num somatório de percepções. Em cada momento haverá uma comparação da expectativa com a percepção do serviço prestado, resultando na percepção do cliente quanto ao desempenho do serviço.

O modelo de qualidade no setor de serviços mais difundido é o modelo dos *GAPs* ou *lacunas*. Esse modelo permite identificar de forma sistemática como é formada a percepção do cliente, ajudando a identificar onde estão as causas de um eventual problema de qualidade (Figura 4.20).

O *GAP* 1 ou *lacuna* 1 representa falha na comparação da expectativa dos clientes sobre o serviço e a percepção dos gestores sobre as expectativas dos clientes, em geral associada aos seguintes fatores-chave: *falta de orientação para conhecer o cliente; comunicação ascendente inadequada; quantidade excessiva de níveis gerenciais.*

O *GAP* 2 representa falha na comparação entre as especificações da qualidade do serviço e as percepções dos gestores sobre as expectativas do cliente, geralmente associada aos seguintes fatores-chave: *compromisso inadequado dos gestores com a qualidade dos serviços; percepção de inexeqüibilidade; inadequação da padronização das tarefas; ausência de metas.*

O *GAP* 3 ou lacuna 3 representa falha na comparação entre o serviço prestado e as especificações de qualidade dos serviços, geralmente associada aos seguintes fatores-chave: *ambiguidade nas atribuições; conflito entre as atribuições; problemas de adequação do trabalhador/tarefa; problemas de adequação da tecnologia; sistemas de supervisão e controle adequados; percepção de controle inadequado – ações; falta de trabalho em equipe.*

O *GAP* 4 representa falha na comparação entre o serviço prestado e a comunicação com os clientes (marketing), geralmente aos seguintes fatores-chave: *falta de correspondência entre as promessas e o serviço prestado; coordenação entre marketing e operações; formação de expectativa coerente; comunicação durante o processo de serviço.*

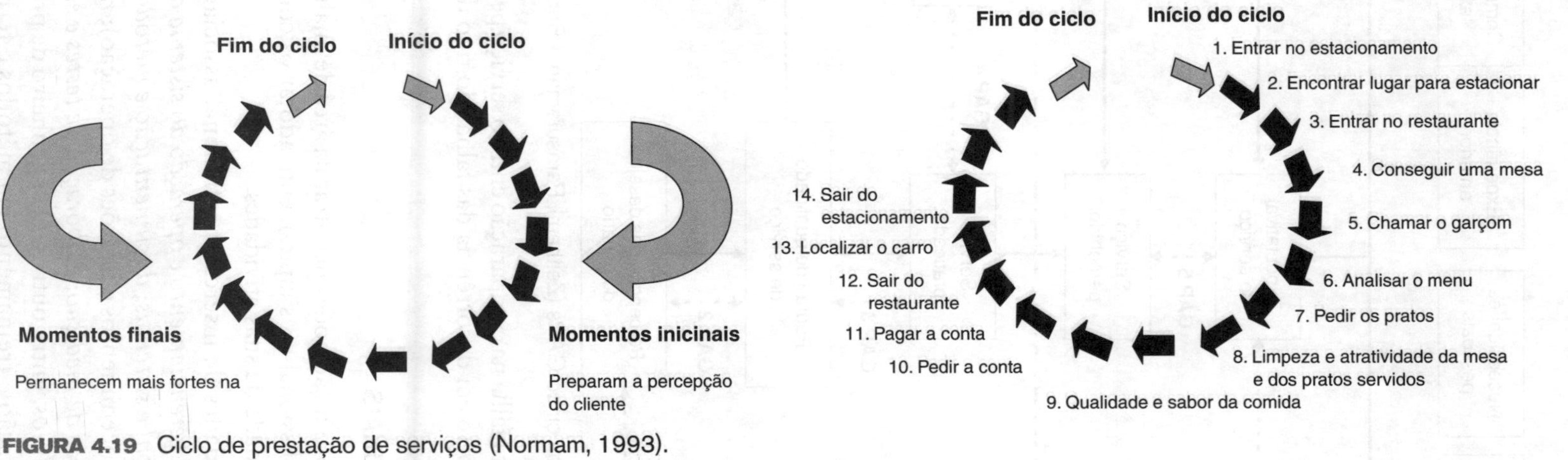

FIGURA 4.19 Ciclo de prestação de serviços (Normam, 1993).

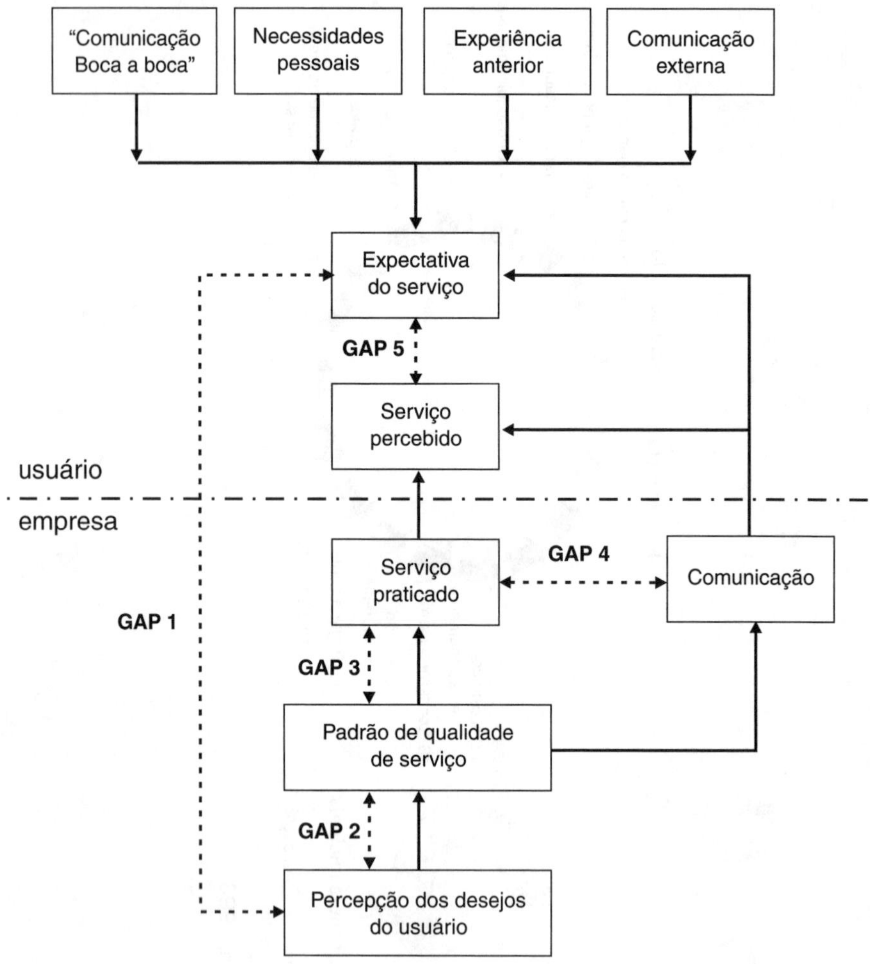

FIGURA 4.20 Modelo dos cinco GAPs (Zeithaml, Parasuraman e Berry, 1990).

O *GAP* 5 representa falha na comparação entre o serviço percebido e a expectativa do serviço, que ocorre em decorrência das falhas do tipo de *GAP* 1 a 4.

CONSIDERAÇÕES FINAIS

O engenheiro de produção pode encontrar na área de qualidade várias possibilidades de inserção profissional ou simplesmente adotar os conceitos e ferramentas para melhorar a qualidade de suas atividades.

Existem possibilidades de inserção profissional associadas a várias áreas da qualidade, tais como: *gerenciamento e operação do sistema de qualidade, auditorias de produto, pessoal e sistemas*; *documentação e métodos da qualidade* (manual da qualidade, procedimentos e padrões de operação); *rastreabilidade e confiabilidade dos sistemas de medição; elaboração de testes e ensaios para a análise da qualidade dos produtos*, entre outros. O engenheiro de produção também está apto a prover capacitação e treinamento em métodos e ferramentas de planeja-

mento e controle da qualidade para outras áreas, uma vez que fazem parte do seu currículo.

Por outro lado, cresce a importância do domínio de ferramentas e técnicas da área de qualidade por todos na organização, pois se pretende que o controle da qualidade, bem como a análise e solução de problemas, fique a cargo dos donos do processo, ou seja, do próprio departamento, o qual precisa estar capacitado para tal tarefa.

Com as novas abordagens da qualidade, como o programa seis sigma, que são fortemente direcionadas para a apuração dos ganhos de projetos de melhoria, surge a necessidade de maior integração entre a área de qualidade e os demais departamentos da empresa, para que os ganhos advindos do programa possam ser apurados com maior precisão. Como consequência, em lugar de especialistas, há a necessidade de profissionais da qualidade, com uma visão mais geral da empresa, que entendam dos processos, para permitir tal integração dentro da mesma.

REFERÊNCIAS BIBLIOGRÁFICAS

ABNT – Associação Brasileira de Normas Técnicas. NBR ISO 9004:2000. Sistemas de gestão da qualidade. Diretrizes para melhorias de desempenho, 2000.

ABNT – Associação Brasileira de Normas Técnicas. NBR 5462: Confiabilidade e mantenabilidade. R. Janeiro: ABNT, 1994

CARVALHO, M.M.; PALADINI, E.P.P. *Gestão da Qualidade: Teoria e Casos.* Rio de Janeiro: Editora Campus, 355p.

FPNQ. *Critérios de excelência – o estado da arte da gestão para a excelência do desempenho*. Fundação para o Prêmio Nacional da Qualidade, 2005.

GARVIN, D. A. *Managing quality: the strategic and competitive edge*. Nova York: Harvard Business School, 1988.

ISHIKAWA, Kaoru. *Controle de qualidade total à maneira japonesa*. 6.ª ed. Rio de Janeiro: Campus, 1997.

ISO. *The ISO survey – 2004*. Disponível em http://www.iso.org/iso/en/iso9000-14000, 2005.

JURAN, J. M.; GRYNA, Frank M. *Controle da qualidade – handbook*. 4.ª ed. v. III. São Paulo: Makron Books & McGraw-Hill, 1992.

LASCELLES, D.M.; DALE, B.G. *The road to quality*. Bedford: IFS, 1993.

MONTGOMERY, D. C. *Introduction to statistical quality control*. 3.ª ed. Nova York: Wiley, 1996.

NORMANN, R. *Administração de serviços: estratégia e liderança na empresa de serviços.* São Paulo: Atlas, 1993.

SHIBA, S.; GRAHAN, A.; WALDEN, D. *TQM: Quatro revoluções na gestão da qualidade*. São Paulo: Bookman, 1997.

SWAIN, A. D.; GUTTMANN, H. E. *Handbook of human reliability analysis with emphasis on nuclear power plant applications.* US Nuclear Regulatory Commission. Washington, 1983.

ZAIRE, M. *TQM for engineers*. Londres: Woodhead Publishing, 1991.

ZEITHAML, V. A.; PARASURAMAN, A.; BERRY, L. L. *Delivering quality service: balancing customer perceptions and expectations.* Nova York Free Pass, 1990.

CAPÍTULO 5

GESTÃO ECONÔMICA

Antonio Cezar Bornia
Departamento de Engenharia de Produção e Sistemas – Universidade Federal de Santa Catarina

INTRODUÇÃO

O ambiente globalizado está tornando a competição entre as empresas cada vez mais forte, e isso vem provocando profundas transformações nos seus sistemas produtivos. A configuração típica de uma empresa industrial tradicional era planejada para oferecer poucos produtos, feitos em grandes lotes, com alto volume de produção. Hoje em dia, é necessário fabricar produtos com muitos modelos, feitos em prazos mais curtos, com vidas úteis menores, devendo ser entregues em menos tempo ao cliente. Essas exigências fazem com que a produção deva ser efetuada em lotes pequenos, com alta qualidade. Enquanto a empresa tradicional não necessitava o aprimoramento contínuo da eficiência – pois o mercado com menos concorrência absorvia as ineficiências e suportava preços razoavelmente altos –, uma das principais preocupações da empresa moderna é a busca incessante pela melhoria da eficiência e produtividade. As atividades que não colaboram efetivamente para agregação de valor ao produto devem ser reduzidas sistemática e continuamente, da mesma maneira que não se pode tolerar qualquer tipo de desperdício no processo produtivo.

A gestão econômica das empresas torna-se mais crítica nesse novo ambiente concorrencial. Em todas as organizações, a grande maioria das decisões envolve aspectos financeiros. Nesse contexto, os vários custos nos quais uma empresa incorre para disponibilizar bens ou serviços aos seus clientes configuram-se em uma das mais importantes informações a serem consideradas para o apoio a uma determinada decisão. Além disso, praticamente todas as ações em uma empresa geram ou influenciam os custos da mesma. Portanto, o conhecimento adequado dos custos é de suma importância para um gerenciamento eficaz. No ambiente competitivo atual, tais informações tornam-se ainda mais importantes, pois as consequências de uma decisão incorreta são mais graves e imediatas do que eram há algum tempo. Por exemplo, as empresas normalmente definiam o preço de venda mínimo verificando os custos dos produtos e fixando um lucro desejado sobre aqueles custos. De forma geral, o mercado aceitava aquele preço, mesmo quando havia desperdícios. Hoje em dia, o preço é praticamente definido pelo mercado, e a empresa deve viabilizar seu lucro por meio de um custo menor do que o preço obtido. Caso haja ineficiência no processo, gerando desperdícios, dificilmente a empresa conseguirá repassar o custo extra ao mercado. Da mesma maneira, as decisões envolvendo investimentos devem ser adequadamente analisadas, para se conseguir as melhores alternativas. Por exemplo, a escolha incorreta de um equipamento pode gerar custos mais altos do que aqueles encontrados nos concorrentes que não incorreram nesse erro, provocando uma queda na competitividade da empresa.

Conhecer os seus vários custos é vital para que uma empresa possa avaliar os seus investimentos. A combinação dessas informações com conceitos de matemática financeira (juros, taxas de retorno, depreciação etc.) permite que o engenheiro de produção utilize métodos de Engenharia Econômica para a avaliação de investimentos. Esses métodos auxiliam o gerente a tomar decisões como: esse investimento é rentável? Qual desses investimentos é mais atrativo do ponto de vista econômico? Até quando vale a pena manter essa máquina na linha de produção? Vale a pena financiar esse investimento?

Assim, o engenheiro de produção deve possuir conhecimentos sobre custos e sobre os cálculos necessários para avaliar alternativas que consideram custos em diferentes períodos de tempo (os cálculos de Engenharia Econômica sempre consideram que o dinheiro tem valor no tempo, ou seja, eles sempre consideram os juros). Este capítulo apresenta uma visão introdutória sobre sistemas de custos e Engenharia Econômica, dois dos pilares da gestão econômica de empresas.

SISTEMAS DE CUSTOS

Introdução

A era mercantilista foi caracterizada pela grande expansão comercial de países europeus, principalmente Portugal e Espanha. Na época, não existiam produtos industrializados; os artigos normalmente eram produzidos por artesãos, os quais, via de regra, não constituíam pessoas jurídicas. Praticamente só existiam empresas comerciais, as quais utilizavam a contabilidade financeira basicamente para a avaliação do patrimônio e apuração do resultado do período. Por exemplo, o resultado era obtido subtraindo-se o custo das mercadorias vendidas da receita obtida pela empresa. Desse lucro (bruto), ainda eram deduzidas as despesas incorridas para o funcionamento da empresa.[1]

	Receita
(–)	**Custo das mercadorias vendidas**
	Lucro bruto
(–)	**Despesas**
	Lucro líquido

[1] Ainda hoje, esse é o esquema básico da Demonstração do Resultado do Exercício (DRE), uma das demonstrações básicas da Contabilidade.

O custo das mercadorias vendidas (CMV) era conhecido, já que as mesmas eram compradas diretamente do artesão, não havendo dificuldades maiores para seu levantamento.

Com o aparecimento das empresas industriais, a apuração do resultado do período continuou sendo efetuada da mesma forma. Só que o custo dos produtos vendidos deixou de ser conhecido, pois os produtos não eram mais comprados prontos, mas fabricados pela empresa a partir de vários insumos (materiais, itens prontos, pessoal, equipamentos, energia). Nessa situação, na qual vários itens são consumidos para a confecção dos produtos, o cálculo dos custos dos produtos fabricados (e vendidos) não é tão simples. Portanto, após a Revolução Industrial, quando o setor industrial começou efetivamente a se desenvolver, essa dificuldade na determinação dos custos culminou com o aparecimento da contabilidade de custos, voltada inicialmente para a *avaliação dos inventários*. O valor dos insumos consumidos para a produção dos itens vendidos equivalia ao custo dos produtos vendidos.

Com o crescimento das empresas e o consequente aumento na complexidade do sistema produtivo, constatou-se que as informações fornecidas pela contabilidade de custos eram potencialmente úteis ao *auxílio gerencial*, extrapolando a mera determinação contábil do resultado do período. Os sistemas de custos podem ajudar a gerência da empresa basicamente de duas maneiras: auxiliando o controle e as tomadas de decisões. No que se refere ao controle, os custos podem, por exemplo, indicar onde problemas ou situações não previstas podem estar ocorrendo, através de comparações com padrões e orçamentos. Informações de custos são, também, bastante úteis para subsidiar diversos processos decisórios importantes à administração das empresas. Para o engenheiro de produção, o interesse maior reside no uso gerencial dos sistemas de custos.

Definições

Para a fixação da nomenclatura relacionada aos sistemas de análise e controle de custos, serão apresentados alguns conceitos básicos neste item. Ressaltamos que as definições não são homogêneas na literatura.

Custo de fabricação é o valor dos insumos usados na fabricação dos produtos da empresa. Exemplos desses insumos são materiais, trabalho humano, energia elétrica, máquinas e equipamentos, entre outros. Outro exemplo de insumo é o uso de uma máquina: a identificação do custo associado é efetuada por um item de custo denominado "depreciação", o qual representa a perda de valor do equipamento no período considerado. Os custos de fabricação estão relacionados com a fabricação dos produtos, sendo normalmente divididos em *matéria-prima* (MP), *mão de obra direta* (MOD) e *custos indiretos de fabricação (CIF)*.

Custos de matéria-prima (MP) relacionam-se com os principais materiais integrantes do produto que podem ser convenientemente separados em unidades físicas específicas. Custos de mão de obra direta (MOD) são aqueles diretamente relacionados com os trabalhadores em atividades de confecção do produto, isto é, representam o salário dos operários diretamente envolvidos com a produção. Os funcionários que não trabalham diretamente com a fabricação compõem a mão de obra indireta. Custos indiretos de fabricação (CIF) são todos os demais custos de produção (materiais de consumo, mão de obra indireta, depreciação, energia elétrica, telefone, água etc.).

A tendência histórica dos CIF é a de se tornarem cada vez maiores, ao passo que os outros, principalmente os de MOD, ficam menos importantes. Isso, aliado ao fato de que a análise dos CIF é mais complexa do que a da MP e da MOD, faz com que o correto gerenciamento desses custos seja cada vez mais determinante da competitividade da empresa moderna.

Despesa é o valor dos insumos consumidos para o funcionamento da empresa e não identificados com a fabricação. Refere-se às atividades fora do âmbito da fabricação, geralmente sendo separada em administrativa, comercial e financeira. Portanto, as despesas são diferenciadas dos custos de fabricação pelo fato de estarem relacionadas com a administração geral da empresa. A diferenciação entre custos de fabricação e despesas é especialmente importante para efeitos de contabilidade financeira, pois os custos são incorporados aos produtos (estoques), ao passo que as despesas são lançadas diretamente na Demonstração do Resultado do Exercício. Entretanto, na perspectiva da análise gerencial, essa diferenciação não é tão relevante, pois o gestor deve dispensar o mesmo tratamento a ambos, no que se refere, por exemplo, à eficiência no uso dos recursos. De fato, se a eficiência no uso dos insumos é desejável nas atividades de fabricação, da mesma forma o é no setor administrativo.

Por isso, vamos definir como *custo gerencial* o valor dos insumos (bens e serviços) utilizados pela empresa. Portanto, os custos gerenciais englobam os custos de fabricação e as despesas. Neste texto, não nos preocuparemos com esta diferenciação.[2] Quando nos referirmos a "custos" neste livro, estaremos falando dos custos gerenciais.

Perda normalmente é vista na literatura contábil como o valor dos insumos consumidos de forma anormal. As perdas são separadas dos custos, não sendo incorporadas nos estoques. Exemplificando, se, por um motivo qualquer, houver um consumo anormal de matéria-prima, isso é caracterizado como perda. Na literatura da Engenharia de Produção, muitas vezes, esse termo significa o trabalho não eficiente. Neste capítulo, iremos nos referir a esse conceito como *desperdício*, que é o esforço econômico que não agrega valor ao produto da empresa nem serve para suportar diretamente o trabalho efetivo ou, em outras palavras, é o valor dos insumos utilizados de forma não eficiente. Esse conceito é mais abrangente do que o anterior porque, além das perdas anormais, engloba, também, as ineficiências normais do processo. Se, por exemplo, um processo trabalha comumente com um índice de 1% de peças defeituosas e, em um dado período, 5% dos itens produzidos forem defeituosos, a perda anormal equivalerá a 4%, enquanto os desperdícios totalizam 5%.

---

[2] Isso não significa que não deva haver a diferenciação entre despesas e custos de fabricação. Simplesmente significa que os conceitos são análogos (valor dos insumos utilizados), e a lógica de comportamento e análise é a mesma para os dois casos.

Classificação de Custos

Nesta seção, são apresentadas as duas principais classificações para os custos. Antes, vamos diferenciar os *custos totais* dos *custos unitários*. O custo total é o montante despendido no período para se fabricarem todos os produtos, enquanto o custo unitário é o custo para se fabricar uma unidade do produto.

$$\text{Custo unitário} = \frac{\text{custo total}}{\text{produção}}$$

Classificação pela Variabilidade

A classificação dos custos, considerando sua relação com o volume de produção, divide-os em *custos fixos* e *variáveis*. Custos fixos são aqueles que independem do nível de atividade da empresa no curto prazo, ou seja, não variam com alterações no volume de produção, como o salário do gerente, por exemplo. Os custos variáveis, ao contrário, estão intimamente relacionados com a produção, isto é, crescem com o aumento do nível de atividade da empresa, tais como os custos de matéria-prima. A Figura 5.1 apresenta o modelo proposto por essa classificação.

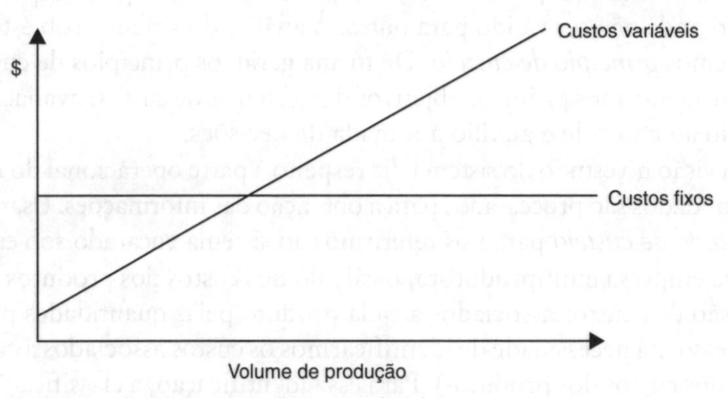

FIGURA 5.1 A divisão dos custos em fixos e variáveis.

A separação dos custos em fixos e variáveis é o fundamento do que se denomina custos para a tomada de decisões, fornecendo muitos subsídios importantes para as decisões da empresa. Parte dos desperdícios está relacionada aos custos fixos, os quais são despendidos independentemente da produção ou da utilização dos recursos. O tratamento dado aos custos fixos é determinado pelo princípio de custeio utilizado.

Classificação pela Facilidade de Alocação

Outra classificação bastante importante para a tomada de decisão é a separação dos custos em *diretos* e *indiretos*, de acordo com a facilidade de identificação dos mesmos com um objeto de custo (normalmente, com os produtos).

Custos diretos são aqueles facilmente relacionados com os produtos, processos, setores, clientes etc. Exemplos de custos diretos em relação aos produtos são a matéria-prima e a mão de obra direta. A alocação e a análise desses custos são relativamente simples.

Os *custos indiretos* não podem ser facilmente atribuídos às unidades, necessitando de alocações para isso. Exemplos de custos indiretos em relação aos produtos são a mão de obra indireta e o aluguel. As alocações causam a maior parte das dificuldades e deficiências dos sistemas de custos, pois não são simples e podem ser feitas por vários critérios. A problemática da alocação dos custos indiretos aos produtos e análise dos mesmos dá origem ao que vamos denominar métodos de custeio.

Em empresas modernas, os custos indiretos estão se tornando cada vez mais importantes, fazendo com que a discussão sobre a alocação desses custos tenha relevância crescente.

Princípios e Métodos de Custeio

A análise de um sistema de custos pode ser efetuada sob dois pontos de vista. Primeiro, podemos ver se o tipo de informação gerada é adequado às necessidades da empresa e quais seriam as informações importantes que deveriam ser fornecidas. Essa discussão está intimamente relacionada com os objetivos do sistema, pois a relevância das informações depende de sua finalidade. Assim, o que é importante para uma decisão pode não ser válido para outra. À análise do sistema, sob este enfoque, denominaremos *princípio de custeio*. De forma geral, os princípios de custeio estão intimamente ligados aos próprios objetivos dos sistemas de custos: avaliação de estoques, auxílio ao controle e auxílio à tomada de decisões.

A outra visão no estudo do sistema diz respeito à parte operacional do mesmo, ou seja, *como* os dados são processados para a obtenção das informações. Usaremos a expressão *método de custeio* para nos referirmos ao sistema encarado sob este prisma.

Em uma empresa multiprodutora, o cálculo dos custos dos produtos dá-se através da divisão dos custos associados a cada produto pelas quantidades produzidas. Nesse processo, há necessidade de identificarmos os custos associados a cada produto (cálculo dos custos dos produtos). Para essa identificação, a classificação dos custos em diretos e indiretos torna-se importante, pois a análise dos custos diretos é simples, enquanto os indiretos demandam procedimentos mais complexos. A alocação dos custos aos produtos é feita através de *métodos* de custos.

No entanto, antes de alocarmos os custos aos produtos, é necessário analisar qual parcela desses custos deve ser considerada. Essa etapa, anterior ao método, relaciona-se com o *princípio de custeio*. A diferenciação dos custos em *fixos* e *variáveis* e a separação dos *desperdícios* da parcela ideal dos custos serão utilizadas para a diferenciação dos princípios de custeio.

Na sequência, primeiramente iremos discutir *qual informação* deve ser gerada (ótica do princípio) para, em seguida, analisar *como* a informação será operacionalizada (ótica do método). Os princípios considerados são: o custeio variável (ou custeio direto), o custeio por absorção integral (ou absorção total) e o custeio por absorção ideal (ou absorção parcial). Os métodos discutidos são: o método dos centros de custos, o custeio baseado em atividades e o método da unidade de esforço de produção.

Princípios de Custeio

Custeio por Absorção Integral

No *custeio por absorção integral*, ou *total*, a totalidade dos custos (fixos e variáveis) é alocada aos produtos. De forma simplificada, podemos identificar esse princípio com o atendimento das exigências da contabilidade financeira para a avaliação de estoques. Muitas vezes, entretanto, suas informações são, também, utilizadas com fins gerenciais. Pode-se dizer que o custeio integral gera informações tradicionais de custos. Nossa definição de custos (valor dos insumos utilizados) encontra-se sob a ótica do custeio integral: todos os custos são associados aos produtos, independentemente de serem fixos ou variáveis, eficientes ou desperdícios.

Custeio Variável

No *custeio variável*, ou direto, apenas os custos variáveis são relacionados aos produtos, sendo os custos fixos considerados como custos do período. Entendendo-se os princípios de custeio como filosofias intimamente ligadas aos objetivos do sistema de custos, pode-se dizer que o custeio variável está relacionado com a utilização de custos para o apoio a decisões de curto prazo, quando os custos variáveis tornam-se relevantes, e os custos fixos, não.

Podemos visualizar o modelo do custeio variável imaginando a empresa como se fosse uma máquina. Para essa máquina funcionar no período considerado, é necessário cobrir os custos fixos, independentemente do que for produzido. As decisões da empresa estão relacionadas a quanto produzir de cada artigo de modo a tirar o máximo proveito da situação. Nesse caso, os únicos custos relevantes são os custos variáveis, pois os custos fixos independem da produção.

Nesse modelo, o conceito central é o de *margem de contribuição*, que é o montante das vendas diminuído dos custos variáveis. A margem de contribuição unitária é o preço de venda menos os custos variáveis unitários do produto. Ela representa a parcela do preço de venda que resta para a cobertura dos custos e despesas fixos e para a geração do lucro, por produto vendido. Para melhor entender esse conceito, suponha que a empresa decida produzir (e vender) uma unidade A MAIS de seu produto. A receita será acrescida de um valor equivalente ao preço de venda do produto, enquanto os custos aumentarão em um montante igual aos custos variáveis unitários. A diferença é justamente a margem de contribuição unitária. Então, o gerente deve se preocupar em maximizar a margem de contribuição porque, com isso, estará maximizando o lucro da empresa.

Antes de gerar lucro, a margem de contribuição deve cobrir os custos fixos. A pergunta seguinte do gerente, naturalmente, é: "Qual deve ser o volume de produção necessário para cobrir os custos fixos?" A resposta é dada pelo ponto de equilíbrio da empresa, o qual representa o nível de vendas no qual o lucro é nulo. Pode ser encontrado por meio da expressão:

$$Q_o = \frac{CF}{mc} \qquad mc = p - v$$

Q_o = ponto de equilíbrio (unidades físicas).
CF = custos fixos.
mc = margem de contribuição unitária.
p = preço de venda
v = custo variável unitário

A representação gráfica do ponto de equilíbrio (Figura 5.2) é feita plotando a receita (p.Q) e os custos totais (v.Q + CF) num par de eixos cartesianos, onde a abscissa representa a quantidade vendida.

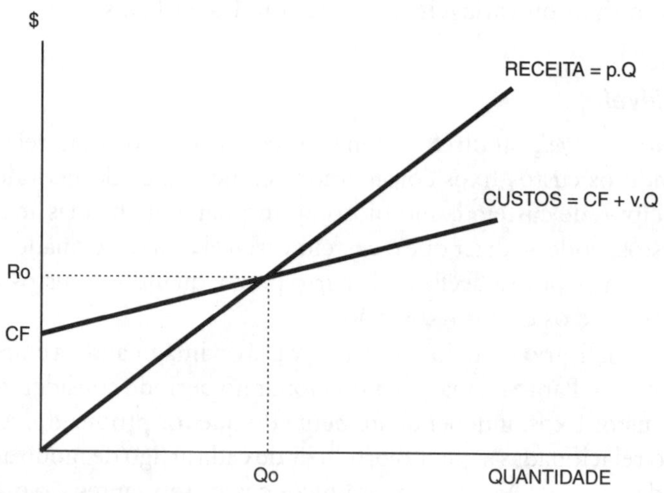

FIGURA 5.2 Ponto de equilíbrio.

Custeio por Absorção Ideal

No *custeio por absorção ideal*, todos os custos também são computados como custos dos produtos. Porém, custos relacionados com insumos usados de forma não eficiente (desperdícios) não são alocados aos produtos. O custeio por absorção ideal adapta-se ao auxílio do controle de custos e apoio ao processo de melhoria contínua da empresa.

A importância do custeio por absorção ideal e sua relação com a empresa moderna pode ser compreendida se ponderarmos sobre o ambiente atual, no qual existem muitos concorrentes eficientes. Nesse ambiente, a empresa tem de se concentrar em, entre outras coisas, ser eficiente. O gerente da empresa moderna está preocupado em combater os desperdícios (eliminar as atividades que não agregam valor ao produto). Naturalmente, não se pode eliminar o que não é conhecido. Portanto, a mensuração dos desperdícios e os informes sobre ele podem ajudar o gerente de três formas:

1. Sensibilizá-lo para o problema – é diferente, por exemplo, saber que existe desperdício e saber que o valor do desperdício é de R$100.000/mês. Então, o valor do desperdício deixa o gerente mais consciente sobre o problema e sua dimensão.

2. Auxílio no planejamento de ações de melhoria – para reduzir os desperdícios, o gerente normalmente tem várias alternativas de ação pela frente. A análise dos desperdícios pode auxiliá-lo na priorização das ações.
3. Acompanhamento dos resultados de ações de melhoria – após a implementação de uma ação específica, a avaliação dos desperdícios pode gerar uma estimativa sobre o retorno obtido.

A separação entre *custos ideais* e *desperdícios*, própria do custeio por absorção ideal, é fundamental para a mensuração dos desperdícios do processo produtivo, facilitando o controle dos mesmos. Assim, o custeio ideal está intimamente relacionado com a problemática da empresa moderna.

Exemplo Ilustrativo

A empresa EX possui capacidade para produzir 100.000 produtos e, em um determinado mês, produziu 80.000 unidades. Os custos totais do período correspondem a $1.400.000, sendo $1.000.000 de custos fixos e $400.000 de custos variáveis. Quais são os custos unitários dos produtos de acordo com o custeio por absorção integral, o custeio variável e o custeio por absorção ideal?

Resposta: O custeio integral alocaria $17,50 ao produto.

$$custo\_integral = \frac{Custo\_Total}{Produção} = \frac{1.400.000}{80.000} = 17,50$$

O custeio variável considera apenas $5,00/unidade como sendo custos do produto. O restante ($1.000.000) é custo do período (da estrutura fixa).

$$custo\_variável = \frac{Custo\_Variável}{Produção} = \frac{400.000}{80.000} = 5,00$$

O custeio por absorção ideal alocaria $15,00/unidade, e o restante ($200.000,00) corresponderia aos desperdícios do período.[3]

$$custo\_ideal = \frac{Custo\_Fixo}{Capacidade} + \frac{Custo\_Variável}{Produção} = \frac{1.000.000}{100.000} + \frac{400.000}{80.000} = 15,00$$

$$desperdício = (Capacidade - Produção)\,\frac{Custo\_Fixo}{Capacidade} = (100.000 - 80.000)\,\frac{1.000.000}{100.000} = 200.000$$

[3] Estamos supondo que não haja desperdícios relacionados aos custos variáveis, embora, na prática, isso possa ocorrer.

Métodos de Custeio

Os métodos de custeio, conforme já comentado anteriormente, tratam da operacionalização das informações dos sistemas de custos. De forma mais específica, tratam do cálculo dos custos dos produtos. Como os custos diretos, por definição, não apresentam dificuldades para serem identificados com os produtos, podemos entender o princípio do método como sendo a distribuição dos custos indiretos aos produtos. Nesta seção, trataremos dos três principais métodos de custeio: o método dos centros de custos, o custeio baseado em atividades e o método da unidade de esforço de produção.

Método dos Centros de Custos

O método dos centros de custos – método das seções homogêneas, RKW, BAB, departamentalização ou mapa de localização de custos – teve sua origem na Europa, no início do século XX. A característica principal desse método é a divisão da organização em "centros de custos". Os custos são alocados aos centros e, depois, repassados aos produtos. Os procedimentos do método dos centros de custos podem ser sintetizados em quatro passos:

1. Dividir a empresa em centros de custos.
2. Identificar os custos com os centros (distribuição primária).
3. Redistribuir os custos dos centros indiretos até os diretos (distribuição secundária).
4. Distribuir os custos dos centros diretos aos produtos (distribuição final).

Na primeira etapa, os centros são determinados considerando-se o organograma (cada setor da empresa pode ser um centro de custos), a localização (quando partes da empresa encontram-se em localidades diferentes, cada local pode ser um centro), as responsabilidades (cada gerente pode ter sob sua responsabilidade um centro de custos) e a homogeneidade. Normalmente, os centros de custos correspondem aos diversos setores da empresa, isto é, cada centro de custos é um departamento. Os centros de custos podem ser classificados em diretos e indiretos. Os centros diretos são os que trabalham diretamente com os produtos, enquanto os indiretos prestam apoio aos centros diretos e serviços para a empresa em geral.

A segunda etapa do método corresponde à identificação dos custos com os centros. Para isso, devem ser definidas bases de distribuição para os itens de custos, ou seja, critérios para se proceder à alocação dos custos aos centros. A regra para a escolha dessas bases é que a distribuição dos custos deve representar da melhor forma possível o uso dos recursos pelos centros. Como os custos são os valores dos insumos utilizados, a distribuição dos custos deve respeitar o consumo daqueles insumos pelos centros (departamentos). Assim, o setor que usou um certo recurso deve arcar com os custos correspondentes. Da mesma maneira, um centro que utilizou com maior intensidade um recurso compartilhado com outros centros deve ficar com uma parcela maior dos custos referentes àquele insumo.

O terceiro passo é a alocação dos custos dos centros indiretos aos diretos. Para isso, são usados critérios que reflitam, da forma mais precisa possível, a efetiva utili-

zação dos centros indiretos pelos outros. A função dos centros indiretos é prestar apoio aos demais centros, não é trabalhar diretamente com os produtos. Portanto, a distribuição dos custos de um centro indireto deve procurar representar o uso do trabalho daquele centro pelos demais. A forma mais comum de se fazer essa distribuição é a sequencial, que consiste em tomar os custos de um centro indireto e alocá-los aos centros subsequentes, fazendo o mesmo com os centros indiretos seguintes, até chegar aos centros diretos.

Finalmente, a quarta etapa é a distribuição dos custos aos produtos. Para isso, o critério a ser empregado é uma "unidade de medida do trabalho" do centro direto, a qual deve representar o esforço dedicado a cada produto. Seguindo a mesma lógica apresentada anteriormente, a unidade de trabalho tem de refletir, da melhor maneira possível, a parcela do trabalho do centro dedicada a cada produto.

Exemplo Ilustrativo

A empresa DR aplica o método dos centros de custos para o cálculo e controle de seus custos de transformação, sendo dividida em quatro centros: administração geral, manutenção, usinagem e montagem. A *administração* é um centro muito amplo, pois realiza um número muito grande de atividades distintas, mas o trabalho principal está relacionado com a administração de pessoal. A *manutenção* trabalha basicamente para manter os equipamentos da usinagem e da montagem, sendo que pode efetuar até 200 horas de manutenção por mês. A *usinagem* está relacionada com a fabricação dos itens que serão montados na *montagem*, sendo que ambos os centros também têm capacidade de 200 horas por mês. Os itens de custos estão separados em salários, energia elétrica, depreciação e materiais de consumo. No mês de julho, os custos de transformação totalizaram $8.500, sendo divididos da seguinte forma:

Salários: $5.000,00
Materiais de consumo: $2.000,00
Depreciação: $1.000,00
Energia elétrica: $500,00

A empresa fabrica dois produtos (P1 e P2), os quais passam pela usinagem e pela montagem com os seguintes tempos padrões:

Produto	Tempo usinagem (h)	Tempo montagem (h)
P1	0,9	0,1
P2	0,1	1,4

Em julho, o banco de dados da empresa DR apresentou os valores constantes na Tabela5.1.

Com base nesses dados, pede-se para calcular os custos dos centros da empresa DR e, usando o custeio integral, calcular os custos de transformação dos produtos em julho.

TABELA 5.1 Dados Relativos à Empresa DR em Julho

Dado	Centros de custos			
	Administr.	Manut.	Usinagem	Montagem
Potência instalada (HP)	5	10	30	5
Valor equipamentos ($)	800	7.200	8.000	-
Materiais requisitados ($)	200	450	500	850
Salários ($)	2.500	500	1.500	500
Número de empregados	5	5	15	30
Tempo de manutenção (h)	–	–	108	12
Produção P1 (unidades)	–	–	200	200
Produção P2 (unidades)	–	–	100	100

Resolução:

A matriz de custos da Figura 5.3 apresenta as distribuições primária e secundária da empresa DR em julho.

Item de Custo	Valor ($)	Base de Distr.	Admin. Geral	Manutenção	Usinagem	Montagem
Salários	5.000,00	direto	2.500,00	500,00	1.500,00	500,00
En. elétr.	500,00	potência	50,00	100,00	300,00	50,00
Deprec.	1.000,00	valor	50,00	450,00	500,00	-
Mat. cons.	2.000,00	requis.	200,00	450,00	500,00	850,00
			2.800,00	1.500,00	2.800,00	1.400,00
Número de empregados			→	280,00	840,00	1.680,00
				1.780,00	3.640,00	3.080,00
Tempo de manutenção				→	1.602,00	178,00
					5.242,00	3.258,00

FIGURA 5.3 Custos da empresa DR em julho.

A unidade de trabalho dos dois centros diretos é o tempo. Tomando-se os tempos unitários dos produtos nos centros e os volumes produzidos, chegamos à conclusão de que, na usinagem, foi produzido o equivalente a 190h (0,9*200 + 0,1*100) e, na montagem, o equivalente a 160h (0,1*200 + 1,4*100). A Tabela 5.2 mostra o cálculo dos custos unitários dos centros diretos e dos custos unitários dos dois produtos, obtidos pela multiplicação dos custos unitários dos centros com os tempos unitários de passagem.

TABELA 5.2 Custos dos Produtos da Empresa DR em Julho

Centro	Usinagem	Montagem
Custos totais	5.242,00	3.258,00
Produções equivalentes	190	160
Custos unitários	27,59	20,36

(a) *Custos unitários dos centros diretos*

Produto	Usinagem	Montagem	Custo unitário
P1	24,83	2,04	26,87
P2	2,76	28,51	31,27

(b) *Custos unitários dos produtos.*

Custeio Baseado em Atividades

A ideia básica do ABC (*Activity Based Costing*) é tomar os custos das várias atividades da empresa e entender seu comportamento, encontrando bases que representem as relações entre os produtos e essas atividades. Seus procedimentos são parecidos com os passos do método dos centros de custos (RKW), na medida em que o RKW também aloca os custos aos produtos através de bases de relação. Podemos dizer que, do ponto de vista do método, o ABC pretende tornar o cálculo dos custos dos produtos mais acurado. As etapas do ABC para o cálculo dos custos dos produtos são praticamente as mesmas do RKW, isto é:

1. Mapear as atividades.
2. Alocar os custos às atividades.
3. Redistribuir os custos das atividades indiretas até as diretas.
4. Calcular os custos dos produtos.

O primeiro passo do ABC é um dos pontos cruciais para uma boa implementação do sistema. A organização deve ser modelada em atividades, as quais, encadeadas, formam os processos. Essa visão de processo, denominada visão horizontal, é uma importante diferença entre o ABC e os métodos tradicionais, os quais possuem uma visão departamental, ou vertical, pois facilita o apoio a ações de melhoria da empresa. Para que esse apoio seja eficaz, as atividades devem ser mais detalhadas do que o centro de custos.

Na segunda etapa, o cálculo dos custos das atividades corresponde à distribuição primária do método dos centros de custos. O rastreamento dos custos às atividades deve seguir o mesmo critério já visto no RKW: a distribuição dos custos deve representar o consumo dos insumos pelas atividades. Considerando que a atividade é mais detalhada do que o centro de custos, muitos custos diretos em relação aos centros são indiretos em relação às atividades. O caso mais típico é o salário: um funcionário usualmente está lotado num centro de custos, mas executa várias atividades. Assim, na distribuição desse custo às atividades, devemos estimar a parcela do tempo do funcionário dedicada a cada atividade.

Para a distribuição dos custos das atividades aos produtos, o ABC utiliza o conceito de direcionadores de custos, os quais podem ser definidos como aquelas transações que determinam os custos das atividades, ou seja, são as causas principais dos custos das atividades. Com a utilização dos direcionadores de custos, o ABC objetiva encontrar os fatores que causam os custos, isto é, determinar a origem dos custos de cada atividade para, dessa maneira, distribuí-los corretamente aos produtos, considerando o consumo das atividades por eles.

Exemplo Ilustrativo

A empresa RKAB S.A. possui apenas um departamento produtivo. São utilizadas duas matérias-primas (M1 e M2) e fabricados três produtos (P1, P2 e P3). Os produtos P1 e P3 empregam uma unidade da matéria-prima M1, ao passo que o produto P2 usa uma unidade de M2. Todas as matérias-primas custam $10,00 por unidade. As matérias-primas M1 e M2 foram recebidas em lotes de 200 e 20 unidades, respectivamente, o que totalizou 51 e 10 lotes. A produção de P1 dá-se em lotes de 200 unidades, enquanto P2 e P3 são fabricados em conjuntos de 20 unidades. A Tabela 5.3 apresenta mais dados relacionados a um período genérico, com informações típicas do método dos centros de custos:

TABELA 5.3 Exemplo Fictício sobre a Produção e Custos da Empresa RKAB S.A.

	P1	P2	P3	Total
Produção e vendas (unidades)	10.000	200	200	10.400
Custo de MP ($/un)	10,00	10,00	10,00	104.000,00
Horas de MOD (h/un)	0,6	0,6	0,6	6.240
Custo de MOD ($/un)	6,00	6,00	6,00	62.400,00
Horas-máquina (h/un.)	0,5	0,5	0,5	5.200
Custos indiretos de fabricação ($)				223.400,00

Observe que os produtos são idênticos no que se refere aos custos diretos (MP e MOD), diferindo apenas na quantidade produzida.

Método Tradicional

No método tradicional de custos (RKW, por exemplo), os custos fixos atribuídos aos departamentos produtivos são alocados aos produtos através de uma base de distribuição. Como os custos de operação do equipamento são mais importantes do que os de MOD, vamos usar horas-máquina como base. Assim, os custos fixos atribuídos aos produtos ficariam:

Taxa = 223400/5200 = $42,96/hmáq.
P1 = P2 = P3 = 0,5 × 42,96 = $21,48

Os custos[4] dos três produtos seriam $37,48. Os custos são semelhantes porque os produtos utilizam a estrutura produtiva na mesma proporção, em termos de MOD e horas/máquina.

Custeio Baseado em Atividades

O ABC exige um detalhamento dos CIF e o levantamento de algumas informações relacionadas aos *direcionadores*, o que é feito na Tabela 5.4.

---

[4] O custo de um produto é a soma dos custos de matéria-prima e MOD com os CIF atribuídos a ele.

TABELA 5.4 Detalhamento dos CIF e Outras Informações

	P1	P3	P4	Total
Número de lotes produzidos	50	10	10	70
Número de ordens de produção	16	2	2	20
Lotes de M1 recebidos	50	10	1	61
CIF				223.400,00
Recebimento de materiais				54.900,00
Movimentação de materiais				17.500,00
Preparação de máquinas				7.000,00
PCP				40.000,00
Operação do equipamento				104.000,00

Os custos das atividades são alocados aos produtos através de direcionadores de custos. As bases utilizadas serão:

1. Número de lotes de MP recebidos para recebimento de materiais.
2. Número de lotes processados na produção para movimentação de materiais e preparação de máquinas.
3. Número de ordens de produção para PCP.
4. Horas/máquina para a operação do equipamento.

O custo por transação de cada uma das atividades é:

Recebimento = 54900/61 = $900,00 por lote recebido
Movimentação = 17500/70 = $250,00 por lote processado
Preparação máq. = 7000/70 = $100,00 por lote processado
PCP = 40000/20 = $2.000,00 por ordem de produção
Operação = 104000/5200 = $20,00 por hora/máquina

Os CIF alocados aos produtos são:

$CIF_{P1} = (50 \times 900 + 50 \times 250 + 50 \times 100 + 16 \times 2000)/10000 + 0{,}5 \times 20 = \$19{,}45$

$CIF_{P2} = (10 \times 900 + 10 \times 250 + 10 \times 100 + 2 \times 2000)/200 + 0{,}5 \times 20 = \$92{,}50$

$CIF_{P3} = (1 \times 900 + 10 \times 250 + 10 \times 100 + 2 \times 2000)/200 + 0{,}5 \times 20 = \$52{,}00$

Os custos dos produtos ficariam em $35,45, $108,50 e $68,00, respectivamente. Os custos diferem significativamente, pois os produtos utilizam as atividades indiretas de forma diferenciada.

Método da Unidade de Esforço de Produção

Primeiramente, é preciso destacar que o método da unidade de esforço de produção trabalha apenas com os custos de transformação. Os custos de matéria-prima não são analisados pelo método, devendo ser tratados separadamente. Portanto, quando nos referirmos aos custos, estaremos falando sobre os custos de transformação, não incluindo os custos de MP. O método da UEP baseia-se na unificação da produção para simplificar o processo de controle de gestão. Isso significa que o método cria uma unidade de medida física comum a todos os produtos da empresa, a UEP, de tal forma que as quantidades podem ser somadas.

Como exemplo, imagine uma empresa que fabrique três produtos, P1, P2 e P3, e que a produção dessa empresa, em unidades fabricadas, nos meses de setembro, outubro e novembro seja a apresentada na Tabela 5.5.

TABELA 5.5 Número de Produtos Fabricados pela Empresa Imagina (Setembro, Outubro e Novembro)

Produto	Setembro	Outubro	Novembro
P1	1.000	2.000	3.000
P2	2.000	1.500	1.000
P3	3.000	2.600	2.300
Total	6.000	6.100	6.300

Caso a determinação das produções dos três períodos considerados fosse feita simplesmente somando-se as unidades produzidas, chegaríamos à conclusão de que o nível de atividade da empresa está crescendo. Na realidade, não é possível proceder dessa forma, mesmo se os produtos forem parecidos (pertencerem a uma mesma família). Exemplificando, mesmo se os produtos P1, P2 e P3 fossem motores elétricos semelhantes, diferindo apenas no tamanho (potência), essa operação estaria incorreta. A falha seria considerar os produtos iguais, quando não o são. Voltando ao exemplo, o produto P1 é um motor pequeno, P2 tem tamanho intermediário e P3 é grande. Nesse caso, é lógico supor que a fabricação de P3 demanda mais trabalho do que a produção de P2 e de P1. Por isso, a soma pura e simples das unidades produzidas não funciona.

Para conseguir as produções dos períodos, o método da unidade de esforço de produção cria uma unidade para estimar os trabalhos necessários para fabricar cada um dos três artigos, a UEP. Assim, se for conhecido que o produto P1 equivale a 1 UEP, o produto P2, a 1,1 UEP e P3 corresponde a 1,3 UEP, a produção pode ser calculada em unidades de esforço de produção, ficando, no exemplo:

Produção de setembro = 1 × 1.000 + 1,1 × 2.000 + 1,3 × 3.000 = 7.100 UEPs
Produção de outubro = 1 × 2.000 + 1,1 × 1.500 + 1,3 × 2.600 = 7.030 UEPs
Produção de novembro = 1 × 3.000 + 1,1 × 1.000 + 1,3 × 2.300 = 7.090 UEPs

Nesse caso, notamos que a produção é praticamente constante, sendo que o maior volume de produção foi atingido em setembro, com 7.100 unidades equivalentes, ou seja, a produção conseguida seria equivalente, em termos de trabalho, a 7.100 UEPs. Caso os custos de transformação totais fossem de $6.000.000,00 em cada um dos três meses, os custos de transformação unitários seriam, em setembro:

$$\text{Custo de 1 UEP} = \frac{6.000.000}{7.100} = \$845{,}07$$

Custo de P1 = 1 × custo da UEP = 1 × 845,07 = $845,07
Custo de P2 = 1,1 × custo da UEP = 1,1 × 845,07 = $929,58
Custo de P3 = 1,3 × custo da UEP = 1,3 × 845,07 = $1.098,59

A Tabela 5.6 apresenta os custos unitários dos produtos nos períodos considerados.

TABELA 5.6 Custos Unitários dos Produtos P1, P2 e P3 da Empresa Imagina nos Meses de Setembro, Outubro e Novembro

Produto	Setembro	Outubro	Novembro
P1	845,07	853,49	846,26
P2	929,58	938,83	930,89
P3	1.098,59	1.109,53	1.100,14

Esta é a ideia básica do método, e a maior dificuldade consiste em encontrar as UEPs correspondentes aos vários produtos da empresa. Uma vez que as UEPs tenham sido encontradas, o cálculo mensal dos custos unitários torna-se simplificado, evitando-se a complexidade dos sistemas de alocação de custos normalmente empregados. Em outras palavras, a implantação do método é trabalhosa, mas é feita apenas uma vez, ao passo que a operacionalização do método (cálculo dos custos mensais) é muito simples.

A implantação do método da UEP pode ser dividida em cinco etapas:

1. Divisão da fábrica em postos operativos.
2. Determinação dos fotoíndices.
3. Escolha do produto-base.
4. Cálculo dos potenciais produtivos.
5. Determinação dos equivalentes dos produtos.

Na primeira etapa, a fábrica é separada em postos operativos. O posto operativo é um conjunto de operações. Usualmente, o posto operativo coincide com as máquinas (ou postos de trabalho), a fim de facilitar a visualização e a determinação dos índices de custos.

O segundo passo é a determinação dos custos horários ($/h) dos postos operativos, denominados fotoíndices. Esses índices de custos são calculados tecnicamente, de acordo com o efetivo dispêndio de insumos por parte dos postos operativos em funcionamento, com exceção de matérias-primas e despesas de estrutura.

A terceira etapa é a definição do produto-base, o qual pode ser um produto realmente existente, uma combinação de produtos ou mesmo um produto fictício. O produto-base representa o uso da estrutura produtiva da empresa. De posse dos tempos de passagem do produto-base pelos postos operativos e dos fotoíndices, deve-se calcular o custo do produto-base naquele instante, denominado foto-custo-base e medido em $.

A quarta fase é o cálculo dos potenciais produtivos, os quais representam a capacidade do posto operativo de gerar esforço de produção. O potencial produtivo é, dessa forma, a quantidade de esforço de produção gerada pelo posto operativo quando em funcionamento por uma hora. O potencial assim definido é medido, no método, em UEP/h. Os potenciais produtivos são encontrados dividindo os fotoíndices pelo foto-custo-base. Por exemplo, se os índices de custos (foto-índices) de dois postos operativos forem $20.000/h e $30.000/h e o foto-custo-base for $1.000, os respectivos potenciais produtivos serão 20 UEP/h e 30 UEP/h.

Finalmente, na última etapa, os produtos, ao passarem pelos postos operativos, absorvem os esforços de produção, de acordo com os tempos de passagem. Assim, se um posto operativo possui capacidade de 50 UEP/h e um dado produto despende 0,1h naquele posto, ele absorve 5 UEPs na operação em questão. O somatório dos esforços absorvidos pelo produto em todos os postos operativos é o seu equivalente em UEP. Fazendo-se esse procedimento para todos os produtos da empresa, têm-se todas as informações da etapa de implantação do método.

Na fase de operacionalização, o cálculo dos custos unitários de transformação é feito simplesmente dividindo-se os custos de transformação totais pela quantidade de UEPs fabricadas, obtendo-se o valor unitário da UEP naquele período, em $/UEP. Depois, basta multiplicar esse valor pelos equivalentes, em UEP, dos produtos para se encontrarem os custos de transformação de cada um deles.

Exemplo Ilustrativo

A empresa Uepa Ltda. fabrica quatro produtos e está implantando o método da UEP. Para isso, sua fábrica foi dividida em quatro postos operativos: PO1, PO2, PO3 e PO4. Para o cálculo dos índices de custos (fotoíndices), foram considerados os seguintes itens de custos: mão de obra direta, mão de obra indireta, depreciação, manutenção, materiais de consumo, energia elétrica e utilidades. A Tabela 5.7 apresenta o resultado do cálculo dos fotoíndices dos postos operativos.

TABELA 5.7 Distribuição dos Custos (em $/h) aos Postos Operativos

Item de	**Índices de Custos ($/h)**			
Custo	**PO1**	**PO2**	**PO3**	**PO4**
MOD	5,00	5,00	15,00	15,00
MOI	10,00	5,00	10,00	5,00
Depreciação	5,00	5,00	15,00	15,00
Manutenção	5,00	5,00	5,00	5,00
Mat. consumo	7,00	7,00	15,00	15,00
En. elétrica	2,00	2,00	10,00	10,00
Utilidades	1,00	1,00	–	–
TOTAL	35,00	30,00	70,00	65,00

Os tempos normalmente despendidos nos postos pelos quatro produtos fabricados pela Uepa Ltda. são apresentados na Tabela 5.8.

TABELA 5.8 Tempos de Passagem dos Produtos pelos Postos Operativos (em h/un)

Produto	PO1	PO2	PO3	PO4
P1	0,03	0,20	0,03	0,04
P2	0,03	0,04	0,03	0,20
P3	0,05	0,05	0,05	0,10
P4	0,01	0,11	0,01	0,01

Tomando-se o produto 4 como base, o custo do produto-base na época da implantação (foto-custo-base) fica sendo \$5,00 ($0{,}01 \times 35 + 0{,}11 \times 30 + 0{,}01 \times 70 + 0{,}01 \times 65$). Esse é o valor de uma UEP na época da implantação do método. Dividindo-se os fotoíndices dos postos operativos (Tabela 5.7) pelo foto-custo-base (\$5), obtemos os potenciais produtivos dos postos operativos 1 a 4, mostrados na tabela 5.9.

TABELA 5.9 Potenciais Produtivos dos Postos Operativos

Postos Operativos	PO1	PO2	PO3	PO4
Fotoíndices (\$/h)	35,00	30,00	70,00	65,00
Valor-base da UEP (\$/UEP)	5	5	5	5
Potenciais produtivos (UEP/h)	7	6	14	13

Assim, o equivalente do produto A é 2,35 UEP ($0{,}03 \times 7 + 0{,}2 \times 6 + 0{,}03 \times 14 + 0{,}04 \times 13$). Este e os demais resultados estão resumidos na Tabela 5.10.

TABELA 5.10 Equivalentes dos Produtos (em UEP)

Produto	PO1	PO2	PO3	PO4	Total
P1	0,21	1,20	0,42	0,52	2,35
P2	0,21	0,24	0,42	2,60	3,47
P3	0,35	0,30	0,70	1,30	2,65
P4	0,07	0,66	0,14	0,13	1,00

Esses dados são constantes no tempo. Uma vez implantado o método, a operacionalização (cálculos dos custos dos produtos mensalmente) torna-se muito simples. Vamos tomar os dados de dois meses, novembro e dezembro. A produção da empresa Uepa, em unidades físicas e em UEPs, é apresentada na Tabela 5.11.

TABELA 5.11 Produção da Empresa Uepa Ltda. em Novembro e Dezembro

	Produção (nov.)		Produção (dez.)	
Produto	Física	UEP	Física	UEP
P1	400	940	800	1.880
P2	800	2.776	400	1.388
P3	400	1.060	800	2.120
P4	1200	1.200	800	800
Total	–	5.976	–	6.188

Os custos totais de transformação nesses dois meses foram $597.600 e $649.740, respectivamente. Portanto, o custo da UEP foi $100 (597.600/5.976) em novembro e $105 (649.740/6.188) em dezembro. Considerando os equivalentes, em UEP, dos produtos, os custos dos mesmos são apresentados na Tabela 5.12.

TABELA 5.12 Custos Unitários de Transformação dos Produtos em Novembro e Dezembro

Produto	UEP	Custo (Novembro)	Custo (Dezembro)
P1	2,35	$235,00	$246,75
P2	3,47	$347,00	$364,35
P3	2,65	$265,00	$278,25
P4	1,00	$100,00	$105,00

ENGENHARIA ECONÔMICA

A maioria das decisões sobre investimentos em uma empresa envolve a consideração sobre várias possibilidades de pagamento em períodos diferentes de tempo. Por exemplo, o pagamento da compra de um equipamento pode ser efetuado à vista, dividido em algumas parcelas mensais ou, ainda, pode ser financiado para se pagar prestações durante anos. Mesmo no cotidiano, quando compramos algo, normalmente podemos escolher entre pagar à vista com desconto ou parcelar em duas ou três vezes sem juros ou, ainda, assumir várias prestações mensais. Para analisar adequadamente a melhor alternativa, é preciso entender como o dinheiro muda de valor no tempo, por causa dos juros envolvidos. Com esse intuito, esta seção apresenta noções introdutórias de engenharia econômica. A terminologia utilizada é:

P = valor presente = capital inicial necessário ao investimento (no momento zero).
F = valor futuro = capital ao final do período n.
n = número de períodos considerados.
i = taxa de juros.
J = Juros.
A = série uniforme de pagamentos ou recebimentos.

Juros

Os juros correspondem à remuneração do capital. Se alguém obtém um empréstimo de, digamos, \$1.000, o valor a ser pago após algum tempo equivale ao capital inicial (\$1.000) acrescido de sua remuneração (os juros). Assim, o juro pode ser visto como o aluguel do dinheiro, ou seja, é a remuneração que você paga a alguém por tomar emprestado e utilizar o dinheiro dele por algum tempo. Por exemplo, considere uma taxa de juros de 10% ao mês. Ao final do primeiro mês, os juros correspondem a:

$$\text{Juros} = \text{Capital} \times \text{Taxa} = 1000 \,.\, 0{,}1 = \$100{,}00$$

Com isso, o saldo passou a ser:

$$\text{Saldo}_1 = \text{Capital} + \text{Juros} = 1000 + 1000.0{,}1 = 1000\,(1 + 0{,}1) = \$1.100{,}00$$

Por causa dos juros, não é possível somar ou subtrair quantias monetárias em diferentes períodos no tempo. Esse é o conceito que embasa toda a Engenharia Econômica.

Juros Simples e Juros Compostos

Basicamente, podemos trabalhar em dois regimes de juros: simples e compostos. Para entendermos as diferenças entre eles, vamos continuar com nosso exemplo e ver como o saldo devedor se comporta nos meses subsequentes em cada um dos regimes.

Juros Simples

No regime de juros simples, os juros incidem sempre sobre o capital inicial, independentemente do número de períodos considerado. Assim, ao final dos meses 2 e 3, o saldo do empréstimo torna-se:

$$\text{Saldo}_2 = \text{Saldo}_1 + \text{juros} = 1100 + 1000.0{,}1 = 1000\,(1{+}2.0{,}1) = \$1.200{,}00$$
$$\text{Saldo}_3 = \text{Saldo}_2 + \text{juros} = 1200 + 1000.0{,}1 = 1000\,(1{+}3.0{,}1) = \$1.300{,}00$$

Por analogia, podemos deduzir a equação básica para o regime de juros simples:

$$F = P(1 + ni) \qquad (1)$$

O cálculo considerando juros simples era interessante na época em que não havia computadores nem calculadoras eletrônicas, devido à facilidade dos cálculos. Embora ainda hoje seja empregado em algumas situações, não é o mais adequado conceitualmente, pois desconsidera o impacto que os juros não pagos causam no saldo devedor.

Juros Compostos

No regime de juros compostos, os juros incidem sobre o saldo do período anterior (capital e juros). Assim, ao contrário dos juros simples, incidem juros sobre juros. Em nosso exemplo, os saldos ao final dos meses 2 e 3 equivaleriam a:

$Saldo_2 = Saldo_1 + juros = 1100 + 1100.0{,}1 = 1000\ (1+0{,}1)^2 = \$1.210{,}00$
$Saldo_3 = Saldo_2 + juros = 1210 + 1210.0{,}1 = 1000\ (1+0{,}1)^3 = \$1.331{,}00$

A equação fundamental para o regime de juros compostos é:

$$F = P(1 + i)^n \quad (2)$$

Essa equação embasa o desenvolvimento de praticamente todas as demais da Engenharia Econômica. Conceitualmente, o regime de juros compostos é o mais correto, pois considera os juros não pagos como integrantes do saldo devedor, ao contrário do regime anterior, no qual independe o momento do pagamento dos juros.

Exemplo de Aplicação de Juros Simples e Compostos

Um amigo emprestou $10.000 a você por 12 meses, a uma taxa de 1% ao mês. Só que não explicitou qual seria o regime de incidência dos juros. Calcular o valor a pagar, considerando: (a) juros simples; (b) juros compostos.

Resolução a: $F = 10000 + 12.0{,}01 = \$11.200{,}00$
Resolução b: $F = 10000(1+0{,}01)^{12} = \$11.268{,}25$

Equivalência entre Taxas de Juros

Às vezes, deparamos com problemas nos quais o período de capitalização da taxa de juros é diferente do período considerado no problema. Por exemplo, qual é o saldo de um empréstimo de $1.000 por seis meses considerando juros de 46,41% ao quadrimestre? Uma das soluções possíveis consiste em transformar a taxa quadrimestral em uma taxa mensal equivalente e aplicar a equação 2. Para converter uma taxa de juros, podemos utilizar a equação 3.

$$(1 + i_1)^n = (1 + i_2)^m \quad (3)$$

n = número de períodos de capitalização da taxa 1 contidos no período-base;
m = número de períodos de capitalização da taxa 2 contidos no período-base.

No problema proposto, o período-base pode ser o quadrimestre e a aplicação da equação 3 resulta em:

$$(1+i_m)^4 = (1+0{,}4641)^1$$
$$i = 0{,}1 \text{ (ou 10\% ao mês)}$$

Aplicando a equação 2, temos:

$$F = 1000(1+0{,}1)^6 = \$1.771{,}56$$

Taxas Efetivas e Nominais

As taxas de juros consideradas no exemplo anterior (10% ao mês, 46,41% ao quadrimestre e 77,1561% ao semestre) são taxas efetivas. Os juros realmente equivalem a 10% capitalizados mensalmente ou 46,41% capitalizados quadrimestralmente, e assim por diante. Às vezes, no entanto, isso não acontece. Ocasionalmente, a taxa de juros vem disfarçada, normalmente por causa de costumes enraizados no sistema financeiro. Uma taxa nominal é aquela cujo período de capitalização não coincide com o período da taxa. Por exemplo, uma taxa de 120% ao ano com capitalização mensal, na verdade, equivale a uma taxa efetiva de 10% ao mês. Uma taxa de 5% ao mês com capitalização trimestral equivale à taxa efetiva de 15% ao trimestre. No Brasil, a taxa de juros da caderneta de poupança equivale a 6% ao ano com capitalização mensal, ou seja, equivale a 0,5% ao mês.

Exemplo de Taxas Efetivas e Nominais

Qual é a taxa efetiva anual de uma taxa de 180% ao ano capitalizada mensalmente?

Resolução: Uma taxa de 180% a.a. c.c. mensal equivale a 15% ao mês (180/12). Aplicando a equação 3, calculamos que $i = (1+0{,}15)^{12} - 1 = 4{,}35025$. Portanto, 180% ao ano, capitalizados mensalmente, equivalem a uma taxa efetiva de 435,025% ao ano.

Equivalência entre Capitais

Todos os cálculos da Engenharia Econômica baseiam-se na equivalência entre capitais. No nosso exemplo de juros compostos da seção Juros Simples e Juros Compostos, poderíamos dizer que $1.000 no momento atual (valor presente), a uma taxa de 10% ao mês, equivalem a $1.100 no período 1, a $1.210 no período 2, e assim por diante.

Nos cálculos de equivalência de capitais, é conveniente representar graficamente o problema. O gráfico utilizado é o diagrama de fluxo de caixa, o qual consiste em uma linha representando o tempo. As entradas e saídas de caixa são representadas por setas acima ou abaixo do eixo. A Figura 5.4 apresenta um exemplo de um diagrama de fluxo de caixa.

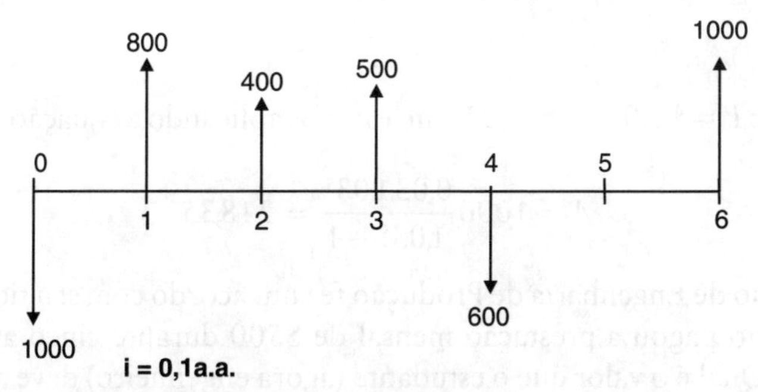

FIGURA 5.4 Exemplo de diagrama de fluxo de caixa.

No diagrama anterior, há duas saídas de caixa: \$1.000 no momento inicial (período 0) e \$600 no período 4. Também estão representadas quatro entradas de caixa: \$800, \$400, \$500 e \$1.000, nos períodos 1, 2, 3 e 6. Note que, no caso apresentado, o período é anual.

Equivalência entre P e F

A equivalência entre um valor presente e um valor futuro, no período n, é efetuada mediante o uso da equação 2.

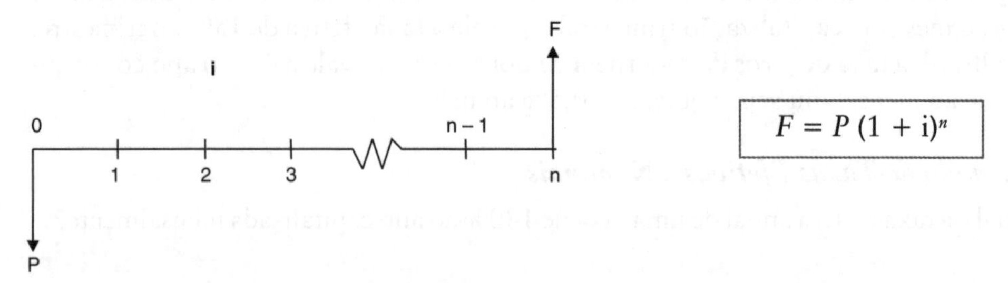

FIGURA 5.5 Representacão gráfica de P e F.

Equivalências Envolvendo uma Série Uniforme

Uma série uniforme (A) consiste em prestações idênticas iniciando no período 1 até o período n. As equivalências entre P, F e A podem ser obtidas pelas equações 4 e 5.

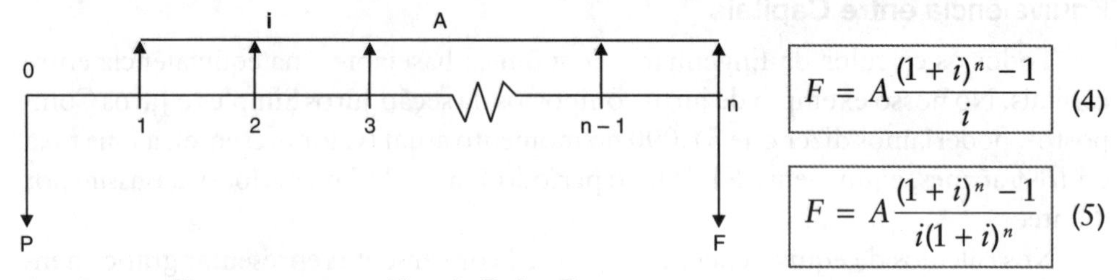

FIGURA 5.6 Representacão gráfica de P, A e F.

Exemplos Ilustrativos da Aplicação dos Conceitos de Equivalência de Capitais

1) Um eletrodoméstico é vendido a \$1.000 à vista e pode ser parcelado em cinco prestações mensais, sem entrada, a uma taxa de 3% ao mês. Qual é o valor da prestação?

Solução: Como P = \$1.000, $i = 0{,}03$ a.m. e $n = 5$, aplicando a equação 5, temos que

$$A = 1000\frac{0{,}03.1.03^5}{1{,}03^5 - 1} = 218{,}35$$

2) Um aluno de Engenharia de Produção fez um acordo com seu tio para pagar a faculdade. O tio pagou a prestação mensal de \$500 durante cinco anos e cobrou 0,5% ao mês. Qual é o valor que o estudante (agora engenheiro) deve ao tio no final dos cinco anos?

Solução: Neste caso, $n = 60$ meses, $i = 0{,}005$ a.m. e $A = 500$. Pela equação 4:

$$F = 500\frac{1{,}005^{60} - 1}{0{,}05} = 34.885{,}02$$

3) Considerando o exemplo anterior, o tio concedeu dois anos de carência (período no qual não há pagamento) ao engenheiro. Qual é o valor devido ao final da carência?

Solução: Neste caso, $n = 24$ meses, $i = 0{,}005$ a.m. e $P = \$\ 34.885{,}02$. A equação 2 indica que:

$$F = 34.885{,}02 * 1{,}005^{24} = 39.320{,}99$$

Métodos de Análise de Investimentos

Ao analisar alternativas de investimento, há alguns métodos para verificar qual delas apresenta mais vantagens, em termos econômicos. Os principais métodos utilizados são os do valor presente, da taxa interna de retorno e do *pay back*. Esses métodos, muito utilizados em empresas do mundo todo, permitem, entre outras aplicações, comparar dois investimentos para descobrir qual o mais interessante do ponto de vista econômico ou verificar se um dado investimento é economicamente atrativo para a empresa. Neste último caso, normalmente a empresa compara a rentabilidade do investimento analisado com a rentabilidade que obteria aplicando o dinheiro no mercado financeiro. Assim, a taxa de juros que o mercado financeiro paga pelo dinheiro aplicado pela empresa serve como referencial para ela definir sua taxa de mínima atratividade (TMA).

Taxa Mínima de Atratividade

Nas análises de investimento, a primeira questão que surge é a definição da taxa de juros a ser considerada. Essa taxa depende do investidor. Por exemplo, se uma pessoa dispõe de dinheiro aplicado a 1% ao mês, ela provavelmente definirá sua taxa de juros mínima desejável como sendo 1% ao mês. Se outro investidor precisa tomar dinheiro emprestado a 3% ao mês, ele não aceitará menos do que isso quando analisar alternativas de investimento. A *taxa mínima de atratividade* (TMA) pode ser definida como sendo a menor taxa de juros aceitável pelo investidor. Ela é a taxa de juros que iremos utilizar quando aplicarmos os métodos descritos a seguir.

Método do Valor Presente

O método do valor presente consiste em transformar todo o fluxo de caixa no valor presente equivalente. Se considerarmos sinal positivo como entrada de caixa e sinal negativo como saída de caixa, um valor presente positivo indica que a alternativa é interessante sob o ponto de vista econômico. Se duas ou mais alternativas estão sendo confrontadas, o maior valor presente indica a melhor alternativa. O método do valor presente é o método mais apropriado para comparar alternativas de investimento.

Método da Taxa Interna de Retorno

A taxa interna de retorno (TIR) é a taxa de juros que torna nulo o valor presente líquido do investimento analisado. O método consiste em comparar a TIR com a TMA. Caso a TIR seja superior à TMA, isso indica que a alternativa é vantajosa, pois oferece um retorno superior ao mínimo desejado pelo investidor. Embora seja de fácil uso e simples de entender, quando utilizado para comparar alternativas de investimento, esse método deve ser acompanhado de algumas precauções porque, para essa aplicação, ele pode ser contraintuitivo. Na comparação entre dois investimentos, nem sempre a melhor alternativa é a que apresenta a maior TIR.[5] Outro problema que pode surgir é a existência de mais de uma TIR para um fluxo de caixa,[6] o que dificulta a interpretação dos resultados.

Método do Pay Back

Esse método consiste em definir o período de tempo necessário para recuperar o capital investido. Não é um método tecnicamente correto porque desconsidera o fluxo de caixa após o período de recuperação do capital (*pay back*), mas é amplamente empregado na prática. Sugere-se que seja utilizado sempre em conjunto com um dos outros anteriores.

Exemplo Ilustrativo da Aplicação dos Métodos de análise de Investimentos

O gerente de uma empresa está analisando a possibilidade de adquirir um equipamento com tecnologia mais avançada do que o atual. O novo equipamento consegue operar com menos pessoas, possibilitando uma redução nos custos de mão de obra direta na ordem de $10.000 por mês. A empresa possui como objetivo recuperar seus investimentos em um prazo de, no máximo, quatro anos. O equipamento novo custa $500.000 e tem vida útil econômica de cinco anos, ao final dos quais apresentará valor residual de $200.000. O equipamento atual pode ser vendido por $100.000. Determine, considerando os três métodos discutidos, se a empresa deve adquirir o novo equipamento, considerando:

(a) TMA= 1% ao mês
(b) TMA = 3% ao mês

Resolução: A representação do problema resulta no seguinte diagrama de fluxo de caixa:

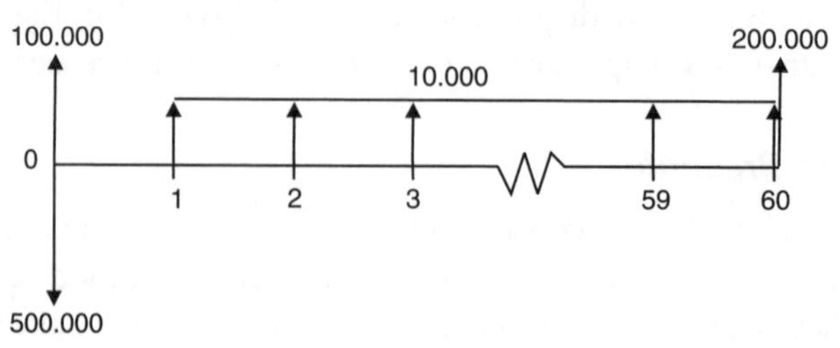

[5] Nesse caso, é preciso uma análise incremental adicional, comparando as alternativas duas a duas.
[6] Isso pode ocorrer quando há entradas e saídas de caixa alternadas, o que gera equações com mais de uma raiz.

1) *Método do Valor Presente*

$$\text{(a1) } P_{i=0,01} = -500000 + 100000 + 10000\,\frac{1{,}01^{60} - 1}{0{,}01(1{,}01)^{60}} + \frac{200000}{1{,}01^{60}} = \$159.640{,}31$$

Interpretação: Como o valor presente é positivo, isso indica que a alternativa é vantajosa, considerando uma taxa mínima de atratividade de 1% ao mês.

$$\text{(b1) } P_{i=0,03} = -500000 + 100000 + 10000\,\frac{1{,}03^{60} - 1}{0{,}03(1{,}03)^{60}} + \frac{200000}{1{,}03^{60}} = \$89.297{,}75$$

Interpretação: Como o valor presente é negativo, isso indica que a alternativa não é vantajosa, considerando uma taxa mínima de atratividade de 3% ao mês.

2) *Método da Taxa Interna de Retorno*

O cálculo da taxa de juros que zera o valor presente do fluxo de caixa é feito resolvendo-se a equação:

$$-500000 + 100000 + 10000\,\frac{(1+i)^{60} - 1}{i(1+i)^{60}} + \frac{200000}{(1+i)^{60}} = 0$$

Como a solução algébrica é complicada, podemos resolver por um método iterativo. Por exemplo, sabemos que a TIR se encontra entre 1% ao mês (P = 159640,31) e 3% ao mês (P = –89297,75). Se fizermos uma interpolação linear, chegaremos à taxa de 2,2826% [3-(3-1)*89297,75/(159640,31+89297,75)]. Substituindo $i = 0{,}022826$, chegaremos ao valor presente $P = -23.370{,}97$. Fazendo novas iterações, chegaremos, na sequência, aos valores 2,02828%, 2,0745% e 2,0725% ao mês ($P = -1{,}08$). Assim, TIR = 2,07% ao mês.[7]

(a2) TIR > 1%: a substituição é vantajosa, pois oferece retorno superior à TMA.

(b2) TIR < 3%: a alternativa não é vantajosa, pois oferece retorno inferior à TMA.

3) *Método do* Pay Back

Para encontrarmos o tempo para recuperação do capital investido (*pay back time*), podemos acompanhar o saldo mês a mês.[8]

(a3)

$Saldo_0 = -400.000{,}00$

$Saldo_1 = -400000*1{,}01 + 10000 = -394.000{,}00$

$Saldo_2 = -394000*1{,}01 + 10000 = -387.940{,}00$

---

[7] A TIR pode ser obtida mais facilmente com o uso de calculadoras financeiras ou programas computacionais.

[8] Estamos considerando o método do *pay back* descontado (considerando juros). Às vezes, é usado o método do *pay back* simples (sem considerar juros). Se fosse este o caso, o cálculo seria mais simples (*pay back* = 400000/10000 = 40 meses).

...

$Saldo_{51}$ = –13220,91*1,01 + 10000 = –3.353,12
$Saldo_{52}$ = –3353,12*1,01 + 10000 = +6.613,35
$Saldo_{53}$ = +6613,35*1,01 + 10000 = +16.679,49

Portanto, a empresa necessita de 52 meses para recuperar o capital investido na compra do novo equipamento. Como esse prazo é superior aos quatro anos desejados (48 meses), o investimento não será efetuado.

(b3) Como o valor presente é negativo para a TMA de 3% ao mês, o capital investido não é recuperado.

REFERÊNCIAS BIBLIOGRÁFICAS

BORNIA, A.C. *Análise gerencial de custos: aplicação em empresas modernas*. Reimpressão 2007. Porto Alegre: Bookman, 2001.
CASAROTTO FILHO, N.; KOPITTKE, B.H. *Análise de investimentos*. São Paulo: Atlas, 1998.
FARO, C. *Matemática financeira*. São Paulo: Atlas, 2000.
LEONE, G.S.G. *Curso de contabilidade de custos*. São Paulo: Atlas, 2000.
MARTINS, E. Contabilidade de *custos*. São Paulo: Atlas, 2004.
VIEIRA SOBRINHO, J. D. *Matemática financeira*. São Paulo: Atlas, 2000.

CAPÍTULO 6

ERGONOMIA, HIGIENE E SEGURANÇA DO TRABALHO

Francisco Soares Másculo
Departamento de Engenharia de Produção
Universidade Federal da Paraíba

ERGONOMIA E ENGENHARIA DE PRODUÇÃO

A proposta deste texto é introduzir a Ergonomia como um campo de conhecimento e mostrar algumas das suas contribuições para a Engenharia de Produção (EP). Esse campo cresceu bastante neste último meio século e sua área de abrangência tornou-se bastante ampla. Este capítulo inicia-se com alguns exemplos a título de sensibilização e contextualização da Ergonomia na EP. Nas seções seguintes, serão apresentadas a definição, o histórico, o método, as principais abordagens para o projeto ergonômico e as áreas atuais de estudo. Foram escolhidos dois tópicos com o propósito de aprofundar a exemplificação do uso por serem tópicos de importante aplicação prática e de enorme relevância para o engenheiro de produção no projeto ergonômico do posto de trabalho: a Biomecânica Ocupacional, sendo abordados as lesões de esforços repetitivos, o trabalho estático, a postura e o levantamento e transporte de cargas; e a Antropometria. Diversos outros tópicos que merecem atenção são apresentados e caracterizados mais adiante e, embora não sejam aprofundados no texto, são contemplados na bibliografia apresentada no final.

Se você passar a reparar em postos de trabalho de computador com atenção, certamente vai observar situações como: altura do monitor muito alta ou muito baixa, obrigando o operador a elevar ou abaixar a cabeça, causando tensão no pescoço; cadeiras muito baixas ou altas, causando formigamento nas coxas; altura inadequada do teclado e *mouse* e ausência de suportes para os braços, obrigando a musculatura das mãos e ombros a atuarem sem necessidade; ausência de suportes para os pés e punhos, entre outras inadequações.

Em 29 de setembro de 2006 ocorreu o famigerado acidente em que colidiram um Boeing 737, que fazia o voo 1907 da empresa aérea Gol, entre as cidades de Manaus e Brasília, e um jato de menor porte, Legacy, em que perderam a vida 154 pessoas. Os aviões voavam em sentido contrário. Se imaginarmos a imensa quantidade de "estradas aéreas" verticais e horizontais no espaço entre aquelas duas cidades, os dispositivos de controle nos centros em terra e os mecanismos de segurança nas aeronaves, seria inacreditável que tivéssemos essa ocorrência. Mas o fato é que ocorreu, e as causas, por mais inconclusas que estejam, certamente tiveram algum componente de projeto ergonômico inadequado. Entre outras supostas possibilidades, pode-se citar:

- O *software*. O *software* foi concebido para o plano de voo entrar na tela, independentemente da autorização dos controladores. Isso realmente levou os controladores a acreditarem que o jato estava a 36 mil metros (estava a 37 mil, onde se deu a colisão).
- O "transponder". Esse instrumento, que possibilita ao piloto ser informado da aproximação de outra aeronave, estava desligado no jato Legacy. A National Transportation Safety Board, órgão de segurança aérea dos Estados Unidos, vai obrigar que as aeronaves possuam dispositivo auditivo de informação para informar ao piloto quando o "transponder" estiver desligado.
- O sistema de atribuição de responsabilidade para as equipes de acompanhamento. Este é feito por um centro de controle até determinado ponto e daí passa para outro. Isso requer comunicação clara e sem possibilidade de erro de quem está controlando o quê.
- Linguagem verbal. Os controladores devem se comunicar em uma língua universal, no caso o inglês, quando se tratar de aeronave com tripulação estrangeira. Nem sempre essa comunicação é clara.
- A localização. As aeronaves são acompanhadas em monitores através de rastreamento por radares. Há momentos, dizem os controladores, que as aeronaves desaparecem do monitor, aparecem sombras que não são reais etc.
- A jornada de trabalho dos controladores. Como faltavam controladores, eles tinham de trabalhar mais tempo.
- Carga mental. Pelo mesmo motivo anterior, eles controlavam um número maior de aviões que o recomendado internacionalmente.

Observando-se o controle remoto de uma determinada TV, verifica-se a existência de 48 teclas e 31 funções. É necessário fazer um curso para uma pessoa comum poder utilizar todas as possibilidades que esse instrumento oferece. Isso sem considerar questões como tamanho das teclas e sua disposição física no controle devido à limitação do tamanho.

As Figuras 6.1 a 6.4 ilustram atividades de trabalho em dois postos de uma determinada indústria.

No primeiro posto, o trabalhador realiza os procedimentos para acondicionar o produto final em sacos de 20 kg. Após pegar o saco de papelão e abri-lo, ele o posiciona na balança e move a alavanca para baixo, assim liberando o produto, que desce por gravidade. Ele controla visualmente o peso na balança e, quando o peso estipulado é alcançado, fecha o dosador também acionando a alavanca. Em seguida segura o saco por baixo e faz uma rotação de tronco dando dois passos para colocar o saco em uma esteira rolante.

FIGURAS 6.1 e 6.2 Operação de enchimento.

FIGURAS 6.3 e 6.4 Paletização.

No segundo posto, o trabalhador pega o saco que já foi costurado na esteira e o transporta até o local em que está o palete e o arruma em oito pilhas de quatro por quatro sacos, que atingem 1,70 m. Ambos fazem isso durante uma jornada de oito horas diárias.

Você poderá observar que os trabalhadores estão bem protegidos de capacete, luvas, máscaras, botas e óculos de proteção. Mas também notará que, no primeiro posto, a balança poderia ter uma altura que evitasse que ele se curvasse para pegar o saco, a alavanca de acionamento do dosador exige a elevação dos braços, a esteira poderia estar ao lado da balança. No segundo posto, o palete e a esteira estão muito afastados. O trabalhador, para arrumar os primeiros sacos, tem de se curvar, e a pilha ao atingir alturas mais altas exigirá a elevação das mãos, o que é agravado pelo peso de 20 kg.

Qual é a semelhança entre esses casos? Em todos eles há objetos, máquinas ou sistemas projetados pelo homem para facilitar sua vida, mas que também podem provocar dores, sofrimentos, lesões e tragédias. A Ergonomia lida com isso tudo. Adiante ela é caracterizada mais precisamente.

A Ergonomia contribui para a Engenharia de Produção, tanto fornecendo seus conhecimentos para a subárea de Engenharia do Produto como, mais especificamente, na subárea que podemos denominar Engenharia do Trabalho, que objetiva projetar, implantar e controlar o posto de trabalho e a maneira de trabalhar. Esta engloba os conhecimentos das disciplinas de Engenharia de Métodos, Organização do Trabalho, Processos de Trabalho, Higiene e Segurança do Trabalho, Leiaute ou Planejamento das Instalações, além da própria Ergonomia. A Figura 6.5 é uma representação esquemática de um processo de transformação entradas × saídas, característica dos sistemas produtivos, os diversos conteúdos profissionalizantes da Engenharia de Produção (Abepro, 2007) e a Engenharia do Trabalho com suas disciplinas.

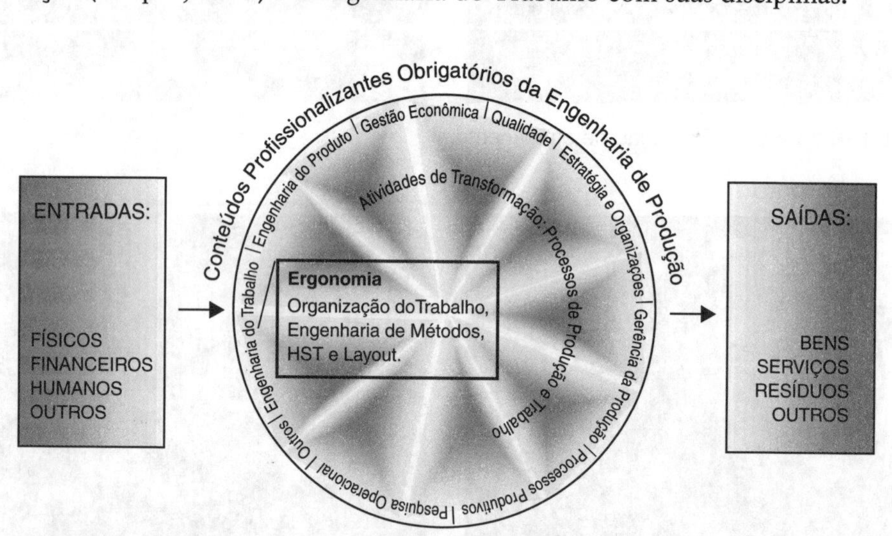

FIGURA 6.5 Modelo simplificado de sistema de produção, conteúdos profissionalizantes da Engenharia de Produção e a Ergonomia.

Definição e Histórico da Ergonomia

Em agosto de 2000, o Conselho da IEA (International Ergonomics Association, *www.iea.cc*, 2007) adotou a seguinte definição oficial de Ergonomia e definiu os seus domínios de especialização: "Ergonomia (ou fatores humanos) é a disciplina científica interessada na compreensão das interações entre os humanos e outros elementos de um sistema, é o campo profissional que aplica teoria, princípios, dados e métodos para projetar objetivando otimizar o bem-estar humano e o desempenho geral do sistema. Os ergonomistas contribuem para o projeto e avaliação de tarefas, trabalhos, produtos, ambientes e sistemas para fazê-los compatíveis com as necessidades, habilidades e limitações das pessoas."

Derivado do grego *ergon* (trabalho) e *nomos* (leis) para denotar a ciência do trabalho, a Ergonomia é uma disciplina de orientação sistêmica que atualmente estende-se por todos os aspectos de atividade humana. Os ergonomistas praticantes têm de ter uma compreensão ampla do escopo da disciplina. Isto é, a Ergonomia promove uma abordagem holística (do grego *holos* = totalidade), na qual são considerados fatores físicos, cognitivos, sociais, organizacionais e ambientais.

O termo ergonomia foi utilizado pela primeira vez em 1857 pelo cientista polonês B. W. Jasrzebowsky. Ele publicou um artigo intitulado "Ensaios de Ergonomia

ou ciência do trabalho, baseado nas leis objetivas da ciência sobre a natureza". Propôs uma disciplina de escopo muito amplo e com grande amplitude de interesses e aplicações, englobando todos os aspectos da atividade humana.

A partir da Revolução Industrial é que se ressentiu da falta de compatibilidade entre o projeto das máquinas e o operador humano, o que se tornou questão estratégica vital quando da Segunda Guerra Mundial (1939–1945). Devido à maior complexidade de operação dos equipamentos, foram registradas ocorrências desastrosas, com conseqüências para as tropas e material bélico em pleno uso. Os aviões, por exemplo, passaram a voar mais alto e mais rápido do que no tempo da Primeira Guerra. Os pilotos podiam sofrer da falta de oxigênio nas grandes altitudes, perda de consciência nas subidas rápidas exigidas pelas manobras aéreas, e erros no manuseio de acionadores. Exemplo dessa condição adversa foram os acidentes nos aviões da Força Aérea Britânica, ocorridos devido à confusão entre os comandos de controle de voo (*flap*) e o controle do trem de aterrissagem.

Para tratar desses problemas foram formados diversos grupos interdisciplinares, tanto na Inglaterra como nos Estados Unidos, com o objetivo de elevar a eficácia combativa, a segurança e o conforto dos soldados, marinheiros e aviadores. Os trabalhos desses grupos foram voltados para a adaptação de veículos militares, aviões e demais armas às características psicofisiológicas dos operadores, sobretudo em situações de emergência e de pânico.

Após a Segunda Guerra Mundial, esses grupos interdisciplinares foram desmobilizados. Mas ficou a certeza de que haviam produzido resultados impossíveis de serem alcançados pelo trabalho isolado de cada especialista. Assim, em 1949, na Inglaterra, alguns desses especialistas voltaram a se reunir para fazer um balanço e discutir os resultados que tinham alcançado durante a guerra. Concluíram que a forma de trabalhar, desenvolvida na emergência da guerra, poderia ter uma nobre missão em tempo de paz: melhorar as condições de trabalho produtivo em todas as indústrias e não apenas naquelas voltadas para fins militares. Estavam à frente de um novo capítulo da ciência e da pesquisa científica e, assim, fundaram a Ergonomics Research Society, que foi pioneira na área. Os fundadores dessa sociedade caracterizaram a Ergonomia como sendo um movimento científico que visava exprimir, em termos compreensíveis aos engenheiros, arquitetos e demais projetistas, os conhecimentos sobre o homem, com vistas ao projeto de tarefas, equipamentos e ambientes de trabalho. Essa sociedade alcançou repercussão mundial e em apenas cinco anos contava com mais de duas centenas de membros de diversos países.

Um dos fatores que contribuiu para o desenvolvimento internacional da Ergonomia foi um projeto iniciado pela Agência de Produtividade Europeia, um ramo da Organização para Cooperação Econômica Europeia com a criação da Seção de Fatores Humanos em 1955. A partir daí, esse movimento científico se expandiu consideravelmente. Nos Estados Unidos, onde o campo de estudos da Ergonomia era denominado Fatores Humanos (até hoje ainda se usa esse termo), foi criada em 1957 a Sociedade de Fatores Humanos, movimento que se espalhou pelo resto do mundo. Hoje existem associações de ergonomia em todos os países industrializados. No Brasil, foi criada a Associação Brasileira de Ergonomia (Abergo, *www.abergo.org.br*) em

1983, a qual conta atualmente com centenas de associados e realiza encontros e congressos regulares.

O Método Ergonômico

Uma maneira de entender a natureza de um campo ou uma prática científica é através da observação da natureza de sua tecnologia. Considerando a definição de Ergonomia como a disciplina científica que lida com interações entre os humanos e outros elementos de um sistema e o campo profissional que aplica teoria, princípios, dados e métodos para projetar, objetivando aperfeiçoar o bem-estar humano e o desempenho geral do sistema, pode-se afirmar que a Ergonomia trata da atividade do trabalho ou da atividade humana que resulte no fazer interagindo com outros humanos, máquinas, ferramentas, mobiliário e ambiente. Busca aperfeiçoar ou otimizar as interfaces físicas, cognitivas e organizacionais dos sistemas. Hendrick (1991) propõe que a única tecnologia da Ergonomia é a tecnologia da interface homem–sistema. A Ergonomia é ocupada, como ciência, com o desenvolvimento de conhecimento sobre as capacidades, limitações e outras características do desempenho humano, na medida em que estes se relacionam com o projeto das interfaces entre as pessoas e os outros componentes do sistema. Sendo a atividade de trabalho o foco da Ergonomia, este é primariamente o estudo das interações entre as pessoas e destas com os subsistemas técnicos e organizacionais de um sistema de produção e consumo.

Pode-se observar que, pelo processo de universalização do conhecimento, e particularmente o papel aglutinador e difusor da IEA, a Ergonomia atualmente tende a superar a dicotomia das escolas franco-fônica e anglo-americana em uma síntese de uniformidade. A primeira tenderia a privilegiar as atividades do operador, enfatizando desde o entendimento da tarefa aos mecanismos de seleção de informações, de resolução de problemas e de tomada de decisões, através da observação do trabalhador em condições reais. A segunda preocupava-se, principalmente, com os aspectos físicos acerca da interface homem–máquina, nos pontos de vista anatômico, antropométrico, fisiológico e sensorial, com o objetivo de dimensionar as estações de trabalho com o uso de simulação em laboratórios.

O método ergonômico essencialmente consiste no uso dos recursos dos diversos campos de conhecimento que possibilitem averiguar, levantar, analisar e sistematizar o trabalho e as condições de trabalho. Isso implica a observância, utilizando-se instrumentos de caráter quantitativo ou qualitativo, dos vários aspectos já mencionados da interação humano × elementos do sistema, avançando as fronteiras além do posto de trabalho.

Diversos autores apresentam as mais variadas formas de abordagens metodológicas, métodos e técnicas, para os fins a que a Ergonomia se propõe:

- *Sistema homem–máquina–ambiente*: é a unidade básica de estudo da Ergonomia e considera que o homem realiza suas atividades em postos de trabalho que podem ser classificados como postos de pilotagem (*cockpits*), postos industriais (bancadas) e postos de escritórios (*offices*). Em uma perspectiva sistêmica, o ser humano em processo de retroalimentação contínua recebe in-

formações da máquina através dos dispositivos de informação e do ambiente, capta-as pelos órgãos sensoriais, como olhos e ouvidos, e as leva ao sistema nervoso central para processamento, que determina ações do aparelho locomotor, membros superiores e inferiores nos comandos e controles da máquina para a consecução dos objetivos do sistema (ver Figura 6.6).

- *Análise ergonômica do trabalho*: desenvolvida na França, é composta das seguintes etapas: análise da demanda, que trata da definição do problema a ser estudado; análise da tarefa, que consiste no que o trabalhador deve realizar e as condições ambientais, técnicas e organizacionais; análise da atividade, o que o trabalhador, efetivamente, realiza para executar a tarefa, é a análise do comportamento do homem no trabalho; diagnóstico; e recomendações.
- *Itinerário metódico, ambientado e contextualizado da Ergonomia*: estabelece que a ação ergonômica seja a produção metódica de respostas às demandas sobre o trabalho na empresa, sobre o projeto adequado de produtos. Viabiliza-se pela articulação de três momentos: a instrução das demandas, a modelagem e o projeto ergonômicos (Vidal, 2001).
- *Diagnóstico ergonômico*: está relacionado à origem médica da Ergonomia francesa. Assim teríamos, por exemplo, a anamnese, tomando a forma de demanda, a análise da demanda, a coleta de sintomas, os exames complementares e o tratamento.
- Design *ergonômico*: o projeto de postos de trabalho é um campo clássico da Ergonomia, assim o *design* ergonômico é o instrumento de finalização da intervenção ergonômica, sendo a forma pela qual a correção ergonômica ou a especificação adequada pode acontecer.
- *Intervenção ergonômica*: é um dos tipos de ação ergonômica que implica, em um plano mais imediato, a mudança em uma situação de trabalho específica. Objetiva modificar a situação de trabalho para torná-la mais adequada às pessoas que nela operam.

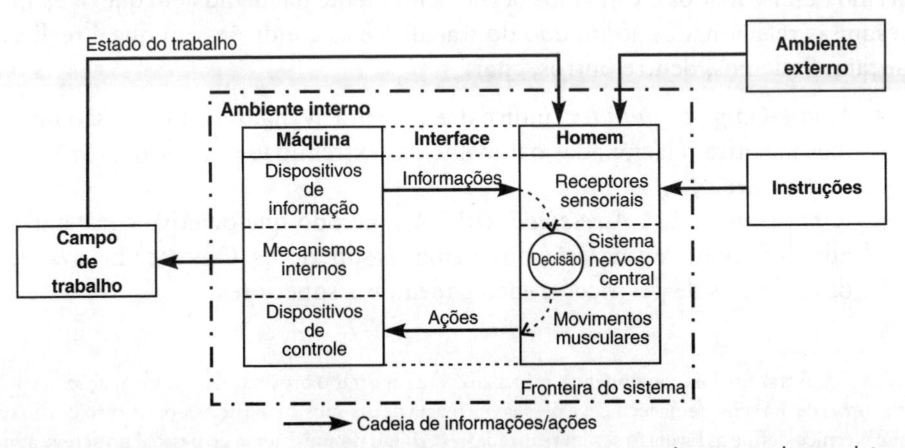

FIGURA 6.6 Representação esquemática das interações entre os elementos de um sistema homem–máquina–ambiente. *Fonte*: Iida, 2005.

- *Antropotecnologia*: diz respeito à combinação de aspectos ergonômicos e macroergonômicos envolvidos numa transferência de tecnologia.
- *Macroergonomia*: um dos principais mentores é Hendrick (1991), que a define como a tecnologia da interface máquina–organização. Essa tecnologia mais apropriadamente teria o rótulo de "tecnologia da interface máquina–ambiente–homem–organização", pois há o envolvimento desses quatro elementos do sistema sociotécnico.[1] O foco central está na interface da concepção organizacional como um todo e do sistema de trabalho com a tecnologia empregada ou a ser empregada no sistema para otimizar o funcionamento homem–sistema;
- *Pontos de verificação ergonômica* (Fundacentro, 2001): preparado pela Organização Internacional do Trabalho em colaboração com a IEA, é uma compilação de fatores ergonômicos do posto de trabalho que pode ser utilizada para encontrar soluções práticas para a melhoria das condições de trabalho a partir de uma perspectiva ergonômica.
- *Ergonomia participativa*: característica importante nesse método é a ênfase no envolvimento dos usuários e outros interessados no projeto, desde suas fases iniciais. Esse procedimento visa prevenir problemas futuros como erros de projeto e rejeição do produto.

Os métodos e as técnicas disponíveis no campo da Ergonomia têm se tornado mais complexos, diversificados e ampliados. Podem ser:

- De ordem objetiva, direta, por meio do registro das atividades ao longo de um período predeterminado de tempo, através de observações "a olho nu" e/ou assistida por meio audiovisual.
- De ordem subjetiva, indireta, composta por questionários, *check-lists* e entrevistas.

A Ergonomia hoje dispõe de uma enorme gama de instrumentos ou ferramentas que auxiliam o ergonomista na análise e diagnóstico das situações de trabalho. Eles têm sido desenvolvidos e validados permanentemente na medida em que os estudos e pesquisas relacionados ao mundo do trabalho e as condições em que é realizado avançam. Podemos, dentre outros, citar:

- *Moore-Garg Strain Index*, índice que procura avaliar o risco de lesão musculoesquelética relacionada ao trabalho das extremidades superiores (mão, pulso e cotovelo).
- *Rapid Upper Limb Assessment* (RULA), método que objetiva constatar se a atividade pode causar lesão nos membros superiores. Oferece uma avaliação das posturas de pescoço, tronco e membros superiores.

---

[1] Organizações trazem dois componentes principais para suportar o processo de transformação: tecnologia na forma de um subsistema técnico, e pessoas na forma de um subsistema de pessoal. O projeto do subsistema técnico define as tarefas a serem realizadas; o projeto do subsistema de pessoal prescreve as maneiras nas quais as tarefas serão realizadas. Estes dois subsistemas interagem um com o outro em todas as interfaces homem-máquina e usuário-sistema.

- *Rapid Entire Body Assessment* (REBA), ferramenta desenvolvida para análise postural sensível a riscos musculoesqueléticos em diversas atividades.
- *Weaving Posture Analyzing System* (WEPAS), sistema de análise postural baseado em filmagens bidimensionais desenvolvido primordialmente para a indústria de tecelagem.
- *Loading Upper Body Assessment* (LUBA), técnica de avaliação das cargas posturais na parte superior do corpo.
- *Suzanne Rodgers, check-list* para membros superiores e tronco, postura, nível de esforço e ritmo.
- *Carga máxima no posto de trabalho,* equação desenvolvida pelo National Institute of Occupational Safety and Health (NIOSH), estabelecendo a carga máxima que um trabalhador pode manipular no posto de trabalho em função de diversos parâmetros do posto e da atividade.
- *OWAS (Ovako Working Posture Analysing System)*, método para a avaliação da carga postural durante o trabalho.
- *Ferramentas ergonômicas digitais (e de modelagem humana).* Neste grupo incluem-se os mais variados *softwares* projetados para uso da Ergonomia. Eles fazem avaliações biomecânicas de posturas e levantamento de carga, avaliação de espaço físico, leiaute do posto e antropometria: HarSim, Jack, Ramsis, Safework, 3DSSP, Ergowatch, ERGO-IBV, Ergotimer etc.
- *Questionário nórdico*: questionário desenvolvido para fornecer ao ergonomista informações sobre as regiões do corpo do trabalhador onde há presença de dor.
- *Posturograma,* instrumento que permite a avaliação da postura do trabalhador, mensurando distâncias entre pontos anatômicos do corpo humano e fornecendo acompanhamento da evolução postural antes e durante a prática da atividade física.

Domínios e Áreas de Especialização da Ergonomia

Os ergonomistas trabalham frequentemente em domínios de aplicações específicos. Domínios de aplicações não são mutuamente excludentes e estão em constante evolução; novos são criados e os antigos assumem perspectivas novas. Segundo a IEA, existem domínios de especialização dentro da disciplina que representam competências mais profundas em atributos humanos específicos ou características de interação humana. Os domínios de especialização em Ergonomia são os seguintes:

- *Ergonomia física*: ocupa-se com as características anatômicas, antropométricas, fisiológicas e biomecânicas dos seres humanos na medida em que se relacionam à atividade física. Tópicos relevantes incluem posturas de trabalho, manuseio de materiais, movimentos repetitivos, lesões musculoesqueléticas relacionadas ao trabalho, leiaute do posto de trabalho, segurança e saúde ocupacional.
- *Ergonomia cognitiva*: relaciona-se com os processos mentais, como percepção, memória, raciocínio e resposta motora, na medida em que eles afetem as

interações entre os humanos e os outros elementos de um sistema. Tópicos pertinentes incluem carga de trabalho mental, tomada de decisão, aptidão para desempenho, interação de humano–computador, confiabilidade humana, estresse no trabalho e treinamento, conforme podem se relacionar ao projeto humano–sistema.

- *Ergonomia organizacional*: diz respeito à otimização de sistemas de sociotécnicos, incluindo suas estruturas organizacionais, suas políticas e seus processos. Estão aí incluídos comunicações, projeto do trabalho em equipe, projeto do trabalho, programação do trabalho, projeto participativo, ergonomia de comunidade, trabalho cooperativo, novos paradigmas de trabalho, organizações virtuais, teletrabalho e administração da qualidade.

Todos esses domínios têm alguma relação de uma forma ou de outra com a Engenharia de Produção.

O campo da Ergonomia tem se desenvolvido e aumentado consideravelmente seu espectro de atuação desde sua fundação, em um processo de acumulação de conhecimentos. Juntaram-se às áreas tradicionais – como o estudo de comandos e controles, dispositivos de informação, ambiente de trabalho (conforto térmico, lumínico, acústico, vibração, cores) – áreas como a organização do trabalho, o trabalho em turnos e diversas outras áreas. Por sua contemporaneidade, o *Manual de Fatores Humanos e Ergonomia* (FHE), organizado por Salvendy (2005), constitui referência importante e fornece um panorama atual do que se vem pesquisando nesse campo de conhecimento. As áreas e tópicos que ele relaciona são os seguintes:

- *Função dos fatores humanos*: a disciplina de FHE; engenharia de Fatores Humanos e projeto de sistemas.
- *Fundamentos dos fatores humanos*: sensação e percepção; seleção e controle de ação; processamento de informação; comunicação e fatores humanos; cultura e Ergonomia; modelos de tomada e suporte à decisão; carga mental e consciência de situação; fundamentos sociais e organizacionais da Ergonomia; métodos de FHE; antropometria; biomecânica básica e projeto do posto de trabalho.
- *Projetos da tarefa e do trabalho*: análise da tarefa; projeto da tarefa e motivação; projeto do trabalho em equipe; seleção de pessoal; projeto e avaliação de sistemas de treinamento; fatores humanos no projeto e gestão organizacional; modelo mental e consciência situacional; projeto afetivo e prazeroso.
- *Projeto de equipamento, posto de trabalho e ambiente*: projeto do posto de trabalho; vibração e movimento; som e barulho; iluminação.
- *Projeto para saúde, segurança e conforto*: gestão de saúde ocupacional e segurança; erro humano; Ergonomia de sistemas de trabalho; abordagem psicossocial e saúde ocupacional; manuseio de materiais manuais; lesões musculoesqueléticas relacionadas ao trabalho das extremidades superiores; avisos e comunicações de perigo; equipamentos de proteção individual; voos espaciais humanos; riscos de poeiras, químicos, biológicos e radiações eletromagnéticas.

- *Modelagem de desempenho*: modelagem de desempenho humano em sistemas complexos; modelos matemáticos em engenharia e psicologia para otimização de desempenho; controle de supervisão; modelagem humana digital para aplicações *Computer Aided Engineering* (CAE); ambientes virtuais.
- *Avaliação*: investigação de acidente e incidente; auditoria em FHE; análise custo–benefício de investimento em sistemas humanos; métodos de avaliação de resultados.
- *Interação humano–computador*: *displays* visuais; visualização de informações; comunidades *on-line*; segurança de informação e fatores humanos; teste de usabilidade; avaliação e projeto de *Web site*; projeto de *Web site* de *e-business*; aumento de cognição na interação humano-sistema.
- *Projeto para diferenças individuais*: projeto para pessoas com limitações funcionais; projeto para envelhecimento; projeto para crianças; projeto para todos: CAD de adaptação de interface para usuários.
- *Aplicações específicas*: padrões de FHE; FHE em medicina; FHE em transporte; FHE em projetos automatizados; FHE em controle de processos e manufatura.

Exemplo Ilustrativo: Aplicações da Biomecânica Ocupacional

A Biomecânica combina os campos da Engenharia Mecânica com os da biologia e fisiologia. Ela se ocupa com o corpo humano e utiliza os princípios da mecânica para concepção, projeto, desenvolvimento e análises de equipamentos e sistemas em biologia e medicina. Embora a Biomecânica seja um campo relativamente novo e dinâmico, sua história remonta ao século XV quando Leonardo da Vinci (1452–1519) observou o significado da mecânica em seus estudos biológicos. Os resultados dos estudos de pesquisadores nos campos de Biologia, Medicina, ciências básicas e Engenharia têm contribuído para o crescimento firme e sustentado do campo interdisciplinar da Biomecânica.

O desenvolvimento da Biomecânica tem aumentado nosso conhecimento em muitos campos, inclusive em situações normais e patológicas, em mecânica do controle neuromuscular, em mecânica do fluxo sanguíneo nas microarticulações, em mecânica do fluxo de ar no pulmão e em mecânica da forma e do crescimento. Vem contribuindo para o desenvolvimento de diagnóstico médico e procedimentos de tratamento. Tem, também, fornecido meios para o projeto e fabricação de instrumentos médicos, dispositivos para deficientes físicos, implantes e reposições artificiais, além de contribuir para a melhoria do desempenho no posto de trabalho e em competições atléticas.

A mecânica aplicada é utilizada em seus diferentes aspectos de acordo com as necessidades da Biomecânica. Por exemplo, os princípios da estática são aplicados para determinar a magnitude e a natureza das forças envolvidas nas várias articulações e músculos do sistema musculoesquelético. Os princípios da dinâmica são utilizados para a descrição dos movimentos e têm muitas aplicações em mecânica esportiva. Os princípios da mecânica dos corpos deformáveis proporcionam as ferramentas para avaliar comportamentos funcionais sob diferentes condições de materiais e sistemas biológicos. Os princípios da mecânica dos fluidos são usados para investigar o fluxo sangüíneo no sistema circulatório humano e o fluxo de ar no pulmão.

A função de interesse no corpo humano em um contexto ergonômico é a carga mecânica ou a atividade do sistema musculoesquelético. O objetivo da análise biomecânica é estabelecer a capacidade de se avaliar quantitativamente a carga e o comportamento da estrutura do corpo e comparar essa carga ou comportamento com a tolerância ou comportamento. A característica que distingue a Biomecânica de outros tipos de análise ergonômica é que a comparação é de natureza essencialmente quantitativa. Ao se compararem as cargas nas articulações ou nos tecidos e a atividade com a tolerância ou a capacidade da estrutura, pode-se avaliar a função humana em termos dos níveis de riscos relacionados à tarefa. Então, a quantificação da função humana permite-nos projetar tarefas de trabalho tal que elas minimizem o risco de lesões musculoesqueléticas no corpo (Marras, 2005).

A parte da Biomecânica que trata das questões do corpo é chamada de Biomecânica Ocupacional ou Industrial. Chaffin e Andersson (1991) definiram Biomecânica Ocupacional como "o estudo da interação física dos trabalhadores com suas ferramentas, máquinas e materiais para aumentar o desempenho do trabalhador enquanto minimiza o risco de lesões musculoesqueléticas".

Lesões de Esforços Repetitivos: Lesão Cumulativa (Crônica) × Lesão Aguda

Dois tipos de lesões podem afetar o corpo humano. A lesão aguda refere-se à aplicação de uma força que excede a tolerância da estrutura durante a aplicação de uma força casual. A lesão aguda é tipicamente associada a esforços de grande intensidade de força. Por exemplo, um trauma agudo pode ocorrer quando um trabalhador é solicitado a levantar um objeto extremamente pesado, como mover um saco de milho de 60 kg. Uma lesão cumulativa, por outro lado, refere-se a aplicações de forças repetitivas a uma estrutura, que tende a desgastá-la, reduzindo sua tolerância ao ponto em que a tolerância é excedida pela redução do limite de tolerância. Consequentemente, uma lesão cumulativa representa mais o desgaste da estrutura. Esse tipo de lesão tem se tornado bastante comum nos postos de trabalho porque tarefas repetitivas estão se tornando mais comuns nas atividades laborais. Diversas avaliações ergonômicas têm se voltado para o estudo dessa questão. O risco ergonômico é aquele que pode causar uma lesão ao longo do tempo, isto é, devida a fatores acumulativos.

As lesões cumulativas são iniciadas por esforços manuais que são frequentes e prolongados. Essa aplicação de força repetitiva ou prolongada afeta os tendões e/ou os músculos do corpo. Se os tendões são afetados, esta sequência ocorre: os tendões são sujeitos à irritação mecânica; durante o trabalho repetitivo, eles são expostos repetidamente a altos níveis de tensão, e grupos de tendões podem atritar-se uns contra os outros. Essa irritação mecânica pode levar os tendões a inflamar e inchar. O inchaço estimulará as atividades dos nociceptores (sensores de dor) em torno da estrutura e sinalizará ao mecanismo de processamento central (cérebro) de que há um problema através da percepção da dor. Em resposta a essa dor, o corpo tentará controlar o problema através de dois mecanismos: primeiro, os músculos em torno da área irritada aumentarão seus níveis de coativação numa tentativa de minimizar o movimento do tendão, uma vez que esse movimento estimulará os sensores e resultará em mais dor; segundo, numa tentativa de reduzir o atrito que ocorre dentro do tendão, o corpo aumentará sua produção de líquido sinovial dentro da bainha do tendão. Dado o volume limitado do tendão e da bainha do tendão, esse aumento de produção de líquido sinovial frequentemente aumentará o problema, devido ao aumento de volume do tendão, por sua vez aumentando o estímulo dos nociceptores em volta. Esse processo resulta em dor articular crônica e uma série de reações musculoesqueléticas, tais como redução de força, redução de movimento do tendão e redução de mobilidade. Conjuntamente, essas reações resultam em incapacidade funcional.

Um processo similar ocorre quando os músculos são afetados por lesões cumulativas. Os músculos podem se tornar problemáticos quando se tornam fatigados. A fadiga pode diminuir a tolerância à tensão e causar microtraumas no músculo. Esses microtraumas significam que o músculo está parcialmente lesionado e essa lesão pode romper os capilares e provocar inchaço, edema ou inflamação no local da lesão. Isso, por sua vez, causa dor através da estimulação dos nociceptores. O corpo reage pela contração da musculatura ao redor e, a partir daí, diminuindo o movimento da articulação. Isso resulta nas mesmas séries de reações musculoesqueléticas que terminam irritando o tendão (redução de força, redução de movimento do tendão e redução de mobilidade). A consequência final desse processo é também incapacidade funcional (Marras, 1997).

Pode-se definir as lesões de esforços repetitivos (LER, também denominadas DORT – doenças osteomusculares relacionadas ao trabalho) como lesões que são cumulativas e provocadas por uso inadequado e excessivo do sistema musculoesquelético (que agrupa ossos, nervos, tendões e músculos). Atingem, principalmente, os membros superiores: mãos, punhos, braços, antebraços, ombros e coluna cervical. São causadas por trabalho repetitivo, de esforço mecânico, agravadas quando angulações são exigidas, e também por pressões no trabalho de ordem física ou psicológica. As principais causas das LER são:

- *Organização do trabalho*: procedimentos rígidos de trabalho com pouca autonomia do trabalhador no desenvolvimento das tarefas; postura rígida; ritmos acelerados de trabalho, muitas vezes impostos pelas máquinas, exigindo esforços exagerados; pressão do tempo; tensão entre as chefias e os subordinados; pressão para manter a produtividade; excesso de trabalho e horas extras; ambiente de trabalho inadequado (muito frio, muito calor, ruídos excessivos, pouca luz, pouco espaço etc.); monotonia e fragmentação do trabalho (cada trabalhador faz uma pequena parte, sem ter uma visão do conjunto, do processo produtivo e envolvimento com a empresa); ausência de pausas em tarefas que exigem descansos periódicos (muitas vezes até já definidas em normas e leis); conteúdo do trabalho, com a execução de tarefas monótonas e muito fragmentadas, exigindo gestos repetitivos.

- *Posto de trabalho*: o uso de móveis, ferramentas e instrumentos que exijam esforços inadequados e desnecessários e favoreçam a manutenção prolongada de posturas inadequadas tem papel importante.

A prevenção é a melhor maneira de se evitar o problema das LER. Os principais fatores que auxiliam na prevenção da LER nas empresas são:

- *Organização do trabalho*: aumentar o grau de liberdade para realização da tarefa, reduzindo a fragmentação e a repetição; permitir maior controle do trabalhador sobre seu trabalho; levar em conta que a capacidade produtiva de uma pessoa pode variar e que essa capacidade é diferente entre um indivíduo e outro; estabelecer pausas, quando e onde cabíveis, para relaxar, distensiona, e permitir a livre movimentação, sem o aumento do ritmo ou da carga de trabalho; enriquecer o conteúdo do trabalho, nas tarefas e locais de trabalho, para que a criatividade e a realização profissional coexistam em interesses comuns das empresas e dos trabalhadores.
- *Postos de trabalho*: os móveis devem permitir posturas confortáveis, ser adequados às características físicas do trabalhador e à natureza das tarefas, permitindo liberdade de movimentos; ferramentas e instrumentos de trabalho devem ser adequados ao seu operador e às especificidades das atividades em que serão utilizadas.

Algumas formas clínicas das LER/DORT são: *tenossinovite*, inflamação do tecido que reveste os tendões; *tendinite*, inflamação dos tendões; *bursite*: inflamação de pequenas bolsas que se situam entre os ossos e os tendões das articulações do ombro; *síndrome do túnel do carpo*, compressão do nervo mediano ao nível do punho; *síndrome cervicobraquial*: compressão dos nervos da coluna cervical; *síndrome do desfiladeiro torácico*: compressão do plexo braquial (nervos e vasos); *dor miofascial*: contração dolorosa dos músculos.

Trabalho Muscular Estático e Dinâmico

O trabalho estático é aquele que exige contração contínua de alguns músculos para manter uma determinada posição. Isso ocorre, por exemplo, com os músculos dorsais e das pernas para manter a posição de pé, com os músculos dos ombros e do pescoço para manter a cabeça inclinada para a frente.

Estudos das ciências biológicas nos mostram que, quando um músculo é contraído, aumenta sua pressão interna, o que causa o estrangulamento dos capilares, devido à sua fragilidade, diminuindo consideravelmente a circulação sangüínea. Se a contração muscular for de até 20% da capacidade da força muscular – máxima contração voluntária (MCV) –, a circulação continuará normal. Se, no entanto, chegar a 60% da contração máxima, a circulação será interrompida. A Figura 6.7 mostra os resultados obtidos em um estudo com quatro músculos. O esforço estático que exige 50% da força máxima não pode ser mantido por mais que um minuto, mas se a força exercida for inferior a 20% da máxima, o tempo de contração muscular poderá ser maior. Muitos especialistas acreditam que um trabalho pode ser mantido por várias

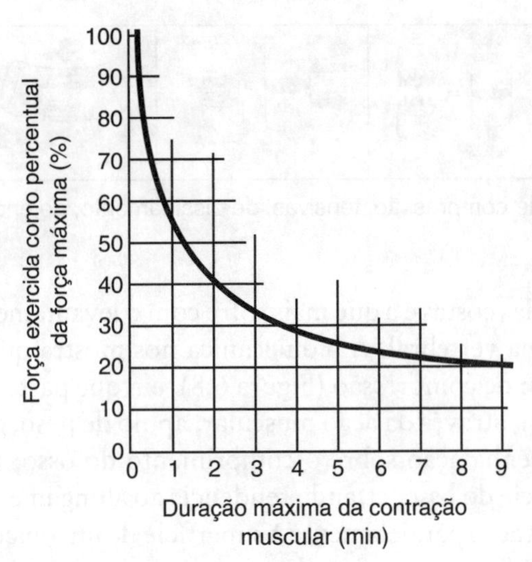

FIGURA 6.7 Duração máxima de um trabalho muscular estático em relação à força exercida (Monod *in* Kroemer & Grandjean, 2001).

horas por dia, sem sintomas de fadiga, se a força exercida não exceder 10% da força máxima do músculo envolvido. Assim, muitas vezes com um simples dinamômetro pode-se avaliar a MCV e a porcentagem da força máxima de um determinado trabalho muscular para verificar se haverá fadiga.

Alguns exemplos de trabalho estático são:

- Trabalhos que envolvem a torção do tronco para a frente ou para os lados.
- Segurar coisas com as mãos.
- Manipulações que requerem que o braço permaneça esticado ou elevado acima do nível do ombro.
- Colocar o peso do corpo sobre uma perna, enquanto a outra está acionando um pedal.
- Ficar de pé por um longo período.
- Empurrar e puxar objetos pesados.
- Inclinar a cabeça para a frente e para trás.
- Elevar os ombros por longo período.

Levantamento e Transporte de Cargas

A Consolidação das Leis do Trabalho, em seu art. 198, estabelece: "É de 60 kg (sessenta quilogramas) o peso máximo que um empregado pode remover individualmente, ressalvadas as disposições especiais relativas ao trabalho do menor e da mulher." Já a Norma Regulamentadora 17, que trata de Ergonomia e tem sua redação dada pela Portaria nº 3.751, de 23/11/1990, não define um valor máximo quantitativo para a questão. Em seu art. 17.2.2, sentencia: "Não deverá ser exigido nem admitido o transporte manual de cargas, por um trabalhador, cujo peso seja suscetível de comprometer sua saúde ou sua segurança."

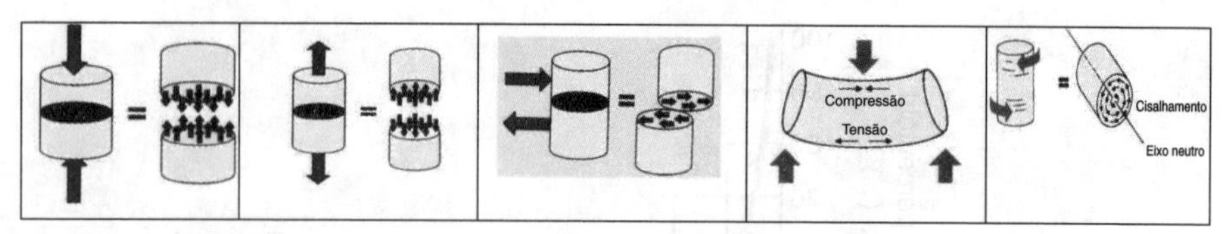

FIGURA 6.8 Forças de compressão, tensivas, de cisalhamento, de encurvamento e de torção (Hall, 2000).

A musculatura das costas é a que mais sofre com o levantamento de pesos, devido à estrutura da coluna vertebral. A biomecânica nos mostra que a coluna vertebral está sujeita às forças: de compressão (Figura 6.8), em que partes opostas do osso são pressionadas entre si, através da ação muscular, apoio de peso, gravidade ou alguma carga externa que tenha ação sobre o comprimento do osso; tensivas, geralmente aplicadas na superfície do osso, criando tendência ao alongamento ósseo; de cisalhamento, aquelas aplicadas paralelamente à superfície de um objeto, criando deformação interna em uma direção angular; de encurvamento, constituindo as forças aplicadas em uma área que não tem suporte direto oferecido pela estrutura; e de torção, as forças rotativas, que criam estresse com cisalhamento sobre todo o material.

Cada vértebra sustenta o peso de todas as partes do corpo situadas acima dela. Por isso as vértebras inferiores são maiores. Tal fato é uma evidência do processo evolucionista do ser humano: ao passar da condição de quadrúpede para a de bípede, a coluna deixou de funcionar como viga e passou a ser um pilar. Nesse processo, ao longo dos tempos, por estarem suportando maior estresse, as vértebras lombares reagem e aumentam seu tamanho. Entre uma vértebra e outra existe um disco cartilaginoso, composto de uma massa gelatinosa. As vértebras também se conectam entre si por ligamentos. Os movimentos da coluna vertebral tornam-se possíveis pela compressão e deformação dos discos e pelo deslizamento dos ligamentos. Os discos têm capacidade elevada de suportar estresse no sentido longitudinal (em torno de 500 Kgf) e pouca tensão de cisalhamento. Deve-se evitar levantar cargas com as costas curvadas para não criar a componente transversal dos esforços na coluna. Os movimentos de flexão, extensão e flexão lateral da coluna produzem estresse compressivo de um lado dos discos e estresse de tração do outro lado, enquanto a rotação da coluna cria estresse tangencial (Figura 6.9). Entretanto, a compressão é a forma de aplicação de carga à qual a coluna é mais comumente submetida durante a postura ereta.

No que se refere ao levantamento de cargas, algumas regras são de aceitação geral: manter a carga o mais próximo possível do corpo e evitar girar ou flexionar lateralmente a coluna durante o levantamento de peso, pois essa combinação pode causar injúrias nas articulações apofisárias e nos discos intervertebrais. Dois métodos de levantamento mais comumente usados pelas pessoas são o *stoop lifting* (com a coluna fletida) e o *squat lifting* (com os joelhos fletidos) (ver Figura 6.10). Entre os dois, o método por abaixamento (*stoop lifting*) é o que apresenta menor gasto energético, explicando dessa forma por que ele é bastante usado por pessoas que não estão treinadas em técnicas de levantamento de peso. Quanto ao método de agachamento (*squat lifting*), ele reduz a sobrecarga na coluna vertebral pela proximidade entre a

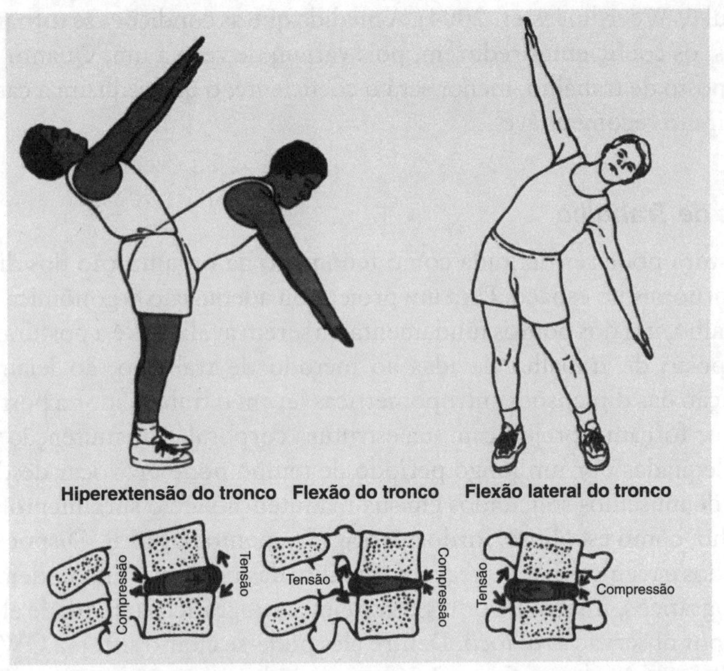

FIGURA 6.9 Forças desenvolvidas nos movimentos de flexão, extensão e flexão lateral da coluna vertebral (Hamil e Knutzen, 1999).

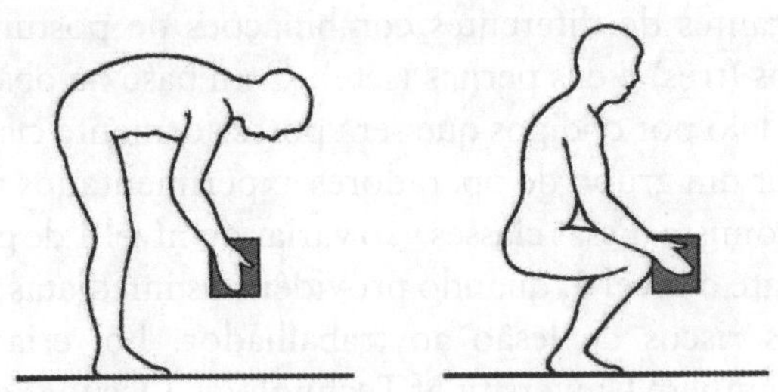

FIGURA 6.10 Tipos de levantamentos de carga por abaixamento e agachamento (Hall, 2000).

carga e o fulcro do disco lombossacro, tornando o braço de resistência mais curto. É o método recomendado para maior preservação da coluna. Em contrapartida, a musculatura dos membros inferiores é bastante requisitada, aumentando consideravelmente a ação de forças compressivas sobre as articulações dos joelhos. Para evitar tal fato, recomenda-se erguer objetos a partir de um tablado elevado ou muni-los com alça.

Uma equação amplamente utilizada para determinar a carga máxima a ser levantada em um posto de trabalho, no plano sagital, é a desenvolvida pelo NIOSH (National Institute for Occupational Safety and Health). Essa equação parte de um valor máximo de carga de 23 kg em condições ideais. Carga máxima = 23 kg × CM × CH × CV × CF × CD × CA, onde os coeficientes são: de manuseio, horizontal, vertical, de frequência, de deslocamento vertical e de assimetria, respectivamente (ver gráficos em Dul & Weerdmeester, 2004). À medida que as condições se tornam mais desfavoráveis, os coeficientes reduzem, pois variam de zero a um. Quanto pior a condição no posto de trabalho, menor será o coeficiente, o que reduzirá a carga máxima ou peso-limite recomendável.

Posturas de Trabalho

A postura pode ser definida como fenômeno da organização dos diversos segmentos corporais no espaço. Para um projeto ou adequação ergonômica de um posto de trabalho, um dos pontos fundamentais a serem avaliados é a postura. Inadequações no posto de trabalho devidas ao método de trabalho, ao leiaute e à não consideração das dimensões antropométricas levam o trabalhador a posturas inadequadas, que forçam e prejudicam sua estrutura corporal. A manutenção dessas posturas inadequadas por um longo período de tempo pode provocar desde dores no conjunto de músculos solicitados em sua manutenção até o surgimento de doenças do trabalho, como escoliose, lordose e o agravamento das LER. Dispõem-se de vários métodos e técnicas para o registro e análise das posturas. Eles podem ser descritivos, fotográficos, fílmicos, por registros eletromiográficos (atividade elétrica muscular) ou por observação *in loco*. Dentre eles pode-se citar o sistema OWAS (*Ovako Working Posture Analysing System*), já mencionado anteriormente, desenvolvido na Finlândia por Karhu, Kansi e Kuorinka, pelo qual, a partir de análises fotográficas, foram colecionadas 72 posturas típicas que ocorrem em uma indústria pesada. Essas posturas são resultantes de diferentes combinações de posturas típicas do dorso (quatro), dos braços (três) e das pernas (sete). Com base na observação da tarefa, é construído um modelo por códigos que será posteriormente classificado em quatro classes distintas, por um grupo de operadores experimentados naquela tarefa e orientados pelo ergonomista. Essas classes vão variar do nível 1 de gravidade considerado não patológico até o nível 4, quando providências imediatas devem ser tomadas, pois haveria sérios riscos de lesão ao trabalhador. Foi criado um software, o WinOWAS, pela Tampere University of Technology, Occupational Safety Engineering, em que todos os procedimentos de análise dos dados são realizados. Este, assim como seu respectivo manual, pode ser encontrado em inglês no endereço *http://turva.me.tut.fi/owas*.

Exemplo Ilustrativo: Antropometria no Posto de Trabalho

A antropometria é um campo da antropologia física que reúne os conhecimentos acumulados sobre as dimensões do corpo humano, movimento dos membros e comprimento dos músculos.

Dois tipos de dimensões antropométricas são encontrados frequentemente em problemas práticos de Ergonomia: medidas estáticas e dinâmicas.

A antropometria estática relaciona-se com as dimensões inerciais dos segmentos corporais do ser humano. Já a antropometria dinâmica considera os limites e a movimentação das diversas partes do corpo quando solicitadas para determinada atividade.

O ser humano passa por um processo de crescimento até atingir a idade adulta e, num dado momento de sua vida, tem dimensões corporais definidas: alto ou baixo, magro ou obeso, pernas curtas ou compridas, dedos pequenos ou longos. Isso é importante para a Ergonomia, pois os objetos, utensílios, instrumentos, ferramentas, o espaço de trabalho e o próprio posto de trabalho devem ter dimensões compatíveis com as partes do corpo que entram em contato com eles. No entanto, existe uma variação muito grande nas dimensões corporais dos indivíduos. Etnia, gênero e idade são alguns fatores que influenciam essas dimensões, também denominadas variáveis antropométricas. Além disso, a estatura média da população mundial está aumentando devido à conscientização das pessoas para melhores práticas alimentares e atividades físicas.

As diferenças nas dimensões das pessoas repercutem no trabalho. Um equipamento facilmente manipulável por um indivíduo alto pode ser de difícil operação para um baixo, e às vezes ambos são usuários do mesmo equipamento. Isso acaba se traduzindo por improvisações, como estrados de madeira colocados juntos às máquinas, ou as difíceis contorções que os trabalhadores são obrigados a fazer em diversas circunstâncias.

Existem também repercussões sobre as políticas dos produtos industriais. Os japoneses fabricam motocicletas de vários tamanhos, conforme elas se destinem aos mercados europeu e americano ou ao mercado do Sudeste asiático. O mesmo ocorre com as roupas confeccionadas no Oriente para os ocidentais, e assim por diante.

Dados Antropométricos Estáticos

Existem tabelas de medidas antropométricas baseadas em populações de diversos países do mundo. No Brasil, os trabalhos ainda estão poucos desenvolvidos, mas já é possível conseguir alguns resultados. Caso estes não sejam disponíveis, podem ser adotadas as medidas dos povos mediterrâneos, que se assemelham às nossas, devido à forte predominância das correntes migratórias desses povos para o Brasil. Uma base de dados antropométricos foi desenvolvida pela Divisão de Desenho Industrial do Instituto Nacional de Tecnologia (INT), denominado Ergokit. Ele consta de dados antropométricos obtidos das seguintes populações: população economicamente ativa, Exército, Telerj e Serpro. O INT (*www.int.gov.br*) disponibiliza uma versão de demonstração com 12 variáveis antropométricas estáticas trazendo diversos percentis, média, desvio padrão e número de sujeitos na amostra, ressaltando que essas medidas foram realizadas há algum tempo.

Os dados ou variáveis antropométricas são variáveis aleatórias que seguem uma distribuição normal de probabilidade. As tabelas geralmente trazem os valores em percentis, o valor que P% da população atinge. Conhecendo-se a média ($\overline{X}$) e o desvio padrão (S), a curva normal fica caracterizada e qualquer percentil pode ser calculado. Os mais comuns são a média, 50%, 5% ($\overline{X} - 1,65 \times S$) e 95% ($\overline{X} + 1,65 \times S$). Como exemplo de tabela de dados antropométricos temos a Tabela 6.1, adaptada de Couto (2002), na qual se mostram os resultados com 400 trabalhadores masculinos em fábricas e 100 trabalhadoras de escritório na região do ABC paulista. Vale ressaltar que, quando os percentis são calculados a partir de dados empíricos, é possível que os valores não coincidam exatamente com as fórmulas apresentadas, devido ao tamanho da amostra.

TABELA 6.1 Medidas de 400 Trabalhadores de Fábricas e 100 Trabalhadoras de Escritório, Região do ABC Paulista (Couto 1995)

Medidas Antropométricas Estáticas (cm)	Mulheres					Homens				
	5%	50%	95%	$\bar{X}$	S	5%	50%	95%	$\bar{X}$	S
Estatura	149	159	169	158,8	6,13	160	171,5	183,5	171,5	6,79
Altura dos olhos	138,5	147,5	157,5	147,6	5,98	149	159,5	172	160	6,61
Altura dos ombros	122	131	139,5	131	5,45	133	143	154,5	143,2	6,46
Altura dos cotovelos	92,5	99,5	107	99,5	4,29	100,5	109	118	109,1	5,31
Altura do centro da mão, braço pendido, em pé	56,5	61,5	67	61,8	3,31	59,5	66	73	66,1	4,31
Largura do tronco	34	38	44	38,9	3,27	36	43	49	42,8	4,70
Largura do quadril	33	39	45	39,1	4,03	29	36	42	35,5	3,63
Altura poplítea – parte inferior da coxa, sentado	36,5	40,5	45,5	40,9	2,56	44	48,5	53	48,8	2,75
Comprimento poplítea-nádegas	41,6	45,5	49	45,3	2,62	42,5	47	51	46,9	2,67

A seguir é apresentado um exemplo de uso de medidas ou variáveis antropométricas para dimensionamento do posto de trabalho com uso de computador. A Figura 6.11 mostra um operador de computador em seu posto de trabalho.

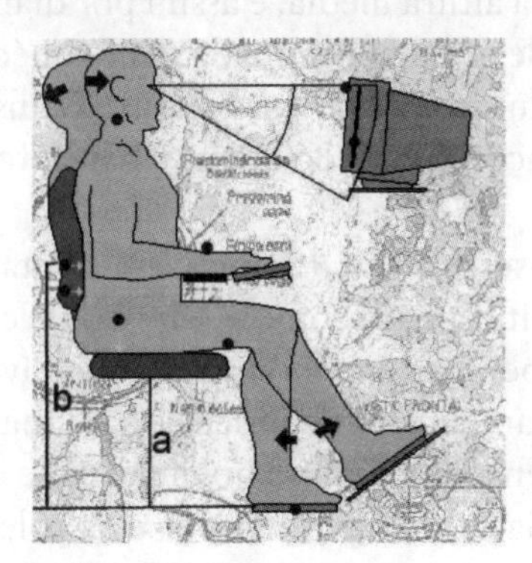

FIGURA 6.11 Operador com monitor de vídeo.

Para um dimensionamento adequado do posto é preciso determinar a altura do assento, a altura do encosto da cadeira, a altura da mesa, o espaço entre o assento e a mesa, a altura do monitor, a altura do teclado e do *mouse*, o suporte para texto e o suporte para os braços. Os parâmetros que nos fornecerão essas medidas são as seguintes variáveis antropométricas:

- *Altura poplítea* (sujeito sentado com os pés apoiados no piso e ângulo do joelho a 90º): altura do assento.
- *Altura lombar* (medida do piso até o ponto de inflexão da coluna, entre a terceira e a quinta vértebra lombar, com o sujeito sentado na posição poplítea): encosto da cadeira.
- *Altura do cotovelo* (medida da distância do cotovelo, com o sujeito sentado na posição poplítea ao piso): altura da mesa.
- *Altura da coxa* (parte superior da coxa ao piso): espaço entre o assento e a mesa. Se, ajustando a mesa na altura do cotovelo e a altura do assento na altura poplítea, não for possível acomodar o sujeito, deve-se usar o bom senso e elevar a altura da mesa e/ou abaixar a cadeira, se isso for possível.
- *Altura dos olhos* (medida da altura dos olhos ao piso com o sujeito na posição poplítea): posicionamento do monitor. O monitor deverá ser posicionado seguindo o princípio de evitar flexão ou extensão da cabeça, pois isso implica esforços na musculatura. Assim, se a parte superior da tela do monitor for posicionada na altura dos olhos, o ângulo de visão permitirá cobrir toda a tela.
- *Outros*: a altura do teclado deve ser na altura do cotovelo, evitando-se flexão e extensão dos punhos; o suporte para o texto deve estar ao lado da tela, a uma equidistância da tela e do teclado, para que nosso sistema visual foque uma única vez; o suporte para os braços deve ser regulado independentemente da altura do assento, garantindo o apoio do braço quando satisfeitas as condições impostas pela altura do teclado e do *mouse*.

A utilização dos dados antropométricos, estáticos e dinâmicos deve obedecer a alguns critérios estabelecidos de acordo com a natureza da situação de trabalho ou do objeto que se projeta. Em boa parte dos casos pode-se utilizar uma dimensão média, como o alcance médio, a altura média, e assim por diante. Por exemplo, a altura de um banco de jardim pode ser dimensionada com a média das medidas da altura poplítea da população dos futuros usuários. Nessas circunstâncias, a maior parte da população ficará mais bem acomodada do que se o banco fosse projetado para um gigante ou um anão.

Em outros casos deve-se projetar levando em conta os casos extremos. Por exemplo, ao determinar a altura para colocar o botão de chamar o elevador em um prédio residencial, deve-se pensar no menor usuário possível, incluindo as crianças a partir de certa idade. Inversamente, para dimensionar uma roleta de ônibus, deve-se considerar a pessoa de dimensões máximas no quadril. Se a média for adotada, simplesmente metade da população não passará por essa roleta.

No entanto, existem situações em que objetos de uso pessoal ou máquinas a serem utilizadas por pessoas muito diferentes exigem uma adaptação individual. Em tais condições, o recurso usual é o estabelecimento de faixas de tamanhos nos objetos de uso pessoal. Camisa número 2, sapato 39, terno de mangas e golas diferenciadas. A Ergonomia, pelas técnicas da antropometria, poderá contribuir na verificação da validade dos padrões adotados.

Outra situação frequentemente utilizada é a de permitir regulagens. Os carros permitem fazer o ajuste da distância do assento e da inclinação do encosto e, naqueles mais modernos, pode-se até regular a inclinação do volante.

No projeto do posto de trabalho em que há a necessidade de se considerar os movimentos do trabalhador, a aplicação de dados da antropometria dinâmica deve ser considerada. São considerados os envelopes de alcance, englobando os princípios de posicionamento dos objetos, ferramentas e instrumentos de trabalho dentro das envoltórias de alcance máximo e também do alcance máximo confortável. O tipo de movimento executado pelo corpo nas diversas situações do trabalho e da vida pode exigir produtos de características diferentes. Uma ótima cadeira para uma pessoa em repouso pode ser péssima para a execução de certas tarefas, como a digitação ou a inspeção de peças na indústria.

HIGIENE E SEGURANÇA DO TRABALHO

Definições e Histórico

Pode-se, resumidamente, afirmar que Higiene e Segurança do Trabalho (HST) é o campo de conhecimento que lida com as doenças e acidentes de trabalho no intuito de prevenir suas ocorrências. Dessa forma, a Higiene do Trabalho está mais afeita aos médicos do trabalho e aos engenheiros do trabalho do que as questões relacionadas à segurança do trabalho. Na prática essas duas funções são interdependentes. Rodrigues (2001) define a Engenharia de Segurança do Trabalho (EST) como sendo "um conjunto de técnicas e métodos, oriundos das diversas áreas da engenharia, que têm como objetivos: (i) identificar; (ii) avaliar; e (iii) eliminar ou controlar os riscos de acidentes de

trabalho". O National Safety Council (2001) define acidente como uma ocorrência em uma sequência de eventos, a qual produz lesões não intencionais, morte ou dano ao patrimônio. Ainda o mesmo instituto estabelece em sua política: "A eliminação dos acidentes e doenças do trabalho é vital para o interesse público. Os acidentes provocam perdas econômicas e sociais, afetam a produtividade coletiva e individual, causam ineficiência e retardam o avanço dos padrões de vida." Está fora de questionamento o fato de que os acidentes trazem custos para as empresas e para a sociedade.

Tradicionalmente, o campo da segurança tem concentrado esforços em duas áreas:

- *Prevenção de acidentes,* desenvolvendo maneiras de eliminar a ocorrência desses eventos imprevistos e potencialmente danosos.
- *Mitigação de acidentes,* desenvolvendo metodologias e técnicas para reduzir os danos causados por esses eventos.

A história da HST remonta à Grécia antiga, quando Hipócrates, "Pai da Medicina", mencionou os efeitos do chumbo na saúde humana. Mas é considerado o pai da Medicina do Trabalho o médico italiano Bernardino Ramazzini, que no ano de 1700 publicou o livro *A doença dos artesão*, com a descrição de 53 tipos de enfermidades ocupacionais, algumas incluindo a forma de tratamento e sua prevenção.

Nos tempos da era medieval, o mestre artesão instruía seus aprendizes e trabalhadores a executarem suas tarefas com habilidade e segurança porque ele sabia da importância da produção com qualidade e sem interrupções. Foi a partir da Revolução Industrial que foram criadas as condições para o surgimento e o desenvolvimento da prevenção de acidentes como um campo de especialização.

A filosofia da segurança industrial desenvolveu-se como resultado da fantástica capacidade de produção desenvolvida. O homem era peça de uma engrenagem em que o mote eram maiores metas de produção. Ambientes insalubres, máquinas perigosas, ritmos acelerados, tarefas repetitivas e uniformes, entre outros aspectos, levavam os trabalhadores à morte, incapacidades e doenças. Sem a contenção dessas perdas de vidas e recursos, o número de acidentes e de lesões teria sido enorme.

Hoje já há a concepção de que a eficiência na produção e a prevenção de acidentes e doenças estão correlacionadas. As empresas mais dinâmicas, muitas vezes, não só cumprem as leis existentes como adotam programas de Ergonomia, ginástica laboral, técnicas de relaxamentos e alongamentos, controle e prevenção de riscos etc. Elas se preocupam com a qualidade de vida de seus trabalhadores, que em última instância é o elemento essencial da cadeia produtiva. Isso nem sempre ocorre nas pequenas empresas e, principalmente, naquelas em que a mão de obra é barata e de fácil reposição. Tem havido grande progresso na redução do número de acidentes, mas estes ainda perseveram. A experiência tem mostrado que não há virtualmente nenhum risco ou operação que não possa ser coberta por medidas práticas de segurança. Em 2005, no Brasil, tivemos 491.711 acidentes de trabalho e 2.708 óbitos relacionados à atividade laboral, segundo dados oficiais do Instituto Nacional de Seguridade Social, INSS (Ministério da Previdência e Assistência Social, 2007).

O conceito legal de acidente e doença profissional é definido segundo o Decreto n.º 83.080, de 24 de janeiro de 1979, que regulamenta os benefícios da Previdência Social. A seguir é transcrito o capítulo II – Acidente do Trabalho e Doença Profissional:

> "*Art. 221.* Acidente do trabalho é aquele que ocorre pelo exercício do trabalho a serviço da empresa, provocando lesão corporal ou perturbação funcional que cause a morte, ou a perda ou redução, permanente ou temporária, da capacidade para o trabalho.
>
> Parágrafo único. Equiparam-se ao acidente do trabalho, para os efeitos deste título:
>
> I – a doença profissional ou do trabalho, assim entendida a inerente ou peculiar a determinado ramo de atividade e constante do Anexo V;
>
> II – o acidente que, ligado ao trabalho, embora não seja a causa única, tenha contribuído diretamente para a morte, ou a perda ou redução da capacidade para o trabalho;
>
> III – a doença proveniente de contaminação acidental de pessoal de área médica, no exercício da sua atividade."

O Ministério do Trabalho é a instituição responsável pela normalização e fiscalização das questões relativas à Higiene e Segurança do Trabalho. A que trata do assunto é Lei nº 6.514, de 22 de dezembro de 1977. Essa lei é regulamentada pela Portaria nº 3.214, de 8 de junho de 1978, que se encontra disponibilizada no endereço *http://www.mte.gov.br*.

Gestão, Análise de Riscos e Certificação

A disciplina Higiene e Segurança do Trabalho, no âmbito da Engenharia de Produção, encontra-se no campo já mencionado da Engenharia do Trabalho. O engenheiro de produção no planejamento ou na gestão dos sistemas produtivos necessita dos conhecimentos da HST, e muitas vezes responderá pela gestão da engenharia de segurança do trabalho na empresa. Cuidará das atividades relacionadas à função da gestão de riscos.

A gerência de riscos pode ser definida como a função que objetiva a redução e o controle dos efeitos adversos dos riscos aos quais uma organização é exposta. Riscos incluem todos os aspectos de perdas acidentais que podem levar a desperdícios de ativos da organização, da sociedade e do meio ambiente. Esses ativos constituem pessoal, materiais, maquinaria, produtos, recursos financeiros e naturais. As funções gerenciais da saúde, segurança e meio ambiente nas grandes empresas se inter-relacionam de muitas maneiras e têm sido realizadas pelo mesmo setor de maneira integrada, como um subsistema da gerência de operações. As características da gerência de riscos estão relacionadas às práticas gerencias, como nos demais setores da organização, e buscam os fins de qualidade, produtividade e excelência nos negócios (Zimolong e Elke, 2005). A importância que essa função tem assumido se reflete na busca de certificações baseadas nos padrões das normas ISO 9000 e 14000 e no desenvolvimento de legislação em muitos países, como o Esquema de Auditoria e Ges-

tão Ambiental (Emas) e o Controle de Principais Riscos (Comah), na União Europeia, em 2001 e 1999, respectivamente; nos Estados Unidos, o Programa de Gestão de Risco (RPM) da Agência de Proteção Ambiental, no Brasil, as Normas Regulamentadoras de HST.

Iniciativas para o desenvolvimento de uma norma internacional em saúde ocupacional e segurança levaram muito tempo. Começou com a norma britânica BS 8800 e se consolidou na norma OHSAS 18001.

A norma OHSAS 18001, que significa Occupational Health and Safety Assessment Series (Séries de Avaliação de Segurança e Saúde Ocupacional), é uma especificação que fornece às organizações os elementos de um sistema de gestão da segurança e saúde no trabalho. Ela foi desenvolvida para ser compatível com a ISO 9001 (Gestão da Qualidade) e com a ISO 14001 (Gestão Ambiental). A união dessas três certificações possibilita às empresas a implementação de sistemas de gestão integrados. A OHSAS 18001 é uma ferramenta que consiste em um sistema de gestão, assim como a ISO 9000 e a ISO 14000, porém com um foco que permite uma empresa atingir e sistematicamente controlar e melhorar o nível do desempenho da saúde e segurança do trabalho (SST). O documento contém cinco seções principais, denominadas: Políticas de Saúde e Segurança no Trabalho; Planejamento; Implementação e Operação; Ações Corretivas e de Controle; Análise da Gestão.

O sistema de gestão da SST é parte integrante de um sistema de gestão de toda e qualquer organização, o qual proporciona um conjunto de ferramentas que potenciam a melhoria da eficiência da gestão dos riscos da SST, relacionados com todas as atividades da organização.

Definida a política da SST, a organização deve projetar um sistema de gestão que englobe desde a estrutura operacional até a disponibilização dos recursos, passando pelo planejamento, pela definição de responsabilidades, práticas, procedimentos e processos, aspectos decorrentes da gestão e que atravesse horizontalmente toda a organização. O sistema deve ser orientado para a gestão dos riscos, devendo assegurar a identificação de perigos, a avaliação de riscos e o controle dos riscos.

Um dos métodos bastante empregados pela gestão de riscos para a consecução de seus objetivos é o denominado análise e controle dos riscos. A análise dos riscos é o estudo detalhado de situações de trabalho com o intuito de identificar perigos e riscos associados. Está relacionada à prevenção dos acidentes. O controle dos riscos é a função de gestão que implica a verificação de que as políticas, objetivos e metas estejam ou não sendo cumpridos. Independentemente da extensão do controle, cada medida de controle tem várias características em comum. O desempenho em segurança pode ser medido quantitativamente, subjetivamente ou na base da experiência dos administradores. Em todos os casos é requerido que os engenheiros de segurança levantem os fatos, identifiquem e explorem cursos alternativos de ação e desenvolvam medidas corretivas. Cada medida de controle passa por esses ingredientes. Várias técnicas de controle estão permanentemente em desenvolvimento: análise e investigação de acidentes, inspeção de identificação de riscos, análise fora do trabalho, avaliação de desempenho estatístico.

No que se refere às técnicas de análise de riscos pode-se mencionar: análise preliminar de riscos, estudos de identificação de perigos e operabilidade (HAZOP), análise dos modos de falha e efeitos (AMFE), *what if* (e se), lista de verificação (LV), análise por árvore de falhas (AAF), análise por árvore de eventos (AAE), técnica do incidente crítico (TIC), análise comparativa, análise pela matriz das interações, inspeção planejada, registro e análise de ocorrências (RAO), análise pela árvore de causas (AAC) etc. (Cardella, 1999).

AGRADECIMENTOS

Agradeço aos colegas Celso Luis Pereira Rodrigues, Luis Bueno da Silva, Maria de Lourdes Barreto Gomes e Rosângela Vilar, que de uma forma ou de outra contribuíram na elaboração deste texto.

REFERÊNCIAS BIBLIOGRÁFICAS

ABEPRO, Associação Brasileira de Engenharia de Produção. http://www.abepro.org.br, acesso em fevereiro de 2007.

CARDELLA, B. *Segurança no trabalho e prevenção de acidentes – uma abordagem holística*. São Paulo: Atlas, 1999.

CARDIA, M.C.G. Avaliação de um programa de treinamento postural: ocaso das telefonistas da TELPA. Dissertação de mestrado em Engenharia de Produção. UFPB, 1999.

CHAFFIN, D. B.; ANDERSSON, G. B. J.; MARTIN, B. *Biomecânica ocupacional*. Belo Horizonte: Ergo Ed., 2001.

COUTO, H. A. *Ergonomia aplicada ao trabalho em 18 lições*. Belo Horizonte: Ergo Ed., 2002.

DUL, J.; WEERDMEESTER, B. *Ergonomia prática*. 2.ª ed. São Paulo: Edgard Blücher, 2004.

FERNÁNDEZ-RÍOS, M. et al. *Diseño de puestos de trabajo para personas con discapacidad*. Madri: Ministerio de Trabajo Y Asuntos Sociales, 1998.

FÍALHO, F.; SANTOS, N. *Manual de análise ergonômica do trabalho*. Curitiba: Gênesis Ed., 1995.

FUNDACENTRO. *Pontos de verificação ergonômica*. São Paulo: TEM, 2001.

____. Fascículo 4, *LER*. São Paulo, s/d.

GUÉRIN, F.; LAVILLE, A.; DANIELLOU, F.; DURAFFOURG, J.; KERGUELEN, A. *Compreender o trabalho para transformá-lo – a prática da Ergonomia*. São Paulo: Edgard Blücher, 1997.

GRANDJEAN, E. *Manual de Ergonomia – adaptando o trabalho ao homem*. Porto Alegre: Bookman, 1998.

HALL, S. *Biomecânica básica*. Rio de Janeiro: Guanabara Koogan, 1993.

HAMILL, J.; NUTZEN,K.M. *Bases biomecânicas do movimento humano*. São Paulo: Manole, 1999.

HENDRICK, Hal W. *Macroergonomia – uma nova proposta para aumentar produtividade, segurança e qualidade de vida no trabalho*. Florianópolis: 2º Congresso Latino-Americano e 6º Seminário Brasileiro de Ergonomia, 1993. Tradução de Francisco S. Másculo.

IIDA, I. *Ergonomia – projeto e produção*. 2.ª ed. São Paulo: Edgard Blücher, 2005.

KONZ, S. *Work design – industrial ergonomics*. 3.ª ed. Worthington, Ohio: Publishing Horizons Inc., 1990.

KROEMER, K. et al. *Ergonomics – how to design for ease & efficiency*. New Jersey: Prentice Hall, 1994.

KROEMER, K.H.E.; KROEMER, A.D. *Office ergonomics*. Nova York: Taylor & Francis, 2001.

KROEMER, K.H.E.; GRANDJEAN, E. *Manual de Ergonomia – adaptando o trabalho ao homem*. 5.ª ed. Porto Alegre: Bookman, 2005.

KUORINKA, I. *History of the Ergonomics Association: the first quarter of century*. Santa Monica: IEA Press, 2000.

KARHU, O.; KANSI, P.; KUORINKA, I. Correcting working postures in industry. A practical method for analysis. *Applied Ergonomics*, 8, p. 199-201, 1977.

LIMA, J.A.A. *Metodologia de análise ergonômica*. Monografia de final de curso de especialização em Engenharia de Produção. João Pessoa: UFPB, 2003.

MANUAIS DE LEGISLAÇÃO ATLAS. *Segurança e medicina do trabalho*. 54.ª ed. São Paulo: Atlas, 2004.

MARRAS, W.S. Biomechanics of human body. In: *Handbook of Human Factors and Ergonomics*. Salvendy G. (ed.), 2.ª ed. Nova York: John Wiley & Sons Inc., 1997.

_______ Basic biomechanics and workstation design. In: *Handbook of Human Factors and Ergonomics*. Salvendy G. (ed.). 3.ª ed. West Lafayette: John Wiley & Sons Inc., 2005.

MASCULO, F.S. *Ergonomia*. Apostila de curso de especialização em Engenharia de Produção. Mimeo. João Pessoa: UFPB, 2003.

MINISTÉRIO DA PREVIDÊNCIA E ASSISTÊNCIA SOCIAL. *Anuário estatístico de acidentes do trabalho 2005*. http://www.mpas.gov.br, acesso em fevereiro de 2007.

MINISTÉRIO DO TRABALHO E EMPREGO. *Normas Regulamentadoras*, Portaria 3.214 de 08/06/1978, Higiene e Segurança do Trabalho, http://www.mte.gov.br, acesso em fevereiro de 2007.

MORAES, A.; MONT'ALVÃO, C. *Ergonomia: conceitos e aplicações*. 2.ª ed. Rio de Janeiro: 2AB, 2000.

NATIONAL SAFETY COUNCIL. *Accident prevention manual: administration and programs*. 17.ª ed. Itasca: 2001.

PALMER, C. *Ergonomia*. Rio de Janeiro: Fundação Getulio Vargas, 1976.

RODRIGUES, C.L.P. *Introdução à engenharia de segurança do trabalho*. Apostila de curso de especialização em Engenharia de Segurança do Trabalho. Mimeo. João Pessoa: UFPB, 2001.

SALVENDY, G. (ed.). *Handbook of human factors and ergonomics*. 3.ª ed. West Lafayette: John Wiley & Sons Inc., 2005.

SANDERS, J.M. *Ergonomics and the management of musculoskeletal disorders*. 2.ª ed. Saint Louis: Elsevier, 2004.

SANDERS, M.; McCORMICK, E. J. *Human factors in engineering and design*. 6.ª ed. Nova York: McGraw-Hill, 1987.

SANTOS, H.H. *Estudo ergonômico de borracheiros de João Pessoa: relação entre o estresse postural e a exigência postural na região lombar*. Dissertação de mestrado em Engenharia de Produção. UFPB: 2003.

SANTOS, N. et al. *Antropotecnologia – a Ergonomia dos sistemas de produção*. Curitiba: Genesis, 1997.

VELÁZQUEZ, Francisco Farrer et al. *Manual de ergonomía*. 2.ª ed. Madri: MAPFRE, 1997.

VERDUSSEN, R. *Ergonomia: a racionalização humanizada do trabalho*. Rio de janeiro: Livros Técnicos e Científicos, 1978.

VIDAL, M. C. R. *Ergonomia na empresa – útil, prática e aplicada*. Rio de Janeiro: Virtual Científica, 2001.

WILSON, J. R.; CORLETT, E. N. (eds.). *Evaluation of human work – a practical ergonomics methodology*. Londres: Taylor & Francis, 1990.

WISNER, A. *A inteligência no trabalho*. São Paulo: Fundacentro, 1995.

ZIMOLONG, B.M.; ELKE, G. Occupational health and safety management. In: *Handbook of human factors and Ergonomics*. Salvendy G. (ed.). 3.ª ed. West Lafayette: John Wiley & Sons Inc., 2005.

CAPÍTULO 7

ENGENHARIA DO PRODUTO

Ricardo M. Naveiro
Programa de Engenharia de Produção
Escola Politécnica & COPPE – Universidade
Federal do Rio de Janeiro

INTRODUÇÃO

A atividade de projetar produtos[1] e produzi-los em quantidade é bastante antiga. Os romanos e os chineses já produziam seus utensílios domésticos e artefatos de guerra em grande quantidade utilizando a divisão do trabalho em tarefas elementares, conforme as habilidades individuais dos artesãos. Apesar de esse modo de produção possibilitar grande volume de produção, os produtos não apresentavam a uniformidade e a padronização que atualmente se verificam na produção industrial.

Com o advento da Revolução Industrial, no século XVIII, o *design* de produtos adquiriu características diferentes à medida que novas máquinas apareceram e com repetibilidade suficiente para produzir peças intercambiáveis entre si. Aliado a esse fato, começaram também a aparecer as primeiras "práticas consagradas de projeto" que padronizaram a solução de determinados problemas, constituindo a cultura técnica da época. Apareceram as "enciclopédias ilustradas de mecanismos", onde se encontram exemplos de diversos mecanismos propostos para cada função básica do produto.

A atividade de projetar do artesão era algo que se realizava quase diretamente de sua mente para os materiais a serem processados, não havendo propriamente o projeto do produto na forma como o conhecemos atualmente. A concepção passava diretamente da mente do artesão para a matéria-prima, sem a representação do produto em um desenho.

---

[1] O termo *projeto* será empregado como o resultado da atividade de projetar. O termo *processo de projeto* ou *projetar* será utilizado para denotar a atividade, enquanto o termo *processo de desenvolvimento do produto* (PDP) será usado para denotar a progressão do projeto. Será usado o termo *conceito* ou *concepção* para denotar uma determinada instanciação do produto, enquanto o termo desenho será utilizado como o resultado da representação gráfica do objeto, assim como desenhar será utilizado como o ato de representar graficamente o objeto. Artefato e objeto serão denominações genéricas para o produto a ser projetado, seja ele um prédio ou um automóvel.

Havia desenhos rudimentares, equivalentes aos nossos esboços, representações livres de partes do artefato a ser fabricado que evidentemente não representavam o objeto de forma completa. A "linguagem" utilizada para descrever completamente o artefato era o modelo físico tridimensional.

Desde esse período até a Revolução Industrial, o *design* e a manufatura eram atividades inseparáveis praticadas pelos artesãos. Mais tarde, com o surgimento dos princípios da administração científica de Taylor, no final do século XIX (ver Capítulo 1), é rompido o elo que unificava as atividades de *design* e manufatura, separando a concepção da execução. Como consequência dessa ruptura cria-se a necessidade de um meio não ambíguo de comunicação entre o projeto e a produção.

Nesse contexto é que surgiu o desenho técnico como linguagem codificada capaz de descrever o produto projetado de tal forma que sua produção pudesse ser realizada por qualquer um e em qualquer instalação fabril. Naquela época, vários artistas rapidamente se empregaram nas indústrias com a função de desenhar os produtos, apesar de desconhecerem as técnicas de manufatura.

O modelo de administração científica se difundiu pela Europa e pelo Japão ao longo do século XX, assumindo outras denominações com princípios ligeiramente diferentes dos originais. Esse modelo funcionou bem enquanto o cenário mundial da manufatura era constituído de produtos padronizados e com pequena variedade.

Ao final do século XX,o modo de produção havia mudado bastante, com o mercado demandando produtos diversificados com menor escala produtiva. Esse cenário provocou modificações profundas no modo de produção, acarretando a redução do tempo de lançamento de novos produtos, a ampliação das opções de produtos customizados e um esforço concentrado na melhoria da qualidade.

Por um lado, os produtos se tornaram mais complexos e incorporaram cada vez mais os avanços tecnológicos na sua constituição física, embutindo uma quantidade enorme de atividades intensivas em conhecimento na formulação do conceito final. Por outro lado, o ambiente de projeto também se tornou mais complexo em função das mudanças no modo de produzir, aumentando as necessidades de gerenciamento do processo.

Atualmente temos um ambiente industrial globalizado em que os produtos são projetados simultaneamente em mais de um país ou projetados em um país e fabricados em um outro. Por outro lado, os produtos, por serem mais complexos, passaram a exigir o emprego de métodos científicos na resolução dos problemas que se apresentam ao longo do seu desenvolvimento.

A Nike é um exemplo de empresa globalizada. Ela não tem fábrica própria, suas atividades se concentram no *design* dos tênis e na construção e comercialização da sua marca. As fábricas estão espalhadas pela Ásia, nos países onde é mais barato fabricar ou nos locais mais vantajosos para se fazer a distribuição dos produtos.

O modo organizacional empregado atualmente nas indústrias aeronáutica e automobilística é o de uma estrutura em rede na qual fornecedores de primeira linha são parceiros da empresa-mãe e parte integrante da equipe de projeto. O caso do Renault Clio pode ser citado como exemplo, no qual um novo material foi criado para o para-lama do veículo através de uma parceria da Renault com duas empresas de materiais plásticos: a Omnium Plastik e a GE Plastik.

A Renault dispõe de uma instalação específica para o desenvolvimento de novos produtos – o Technocentre –, que é compartilhada com os fornecedores e parceiros,

de forma que todos utilizam as facilidades comuns providas pela empresa-mãe para executar os testes e simulações necessárias. Situação semelhante se verifica na Embraer, onde seu pessoal, em parceria com um conjunto de fornecedores de sistemas e partes do avião, projetou a nova linha de aviões da família 170/190.

A família 170/190 foi desenvolvida com a participação de 16 parceiros de risco, isto é, parceiros que investiram capital de risco no desenvolvimento do produto e 22 parceiros fornecedores, integrados à equipe de projeto da Embraer desde as etapas iniciais do desenvolvimento do produto. Os fornecedores tomaram parte das decisões de todas as fases do projeto, mesmo à distância. Os principais fornecedores da Embraer estão localizados na França, na Alemanha, na Espanha, no Japão, no Reino Unido e nos Estados Unidos.

AS PARCERIAS DA EMBRAER

DESENHO DO AVIÃO COM OS PARCEIROS

A Embraer ganhou mais um parceiro de risco para a produção da linha 170/190. Trata-se da empresa francesa Latecoère, que produzirá segmentos da fuselagem no país. Atualmente a Embraer importa cerca de 50% das peças dos seus aviões. Os jatos da família 170/190 foram desenvolvidos em conjunto com 16 parceiros de risco e 22 fornecedores principais. Vários fornecedores se instalaram na área de São José dos Campos, o que reduz o ciclo de fornecimento dos materiais e agiliza a solução dos problemas que surgem na linha de montagem.

Segundo o Diretor de Suprimentos da empresa, o maior desafio da Embraer é obter o máximo de eficiência na gestão dos múltiplos programas de produção de aeronaves. Os principais fornecedores da Embraer encontram-se na Europa e nos Estados Unidos, e o tempo de entrega dos componentes atualmente é de cerca de 20 dias. O ciclo de produção de um jato da família ERJ-145 é de 4,5 meses, enquanto o da família 170 é de cinco meses.

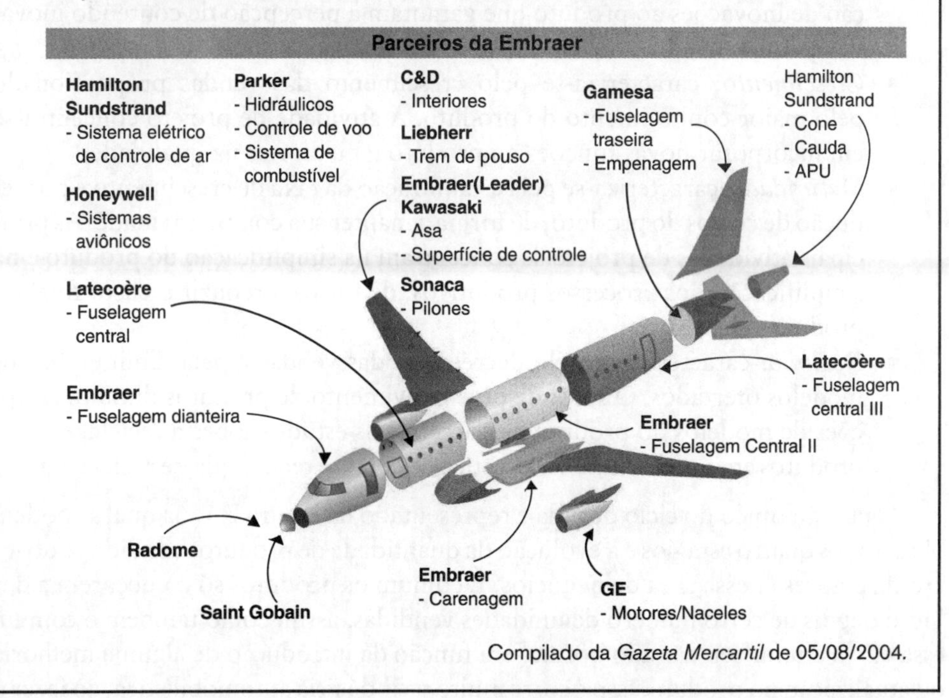

Compilado da *Gazeta Mercantil* de 05/08/2004.

Atualmente, a atividade de desenvolvimento de novos produtos está definitivamente vinculada à estratégia de inovação tecnológica traçada em cada organização, sendo mundialmente reconhecida como um fator-chave no bom desempenho empresarial. As empresas têm plena consciência de que seu sucesso é fortemente dependente da maneira como projetam seus produtos e de sua habilidade de organizar, processar e aprender através das informações relacionadas ao ciclo de desenvolvimento dos seus produtos.

O CICLO DE VIDA DOS PRODUTOS

Denomina-se "ciclo de vida" de um produto ao histórico do produto desde sua criação até a sua retirada do mercado. Anteriormente, os produtos eram projetados para atender aos requisitos do mercado e da legislação de segurança dos usuários. Atualmente, eles são projetados também levando-se em conta seu impacto ambiental, o que significa conceber produtos que apresentem um determinado desempenho ambiental compatível com a legislação ambiental de cada país. Dentro da visão de ciclo de vida, o tripé básico de todo o projeto de produto – custo, qualidade e prazo – foi ampliado para receber mais um componente: a sustentabilidade ambiental, inicialmente representada pela reciclabilidade e pela economia de energia.

Como regra geral, os produtos passam por quatro estágios ao longo da sua vida útil: introdução, crescimento, maturidade e declínio. Cada estágio apresenta as seguintes características:

- *Introdução*: caracteriza-se pelas elevadas despesas de promoção e preços altos. Nesse estágio, a principal atividade de projeto de produto é a incorporação de inovações ao produto que garantam a percepção de conteúdo inovador pelo mercado.
- *Crescimento*: caracteriza-se pelo crescimento das vendas proporcionado pelo maior conhecimento do produto. A atividade de projeto concentra-se em incorporar novas funções ao produto e melhorias na qualidade.
- *Maturidade*: caracteriza-se pela estabilização da taxa de crescimento e por redução de custos do produto, de forma a manter sua competitividade. As principais atividades de projeto se concentram na simplificação do produto e na simplificação dos processos produtivos, de forma a reduzir o custo final do produto.
- *Declínio*: caracteriza-se pelo decréscimo das vendas e pela diminuição dos modelos ofertados. O setor de desenvolvimento de produtos diminui as opções de modelos do produto e concretiza os estudos sobre a reciclagem dos produtos em fim de vida e da logística de coleta e tecnologia de reciclagem.

O padrão típico do ciclo de vida é representado na Figura 7.1, na qual se podem observar os quatro estágios e a evolução da quantidade de produtos vendidos e do lucro da empresa nessa área de negócios. É comum os produtos só começarem a dar lucro depois de certo número de unidades vendidas, assim como também é comum essa curva alterar seu traçado normal em função da introdução de alguma melhoria ou atualização no produto. Isso ocorre muito na indústria automobilística, ao fazer o

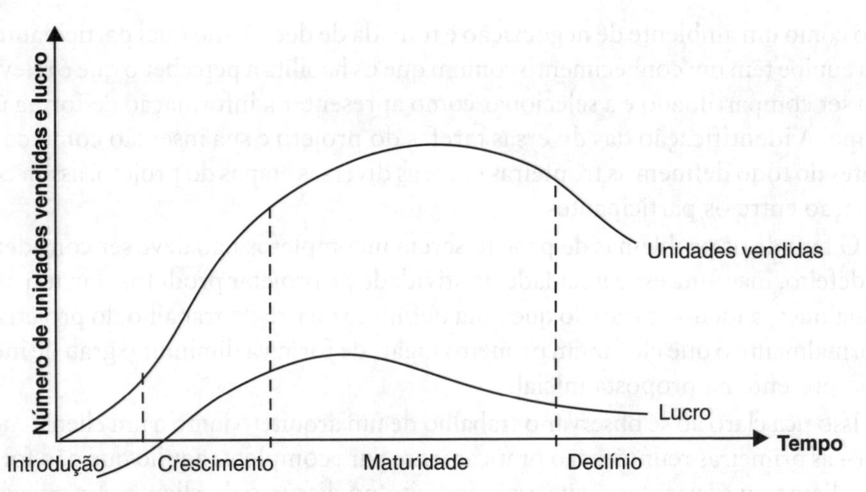

FIGURA 7.1 Ciclo de vida do produto.

redesign de um veículo, conferindo ao mesmo uma sobrevida no mercado. Ao atingir a fase de declínio, os produtos têm sua margem de lucro reduzida e são retirados do mercado antes de atingir a faixa do gráfico correspondente ao prejuízo.

A diferença entre gráficos de ciclo de vida para diferentes produtos ocorre em função da especificidade do mercado de cada produto. Automóveis, telefones celulares e computadores têm curvas de ciclo de vida bem diferentes, cada qual com as características do seu mercado de atuação. Por exemplo, no setor de telefonia celular o gráfico apresentaria estágios curtos para maturidade e declínio do produto, uma vez que essa indústria se caracteriza por uma frequência maior de lançamento de novos produtos no mercado, desativando rapidamente as linhas de produtos mais antigos.

A NATUREZA DA ATIVIDADE DE PROJETO

Em primeiro lugar, é importante frisar que não existe uma definição satisfatória para projeto, mesmo delimitando nosso campo de estudo ao projeto de produtos "engenheirados". O que existe de senso comum a respeito do assunto é que o *processo de desenvolvimento de produtos* (PDP) é uma *atividade complexa* e que os problemas a serem enfrentados pelos engenheiros são *mal estruturados ou incompletos*.

Uma definição bem difundida é a de que projetar é uma atividade que produz uma descrição de algo que ainda não existe, porém capaz de viabilizar a construção desse produto em fase de criação.

Pesquisadores da área de ciências cognitivas consideram o projetar como uma atividade de "resolução de problemas", prática que compreende um conjunto de heurísticas utilizadas pelos engenheiros na resolução dos problemas. Por outro lado, pesquisadores da área de sociologia da inovação tratam o projeto como um processo coletivo de construção de um produto, no qual o resultado final é maior do que a soma ou síntese das contribuições individuais dos participantes.

Nessa linha de pensamento, o projetar é um processo coletivo considerado muito mais como comunicação e colaboração efetiva. Nessa ótica, um projeto pode ser visto como um ambiente de negociação e tomada de decisão no qual participantes de uma equipe têm um conhecimento comum que os habilita a perceber o que é relevante para ser compartilhado e a selecionar como apresentar a informação de forma útil à equipe. A identificação das diversas tarefas do projeto e sua inserção como constituintes do todo definem as fronteiras entre as diversas etapas do projeto, assim como a relação entre os participantes.

O fato de os problemas de projeto serem incompletos não deve ser considerado um defeito, mas uma especificidade da atividade de projetar produtos. Em um projeto qualquer, a identificação do que falta definir faz parte do trabalho do projetista, e é normalmente o que ele faz em primeiro lugar, de forma a diminuir o grau de indefinição presente na proposta inicial.

Isso fica claro ao se observar o trabalho de um arquiteto junto a um cliente individual – as primeiras reuniões são praticamente para completar aquilo que não foi dito pelo cliente ou esclarecer o que está implícito no discurso do cliente. A partir daí, o arquiteto elabora o programa do projeto de arquitetura que engloba os requisitos e restrições definidas pelo cliente complementadas pelas informações do arquiteto.

Uma estratégia para resolver problemas mal definidos é identificar partes independentes ou semi-independentes dentro do problema e decompô-lo em subproblemas, dentro dos quais é mais fácil conseguir uma delimitação ou definição completa. Aparentemente simples, a estratégia de decomposição não é fácil de ser implementada porque é difícil identificar partes independentes do todo e, muitas vezes, as partes identificadas são interdependentes.

Projetar é um tipo de atividade que não é possível explicar ou ensinar tal como uma disciplina de caráter descritivo. Qualquer um pode explicar criteriosamente a um amigo como se dirige um carro e quais os dispositivos de comando a serem acionados, e mesmo assim o amigo aprendiz não será capaz de dirigir o veículo, por mais conhecimento que tenha sobre a arte de dirigir. Em outras palavras, projetar envolve uma grande quantidade de conhecimentos práticos, denominados conhecimentos tácitos, que só se adquirem através da prática.

De maneira geral, podemos afirmar que existem três tipos básicos de conhecimentos necessários para projetar: conhecimentos para gerar ideias, conhecimentos para avaliar conceitos e conhecimentos para a estruturação do processo de projeto.

A *geração de ideias* depende do desenvolvimento de habilidades específicas associadas a alguma experiência dentro do domínio a que pertence o objeto a ser projetado. Muitos autores consideram que a própria habilidade ou criatividade pessoal pode ser parcialmente construída, uma vez que se trata de um repertório de soluções envolvendo mecanismos, conhecimento de componentes etc. que o aprendiz vai formando ao longo da vida. Evidentemente, aqueles mais curiosos quanto ao funcionamento das coisas certamente têm mais facilidade em projetar produtos dentro do domínio dos sistemas mecânicos.

Os *conhecimentos para avaliar conceitos* provêm parcialmente da experiência e da qualificação formal obtida nos cursos de engenharia, enquanto os *conhecimentos sobre a estruturação do PDP* podem ser adquiridos através do treinamento formal. Estes últimos apresentam a particularidade de serem independentes do domínio, isto

é, há muitas semelhanças entre o processo de desenvolvimento de projeto de um prédio e o de um produto industrial, uma vez que a progressão do projeto é composta das mesmas etapas.

A natureza da *expertise* em projeto está relacionada às atividades intelectuais de solução de problemas e às estratégias usadas pelos *designers* para reduzir a complexidade das tarefas de projeto. As principais estratégias mentais utilizadas pelos projetistas são os *mecanismos de associação, decomposição e prototipagem associados às representações externas do artefato* (croquis, diagramas etc.).

Vários mecanismos e sistemas mecânicos engenhosos foram concebidos a partir de associações com outros produtos já existentes ou associações relativas à observação de seres vivos. Ao propor a um grupo de alunos o desenvolvimento de uma prensa de alavancas para latas, muitos deles começaram o projeto associando-o ao princípio de funcionamento de um amassador de batatas e ao de uma prensa para conserto de pneus, usada em pequenas borracharias. Conforme já comentado, a maior ou menor quantidade de associações vai depender do repertório de observações e práticas que cada pessoa constrói ao longo de sua vida profissional.

Um outro aspecto do projetar é a imprecisão inerente a essa atividade. Ao longo do processo de estruturação de um problema de projeto, o projetista toma decisões baseadas no conhecimento incompleto que ele possui do problema até aquele momento. Na maioria das vezes, essa é a forma mais eficiente de o projetista conduzir o processo, uma vez que diminuir o grau de imprecisão acerca de um determinado requisito de projeto pode ser caro e mostrar-se desnecessário mais adiante.

A imprecisão está presente também todas as vezes que existir uma questão de escolha baseada em preferências, sejam elas de caráter técnico ou de gosto pessoal. O projetista de um telefone celular, por exemplo, considera que um requisito obrigatório que o telefone deve apresentar é o baixo peso. Existe uma faixa de peso admissível para o telefone em tela, mas o peso escolhido vai depender da preferência do projetista em contraponto com as restrições impostas pelas características técnicas do telefone que amarram a formação do peso final do produto. Nesse exemplo, a preferência individual do projetista pode estar apoiada em algum tipo de levantamento de mercado que aponte alguns valores preferenciais.

Também é do senso comum que projetar é uma atividade essencialmente executada por seres humanos, não havendo a possibilidade de existir uma máquina de projetar. Ressalte-se que existem programas computacionais dedicados a resolver problemas rotineiros e bem definidos que emergem nas etapas finais da progressão do projeto, como calcular a quantidade de material de uma viga de uma casa ou especificar a dimensão do eixo da direção de um veículo.

Conforme exemplificado, trata-se de automatizar atividades bem definidas e dentro de domínios de conhecimento bem delimitados. Atualmente, existem sistemas CAD *(Computer-Aided Design)* desenvolvidos para determinadas aplicações que viabilizam a simulação virtual da fabricação de um componente, permitindo a introdução de melhorias no conceito inicial, antes de se alcançar a fase de produção do componente.

Tomando como exemplo o caso de peças plásticas injetadas, existem programas CAD que simulam o enchimento do molde, apontando para possíveis defeitos em certos pontos da peça. O projetista modifica algumas características geométricas da peça melhorando o conceito inicial, resultando em menos problemas durante a fase de produção da peça. Atualmente existem *softwares* que permitem auxiliar os *designers* desde as fases iniciais do projeto.

Um outro aspecto importante a ressaltar é que o que se busca num projeto *é descobrir uma solução que atenda aos condicionantes colocados inicialmente*. A partir daí, pode-se refinar a solução descoberta com o intuito de melhorá-la, procurando-se a solução ótima (fase de otimização do projeto).

Porém, nem sempre existe a solução ótima; muitas vezes existe uma série de soluções igualmente boas, algumas melhores do que as outras em alguns aspectos. Convém lembrar que em todo projeto existem sempre condicionantes conflitantes, tais como "desempenho × custo", "conforto × desempenho" ou ainda "conforto × custo". Nesse caso, as soluções obtidas são contingentes, isto é, atendem parcialmente a um fator mais do que a outro. A decisão relativa ao aspecto que terá mais prioridade faz parte dos processos coletivos de negociação e de tomada de decisão.

As duas abordagens usadas neste texto para definição do que é um projeto são complementares, a primeira privilegiando o aspecto coletivo da criação de um produto e da organização que o sustenta, enquanto a outra se concentra na atividade individual de criação intelectual que se processa junto a cada indivíduo, membro de uma equipe de projeto.

Além disso, o projetar envolve um processo incremental de aprendizagem como parte integrante das atividades do projetista. O PDP engloba uma sequência típica de etapas na qual o nível de incerteza diminui à medida que o processo evolui. A progressão do projeto pode ser vista como uma coleção de estágios sucessivos nos quais idéias abstratas se transformam na especificação detalhada de um produto.

Projeto e aprendizagem são atividades correlatas, nas quais *encontrar um novo conceito envolve a busca e a aquisição de novos conhecimentos*. Nos estágios preliminares da progressão do projeto, uma maneira de entender e de estruturar um problema de projeto é a recuperação de casos anteriores para, com isso, constituir um conhecimento abstrato sobre o problema a ser explorado mais adiante.

Projetar envolve uma série de conhecimentos das mais variadas fontes, internas e externas às empresas. Os conhecimentos dos *designers* podem ser provenientes de projetos anteriores, obtidos pelo treinamento formal, conseguidos junto aos clientes, provenientes de fornecedores, dos concorrentes e obtidos de documentos de patente de invenção ou de registro de modelo de utilidade.[2] Projetar envolve também uma série de conhecimentos práticos que os *designers* e projetistas vão adquirindo ao

---

[2] A patente de invenção é concedida quando incorpora uma novidade não registrada até aquele momento no estado da técnica. O modelo de utilidade se enquadra nos casos em que existe atividade inventiva que resulte em melhoria funcional de um determinado objeto. O desenho industrial se refere à forma plástica ornamental de um objeto, um conjunto de desenhos e cores que aplicado a um produto lhe confere aspecto visual novo.

Um exemplo de registro de modelo de utilidade é o de uma prensa de amassar latas de cerveja baseada em mecanismos de alavancas.

longo da sua vida profissional constituindo a *expertise* do *designer*. O conhecimento prático acumulado constitui um repertório organizado de soluções, práticas e técnicas, que podem ser adaptadas aos casos específicos que aparecem a cada novo projeto.

Tipologia de Projetos

Podemos inicialmente classificar o projeto pelo seu caráter inovador. O projeto do forno de micro-ondas nos anos 80 foi um projeto inovador, apesar da tecnologia de micro-ondas já ser conhecida há quase dez anos. Esse é um exemplo claro da diferença existente entre invenção e inovação – *a inovação só se concretiza quando a invenção se materializa através de um produto comercializável*, como foi o caso da utilização da tecnologia de micro-ondas para o aquecimento de alimentos.

O projetar é algo visto com alto grau de inovação. No entanto, a maioria dos projetos nas empresas não tem alto conteúdo inovador. Atualmente, o que se verifica nas empresas é que boa parte do conjunto de atividades que compõem o PDP se concentra em implantar modificações e melhorias incrementais nos produtos existentes. Ao final de certo tempo, o conjunto de inovações incrementais que vai se agregando ao produto muda radicalmente o aspecto e o desempenho do produto, mantendo, porém, a concepção original.

Se analisarmos a evolução da bicicleta, o conceito em uso até hoje é praticamente o mesmo que foi estabelecido por Humber no final do século XIX. As modificações que mudaram a aparência da bicicleta foram viabilizadas principalmente pelo aparecimento dos novos materiais, extremamente leves e de alta resistência, pela invenção do mecanismo de troca de marchas, assim como pelo aumento do conhecimento sobre os fatores ergonômicos dos usuários.

Existem algumas classificações encontradas na literatura sobre os diversos tipos de projeto. Pahl & Beitz (1984) propõem uma classificação baseada no tipo de problema que o projeto se propõe a resolver. Esses autores reconhecem três tipos de problemas de projeto, podendo haver alguma superposição parcial entre as classes, a saber:

- *Projeto original* – criação de um novo produto completamente diferente dos demais; como o caso do forno de micro-ondas e do *CD player*.
- *Projeto adaptativo* – uso de uma abordagem de solução já conhecida para projetar novos produtos. Nesse tipo de projeto, o projetista se apropria da concepção de um produto já existente e adapta a solução para o caso em tela, como a evolução incremental que ocorre nos eletrodomésticos.
- *Projeto variante* – trata-se dos casos em que se faz uma modificação no tamanho ou no arranjo já existente para criar um novo produto. Pode-se citar como exemplo o projeto de um cilindro hidráulico em que é exigido um curso maior para o êmbolo, a partir de outro cilindro hidráulico diferente do desejado.

Os tipos de projeto usualmente encontrados na indústria são o projeto adaptativo e o projeto variante, ambos envolvendo o uso de estratégias conhecidas para chegar a novas soluções. Nesses casos, certas *classes de solução* e a *estratégia de decomposição* do problema são conhecidas previamente. Em outras palavras, a percepção inicial da estrutura do produto é conhecida, e os conhecimentos necessários para resolver os problemas já estão identificados como, por exemplo, no caso do projeto de casas populares e apartamentos padronizados.

Ao dar início ao projeto de uma casa popular ou de um apartamento de veraneio, o arquiteto dispõe desde o início dos conhecimentos necessários para resolver o problema. Além disso, ele já tem a noção inicial da "estrutura do produto" a ser concebido, isto é, ele sabe de antemão que uma casa popular tem determinada área, deve ter sala, quarto, cozinha, banheiro e um área externa; os materiais a serem empregados são *standard* etc.

Outras propostas de classificação consideram os aspectos *complexidade* e *inovação* presentes para delimitar algumas classes de projeto. A complexidade é medida pelo porte do projeto e pela frequência e quantidade de problemas presentes. A inovação está relacionada ao grau de estruturação do problema. Quatro classes podem ser identificadas (ver Figura 7.2):

- *Projeto incremental* – consiste na modificação de componentes ou de partes do produto, mantendo o conceito original. É uma tarefa estruturada, pois as principais variáveis do problema e os respectivos processos de solução já estão identificados e definidos, como exemplificado no projeto de uma casa popular.
- *Projeto complexo* – projetos de grande porte que envolvem muita gente e um sistema de informação extremamente complicado, como o caso de um novo modelo de automóvel. A frequência dos problemas é grande, exigindo grandes esforços de coordenação.
- *Projeto criativo* – consiste em projetos com baixo grau de estruturação porém lidando com problemas tecnologicamente simples, como nos casos de projetos em que o *design* do produto é o fator mais relevante.

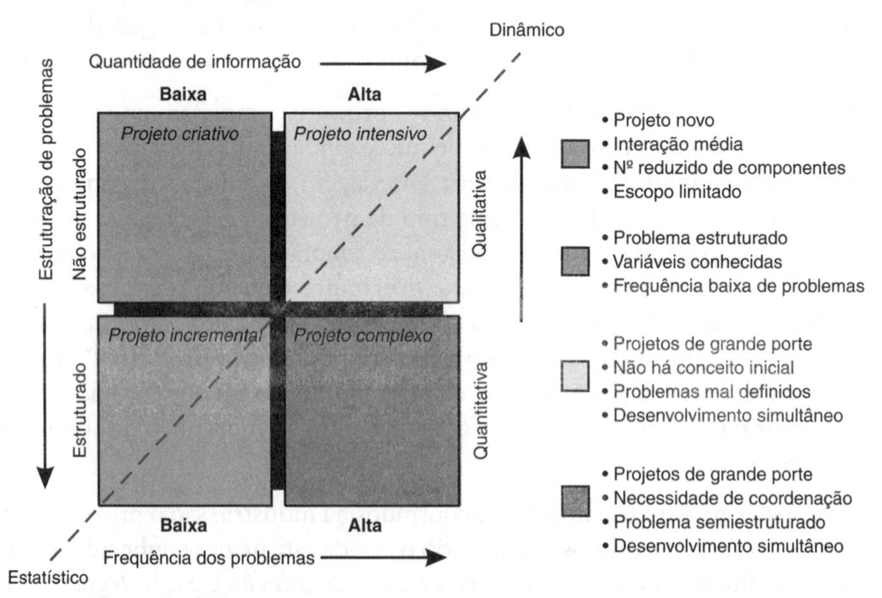

FIGURA 7.2 Tipos de projetos.

- *Projeto intensivo* – projetos que envolvem situações novas e complexas. Como exemplo, podemos citar o caso do Boeing 777, que, além de envolver uma equipe enorme, apresenta grande quantidade de problemas não triviais a serem resolvidos.

Uma outra estrutura de classificação baseada nas modalidades de atividades que são realizadas no projeto de produtos identifica as seguintes atividades de projeto: seleção, configuração e parametrização.

- *Projeto por seleção* – envolve a escolha de um ou mais itens de um catálogo. Pode parecer uma tarefa simples, mas, se o catálogo apresenta muitas possibilidades e se o critério de escolha envolve vários parâmetros, a tarefa pode ficar bastante complexa.
- *Projeto por configuração* – é semelhante ao item anterior, com a diferença de que os componentes do produto já estão projetados, como no caso do brinquedo LEGO. O problema do projeto é arranjar os componentes de forma compatível com as propriedades e características desejadas para o produto final. Como exemplo típico, temos o caso do computador PC. Todos os componentes para montar um PC são encontráveis nas lojas especializadas – o problema é descobrir aqueles compatíveis física e eletronicamente, de forma a se alcançar uma configuração com determinado desempenho ao menor custo possível.
- *Projeto paramétrico* – consiste na definição de valores para variáveis previamente selecionadas, também denominadas parâmetros, de forma a atender a um objetivo previamente definido. Podemos considerar um exemplo muito simples como o da determinação do diâmetro e da altura de um tanque cujo volume total deve ser de 10 m^3. Existe uma infinidade de soluções para o problema: os parâmetros "diâmetro" e "altura" deverão ser definidos levando em conta outras restrições que limitem melhor o espaço de soluções possíveis. Temos casos mais complexos de projeto paramétrico, como o caso de bombas centrífugas industriais, nas quais parâmetros como vazão desejada, material a ser bombeado, pressão etc. praticamente definem as características conceituais do produto, uma vez que o projetar se reduz a instanciar os parâmetros em equações e expressões matemáticas que delimitam o problema, para em seguida calcular a resposta.

Empresas que comercializam produtos do tipo "parametrizáveis" passaram a oferecer aos clientes a opção de encomendar o produto desejado por telefone ou via Internet, utilizando programas computacionais de auxílio que são capazes de verificar a viabilidade técnico-econômica da escolha feita pelo cliente. A IBM, no início da década de 1990, oferecia o PC-Direct nos Estados Unidos, sendo possível telefonar para um número gratuito, selecionar as opções de componentes e obter uma cotação imediata das escolhas feitas. O programa se encarregava de verificar a consistência das escolhas e auxiliava o vendedor a descobrir as opções que resultassem em um custo mais barato para um mesmo desempenho computacional.

Essas considerações e análises a respeito da natureza e dos diversos tipos de projeto permitem um melhor entendimento do universo de problemas com os quais o engenheiro se defronta e, ao mesmo tempo, ajudam na seleção dos métodos, técnicas e ferramentas computacionais para o auxílio ao projetar.

Métodos e Técnicas de Projeto

Existe um número enorme de métodos e técnicas empregados ao longo do desenvolvimento de projeto de produtos, os quais não caberiam neste texto introdutório. Vamos enumerar alguns métodos, associando-os às fases do desenvolvimento do produto, assim como descrever resumidamente algumas técnicas de uso mais comum.

Conforme já descrito, o projetar engloba um processo de tomada de decisão baseado em informações que vão sendo acumuladas e transformadas ao longo da progressão do projeto. Uma boa parte das técnicas do PDP se refere às formas de representação dessas informações, de maneira a auxiliarem o processo de tomada de decisão dos projetistas.

Em primeiro lugar, convém descrever as diversas linguagens utilizadas para representar as informações relativas a aspectos particulares do objeto:

- *Semântica*: descrição verbal ou textual do objeto, como, por exemplo, falar que as dimensões de uma viga numa edificação dependem da força cortante e do momento fletor atuantes.
- *Gráfica*: são os esboços, desenhos esquemáticos, desenhos em perspectiva, desenhos técnicos.
- *Analítica*: equações, regras e procedimentos que são utilizados para definir a forma ou a função do artefato.
- *Física*: modelos em escala reduzida, *mock-ups*, protótipo rápido ou protótipo real do objeto.

Estudos vinculados ao funcionamento da mente humana[3] indicam que a capacidade de armazenamento do cérebro é de no máximo sete informações ao mesmo tempo, o que obriga o projetista a utilizar algum meio externo para registrar seu conceito para, a partir daí, liberar sua mente para outra tarefa.

Os esboços, rabiscos e anotações efetuados pelo projetista durante o seu trabalho são extensões da sua memória funcionando como meio de comunicação do projetista consigo mesmo. Tais rabiscos são densos em informação e repletos de significado para o projetista, servindo como "acionadores" das associações e "ponteiros" dos blocos de informação armazenados na memória.

Além das técnicas de representação gráfica e dos diversos tipos de desenho, temos técnicas diretamente vinculadas à organização das informações do PDP. Podemos citar, dentre outras, as seguintes técnicas e métodos:

---

[3] Há dois tipos de memória na mente humana: memória de curta duração e de longa duração. O armazenamento de informação na memória se realiza por blocos de informação. Cada unidade de memória de curta duração está associada a outras unidades ou blocos de informação na memória de longa duração.

- Método Delphi.
- QFD – função desdobramento da qualidade.
- DSM – *Design structure matrix.*
- DFX – *Design for X.*
- Caixa ou matriz morfológica.
- Matriz de decisão.
- FMEA – *Failure mode and effect analysis.*
- Planejamento de experimentos.

O método Delphi e o QFD são utilizados nas fases iniciais do desenvolvimento do projeto, quando é necessário completar as informações do projeto. O método Delphi é utilizado para obter a opinião de um grupo de especialistas, minimizando os problemas causados por personalidades dominantes dentro do grupo. Esse método é utilizado para consolidar informações disponíveis a respeito de um assunto e que necessitam de uma confirmação empírica. O QFD é uma técnica que procura transformar as opiniões e desejos dos clientes em parâmetros de projeto, auxiliando a equipe de desenvolvimento de produto a planejar suas ações. Isso é feito através de um conjunto de matrizes que procuram vincular os requisitos dos clientes a aspectos técnicos implícitos no discurso traduzindo-os em parâmetros de projeto.

A DSM ou matriz estruturada do projeto procura representar na forma de matriz de adjacência as relações de dependência entre atividades de desenvolvimento do produto. Serve para visualização, análise e aprimoramento do processo de realização e gerenciamento de projetos de sistemas complexos. A DSM permite, portanto, identificar atividades interdependentes dentro do conjunto de tarefas do PDP e, ao mesmo tempo, que tarefas sejam agrupadas e reordenadas, admitindo um remanejamento do pessoal de forma a trazer para a equipe de desenvolvimento de produtos os especialistas cujas decisões são interdependentes. O processo de reordenar tarefas e identificar grupos de tarefas com dependência mútua limita-se à álgebra de matrizes e à aplicação de algoritmos de agrupamento.

O DFX, *Design for X*, significa projeto orientado a uma determinada especialidade. Destacam-se o projeto orientado à manufatura, o projeto orientado à montagem, o projeto orientado à reciclagem, o projeto orientado ao ciclo de vida etc. Os mais difundidos são o projeto orientado à manufatura e o projeto orientado à montagem. Eles constituem um conjunto de normas e procedimentos a serem seguidos ao projetar produtos de forma a se obter um produto com custos reduzidos de montagem e fácil de ser fabricado. Essas normas e procedimentos são práticas consagradas de projeto, que muitas vezes representam o conhecimento coletivo de uma equipe de trabalho ou a prática consagrada de uma determinada empresa. Algumas recomendações enunciadas pelo projeto orientado à manufatura são: reduzir ao máximo o número de componentes; utilizar componentes e materiais padronizados; utilizar operações de fabricação de baixo custo; reduzir o peso das peças; utilizar ferramental padronizado e de uso geral; compartilhar subconjuntos ou módulos entre os produtos do portfólio da empresa etc.

A caixa morfológica é utilizada para gerar alternativas de solução para um determinado problema de projeto. Nessa matriz, as funções do produto são listadas e para cada função são listados os princípios de solução utilizando-se da linguagem escrita ou da linguagem gráfica para descrever o princípio de solução. Uma vez montada a matriz, as combinações entre funções e princípios de solução são exploradas de forma a identificar as combinações possíveis.

A matriz de decisão é utilizada para selecionar, dentre as concepções geradas anteriormente, a que será transformada no produto final. A matriz de decisão coloca os critérios de avaliação nas linhas e as concepções parciais nas colunas, conferindo a cada concepção uma nota ou um peso, permitindo identificar as concepções com melhor avaliação.

O FMEA – análise dos modos de falha e seus efeitos – é uma técnica que procura se antecipar às possíveis falhas do produto, identificando causas potenciais dessas falhas e propondo ações de melhoria. O FMEA é abordado em maior profundidade no Capítulo 4. A técnica consiste em formar uma equipe de diversos especialistas que identificam os tipos de falhas que podem vir a ocorrer no produto e as suas possíveis causas. Em seguida, são estabelecidos índices de risco para cada causa de falha e, com base nessa avaliação, são tomadas ações para diminuir os riscos de que ocorram essas falhas.

O planejamento de experimentos está relacionado com a etapa de testes do produto, envolvendo a escolha das variáveis dependentes e independentes, as técnicas estatísticas de tratamento dos dados e as combinações dos fatores que vão contribuir para um melhor conhecimento do desempenho do produto. As variáveis de controle são definidas, assim como a faixa de variação dessas variáveis no experimento. Elas são instanciadas dentro do intervalo previamente definido, resultando em atribuição das variáveis de saída, permitindo analisar a sensibilidade de cada variável em relação à outra. O correto planejamento da fase experimental é muito importante no PDP, uma vez que ela pode incidir em custos elevados de preparação e execução dos experimentos.

CARACTERIZAÇÃO DO PROCESSO DE DESENVOLVIMENTO DE PRODUTOS (PDP)

A atividade de projeto de produtos é vinculada à estratégia de negócios das empresas, sendo considerada uma atividade crítica para o sucesso e a competitividade das mesmas. O processo de desenvolvimento de produtos (PDP) está situado entre a empresa e o mercado, sendo responsável pelas atividades desde o planejamento do lançamento do produto até a sua desativação e disposição, uma vez finalizada a vida útil do mesmo.

Em linhas gerais, o PDP é capaz de transformar um conjunto de requisitos das mais variadas naturezas em um conjunto de especificações suficientes para a manufatura do produto. O PDP é um processo no qual requisitos definidos pelo mercado, requisitos legais, requisitos de desempenho, requisitos de uso etc. são transformados em desenhos e procedimentos capazes de viabilizar a construção do produto.

Portanto, o PDP é um processo de negócios da empresa que *envolve um conjunto de atividades e um conjunto de informações associadas a essas atividades*. A compreensão e o gerenciamento do fluxo de informações do PDP são muito importantes para a melhoria da eficiência do processo. Ao longo da progressão do projeto, as in-

certezas diminuem à medida que decisões vão sendo tomadas, enquanto as diversas disciplinas envolvidas na solução dos problemas vão se concretizando integrando-se ao contexto do projeto. Tomando como exemplo a escolha de materiais para um componente, nos estágios iniciais do projeto são consideradas as classes de materiais viáveis; mais adiante é escolhido o tipo de material a ser empregado para, na fase final do projeto, o material do componente ter sua especificação técnica completada.

Por exemplo, no início do projeto de um ventilador considera-se que sua base pode ser feita de plástico e metal. No decorrer do projeto define-se que será de plástico com um contrapeso interno em metal para assegurar a estabilidade ao ventilador. Mais adiante, define-se o tipo de plástico e o tipo de metal, para finalmente se chegar à especificação técnica do plástico e do metal.

Empresas bem-sucedidas têm um processo formal de desenvolvimento de produtos, normalmente constituído de um conjunto de etapas claramente identificáveis associadas a métodos consagrados de resolução de problemas. Alguns dos fatores vinculados à atividade de projeto que contribuem para a excelência operacional de uma empresa são:

- a escolha da sequência de etapas e a sua coerência com o tipo de projeto em pauta;
- a consistência entre a natureza do projeto e a estrutura organizacional montada para o mesmo;
- a adequação dos métodos empregados para a resolução de problemas;
- fornecedores e parceiros estarem envolvidos desde as fases iniciais do projeto;
- o processo de desenvolvimento de produtos ter um procedimento sistemático de avaliação para validar a progressão do projeto para uma etapa seguinte.

Estima-se que 85% dos custos de um produto sejam reflexo direto das decisões tomadas na fase de projeto. Estima-se também que, se uma alteração de projeto custar \$10,00 quando realizada nas etapas preliminares do projeto, custará \$100,00 quando realizada na fase de detalhamento do projeto, \$1.000,00 quando realizada na fase de protótipo e \$10.000,00 quando realizada na fase de produção (Carter, 1999). Daí provém a importância de se ter um processo formal para o PDP com etapas identificáveis por todos os envolvidos.

A Figura 7.3 ilustra essa questão: os custos de projeto são relativamente baixos em relação ao custo de produção, porém o comprometimento de custos é praticamente todo feito nas etapas de desenvolvimento do produto, deixando pouca margem para a redução de custos na fase de fabricação do produto.

Esses fatos justificam a atenção que deve ser dispensada à estruturação e gestão do processo de desenvolvimento de produtos nas empresas. Dessa forma, as primeiras iniciativas para estruturar a atividade de desenvolvimento de produtos, iniciadas em 1962,[4] ganham atualmente uma nova roupagem: a vinculação da atividade de de-

[4] O nascimento da disciplina de metodologia de projeto data de 1962, ano da realização da primeira conferência em métodos de projeto realizada em Londres. A partir daí o tema ganhou reconhecimento acadêmico e se configurou como uma área de investigação específica (Cross, 1992 *in Design methodology and relationships with science*).

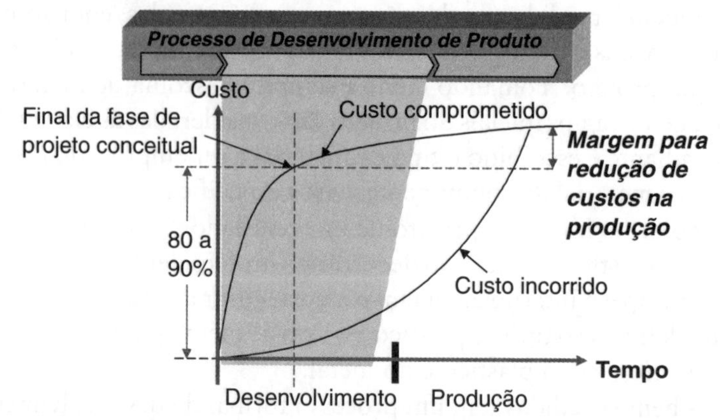

FIGURA 7.3 Custo de comprometimento do custo de um produto.
Fonte: Rozenfeld et alli Gestão de Desenvolvimento de Produtos... (op. cit.)

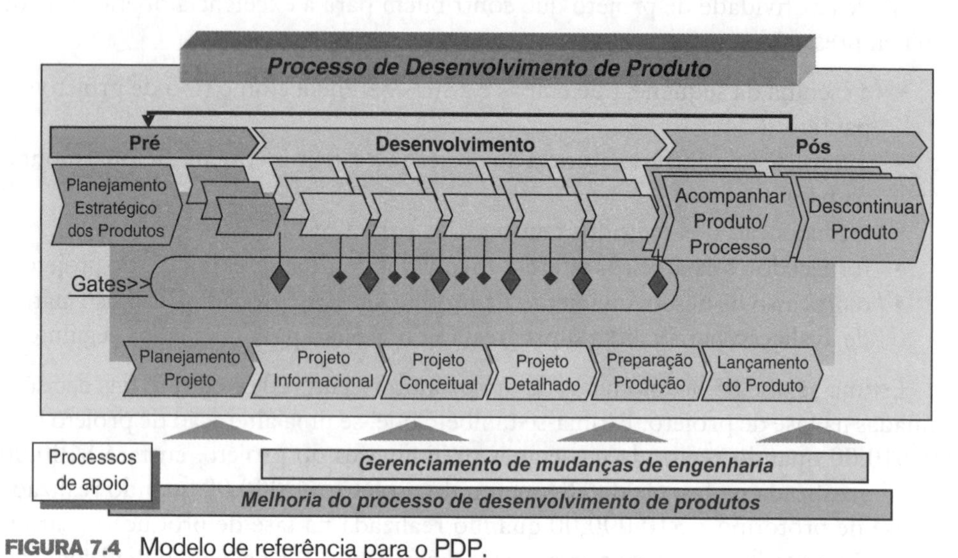

FIGURA 7.4 Modelo de referência para o PDP.
Fonte: Rozenfeld et alli Gestão de Desenvolvimento de Produtos... (op. cit.)

senvolvimento de produtos à estratégia de negócios da empresa e ao ambiente externo, incluindo-se sua integração à cadeia de suprimentos e às formas de comercialização dos produtos.

O modelo de referência do PDP adotado neste texto é o proposto por Rozenfeld et al.[5] (ver Figura 7.4) e envolve três grandes fases: pré-desenvolvimento, desenvolvimento e pós-desenvolvimento. Cada fase é caracterizada pela entrega de um conjunto de resultados (*deliverables*) cuja avaliação permite que o PDP passe para a fase seguinte. Cada macrofase é dividida em fases conforme detalhado a seguir:

---

[5] Mais detalhes na obra "*Gestão de Desenvolvimento de Produtos: uma referência para a melhoria do processo*" referenciada na bibliografia.

- pré-desenvolvimento: planejamento estratégico;
- desenvolvimento: planejamento do projeto, projeto informacional, projeto conceitual, projeto detalhado, preparação da produção, lançamento do produto;
- pós-desenvolvimento: acompanhar produto/processo, descontinuar produto.

O *planejamento estratégico* da empresa determina o portfólio de produtos, isto é, define quais produtos serão desenvolvidos, quais serão cancelados, quais os mercados a serem atendidos com os produtos e quando os mesmos serão lançados.

A macrofase de desenvolvimento se inicia com a fase de *planejamento do projeto*, também conhecida como anteprojeto, na qual são definidos o escopo do projeto, a viabilidade técnico-econômica, os recursos humanos a serem mobilizados, os prazos de execução, os custos esperados e os riscos implicados, assim como é melhorado o grau de estruturação do projeto.

A fase de *projeto informacional* transforma a saída da fase anterior em especificações do projeto, isto é, estabelece valores para os parâmetros identificados na fase anterior, completa as informações sobre os usuários do produto e detalha os requisitos do produto.

A fase de *projeto conceitual* transforma a linguagem verbal em linguagem geométrica. Nessa fase são definidos princípios de solução para as funções e é concebido o arranjo esquemático das partes constituintes do produto, denominado arquitetura do produto. Até esse momento, o produto ainda não tem corpo, isto é, os conceitos gerados são representados por diagramas, ilustrações condensadas do produto ainda não completamente definido. A fase se completa pela definição da forma geométrica dos componentes, considerando a ergonomia e a estética do produto. Nessa fase é analisada a possibilidade de se criar uma família de produtos baseada na concepção escolhida e, ao mesmo tempo, é iniciada a busca por fornecedores para componentes-chave. A concepção é feita voltada para a economia de escopo, isto é, procura-se distribuir o esforço e os investimentos de projeto por uma série de produtos.

A fase de *projeto detalhado* completa a descrição do produto, finalizando a descrição dos materiais e o dimensionamento dos componentes. Os processos de fabricação são planejados, testes são realizados e a documentação do produto é organizada.

A fase de *preparação da produção* envolve a mobilização dos recursos para a produção, a preparação dos dispositivos de fabricação, a produção de um lote-piloto (denominado também pré-série), o desenvolvimento dos fornecedores e o treinamento do pessoal.

A macrofase de desenvolvimento se encerra com o *lançamento do produto*, quando são desenvolvidos os processos de comercialização, vendas, distribuição, atendimento ao cliente e assistência técnica. Documentam-se as melhores práticas e o *rationale* das decisões tomadas.

A macrofase de pós-desenvolvimento se inicia com a fase de *acompanhar produto/processo*. Nessa fase são realizadas avaliações da satisfação dos clientes, é monitorado o desempenho e feita uma auditoria do processo de desenvolvimento.

A fase *descontinuar o produto* analisa e define a descontinuidade do produto e planeja o fim da sua produção. Os processos de logística reversa são estabelecidos para o recebimento do produto e são feitos a avaliação final e o encerramento do projeto.

Exemplo Ilustrativo: Prensa de Latas

A título de exemplo vamos apresentar o desenvolvimento de um produto para uso doméstico destinado à prensagem de latas, parte das atividades dos alunos da disciplina Projeto do Produto ministrada pelo autor no curso de Engenharia Mecânica da UFRJ.

A fase de desenvolvimento do projeto se iniciou com o planejamento do projeto, quando foram apresentados os objetivos do projeto aos alunos e formadas as equipes que iriam desenvolver o projeto.

O projeto foi apresentado aos alunos com algumas restrições iniciais, tais como: o tempo de realização do projeto teria de ser obrigatoriamente de três meses, os processos de fabricação seriam os disponíveis no Laboratório de Tecnologia Mecânica da Escola Politécnica, a prensa seria de acionamento manual e deveria ser barata etc. Na fase de planejamento do projeto ficaram definidos a estrutura de comunicação entre os membros da equipe, os padrões dos documentos e os indicadores a serem utilizados na avaliação do andamento do projeto, e feita a avaliação da fase.

Em seguida, deu-se início à fase de projeto informacional na qual as especificações do projeto são detalhadas. Como comentado anteriormente, a identificação do que falta definir faz parte da fase do projeto informacional, e é normalmente o que o engenheiro faz em primeiro lugar. Para o projeto da prensa de latas foram definidos qual a população usuária da prensa, qual o nível socioeconômico dos usuários potenciais, quais os processos de fabricação disponíveis no Laboratório de Tecnologia Mecânica etc.

O significado de "a prensa deve ser barata" e a tradução das necessidades dos usuários em características do produto foram obtidos empregando-se a função desdobramento da qualidade (QFD), técnica usada nas fases iniciais do projeto para transformar opiniões e desejos dos clientes em requisitos técnicos dos produtos.

Na fase de projeto informacional também se definem quais as disciplinas envolvidas no projeto, isto é, quais as áreas de conhecimento abrangidas pelo projeto. Nesse projeto estão envolvidas disciplinas de propriedade industrial, ergonomia, mecanismos, dimensionamento mecânico, processos de fabricação, materiais, testes etc.

Ao terminar essa fase, os parâmetros do projeto da prensa estavam definidos, isto é, a resistência da lata ao esmagamento havia sido levantada em testes de laboratório, os dados antropométricos (ver Capítulo 6) necessários ao desenvolvimento do projeto haviam sido identificados, assim como o universo de usuários, seus hábitos e suas preferências.

O projeto conceitual é a fase na qual o produto começa a tomar corpo. Nessa fase são identificadas as principais funções da prensa de latas, isto é, subsistemas do produto que cumprem uma determinada função identificável. O projeto da prensa fica dessa forma reduzido à concepção de subprojetos que, uma vez integrados, compõem a prensa de latas. A divisão dos problemas em subproblemas de menor complexidade viabiliza encontrar as soluções parciais de cada subproblema e, mais adiante, na medida do possível, integrá-las com o todo.

A prensa de latas foi estruturada conforme as seguintes funções: sistemas de acionamento, fixação, esmagamento, alimentação, descarga e coleta. Portanto, cada equi-

pe desenvolveu soluções parciais para as funções identificadas e realizou mais adiante a integração das soluções parciais na conceituação do produto.

Nessa fase, as descrições verbais do produto são transformadas em atributos geométricos, isto é, são escolhidos os princípios de solução para cada uma das funções e, em seguida, propostos os conceitos que vão solucionar o projeto do produto em tela.

Profissionais com menos experiência não dispõem de um conjunto de princípios de solução e de conceitos para as funções da prensa. Nesse caso, são utilizados o levantamento de produtos similares e o levantamento de patentes junto ao sistema de propriedade industrial. A Figura 7.5 mostra o resultado de um levantamento junto ao setor de patentes no qual são mostrados os princípios de solução para algumas das funções da prensa de latas.

O sistema de propriedade industrial estabelece que patentes em vigor não podem ser copiadas, porém os princípios de solução podem ser combinados de outra forma, resultando em um conceito diferente daquele no qual o projetista se inspirou. Pode-se observar que as patentes mostradas apresentam soluções diferentes para a função prensagem: o acionamento é por alavanca com esmagamento longitudinal ou transversal da lata.

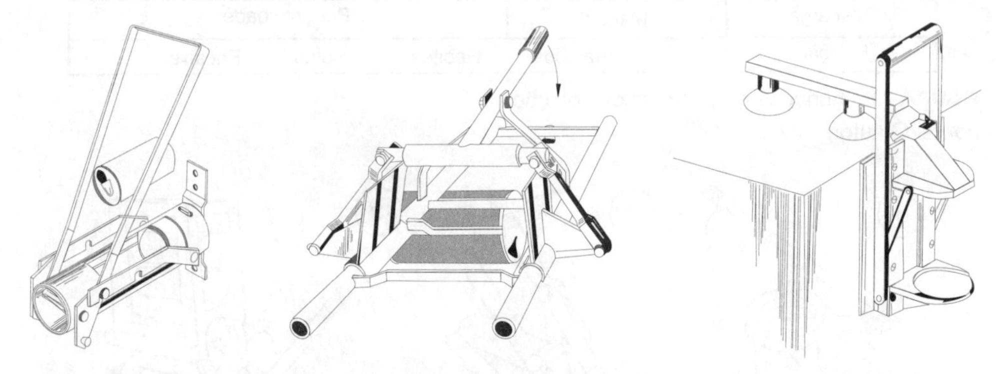

FIGURA 7.5 Exemplos de patentes de modelo industrial
Fonte: Site de patentes americano: www.uspto.gov.

A partir da identificação dos princípios de solução mais empregados nas patentes e nos produtos existentes no mercado se elaborou a matriz morfológica contendo os princípios de solução mais encontrados para cada função. A matriz representada na Figura 7.6 mostra o que foi realizado.

Uma vez definidos os princípios de solução e escolhidos quais aqueles que serão explorados, procura-se elaborar concepções preliminares para a prensa de latas. Os conceitos mostrados na Figura 7.7 foram feitos por uma das equipes de projeto para avaliação.

Nessa fase do projeto, a arquitetura do produto está definida, assim como sua ergonomia e sua estética. Finalizando, foi feita a avaliação das concepções da prensa utilizando-se a matriz de decisão, pela escolha de qual conceito seria transformado em produto.

Funções	Princípios de solução			
Força motriz	Manual (direta/alavanca)	Pneumática	Hidráulica	Elástica (mola) Elétrica
Acionamento (manual)	Direto	Por alavanca		
Esmagamento	Por pivotamento	Normal	Por rolamento	
– Longitudinal				
– Transversal				
Alimentação	Manual	Por gravidade		
Descarga	Manual	Por gravidade		
Fixação	Parafusos	Rebites	Solda	Encaixe

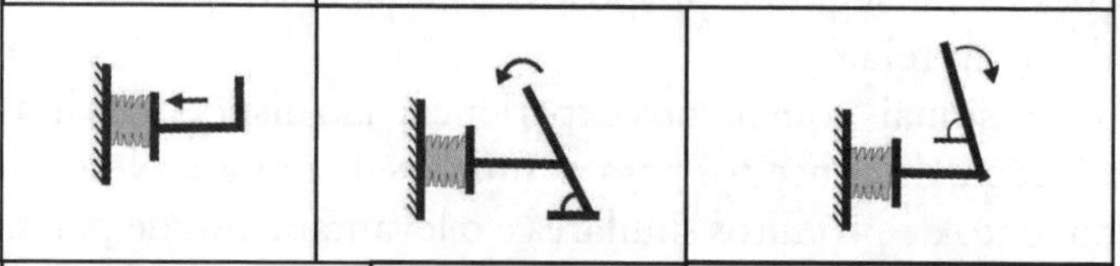

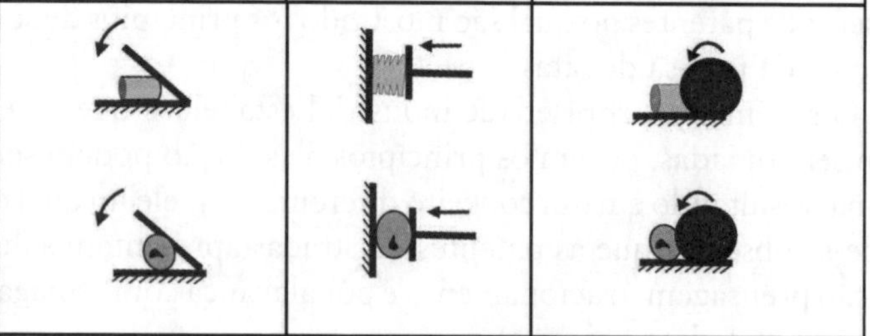

FIGURA 7.6 Funções e princípios de solução.
Fonte: O autor.

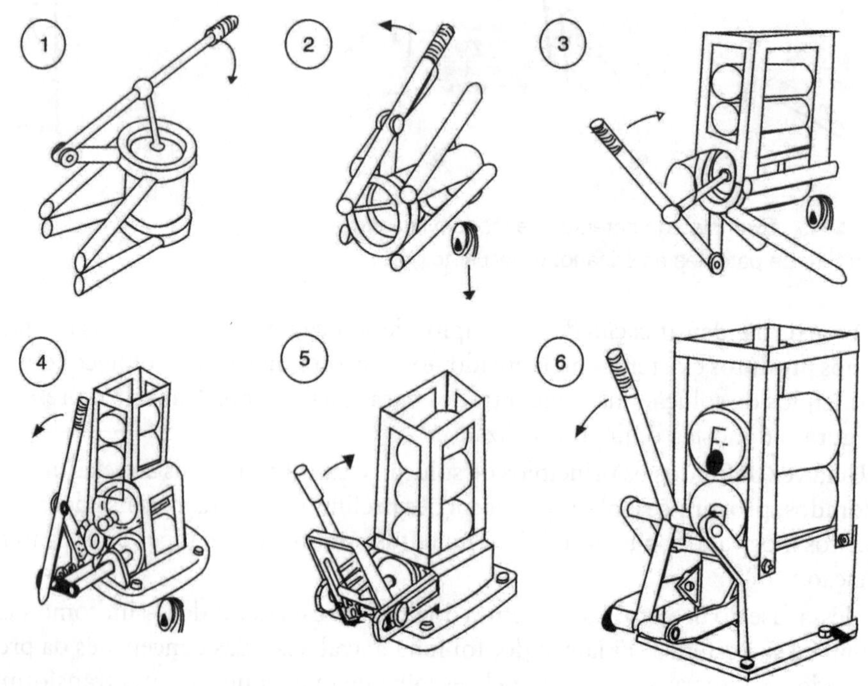

FIGURA 7.7 Conceitos preliminares.
Fonte: O autor.

CONSIDERAÇÕES FINAIS

A atividade de desenvolvimento de produtos é complexa pela sua própria natureza e, nos últimos tempos, ficou mais difícil em função das mudanças ocorridas no ambiente de projeto. A maneira atual de fazer o projeto implica necessariamente equipes de projeto muitas vezes com seus ocupantes distantes uns dos outros por imposição do modelo descentralizado de se projetar produtos. Os aspectos organizacionais que emergem desse arranjo têm traços em comum com o escopo de atuação do engenheiro de produção que, ao longo de sua graduação, cursou várias disciplinas que discutiram a organização do trabalho intelectual de uma equipe.

O PDP é uma atividade integradora de conhecimentos e habilidades. Em um projeto há várias disciplinas intervenientes e cada uma delas tem sua contribuição mediada pelo engenheiro ou projetista que seleciona a informação adequada no momento correto. Cada tipo de projeto de produto lida com um conjunto diferente de disciplinas, dependendo da natureza do produto que está sendo projetado. A identificação das disciplinas ou universos de especialização necessários para o desenvolvimento de um produto é parte integrante do PDP e é feita, consciente ou inconscientemente, pelos projetistas mais experientes.

Dessa forma, são montadas as equipes de projeto com profissionais de várias especialidades. As formas de organização do trabalho em equipes multifuncionais, estrutura matricial, equipes virtuais de trabalho e ferramentas informatizadas para a resolução coletiva dos problemas do projeto não fazem parte deste capítulo introdutório.

Procurou-se, ao longo do capítulo, enfatizar bastante a natureza da atividade de projeto de produtos, permitindo ao estudante explorar com detalhes a natureza dessa atividade, assim como a tipologia de projetos. O item referente a métodos de projeto procurou explicar resumidamente os métodos mais comuns.

Finalizando, gostaríamos de ressaltar que a função deste capítulo introdutório é permitir ao aluno uma primeira aproximação com a área de engenharia do produto, não sendo suficiente para servir como um guia de desenvolvimento de projeto. Para isso, existem vários livros citados na bibliografia que podem ser consultados, sobretudo o livro intitulado *Gestão de desenvolvimento de produtos:* uma referência para a melhoria do *processo*, do qual foi retirado o modelo unificado do PDP.

REFERÊNCIAS BIBLIOGRÁFICAS

ANDREASEN, M.; LUND, T. *Design for assembly*. IFS, 1983.

BOOTHROYD, G.; DEWHURST, P. *Product design for manufacture and assembly*. Nova York: Wesley, 1997.

BRALLA, J. *Handbook of product design for manufacturing*. Nova York: McGraw-Hill, 1986.

BUCCIARELLI, L. *Designing engineer*. Cambridge, Massachusetts: The MIT Press, 1994.

CROSS, N. *Engineering design methods*. Wiley and Sons, 2000.

DIXON, J.; POLI, C. *Engineering design and design for manufacturing – a structured approach*. Conway, Massachusetts: Field Stone Publishers, 1995.

FERGUSON, E. *Engineering and the mind's ey*. Cambridge, Massachusetts: The MIT Press, 1993.

HATCHUELA A. WEIL B, LE MASSON P; Les Processus d'Innovation: conception inovante et croissance des enterprises, Lavoisier, Paris, 2006.

HAUSER, J.; CLAUSING, D. (1988). The house of quality. *Harvard Business Review*, Nova York, maio-junho de 1988.

HUBKA, V. *Principles of engineering design*. Zurique: Heurista, 1987.
MANZINI, E.; VEZZOLI, C. *O desenvolvimento de produtos sustentáveis*. São Paulo: Edusp, 1998.
MILES, J.; MOORE, C. *Practical knowledge-based systems in conceptual design*. Springer-Verlag, 1994.
MULLER, W. *Order and meaning in design*. Utrecht: Lema Publishers, 2001.
NAVEIRO, R.; PIERONI, E. *A DSM, design structure, matrix aplicada no projeto de navios*. Anais do V Congresso Brasileiro de Gestão de Desenvolvimento de Produtos, Curitiba, 2005.
NAVEIRO, R. Conceitos e metodologias de projeto. In: *O projeto de engenharia, arquitetura e desenho industrial*, Juiz de Fora: Editora da UFJF, 2001.
NAVEIRO, R.; BREZILLON P. Knowledge and context in design for a collaborative decision making. *Journal of Decision Systems*. v. 12, n.1. Paris: Hermes, 2003.
NAVEIRO, R.; GUIMARÃES, C. Uma revisão dos métodos de análise ergonômica aplicados ao estudo dos DORT em trabalhos de montagem manual. In: *Produção*. v. 7, n.1, Porto Alegre: Abepro, 2004.
NAVEIRO R.; PARREIRAS P. Design for profiting in a brasilian mid-size industrial company. In: Proceedings of Third International Conference on Production Research – Américas 2006. Curitiba, 2006.
PAHL, G.; BEITZ, W. *Engineering design*. Londres: The Design Council, 1984.
PERRIN J., 2001, Concevoir l'Innovation Industrielle: Méthodologie de conception de l'innovation, CNRS Editions, Paris, France pp. 166.
POLYA, G. *A arte de resolver problemas*. Rio de Janeiro: Interciência, 1995.
PUGH, S. *Total design: integrated methods for successful product engineering*. Wookingham: Addison Wesley, 1991.
ROZENFELD et al. *Gestão de desenvolvimento de produtos: uma referência para a melhoria do processo*. São Paulo: Saraiva, 2006.
SIMON, H. *The sciences of the artificial*. Cambridge, Massachusetts: The MIT Press, 1969.
ULLMAN, D. *The mechanical design process*. Nova York: McGraw-Hill, 1992.
ULRICH, K.; EPPINGER, S. *Product design and development*. Nova York: McGraw-Hill, 2004.
VRIES, M.J.; CROSS, N.; GRANT, D.P. *Design methodology and relationships with science*. Kluwer Academics, 1992.

CAPÍTULO 8

PESQUISA OPERACIONAL

Reinaldo Morabito
Departamento de Engenharia de Produção
Universidade Federal de São Carlos

DEFINIÇÃO E HISTÓRICO

Pesquisa operacional é a aplicação de métodos científicos a problemas complexos para auxiliar no processo de tomada de decisões, tais como projetar, planejar e operar sistemas em situações que requerem alocações eficientes de recursos escassos. De forma sucinta, podemos dizer que pesquisa operacional é uma abordagem científica para a tomada de decisões. A denominação *pesquisa operacional* é motivo de críticas e reflexões, pois não reflete a abrangência atual da área e pode dar a falsa impressão de estar limitada à análise de operações. Alguns autores sugerem outras denominações preferíveis semanticamente, por exemplo, análise de decisões; entretanto, o termo pesquisa operacional é bastante difundido no âmbito das engenharias (particularmente a Engenharia de Produção) e outras ciências.

Mais recentemente, a pesquisa operacional também tem sido chamada de ciência e tecnologia de decisão. O componente científico está relacionado com ideias e processos para articular e modelar problemas de decisão, determinando os objetivos do tomador de decisão e as restrições sob as quais se deve operar. Também está relacionado com métodos matemáticos para otimizar sistemas numéricos que resultam quando são usados dados nos modelos. O componente tecnológico está relacionado com ferramentas de *software* e *hardware* para coletar e comunicar dados, organizar esses dados, usando-os para gerar e otimizar modelos e reportar resultados, ou seja, a pesquisa operacional está se tornando um importante elemento nas metodologias de tecnologia de informação.

O termo *pesquisa operacional* é uma tradução (brasileira) direta do termo em inglês *operational research*, que em Portugal foi traduzido por *investigação operacional,* e nos países de língua hispânica por *investigación operativa*. O surgimento desse termo está ligado a operações de guerra em problemas de natureza logística, tática e de estratégia militar, tais como invenção do radar e detecção de submarinos, manutenção e inspeção de aviões, controle de artilharia antiaérea e bombardeios, dimensionamento de comboios e abastecimento de tropas, escolha dos tipos de embarcações e aeronaves para uma missão etc. A análise científica do uso operacional de recursos militares de maneira sistemática foi iniciada na Segunda Guerra Mundial, com a necessidade urgente de alocar de modo eficaz os recursos escassos às várias operações militares. Para apoiar os comandos operacionais na resolução desses problemas, foram criados grupos multidisciplinares de engenheiros, matemáticos, físicos e cientistas sociais. Após o final da guerra, devido ao sucesso e credibilidade dessa abordagem científica obtidos durante a guerra, a pesquisa operacional evoluiu rapidamente nos setores público e privado, principalmente na Inglaterra e nos Estados Unidos.

Em 1952 foi fundada a sociedade científica americana de pesquisa operacional (ORSA – Operations Research Society of America) e, em 1953, as sociedades inglesa de pesquisa operacional (ORS – Operational Research Society) e americana de ciências de administração (TIMS – The Institute of Management Sciences). Mais tarde, as sociedades americanas ORSA e TIMS foram agregadas, formando o Informs (Institute for Operations Research and the Management Sciences). Atualmente existem várias sociedades científicas em diversos países que agregam pessoas e entidades interessadas na teoria e prática da pesquisa operacional. Existem também grupos regionais de associações de sociedades científicas de pesquisa operacional, como a ALIO (Asociación Latino-Ibero-Americana de Investigación Operativa), que reúne 12 sociedades científicas, e a EURO (Associação das Sociedades de Pesquisa Operacional da Europa), que reúne 29 sociedades científicas. Tem-se também a Federação Internacional das Sociedades de Pesquisa Operacional (IFORS – International Federation of Operational Research Societies), com 52 membros de sociedades nacionais e mais os grupos regionais.

No Brasil, a pesquisa operacional teve início basicamente na década de 1960. O primeiro simpósio brasileiro de pesquisa operacional foi realizado em 1968 no ITA, em São José dos Campos, São Paulo. Em seguida foi fundada a SOBRAPO (Sociedade Brasileira de Pesquisa Operacional), que desde então realiza congressos científicos anuais (nacionais e regionais) e publica o periódico científico *Pesquisa operacional* há mais de 25 anos.[1] A SOBRAPO define pesquisa operacional como uma ciência aplicada voltada para a resolução de problemas reais, que, tendo como foco a tomada de decisões, aplica conceitos e métodos de outras áreas específicas para concepção, planejamento ou operação de sistemas para atingir seus objetivos.

ESCOPO E APLICAÇÕES

Devido ao seu caráter multidisciplinar, a pesquisa operacional é uma disciplina científica de características horizontais, com suas contribuições estendendo-se por praticamente todos os domínios da atividade humana, da Engenharia à Medicina, passando pela Economia e Gestão Empresarial. Ela tem sido aplicada nas mais diversas

[1] Mais informações podem ser obtidas no *site* www.sobrapo.org.br.

áreas de indústrias e organizações de serviço (públicas e privadas), como agricultura, alimentação, atacadistas, automóveis, aeronáutica, coleta de lixo, computadores, bancos, bibliotecas, defesa, educação, eletrônica, energia, esportes, finanças, farmacêutica, hospitais, metal-mecânica, metalurgia, mineração, mísseis, móveis, papel e papelão, petróleo, propaganda, química, naval, saúde, seguradoras, sistemas judiciais, telecomunicações, trânsito, transportes, turismo, varejistas etc.

No âmbito da Engenharia de Produção, a pesquisa operacional tem sido aplicada principalmente nas atividades de produção e logística (cadeias de suprimento[2]). Problemas de planejamento, programação e controle da produção, em geral, envolvem ambientes complexos e incertos, com incertezas nas demandas de produtos dos clientes, restrições de capacidades dos processos de fabricação, necessidades de matérias-primas e estoques intermediários, limitações de disponibilidade de recursos como mão de obra e capital, possibilidades de falhas de equipamentos e faltas de energia, entre outros.

Problemas de planejamento e operação logísticos, tais como o projeto da rede logística, localização de instalações e facilidades (por exemplo, fábricas, centros de distribuição), gestão de estoques de produtos na rede e leiaute dos armazéns, dimensionamento de frota de veículos, roteamento e programação de veículos, logística reversa, entre outros, também envolvem ambientes complexos e incertos, com incertezas nas demandas dos clientes dispersos na rede logística, necessidades de estoques em centros de distribuição centrais e regionais da rede, restrições nas operações de movimentação e manuseio de materiais dentro dos centros de distribuição, limitações nas capacidades de transporte de carga entre os fornecedores, centros e clientes etc.

Vários livros de pesquisa operacional podem ser encontrados na literatura descrevendo o escopo e as aplicações de pesquisa operacional. Outras fontes de informações são os diversos periódicos científicos de pesquisa operacional. Para ilustrar, a seguir descrevemos alguns exemplos de aplicações de sucesso de pesquisa operacional em grandes empresas e organizações de diversos setores:[3]

- *Planejamento da produção, estocagem e distribuição na Kellog*. Utilizando modelos de programação linear multiperíodos (seção Exemplos de Programação Linear) para auxiliar no processo de tomada de decisões de produção e distribuição dos seus cereais, a Kellog desenvolveu um modelo de planejamento operacional para determinar onde produzir os produtos e como transportá-los entre as plantas e os centros de distribuição nas próximas semanas. Também desenvolveu um modelo de planejamento tático para apoiar decisões de expansão de capacidade de produção e de localização de centros de distribuição nos próximos 12 a 24 meses. A Kellog estima que, com o uso do modelo de otimização operacional, reduziu os cus-

---

[2] Sistema logístico complexo em que matérias-primas são convertidas em produtos intermediários e produtos finais, aos quais se agrega valor, até serem distribuídos para usuários finais (empresas ou consumidores).

[3] Mais detalhes desses exemplos podem ser encontrados no *site* www.scienceofbetter.org, e em Winston (2004) e nas referências nele contidas.

tos de produção, estocagem e distribuição em US$4,5 milhões por ano, e, com o uso do modelo de otimização tático, passou a economizar cerca de US$40 milhões por ano.

- *Dimensionamento da capacidade de recuperação da rede de comunicação da AT&T.* Para garantir alta confiabilidade na sua rede de comunicação, a AT&T tenta prevenir falhas nas conexões da rede e responder rapidamente quando as falhas ocorrem. Para redirecionar rapidamente o tráfego interrompido, no caso de uma falha, a rede precisa ter capacidade de recuperação suficiente para re-roteirizar essa demanda de clientes. Utilizando modelos de programação linear (seção Exemplos de Programação Linear), com procedimentos de geração de colunas, para determinar a localização e a quantidade da capacidade requerida para recuperar a demanda de clientes durante uma falha na rede, a AT&T melhorou a confiabilidade da sua rede e a qualidade do serviço aos seus clientes, reduzindo as necessidades de capacidade de recuperação da rede em 35% e economizando recursos valiosos estimados em centenas de milhões de dólares.
- *Programação do patrulhamento policial na cidade de San Francisco.* Utilizando modelos de programação linear (seção Exemplos de Programação Linear) e programação discreta (seção Exemplos de Programação Discreta), o Departamento de Polícia de San Francisco, nos Estados Unidos, toma decisões de programação e escalonamento de policiais para patrulhamento da cidade. O departamento estima que, com o uso dos modelos, passou a economizar cerca de US$11 milhões por ano e melhorou seus tempos de resposta em 20%.
- *Programação de tripulação aérea da Air New Zealand.* Utilizando modelos de programação discreta (seção Exemplos de Programação Discreta), baseados em modelos de partição de conjuntos, a companhia aérea Air New Zealand toma decisões de como escalonar turnos de trabalho (roteiros de trabalho que alternam sequências de voos e períodos de descanso) para cobrir todos os seus voos programados (centenas de voos semanais) e como alocar os membros das tripulações (milhares de tripulantes) a esses roteiros, com o menor custo possível. A Air New Zealand estima que, com o uso dos modelos, passou a economizar mais de NZ$15 milhões por ano, o equivalente a mais de 10% do seu lucro operacional líquido.
- *Dimensionamento e gerenciamento de testes de veículos protótipos na Ford.* Utilizando modelos de programação discreta (seção Exemplos de Programação Discreta), baseados em modelos de cobertura de conjuntos e modelos de simulação, a Ford desenvolveu um modelo de otimização de protótipos para orçar, planejar e gerenciar a frota de veículos protótipos, com o objetivo de minimizar o número de veículos construídos e sujeitos às restrições dos testes a serem realizados nos veículos dentro dos prazos estabelecidos. O modelo reduziu em cerca de 25% o tamanho da frota necessária de protótipos, resultando em economias estimadas pela Ford de cerca de US$250 milhões por ano.
- *Roteamento e programação dos técnicos de manutenção dos elevadores da Schindler.* Utilizando modelos de programação discreta (seção Exemplos de

Programação Discreta) baseados em modelos de roteamento de veículos periódicos para alocar milhares de técnicos para serviços de manutenção periódica preventiva e corretiva em dezenas de milhares de elevadores instalados nos Estados Unidos, a Schindler melhorou a qualidade dos roteiros percorridos pelos seus técnicos e o nível de serviço oferecido aos seus clientes. A Schindler estima que, com o uso dos modelos, passou a economizar cerca de US$1 milhão por ano.

- *Planejamento estratégico e operacional da produção da Tata Steel.* Utilizando modelos de programação discreta (seção Exemplos de Programação Discreta) para maximizar a contribuição ao lucro do *mix* de produção, sujeito a restrições de *marketing*, capacidades produtivas, limitações de recursos e energia, e balanceamento de oxigênio, a siderúrgica indiana Tata Steel obteve benefícios da ordem de US$73 milhões por ano. O uso dos modelos também motivou uma mudança na estratégia gerencial da empresa, passando a focar a maximização da contribuição ao lucro, em vez da maximização da produção (tonelagem).
- *Programação de caminhões na North American Van Lines.* Utilizando modelos de redes (seção Exemplos de Programação em Redes) e programação dinâmica (seção Exemplos de Programação Dinâmica) para auxiliar no processo de tomada de decisões de programação de caminhões e alocação de motoristas, a transportadora americana North American Van Lines melhorou o nível de serviço aos clientes e estima que reduziu seus custos anuais em cerca de US$2,5 milhões por ano.
- *Planejamento da produção em refinarias de petróleo da Texaco.* Utilizando modelos de programação não linear (seção Exemplos de Programação Não Linear), baseados em modelos de mistura (subseção Exemplo de Problema de Mistura), a Texaco toma decisões de como refinar óleo cru para produzir gasolina *regular unleaded*, gasolina *plus unleaded* e gasolina *super unleaded* em suas refinarias. A Texaco estima que, com o uso dos modelos, passou a economizar cerca de US$30 milhões por ano. Os modelos permitem à Texaco responder a diversas questões do tipo *what-if*, por exemplo, de quanto um aumento de 0,01% do conteúdo de enxofre na gasolina regular aumenta o custo de produção dessa gasolina.
- *Planejamento da cadeia de suprimentos global da IBM.* Combinando modelos de teoria de filas (seção Exemplos de Teoria de Filas), controle de estoques (seção Exemplos de Controles de Estoques) e simulação para analisar o *trade-off* entre os níveis de serviço aos clientes e os investimentos em estoques, a IBM revisou o projeto e a operação da sua cadeia de suprimentos global (rede de instalações interconectadas com diversos locais de estocagem) para responder mais rápido aos seus clientes, mantendo menores níveis de estoque na rede. A IBM estima que, com o uso dos modelos, obteve economias de cerca de US$750 milhões por ano.

Muitos outros exemplos de aplicações de sucesso na prática, tanto em pequenas como em grandes empresas e organizações, podem ser encontrados em periódicos como *Interfaces* e *Pesquisa Operacional*, entre muitos outros.[4] O enfoque deste capítulo é a pesquisa operacional na Engenharia de Produção, e parte da discussão baseia-se em Arenales et al. (2007)[5] e em outros livros introdutórios de pesquisa operacional referenciados no final do capítulo.

PROCESSO DE MODELAGEM

A pesquisa operacional baseia-se na aplicação do método científico, que envolve a observação e definição de um sistema real e a construção de um modelo científico. Por um lado, esse modelo deve ser suficientemente detalhado para captar os elementos essenciais e representar o sistema real, por outro lado, deve ser suficientemente simplificado (abstraído) para ser tratável por métodos de análise e resolução conhecidos. Um simples exemplo de um processo de abstração é uma criança desenhando com poucos traços um rosto humano. Nesse "modelo", ela procura capturar o essencial de um rosto, representando-o, de forma simplificada, com apenas algumas características como olhos, nariz, boca etc. Um modelo é um veículo para se chegar a uma visão bem estruturada da realidade, ou seja, ele é uma representação simplificada de um sistema ou objeto real.

Modelos podem ser concretos (por exemplo, o protótipo de um avião para experimentos em um túnel de vento) e abstratos (por exemplo, um modelo matemático ou de simulação). Modelos são úteis para melhorar a compreensão do sistema ou objeto modelado, analisar alternativas de configurações (cenários) e permitir experimentação, o que nem sempre é possível ou desejável com o sistema ou objeto modelado. A construção de um modelo de pesquisa operacional, em geral, envolve dois processos de abstração. Primeiro, o sistema real, com grande número de variáveis, é abstraído num modelo conceitual, em que apenas uma fração dessas variáveis dominante no comportamento do sistema é considerada. Depois, esse modelo conceitual é abstraído num modelo matemático ou de simulação, que procura representar satisfatoriamente o sistema. Para formular um modelo matemático, simplificações razoáveis do modelo conceitual devem ser consideradas em diferentes níveis, sendo que a validação do modelo depende de a sua solução ser coerente com o sistema real. Note que, dessa maneira, uma análise qualitativa precede a análise quantitativa.

O diagrama da Figura 8.1 ilustra um processo simplificado da abordagem de solução de um problema usando a modelagem matemática. Embora se concentre em modelos matemáticos, por exemplo, modelos de programação matemática (otimização matemática), esse diagrama também pode ser interpretado para outros modelos de pesquisa operacional (por exemplo, modelos de simulação discreta).

A formulação (modelagem) define as variáveis e as relações matemáticas para descrever o comportamento relevante do sistema ou problema real. A dedução (análise) aplica técnicas matemáticas e tecnologia para resolver o modelo matemático e visualizar quais conclusões ele sugere. A interpretação (inferência) argumenta que as conclu-

---

[4] Veja também o material disponível no *site* www.scienceofbetter.org.

[5] Livro de pesquisa operacional da coleção Livros Didáticos Abepro-Campus de Engenharia de Produção.

sões retiradas do modelo têm significado suficiente para inferir conclusões ou decisões para o problema real. Frequentemente, uma avaliação (julgamento) dessas conclusões ou decisões inferidas mostra que elas não são adequadas e que o escopo do problema e sua modelagem matemática precisam de revisão e, então, o ciclo é repetido.

Alguns autores sugerem que pesquisa operacional é "ciência" e "arte": ciência por causa das técnicas matemáticas e métodos computacionais envolvidos (objetivo), arte porque o sucesso de todas as fases que precedem e sucedem a solução do modelo matemático depende muito da criatividade e experiência do pessoal de pesquisa operacional e de sua habilidade em representar os conceitos de eficiência e escassez por meio de modelos matemáticos (subjetivo). A abordagem de resolução de um problema por meio de pesquisa operacional envolve várias fases baseadas no diagrama da Figura 8.1:

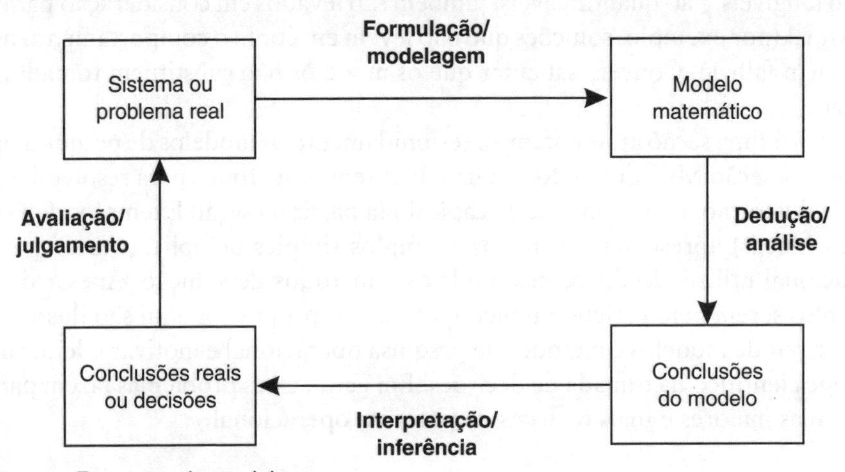

FIGURA 8.1 Processo de modelagem.

- *Definição do problema.* Define o escopo do problema em estudo.
- *Construção do modelo.* Traduz a fase anterior em relações matemáticas ou lógicas de simulação, ou alguma combinação delas.
- *Solução do modelo.* Utiliza métodos de solução e algoritmos[6] para resolver o modelo da fase anterior.
- *Validação do modelo.* Verifica se o modelo proposto representa apropriadamente o problema, ou seja, se ele descreve adequadamente o comportamento do sistema. A qualidade da solução de um modelo depende da precisão com que esse modelo representa o problema. Um modelo mais preciso, mesmo que resolvido de forma aproximada, pode ser bem mais útil do que um modelo menos preciso resolvido de forma exata. A qualidade da solução do modelo também depende da qualidade dos dados de entrada do modelo; a conhecida expressão inglesa *garbage in, garbage out* (entra lixo, sai lixo) sintetiza isso.
- *Implementação da solução.* Preocupa-se com a implementação da solução na prática, traduzindo os resultados do modelo em decisões.

---

[6] Um algoritmo é uma sequência finita e não ambígua de instruções computáveis para solucionar um problema.

Obviamente, um modelo matemático nem sempre é formulado de uma só vez, e podemos ter ciclos entre as cinco fases para revisão do modelo. Equívocos não são incomuns, mesmo para os mais experientes modeladores. Algumas vezes, a análise da solução do modelo é suficiente para evidenciar inconsistências no mesmo e então o reformulamos; outras vezes, somente após a operação do modelo na prática é que somos capazes de detectar falhas e, então, repetimos todo o ciclo. Com o aprimoramento dos métodos de solução dos modelos e o desenvolvimento tecnológico dos computadores e da informática (principalmente a partir dos anos 80, com a popularização dos microcomputadores), tem sido possível resolver modelos de pesquisa operacional cada vez mais complexos, outrora intratáveis. As soluções dos modelos apoiam o processo de tomada de decisões, mas em geral diversos outros fatores pouco tangíveis, não quantificáveis, também são levados em consideração para a decisão final (por exemplo, soluções que não levem em conta o comportamento humano podem falhar). Convém salientar que os modelos não substituem tomadores de decisão.

Na próxima seção apresentam-se resumidamente os modelos de pesquisa operacional e na seção Métodos de Resolução discutem-se métodos para resolvê-los. A título de ilustração, no restante deste capítulo (a partir da seção Exemplos de Programação Linear) apresentam-se alguns exemplos simples de aplicações de pesquisa operacional utilizando diferentes modelos e métodos de solução. Apesar de esses exemplos serem bem básicos e pouco realistas, os propósitos aqui são ilustrar diferentes tipos de modelos e métodos de pesquisa operacional e motivar o leitor para o enfoque científico na tomada de decisões. Em geral, esses problemas fazem parte de problemas maiores e mais realistas de pesquisa operacional.

MODELOS DE PESQUISA OPERACIONAL

Os modelos de programação matemática (otimização matemática) têm um papel destacado na pesquisa operacional. Para um dado problema (por exemplo, um problema de determinar o *mix* de produção em um processo produtivo; subseção Exemplo de Problema de *Mix* de Produção), um modelo de programação matemática representa alternativas ou escolhas desse problema como variáveis de decisão (por exemplo, quanto produzir de cada produto em cada período no processo produtivo), e procura por valores dessas variáveis de decisão que minimizam ou maximizam funções dessas variáveis, chamadas funções objetivos (por exemplo, minimizar o custo total de produção ou maximizar a margem de contribuição ao lucro total), sujeito a restrições sobre os possíveis valores dessas variáveis de decisão (por exemplo, restrições de capacidade do processo de produção e limitações de disponibilidade de matérias-primas em cada período). A forma geral de um modelo de programação matemática é:

Minimizar ou maximizar *funções objetivos*,
sujeito a *restrições*.

Exemplos de modelos de programação matemática são os de programação linear (otimização linear), em que as funções (objetivos e restrições) são lineares nas

variáveis, e as variáveis podem assumir valores contínuos (fracionários), os modelos de programação discreta (otimização binária, inteira), em que as funções são lineares nas variáveis, mas as variáveis só podem assumir valores inteiros (0, 1, 2, ...), os modelos de programação (fluxos) em redes (otimização em redes), baseados na representação do problema numa rede ou grafo, e os modelos de programação não linear (otimização não linear), em que as funções podem ser não lineares nas variáveis.

Outros exemplos de modelos matemáticos são os modelos de programação estocástica (otimização probabilística), que consideram as incertezas dos parâmetros dos sistemas, os modelos baseados em teoria de filas para estudar a congestão em sistemas e determinar medidas de avaliação de desempenho e políticas ótimas de operação, os modelos de previsão baseados em séries temporais para prever, por exemplo, a demanda futura de produtos (por exemplo, modelos de regressão linear e suavização exponencial, modelos de Box-Jenkins e inferência bayesiana), os modelos de gestão de estoques para planejar e controlar os níveis de estoques num sistema de produção, os modelos econômicos para representar as inter-relações entre vários setores da economia de uma região (por exemplo, modelos de fluxo de Leontief, modelos de entrada–saída ou insumo–produto), e os modelos baseados nas técnicas de programação dinâmica determinística e estocástica, que utilizam fórmulas recursivas para decompor o problema em uma série de problemas menores e mais simples de serem resolvidos.

Alguns autores separam os modelos em duas partes:

- *Modelos de programação matemática (determinística).* Os modelos de programação matemática, além de programação linear, discreta, não linear e fluxos em redes, incluem a programação multiobjetivos (por exemplo, programação de metas, análise de otimalidade de Pareto e curvas de *trade-off*, análise de envoltória de dados – DEA), que consideram situações com múltiplos objetivos (critérios a serem otimizados) possivelmente conflitantes. Também se têm os modelos baseados em técnicas de programação dinâmica determinística.
- *Modelos estocásticos.* Os modelos estocásticos incluem os modelos baseados em programação estocástica e otimização robusta, programação dinâmica estocástica, teoria de decisão (com incerteza), teoria de jogos, controle de estoques, previsão e séries temporais, cadeias de Markov e processos markovianos de decisão, teoria de filas e simulação.

A teoria ou análise de decisão envolve o uso de um processo racional de seleção da melhor dentre as diversas alternativas. Dependendo de o processo de tomada de decisão admitir certeza ou incerteza nos dados, pode-se utilizar, por exemplo, o processo de análise hierárquica (AHP) ou análise de árvores de decisão (por exemplo, com regras de Bayes), respectivamente. A teoria de jogos trata situações de tomada de decisão nas quais "jogadores" (adversários) têm objetivos conflitantes e o resultado depende da combinação de estratégias escolhidas pelos jogadores. Além de jogos de salão, exemplos de aplicação incluem campanhas de *marketing* e políticas de preços de produtos (os jogadores são empresas que disputam mercados para vender seus produtos), programação de programas de televisão (os jogadores são redes de televisão que disputam espectadores para obter maior audiência) e planejamento de estratégias militares de guerra (os jogadores são exércitos adversários). Alguns modelos são o jogo de duas pessoas soma zero e o jogo de duas ou mais pessoas soma não constante (dilema do prisioneiro).

Outros modelos de pesquisa operacional são os de simulação. Esses modelos são poderosos e amplamente utilizados para analisar sistemas complexos. Em geral, eles imitam as operações do sistema real à medida que este evolui no tempo, mas também podem ser usados para analisar o sistema num instante de tempo particular, nesse caso chamados de modelos estáticos ou simulação de Monte-Carlo (por exemplo, estimativa da área sob uma curva). Os modelos de simulação dinâmicos podem ser contínuos, nos casos de sistemas cujos comportamentos mudam continuamente com o tempo (por exemplo, processo de produção de uma indústria química – as variáveis do sistema estão se alterando continuamente) ou discretos, nos casos de sistemas que mudam apenas em pontos discretos do tempo (por exemplo, caixas de atendimento em um supermercado – as variáveis do sistema se alteram apenas quando um usuário entra ou sai do sistema). Os modelos contínuos em geral são descritos por sistemas de equações diferenciais. Os modelos discretos são os mais usados em engenharia de produção e, diferentemente dos modelos analíticos de teoria de filas, são modelos experimentais. A vantagem desses modelos sobre os modelos de filas é que eles são em geral relativamente fáceis de ser aplicados. Por outro lado, por não serem modelos de otimização, são modelos descritivos e não prescritivos, isto é, não tomam decisão. Eles têm sido utilizados para analisar, por exemplo, sistemas discretos de manufatura com produção intermitente (em lotes).

MÉTODOS DE RESOLUÇÃO

Para resolver os modelos de pesquisa operacional, existem diversas técnicas e métodos disponíveis na literatura de pesquisa operacional. No caso de modelos de otimização, um método ótimo (ou exato) é aquele que gera a melhor solução possível (solução ótima) do ponto de vista do critério (função objetivo) que está sendo otimizado. Em casos em que o modelo é complexo, determinar uma solução ótima em tempo computacional razoável (considerando as decisões envolvidas) pode ser muito difícil ou até impossível, e então pode-se utilizar um método heurístico (ou não exato) a fim de gerar uma boa solução (solução subótima) para o modelo.

Por exemplo, para se resolverem modelos de programação linear, pode-se utilizar métodos ótimos baseados no algoritmo *simplex* ou em algoritmos de pontos interiores. Para se resolverem modelos de programação discreta, pode-se utilizar métodos ótimos baseados no algoritmo *branch-and-bound*, algoritmos de planos de corte e combinando esses métodos (métodos *branch-and-cut* e *cut-and-branch*). No entanto, dependendo da complexidade do modelo, esses métodos podem não ser capazes de fornecer uma solução ótima em tempo computacional aceitável. Para modelos com estrutura especial, pode-se ainda utilizar métodos exatos baseados em geração de colunas do modelo (métodos Dantzig-Wolfe e *branch-and-price*), métodos baseados em decomposição do modelo (método de Benders) e métodos baseados em relaxações do modelo (relaxações lagrangiana, *surrogate* e lagrangiana-*surrogate*). Também existem diversos métodos não exatos que podem ser utilizados para resolver modelos de programação discreta, como heurísticas (construtivas, busca local) e meta-heurísticas (algoritmo genético, busca tabu, *simulated annealing*, *scatter search*, colônia de formigas, GRASP etc.).

Modelos de otimização realistas podem ter centenas ou mesmo milhares de variáveis e restrições, e em geral só são tratáveis por meio de computadores. Existem diversos *softwares* de otimização baseados nas técnicas e métodos de pesquisa operacional para resolver os modelos de pesquisa operacional e facilitar a análise de sensibilidade das soluções em função de perturbações dos parâmetros dos modelos. Alguns exemplos são CPLEX, Gino, Lindo, Minos, OSL, XPress etc. Por exemplo, o CPLEX utiliza o método *branch-and-cut* para resolver modelos de programação discreta, e o Minos utiliza métodos baseados nos algoritmos de gradiente reduzido, quase-Newton e lagrangiano projetado para resolver modelos de programação não linear. Outros aplicativos muito usados são a planilha Excel e os sistemas algébricos computacionais Maple, Mathematica e Matlab. Existem também as chamadas linguagens de modelagem, que auxiliam na representação dos dados e na implementação dos modelos no computador. Essas linguagens utilizam os *softwares* de otimização para resolver os modelos. Alguns exemplos são AIMMS, AMPL, GAMS, Lingo e MPL.

Uma tendência mais recente é a incorporação de modelos de pesquisa operacional (por exemplo, modelos de otimização) em *softwares* de sistemas de apoio a decisão (DSS) e sistemas de informação gerencial e planejamento de recursos (MIS, MRP, ERP), para facilitar a integração com as bases de dados das empresas e a interação com os tomadores de decisão. Esses modelos também podem ser úteis em inteligência artificial e sistemas especialistas, para auxiliar no processo de tomada de decisão. Algumas abordagens de inteligência artificial que também têm sido utilizadas em pesquisa operacional são redes neurais, conjuntos nebulosos ou difusos (*fuzzy sets*) e programação por restrições. Com relação aos modelos de simulação discreta, existem diversas linguagens de simulação para tratar os modelos, tais como GASP, GPSS, Siman e SLAM. Exemplos de *softwares* simuladores que utilizam essas e outras linguagens e acompanham animação gráfica dinâmica são Arena, AutoMod, Factor, GPSS/H, ProModel e Simscript.

EXEMPLOS DE PROGRAMAÇÃO LINEAR

Modelos de programação linear têm sido amplamente utilizados em grande diversidade de problemas em Engenharia de Produção, incluindo, por exemplo, problemas de planejamento agregado da produção (planejamento da capacidade e força de trabalho), problemas de *mix* de produção e seleção de processos (produção de grãos eletrofundidos), problemas de mistura (produção de rações animais), problemas de corte e empacotamento (corte de bobinas de papel), problemas de transporte, transbordo e designação (produção, armazenagem e distribuição de produtos agroindustriais), problemas de programação de projetos (programação em redes CPM e PERT),[7] problemas de gestão

[7] CPM (*Critical Path Method*) e PERT (*Program Evaluation Review Technique*) referem-se a métodos de planejamento, programação e controle de projetos.

financeira (planejamento de fluxo de caixa e orçamento de capital), problemas de meio ambiente (tratamento de águas residuárias), problemas de ajuste de curvas (composição granulométrica no desenvolvimento de materiais), problemas de controle ótimo de sistemas lineares (sistemas dinâmicos) etc. Outros exemplos de aplicação de modelos de programação linear foram descritos na seção Escopo e Aplicações.

Problemas de *mix* de produção consistem em decidir quais produtos produzir e quanto produzir de cada produto em cada período, considerando as restrições de capacidade dos processos de produção e as limitações de disponibilidade dos recursos envolvidos (por exemplo, mão de obra, equipamentos), de forma a maximizar a margem de contribuição ao lucro. Os processos de produção podem envolver um ou vários estágios ou níveis de produção (por exemplo, se um produto é parte de outro produto). A seguir apresenta-se um exemplo ilustrativo de um problema simples de *mix* de produção monoperíodo, monoestágio e com apenas dois produtos.

Exemplo de Problema de Mix de Produção

Uma planta produz dois produtos, produtos 1 e 2, e possui duas linhas de produção, uma para cada produto. A linha 1 tem capacidade para produzir 60 produtos do tipo 1 por semana, enquanto a linha 2 pode produzir 50 produtos do tipo 2 por semana. Cada unidade do produto 1 requer uma hora de trabalho para ser produzida, e cada unidade do produto 2 requer duas horas. Apenas 120 horas de trabalho estão disponíveis por semana para as duas linhas de produção. Se as margens de contribuição ao lucro dos produtos 1 e 2 são 20 e 30, respectivamente, quanto produzir de cada produto por semana de maneira a maximizar a margem de contribuição ao lucro total?

Definindo-se x_1 e x_2 como as quantidades produzidas por semana dos produtos 1 e 2, respectivamente, e z como a margem de contribuição ao lucro total, este problema simples de *mix* de produção pode ser formulado pelo seguinte modelo de programação linear em termos das variáveis de decisão x_1 e x_2:

$$\max z = 20x_1 + 30x_2$$
$$1x_1 + 0x_2 \leq 60$$
$$0x_1 + 1x_2 \leq 50$$
$$1x_1 + 2x_2 \leq 120$$
$$x_1 \geq 0, x_2 \geq 0$$

Note que a função objetivo maximiza a margem de contribuição ao lucro total z, e a primeira e segunda restrições garantem que as capacidades de produção das linhas 1 e 2, respectivamente, não sejam excedidas. A terceira restrição refere-se à limitação de horas de trabalho disponíveis para as duas linhas, e a quarta restrição impõe que as variáveis de decisão x_1 e x_2 do modelo sejam não negativas.

Esse modelo simples pode ser resolvido pelos métodos de resolução de programação linear, por exemplo, pelo algoritmo *simplex*. Em particular, devido a envolver apenas duas variáveis x_1 e x_2, ele também pode ser resolvido por meio de uma simples análise gráfica, conforme ilustra a Figura 8.2. Note que as restrições do modelo definem uma região de soluções (x_1, x_2) factíveis ou viáveis para o modelo. Uma

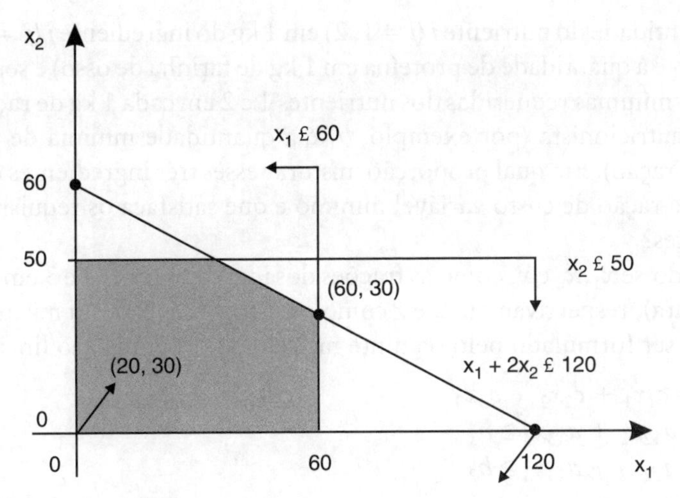

FIGURA 8.2 Resolução gráfica.

solução ótima, isto é, de máxima margem de contribuição ao lucro total, é produzir $x_1^* = 60$ unidades do produto 1 e $x_2^* = 30$ unidades do produto 2, resultando num lucro de $z^* = 2100$. Note que essa solução corresponde a um vértice da região factível (de fato, pode ser mostrado que, se o modelo tem uma solução ótima, então sempre existe um vértice ótimo na região factível). ■

Nos modelos de otimização linear são admitidas algumas hipóteses de linearidade: aditividade (por exemplo, a contribuição ao lucro total é a soma das contribuições ao lucro de cada produto), proporcionalidade (por exemplo, dobrar a produção de um produto resulta no dobro da contribuição ao lucro desse produto) e fracionamento (as variáveis são contínuas, isto é, valores fracionários são aceitáveis para as variáveis, como $x_1 = 29{,}5$). A violação dessas hipóteses resulta em modelos discretos ou não lineares, como ilustrado nos exemplos a seguir. Note que, dependendo da grandeza dos valores das variáveis, pode não ser razoável admitir a hipótese do fracionamento das variáveis no próprio exemplo anterior de *mix* de produção.

Problemas de mistura consistem em combinar materiais em alguma proporção para obter novos materiais ou produtos, de maneira a satisfazer restrições de características desejáveis nessas misturas a um custo mínimo. Esses estão entre os primeiros problemas de programação linear implementados com sucesso na prática, e são comuns na produção de dietas e rações animais, adubos e fertilizantes, ligas metálicas, gasolina, papel reciclado, sucos concentrados de laranja, areias para filtros etc. A seguir apresenta-se um exemplo ilustrativo de um problema simples de uma mistura monoperíodo.

Exemplo de Problema de Mistura

Uma empresa produz uma ração animal a partir da mistura de três ingredientes básicos: os ingredientes 1, 2 e 3 (por exemplo, farinha de osso, soja e resto de peixe), com custos variáveis unitários c_1, c_2 e c_3, respectivamente (em $/kg). Cada um desses ingredientes possui diferentes quantidades de dois nutrientes necessários a uma dieta nutricional balanceada da ração: os nutrientes 1 e 2 (por exemplo, proteína e cálcio).

Seja a_{ij} a quantidade do nutriente i ($i = 1, 2$) em 1 kg do ingrediente j ($j = 1, 2, 3$) (por exemplo, a_{11} é a quantidade de proteína em 1 kg de farinha de osso) e sejam b_1 e b_2 as quantidades mínimas requeridas dos nutrientes 1 e 2 em cada 1 kg de ração, especificadas pelo nutricionista (por exemplo, b_1 é a quantidade mínima de proteína em cada 1 kg de ração). Em qual proporção misturar esses três ingredientes de maneira a se obter uma ração de custo variável mínimo e que satisfaça os requisitos mínimos dos nutrientes?

Definindo-se x_1, x_2 e x_3 como as frações dos ingredientes 1, 2 e 3 em cada 1 kg de ração (mistura), respectivamente, e z como o custo variável dessa mistura, este problema pode ser formulado pelo seguinte modelo de programação linear:

$$\min z = c_1x_1 + c_2x_2 + c_3x_3$$
$$a_{11}x_1 + a_{12}x_2 + a_{13}x_3 \geq b_1$$
$$a_{11}x_1 + a_{22}x_2 + a_{23}x_3 \geq b_2$$
$$x_1 + x_2 + x_3 = 1$$
$$x_1 \geq 0, x_2 \geq 0, x_3 \geq 0$$

Note que a função objetivo minimiza o custo da mistura z, e a primeira e segunda restrições garantem as quantidades mínimas b_1 e b_2 requeridas dos nutrientes 1 e 2 em cada 1 kg de ração, respectivamente. A terceira e quarta restrições impõem que a soma das frações dos ingredientes seja igual a 1 e que cada fração seja não negativa (note que ela pode ser nula). Esse modelo satisfaz as três hipóteses de linearidade e pode ser resolvido pelos métodos de resolução de programação linear mencionados anteriormente. ■

EXEMPLOS DE PROGRAMAÇÃO DISCRETA

Assim como modelos de programação linear, modelos de programação discreta também têm sido utilizados com sucesso em uma grande diversidade de problemas em Engenharia de Produção, incluindo problemas de carga fixa e problemas de dimensionamento e programação de lotes de produção (produção e sequenciamento de lotes de bebidas), problemas de programação (*scheduling*) da produção (programação em redes *flow-shop* e *job-shop*,[8] balanceamento de linha de montagem), problemas de localização de instalações e facilidades (localização de centros de distribuição de produtos), problemas de roteamento e programação de veículos (distribuição de combustíveis em postos de gasolina), problemas de corte de materiais (corte de chapas em fábricas de móveis), problemas de carregamento de carga (arranjo de caixas em paletes e contêineres),[9] problemas de designação e programação de grade de horários (atribuição de professores, cursos e salas de aula, programação de calendário em torneios esportivos), problemas de cobertura, partição e empacotamento de conjuntos (programação de tripulação de aviões e localização de unidades de atendimento emergencial), problemas de caixeiro-viajante (roteiro de clientes a serem visitados por um vendedor), problemas de carteiro chinês (coleta de lixo nas ruas de

[8] *Flow-shop* e *job-shop* são duas formas tradicionais de se organizar um sistema de manufatura.

[9] Paletes e contêineres (do inglês *pallet* e *container*) são dispositivos de unitização de carga em logística.

uma cidade) etc. Outros exemplos de aplicação de modelos de programação discreta foram descritos na seção Escopo e Aplicações.

Problemas de mochila envolvem a escolha de itens de diferentes pesos a serem colocados em uma ou mais mochilas, de forma a maximizar uma função de utilidade e não exceder o limite de peso das mochilas. A seguir apresenta-se um exemplo ilustrativo de um problema simples de apenas uma mochila com variáveis 0-1.

Exemplo de Problema de Seleção de Projetos

Considere n projetos e um capital b disponível para investimento. Cada projeto i tem um custo a_i e um retorno esperado r_i, $i = 1, ..., n$. Seja x_j a variável de decisão do problema, igual a 1 se o projeto j é selecionado, e igual a 0, caso contrário. O problema consiste em selecionar os projetos que maximizam o retorno total esperado z, sem ultrapassar o limite de capital.

O problema de seleção de projetos pode ser formulado pelo seguinte modelo de programação discreta:

$$\max z = r_1x_1 + r_2x_2 + ... + r_nx_n$$
$$a_nx_n + a_nx_n + ... + a_nx_n \leq b$$
$$x_1 \in \{0,1\}, x_2 \in \{0,1\}, ..., x_n \in \{0,1\}$$

Note que a função objetivo maximiza o retorno total esperado z, a primeira restrição garante que o limite de capital b não seja excedido, e a segunda restrição impõe que as variáveis de decisão x_i assumam valores inteiros iguais a 0 ou 1. Note que a hipótese de fracionamento (continuidade das variáveis) mencionada anteriormente não se aplica aqui. Suponha que o capital disponível seja $b = 100$, que se disponha de $n = 8$ projetos para investimento, com custos iguais a $a_1 = 47, a_2 = 40, a_3 = 17, a_4 = 17, a_5 = 34, a_6 = 23, a_7 = 5$ e $a_8 = 44$, respectivamente, e retornos esperados iguais a $r_1 = 41$, $r_2 = 33$, $r_3 = 14$, $r_4 = 25$, $r_5 = 32$, $r_6 = 32$, $r_7 = 9$ e $r_8 = 19$.

Esse modelo pode ser resolvido pelos métodos de resolução de programação discreta mencionados anteriormente. Também pode ser resolvido aplicando-se técnicas de programação dinâmica determinística (admitindo-se os parâmetros a_i e b como números inteiros). Aplicando-se um dos métodos, obtém-se a solução de retorno esperado máximo dada por $x_2^* = x_4^* = x_6^* = x_7^* = 1$ e os demais valores de x_i^* iguais a zero, ou seja, investir apenas nos projetos 2, 4, 6 e 7. Essa solução ótima tem retorno esperado total igual a $z^* = 99$ e utiliza $40 + 27 + 23 + 5 = 95$ unidades do limite de capital $b = 100$. ■

Problemas de dimensionamento de lotes de produção envolvem decidir quais produtos produzir e em quais quantidades produzi-los (isto é, dimensionar os lotes de produção) em cada um dos próximos T períodos de tempo (horizonte de planejamento),[10] considerando as demandas dos produtos nesses períodos, as restrições de capacidades de produção e disponibilidades de recursos, os custos de produção e os custos de estocagem (custo de antecipar a produção de um produto e estocá-lo de um período para outro). Diferentemente de problemas de *mix* de produção, esses pro-

[10] Horizonte de planejamento é o período de tempo em que a empresa planeja sua produção.

blemas consideram os tempos e os custos fixos de preparação dos equipamentos. A seguir apresenta-se um exemplo ilustrativo de um problema de dimensionamento de lotes monoestágio com demanda dinâmica determinística.

Exemplo de Problema de Dimensionamento de Lotes

Uma planta produz n produtos. Considere que, no início do horizonte de planejamento ($t = 0$), os estoques iniciais desses produtos $I_{10}, I_{20}, ..., I_{n0}$ sejam nulos e que as demandas de cada produto i ($i = 1, 2, ..., n$) nos próximos 1, 2, ..., T períodos de planejamento sejam $d_{i1}, d_{i2}, ..., d_{iT}$. Para se produzir um lote do produto i em qualquer período, gastam-se a_i horas de trabalho preparando os equipamentos, mais b_i horas de trabalho para se produzir cada unidade desse lote. A capacidade de produção da planta em cada período t ($t = 1, 2, ..., T$) é de c_t horas de trabalho. Sejam s_i o custo fixo de preparação dos equipamentos para se produzir um lote do produto i em qualquer período e h_i o custo de estocar cada unidade do produto i de um período para outro. Quanto produzir de cada produto i em cada período t de maneira a atender as demandas sem atrasos, satisfazer as restrições de capacidade e minimizar os custos de preparação e estocagem ao longo dos T períodos?

Definindo-se para cada produto i e cada período t as variáveis:

x_{it} quantidade produzida do produto i no período t (tamanho do lote)
I_{it} estoque do produto i no final do período t

$$y_{it} = \begin{cases} 1, \text{se o produto } i \text{ é produzido no período } t \\ 0, \text{caso contrário} \end{cases}$$

e z como o custo total de preparação e estocagem, este problema pode ser formulado pelo seguinte modelo de programação discreta:

$$\min z = \sum_{i=1}^{n} \sum_{t=1}^{T} (S_i y_{it} + h_i I_{it})$$

$$I_{it} = I_{i,t-1} + x_{it} - d_{it}, \qquad i = 1, ..., n; \quad t = 1, ..., T$$

$$\sum_{i=1}^{n} (a_i y_{it} + b_i x_{it}) \leq c_t, \qquad t = 1, ..., T$$

$$x_{it} \leq M_{it} y_{it}, \qquad i = 1, ..., n; \quad t = 1, ..., T$$

$$x_{it} \geq 0, I_{it} \geq 0, y_{it} \in \{0,1\}, \qquad i = 1, ..., n; \quad t = 1, ..., T$$

Note que a função objetivo minimiza o custo total de preparação e estoque z. O primeiro conjunto de restrições descreve as equações de balanceamento de estoque de cada produto i em cada período t, isto é, o estoque do produto i no final do período t (I_{it}) deve ser igual ao estoque do produto i no início do período t (isto é, no final do período $t - 1$, $I_{i,t-1}$), mais a quantidade produzida do produto i no período t (x_{it}), menos a quantidade demandada do produto i no período t (d_{it}). O segundo conjunto de restrições garante que a soma dos tempos de preparação e produção dos lotes em cada período t não exceda a limitação de capacidade disponível c_t do período.

O terceiro conjunto de restrições garante que o tamanho do lote do produto i seja positivo (isto é, $x_{it} > 0$) somente se houver preparação do produto i no período t

(isto é, $y_{it} = 1$). O limitante M_{it} é um número positivo suficientemente grande (por exemplo, o mínimo entre a capacidade restante no período t se o produto i for produzido nesse período, e a demanda acumulada do produto i desde o período t até o período T, ou seja, $M_{it} = \min\left\{\frac{C_t - a_i}{b_i}, \sum_{\tau=1}^{T} d_{i\tau}\right\}$). O último conjunto de restrições impõe que as variáveis x_{it} e I_{it} sejam não negativas e as variáveis y_{it} sejam binárias (0 ou 1). Se não for razoável considerar x_{it} e I_{it} como variáveis contínuas, basta impor no modelo que elas sejam variáveis inteiras (0, 1, 2, ...). Esse modelo pode ser resolvido pelos métodos de resolução de programação discreta mencionados anteriormente. ■

EXEMPLOS DE PROGRAMAÇÃO EM REDES

Modelos de programação em redes têm sido utilizados com sucesso em diversos problemas de Engenharia de Produção em que se pode representar graficamente o problema como fluxos em uma rede ou grafo. Um grafo é definido pelo par de conjuntos (N, E), em que $N = \{1,2,...,n\}$ é o conjunto de nós ou vértices do grafo e E é o conjunto de arcos ou arestas (i, j) do grafo, com $i, j \in N$ (Figuras 8.3 e 8.4). Alguns exemplos são os problemas de caminho mínimo (rota de menor custo entre um depósito e um cliente em uma rede logística), problemas de caminho máximo (caminho crítico em redes CPM e PERT), problemas de árvore geradora mínima (conexão dos clientes de uma rede de TV a cabo), problemas de fluxo máximo (capacidade de fluxo entre um nó origem e um nó destino de uma rede hidráulica ou uma rede de comunicação de dados) etc. Outros exemplos são os problemas de fluxo de custo mínimo, dos quais os problemas de transporte, transbordo e designação e a maioria dos problemas anteriores podem ser vistos como casos particulares. Outra aplicação de programação em redes foi descrita na seção Escopo e Aplicações.

Problemas de transporte consistem em decidir como transferir bens entre origens (fornecedores) e destinos (clientes), respeitando restrições de oferta nas origens e demanda nos destinos, de maneira a minimizar o custo variável total de transporte. Modelos de transporte também podem ser aplicados em outras situações (por exemplo, no planejamento da produção, no controle de estoques e na atribuição de pessoal). A seguir apresenta-se um exemplo ilustrativo de um problema simples de transporte monoproduto, monoperíodo e sem transbordo.

Exemplo de Problema de Transporte

Considere que um produto esteja disponível em m depósitos nas quantidades a_1, a_2, ..., a_m, respectivamente, e que esteja sendo demandado em n mercados nas quantidades b_1, b_2, ..., b_n. Seja x_{ij} a variável de decisão do problema que determina quantas unidades do produto transportar de cada depósito i ($i = 1, ..., m$) para cada mercado j ($j = 1, ..., n$). Se o custo variável de transportar uma unidade do produto do depósito i para o mercado j é c_{ij}, quanto transportar de cada depósito para cada mercado de maneira a minimizar o custo variável total de transporte z?

Problemas de transporte podem ser vistos como casos particulares dos problemas de fluxo de custo mínimo, em que os nós da rede ou grafo são particionados em

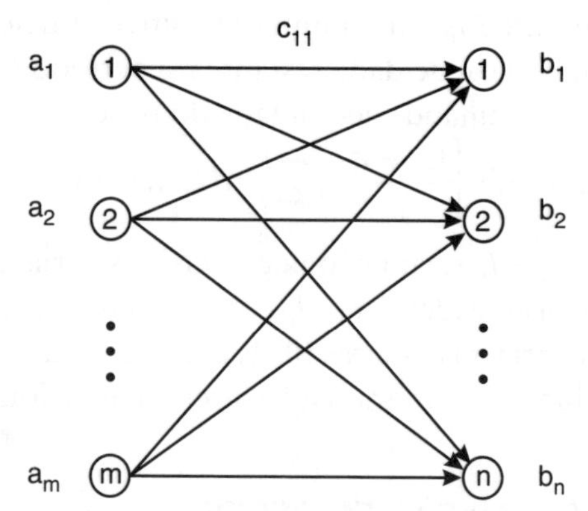

FIGURA 8.3 Rede de fluxos do problema de transporte.

dois grupos: nós produtores (origens) e nós consumidores (destinos), conforme ilustrado na Figura 8.3.

Este problema pode ser formulado pelo seguinte modelo de programação linear:

$$\min z = \sum_{i=1}^{m} \sum_{j=1}^{n} c_{ij} x_{ij}$$

$$\sum_{j=1}^{n} x_{ij} \leq a_i \quad \text{para } i = 1, 2, ..., m$$

$$\sum_{i=1}^{m} x_{ij} \geq b_j \quad \text{para } j = 1, 2, ..., n$$

$$x_{ij} \geq 0 \quad \text{para } i = 1, 2, ..., m; j = 1, 2, ..., n.$$

A função objetivo do modelo minimiza o custo total de transporte z, o primeiro conjunto de restrições garante que as ofertas a_i dos depósitos não sejam excedidas, o segundo conjunto de restrições garante que as demandas b_j dos mercados sejam atendidas, e o terceiro conjunto de restrições impõe que as variáveis de decisão x_{ij} sejam não negativas. Note que as hipóteses de aditividade, proporcionalidade e fracionamento, mencionadas anteriormente, se aplicam aqui. Apesar de esse modelo poder ser resolvido pelos métodos de resolução de programação linear, existe um método mais eficiente que explora a estrutura em rede do modelo no algoritmo *simplex* (algoritmo de transporte).

Suponha que $m = 2$ depósitos, $n = 3$ mercados, as ofertas de produtos nos depósitos 1 e 2 sejam iguais a $a_1 = 350$ e $a_2 = 600$ respectivamente, as demandas nos mercados 1, 2 e 3 sejam iguais a $b_1 = 325$, $b_2 = 300$ e $b_3 = 275$, e os custos unitários de transporte entre cada depósito e cada mercado sejam iguais a $c_{11} = 2{,}25$, $c_{12} = 1{,}53$, $c_{13} = 1{,}62$, $c_{21} = 2{,}25$, $c_{22} = 1{,}62$ e $c_{23} = 1{,}26$. Aplicando o algoritmo de transporte, obtém-se a solução de custo mínimo $x^*_{11} = 50$, $x^*_{12} = 300$, $x^*_{21} = 275$, $x^*_{23} = 275$ e os demais fluxos x^*_{ij} iguais a zero, com valor $x^* = 1536{,}75$. Note nessa solução que a demanda $b_1 = 325$ do mercado 1 é abastecida pelos depósitos 1 e 2, a demanda $b_2 = 300$ do mercado 2 é abastecida apenas pelo depósito 1, e a demanda $b_3 = 275$ do mercado 3 é abastecida apenas pelo depósito 2. ■

Exemplo de Problema de Caminho Mínimo

Um dos problemas mais simples em programação de redes é o problema de encontrar o caminho mínimo (isto é, mais curto, mais rápido ou menos custoso) entre dois nós da rede (por exemplo, a rota de menor distância entre um depósito e um cliente em uma rede logística). Considere o grafo da Figura 8.4. Qual o caminho mínimo entre os nós 1 e 10? Apesar de este problema também poder ser formulado e resolvido por programação linear, existem algoritmos mais eficientes que exploram sua estrutura especial em rede, por exemplo, o algoritmo de Dijkstra (admitindo que todos os arcos do grafo têm comprimentos não negativos). Aplicando-se esse algoritmo, obtém-se o caminho mínimo 1-3-7-9-10 com comprimento 17. ■

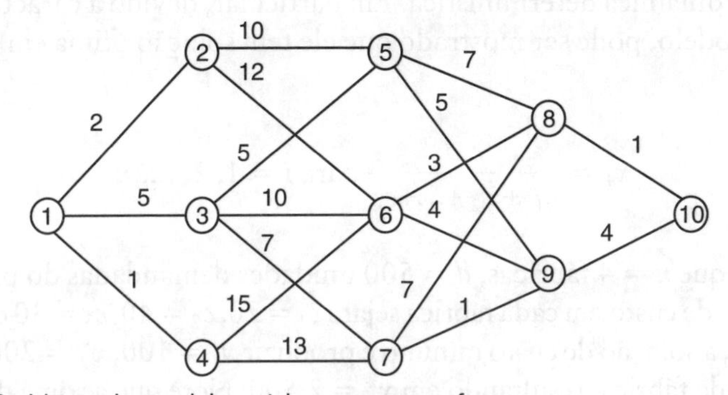

FIGURA 8.4 Problema do caminho mínimo em um grafo.

EXEMPLOS DE PROGRAMAÇÃO NÃO LINEAR

Modelos de programação não linear também têm sido utilizados em diversos problemas de Engenharia de Produção (por exemplo, planejamento da produção de gasolina e fluidos de freios – veja seção Escopo e Aplicações), embora com menor frequência do que os modelos de programação linear, discreta e fluxos em redes. A seguir apresenta-se um exemplo ilustrativo de um simples problema de planejamento da produção monoproduto, monoperíodo, monoestágio, multiplantas, com custos de produção não lineares.

Exemplo de Problema de Planejamento da Produção com Custos Quadráticos

Uma empresa pode produzir um determinado produto em n fábricas diferentes. Seja d a demanda do produto no período de planejamento e x_i a variável de decisão do problema que define a quantidade produzida do produto na fábrica i, $i = 1, ..., n$. Se o custo de produzir x_i unidades do produto na fábrica i é $\frac{x_i^2}{c_i}$ (isto é, é quadrático em x_i), quanto produzir em cada fábrica de maneira a minimizar o custo variável total de produção z?

Este problema pode ser formulado pelo seguinte modelo de programação quadrática:

$$\min z = \frac{x_1^2}{c_1} + \frac{x_2^2}{c_1} + \ldots + \frac{x_n^2}{c_n}$$

$$x_1 + x_2 + \ldots + x_n = d$$

$$x_1 \geq 0, x_2 \geq 0, \ldots, x_n \geq 0$$

A função objetivo minimiza o custo variável total de produção z, a primeira restrição garante que a demanda d seja atendida e a segunda restrição impõe que as variáveis de decisão x_i sejam não negativas. Note que a hipótese de proporcionalidade mencionada anteriormente não se aplica aqui na função objetivo por causa do seu comportamento quadrático. Esse modelo pode ser resolvido pelos métodos de resolução de programação quadrática. Também pode ser resolvido por técnicas de programação dinâmica determinística. Em particular, devido a características próprias desse modelo, pode ser mostrado que ele tem solução ótima em forma fechada dada por:

$$x_i^* = \frac{c_i d}{c_1 + c_2 + \ldots + c_n} \text{ para } i = 1, 2, \ldots, n.$$

Supondo que $n = 4$ fábricas, $d = 500$ unidades demandadas do produto e que os coeficientes de custo em cada fábrica sejam $c_1 = 20, c_2 = 40, c_3 = 30$ e $c_4 = 10$, respectivamente, a solução de custo mínimo é produzir $x_1^* = 100, x_2^* = 200, x_3^* = 150$ e $x_4^* = 50$ em cada fábrica, resultando em $x^* = 2.500$. Note que a soma dessas quantidades é igual a $d = 500$. ■

EXEMPLOS DE PROGRAMAÇÃO DINÂMICA

Conforme mencionado, a programação dinâmica (determinística ou estocástica) decompõe o problema em uma série de problemas menores e mais simples de serem resolvidos. Para alguns problemas, a maneira de realizar essa decomposição é aparente – é o caso de situações que apresentam sequências de decisões a serem tomadas em estágios sucessivos (por exemplo, quando as decisões são definidas ao longo de uma sequência de instantes de tempo). Em outros problemas, a maneira de realizar essa decomposição não é tão óbvia. A programação dinâmica pode ser aplicada na resolução de problemas gerais de otimização linear ou não linear, contínua ou discreta, com funções diferenciáveis ou não diferenciáveis etc. Nos casos de se considerar incertezas nos dados do problema (programação dinâmica estocástica), não se tem conhecimento exato do estado para o qual o sistema evolui. Exemplos de aplicações incluem problemas de planejamento da produção e dimensionamento e sequenciamento de lotes, programação de tarefas em máquinas, corte e empacotamento de materiais, controle de estoques, gestão de projetos, gestão financeira, jogos, confiabilidade de sistemas, manutenção e reposição de equipamentos etc. Outro exemplo de aplicação de programação dinâmica foi descrito na seção Escopo e Aplicações. A seguir ilustra-se a aplicação de programação dinâmica determinística para resolver o exemplo do problema de caminho mínimo considerado anteriormente.

Exemplo de Problema de Caminho Mínimo (Revisitado)

Para se encontrar o caminho mais curto entre os nós 1 e 10 da Figura 8.4, pode-se utilizar a seguinte fórmula recursiva de programação dinâmica:

$$f_n(i) = \min_{(i,j)} \{c_{ij} = f_{n-1}(j)\}, n = 1, 2, 3, 4$$

com $f_0(10) = 0$, em que $f_n(i)$ é o comprimento do caminho mínimo quando se está no estado (nó) i e faltam n estágios (arcos) para se chegar ao destino final (nó 10). Aplicando-se recursivamente essa fórmula com os dados da Figura 8.4, obtém-se o caminho mínimo 1-3-7-9-10 com comprimento $f_4(1) = 17$. ■

EXEMPLOS DE TEORIA DE FILAS

Modelos de filas têm sido aplicados com sucesso em diversos sistemas de produção, particularmente em sistemas de serviço, tais como bancos, supermercados, correios e postos de gasolina, e em sistemas de manufatura (por exemplo, produtos aguardando processamento em máquinas ou estações de trabalho). Também aparecem em sistemas de transporte, como em aviões esperando para aterrissar em aeroportos, navios esperando para descarregar em portos, e sistemas computacionais (por exemplo, tarefas aguardando processamento em computadores ou pacotes de dados aguardando transmissão em redes computacionais – veja seção Escopo e Aplicações).

Em geral, os usuários (clientes, produtos, veículos, tarefas) desses sistemas se deslocam até os servidores (caixas de atendimento, máquinas, pistas de aterrissagem, computadores) para obter algum tipo de serviço (sistemas usuários para servidores). Mas também podemos ter sistemas em que são os servidores que se deslocam para atender os usuários (sistemas servidores para usuários), tais como sistemas de atendimento emergencial (ambulâncias, bombeiros, viaturas de polícia), sistemas logísticos de coleta e/ou entrega (caminhões de coleta de lixo, entregadores de alimentos e de remédios em domicílio) e sistemas de manutenção em que as equipes de manutenção se deslocam (assistência técnica em domicílio). Nesses casos, as "filas" de usuários ficam dispersas (espacialmente distribuídas), em vez de concentradas fisicamente na frente dos servidores, como nos caixas de bancos, supermercados e correios.

A teoria de filas (ou teoria de congestão) estuda as relações entre as demandas em um sistema e os atrasos sofridos pelos usuários desse sistema. A formação de filas ocorre se a demanda excede a capacidade do sistema de fornecer serviço num certo período. A teoria de filas auxilia no projeto e operação dos sistemas para encontrar um balanceamento adequado entre os custos de oferecer serviço no sistema (por exemplo, custos operacionais, custos de capacidade) e os custos dos atrasos sofridos pelos usuários do sistema. Os resultados da análise de sistemas de filas também podem ser usados em modelos de otimização (por exemplo, minimizando a soma dos custos de oferecer um nível de serviço no sistema e a soma dos custos dos atrasos ou perdas de usuários).

Os sistemas de filas podem ser classificados como:

1. *Sistemas de fila única e um único servidor* (por exemplo, aviões esperando para aterrissar na pista de um aeroporto, tarefas aguardando processamento em um microcomputador).
2. *Sistemas de fila única e múltiplos servidores em paralelo* (por exemplo, clientes esperando atendimento em caixas de bancos e correios).
3. *Sistemas de múltiplas filas e múltiplos servidores em paralelo* (por exemplo, usuários esperando atendimento em cabines de praças de pedágio e caixas de supermercados).
4. *Sistemas de fila única e múltiplos servidores em série* (por exemplo, clientes em um *drive-in* de certos restaurantes *fast-food*).

Note que os três primeiros tipos são sistemas monoestágio, enquanto os últimos são multiestágios, isto é, os usuários passam por mais de um dispositivo de serviço antes de saírem do sistema. Também se podem ter sistemas de rede de filas composto de um conjunto de sistemas (1 ou 2) interligados e arranjados em série e/ou em paralelo.

A seguir apresenta-se um exemplo ilustrativo de um simples sistema de fila (1) em que os intervalos de tempo entre as chegadas dos usuários no sistema e os tempos de serviço dos usuários no sistema ocorrem de maneira aleatória, com distribuições exponenciais negativas (também chamado sistema de fila $M/M/1$).

Exemplo de Sistema de Fila M/M/1

Em uma cabine telefônica (com apenas um telefone), chegam em média $\lambda = 10$ usuários por hora. Quando a cabine está ocupada, os usuários que chegam esperam em uma fila única, e o primeiro usuário a chegar na fila é o primeiro a entrar na cabine. Se o tempo médio de conversação de cada usuário é $E(S) = 4$ minutos e os intervalos de tempo entre chegadas e os tempos de conversação são exponencialmente distribuídos: 1) Qual a probabilidade de o sistema estar vazio, P_0? 2) Qual o número médio de usuários no sistema $E(L)$ (em serviço e na fila) e o número médio de usuários apenas na fila do sistema $E(L_q)$? 3) Qual o tempo médio de permanência de um usuário no sistema $E(W)$ (na fila e em serviço) e o tempo médio de espera apenas na fila no sistema $E(W_q)$? 4) Qual a probabilidade de haver dois ou mais usuários no sistema $P(L \geq 2)$?

Esse sistema de fila pode ser representado por um modelo $M/M/1$, que fornece simples expressões para a avaliação dessas medidas de desempenho do sistema (supondo que o sistema esteja operando há um tempo suficientemente grande). Note que o intervalo médio de tempo entre chegadas de usuários no sistema é $E(X) = \frac{1}{\lambda} = \frac{60}{10} = 6$ minutos, e a taxa média de serviço do sistema é $\mu = \frac{1}{E(S)} = \frac{60}{4} = 15$ usuários por hora. A utilização média do sistema é obtida pela razão $\rho = \frac{\lambda}{\mu} = \frac{10}{15} \approx 0{,}67$ (isto é, a cabine fica em média dois terços do tempo ocupada).

Aplicando-se as expressões do modelo $M/M/1$, obtém-se:

1. A probabilidade de o sistema estar vazio é $P_0 = 1 - \rho \approx 0,33$.
2. O número médio de usuários no sistema é $E(L) = \dfrac{\rho}{1-\rho} = \dfrac{0,67}{1-0,67} = 2$ usuários. O número médio de usuários na fila é $E(L_q) = \dfrac{\rho^2}{1-\rho} = \dfrac{0,67^2}{1-0,67} \approx 1,33$.
3. O tempo médio de permanência no sistema é $E(W) = \dfrac{\rho}{\lambda(1-\rho)} = \dfrac{0,67}{10(1-0,67)} = 0,2$ horas (ou 12 minutos). O tempo médio de espera na fila do sistema é $E(W_q) = \dfrac{\rho}{\mu(1-\rho)} = \dfrac{0,67}{15(1-0,67)} \approx 0,13$ hora (ou 8 minutos). Note que $E(W) = E(S) + E(W_q)$.
4. A probabilidade de dois ou mais usuários no sistema é $P(L \geq 2) = \rho^2 \approx 0,44$. ■

EXEMPLOS DE CONTROLE DE ESTOQUES

Modelos de controle de estoques baseados na teoria de estoques também têm sido utilizados com sucesso em diversos problemas de Engenharia de Produção. Um estoque é um bem que será usado para satisfazer uma demanda futura. Um problema de controle de estoque consiste basicamente em determinar uma política de reposição que defina quando e quanto pedir para repor o estoque, da forma mais econômica possível. Dependendo do caso, essa política é definida para ser aplicada apenas uma vez (por exemplo, um vendedor de jornais que precisa decidir quantos jornais comprar para vender num domingo) ou repetitivas vezes, de forma sucessiva e numa base regular (por exemplo, reposição de bebidas em um bar no dia a dia).

Os problemas de controle de estoque podem envolver políticas de reposição periódicas (por exemplo, faz-se um pedido a cada semana) ou contínuas (novos pedidos são feitos assim que o estoque atingir um determinado nível, chamado ponto de reposição), um ou mais produtos, um ou mais estágios (por exemplo, estoques em diferentes estágios ou níveis da rede logística), a demanda dos produtos pode ser independente ou dependente, determinística (isto é, conhecida *a priori*) ou probabilística, e estática (a demanda tem a mesma distribuição de probabilidade[11] em cada período) ou dinâmica (a distribuição de probabilidade pode variar nos períodos). Além disso, os tempos de reposição do fornecedor podem ser determinísticos ou probabilísticos, a taxa de reposição da quantidade pedida pode ser finita ou infinita (isto é, a quantidade pedida é entregue de uma vez) e os custos envolvidos referem-se aos custos fixos e variáveis do pedido, custos de estocagem e custos de faltas no atendimento da demanda (vendas perdidas e pedidos pendentes ou *backorders*).

A seguir apresenta-se um exemplo ilustrativo de um problema simples de controle de estoques (problema de lote econômico) com política de reposição periódica, monoproduto, monoestágio, com demanda independente, determinística e estática

---

[11] Função que descreve como as chances se distribuem ao longo dos possíveis valores da variável aleatória, no caso a demanda.

(a demanda média é a mesma em cada período), tempo de reposição determinístico, taxa de reposição infinita e sem admitir faltas no atendimento da demanda.

Exemplo de Problema de Lote Econômico Determinístico

Considere uma loja que vende um produto numa taxa média de d unidades por dia. Seja q a variável de decisão do modelo que define a quantidade de reposição desse produto em cada período de revisão ou ciclo T (em dias, a ser determinado). O tempo de reposição requerido pelo fornecedor é exatamente τ dias (por simplicidade, supõe-se menor que T) e, portanto, o ponto de reposição é simplesmente $r = \tau d$. A Figura 8.5 representa a variação esperada do nível de estoque desse produto ao longo do tempo (em forma de "dente de serra"). Se k é o custo fixo do pedido, c é o custo variável unitário de cada unidade pedida do produto e h é o custo unitário de estocagem de cada unidade do produto por dia, qual a quantidade q que minimiza o custo médio total por dia z?

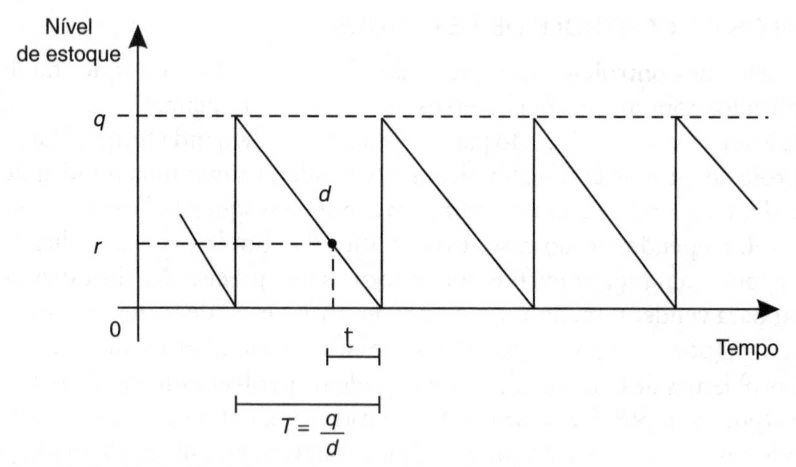

FIGURA 8.5 Variação do nível de estoque ao longo do tempo.

Note na figura que $T = \frac{q}{d}$, ou seja, definindo-se a quantidade de reposição q, obtém-se o período de revisão T. Para se obter q, define-se o custo médio total por dia em função de q, composto do custo fixo do pedido dividido por T, mais o custo variável do pedido dividido por T, mais o custo de estocagem do nível médio de estoque por dia, ou seja:

$$z(q) = \frac{k}{T} + \frac{cq}{T} + h\frac{q}{2} = \frac{k}{q/d} + \frac{cq}{q/d} + h\frac{q}{2} = \frac{kd}{q} + cd + h\frac{q}{2}$$

Como a função $z(q)$ é convexa[12] em q, a quantidade q que minimiza $z(q)$ é obtida derivando-a em relação a q e igualando-a a zero, ou seja:

[12] Pode ser mostrado que, dadas duas quantidades q_1 e q_2, a desigualdade $z(\alpha q_1 + (1-\alpha) q_2) \leq z(q_1) + (1-\alpha) z(q_2)$ sempre é satisfeita para qualquer $0 \leq \alpha \leq 1$.

$$\frac{\partial z(q)}{\partial q} = -\frac{kd}{q^2} + \frac{h}{2} = 0 \Rightarrow \qquad q = \sqrt{\frac{2kd}{h}} = q^*$$

A quantidade q^* é conhecida como lote econômico. Apesar de o custo variável unitário c não aparecer na expressão acima, em geral ele é importante pois é relevante para o cálculo de h. Note que a quantidade q^* é relativamente robusta, pois dobra somente quando d quadruplica. Além disso, ao dobrar-se o valor de q^*, o custo médio por dia sem considerar o custo variável do pedido (isto é, $z(q) - cd$) aumenta em apenas um quarto. Supondo que $d = 10$ unidades por dia, $k = 50$ por pedido, $c = 5$ por unidade, $h = 0{,}1$ por unidade por dia e $\tau = 1$ dia, obtém-se o lote econômico igual a $q^* = 100$ unidades (o ponto de reposição é $r = \tau d = 10$ unidades). Logo, o período de revisão é $T = \frac{q^*}{d} = 10$ dias e o custo médio total por dia é $z(q^*) = 60$. ■

Exemplo de Problema de Lote Econômico com Estoque de Segurança

Uma simples extensão do problema de lote econômico determinístico que leva em conta incertezas na demanda é considerar um estoque de segurança B. Seja X uma variável aleatória representando a quantidade demandada durante o tempo de reposição τ requerido pelo fornecedor. Seja $E(X)$ o valor esperado de X, isto é, a quantidade média demandada durante esse período. O tamanho do estoque de segurança B é determinado de maneira que a probabilidade de faltar estoque durante esse período não exceda um certo valor predefinido, ou seja, B é tal que $P(X \geq B + E(X)) \leq \alpha$. Note que α é o nível de serviço desejado, por exemplo, $\alpha = 0{,}05$ indica que as chances de falta de estoque durante esse período devem ser menores que 5%.

Em geral admite-se que X tem distribuição normal com média $E(X)$ e desvio-padrão $\sigma(X)$ conhecidos, o que implica que B pode ser estimado por:

$$B \geq z_\alpha \sigma(X)$$

onde z_α é o valor que satisfaz a igualdade $P\left(\frac{X - E(X)}{\sigma(X)} \geq z_\alpha\right) = \alpha$. Dado α, o valor z_α é facilmente obtido em tabelas de distribuição normal acumulada. Supondo, no exemplo anterior, que a demanda X durante o tempo de reposição requerido pelo fornecedor ($\tau = 1$dia) tenha distribuição normal com média $E(X) = 10$ e desvio padrão $\sigma(X) = 1$ e que o nível de serviço desejado seja $\alpha = 0{,}05$, segue que $z_{0,05} = 1{,}645$ (obtido numa tabela de distribuição normal acumulada) e o estoque de segurança é $B \geq 1{,}645 \times 1 \approx 2$ unidades.

REFERÊNCIAS BIBLIOGRÁFICAS

ARENALES, M.; ARMENTANO, V.; MORABITO, R.; YANASSE, H. *Pesquisa operacional*. Rio de Janeiro: Editora Campus/Elsevier, 2007.

BANKS, J. *Handbook of simulation*. Atlanta: Editora Wiley, 1998.

BOAVENTURA NETTO, P. O. *Grafos – teoria, modelos, algoritmos*. 3.ª ed. São Paulo: Editora Edgard Blücher, 2003.

BREGALDA, P. F.; Oliveira, A. A. F.; Bornstein, C. T. *Introdução à programação linear*. 3.ª ed. Rio de Janeiro: Editora Campus, 1988.
BRONSON, R.; NAADIMUTHU, G. *Operations research*. Nova York: Editora McGraw-Hill, 1997.
CAIXETA FILHO, J.V. *Pesquisa operacional*. 2.ª ed. São Paulo: Editora Atlas, 2004.
GOLDBARG, M.C.; LUNA, H.P.L. *Otimização combinatória e programação linear*. 2.ª ed. Rio de Janeiro: Editora Campus, 2005.
GOMES, L.F.A.; GOMES, C.F.S.; ALMEIDA, A.T. *Tomada de decisão gerencial*. São Paulo: Editora Atlas, 2002.
HILLIER, F.S.; LIEBERMAN, G.J. *Introduction to operations research*. 8.ª ed. Nova York: Editora Mc-Graw Hill, 2004.
JOHNSON, L.A.; MONTGOMERY, D.G. *Operations research in production planning, scheduling and inventory control*. Nova York: Editora Wiley, 1974.
LACHTERMACHER, G. *Pesquisa operacional na tomada de decisões*. 2.ª ed. Rio de Janeiro: Editora Campus, 2004.
LARSON, R.; ODONI, A. *Urban operations research*. Nova Jersey: Editora Prentice-Hall, 1981.
LINS, M.E.; CALOBA, G. *Programação linear*. Rio de Janeiro: Editora Interciência, 2006.
MACULAN, N.; FAMPA, M.H. *Otimização linear*. Brasília: Editora UnB, 2006.
PUCCINI, A. L.; PIZZOLATO, N. D. *Programação linear*. Rio de Janeiro: Livros Técnicos e Científicos Editora, 1987.
RARDIN, R.L. *Optimization in operations research*. Nova Jersey: Editora Prentice Hall, 1998.
SCHRAGE, L.E. *Optimization modeling with LINDO*. 5.ª ed. Pacific Grove: Editora Duxbury, 1997.
SHIMIZU, T. *Decisões nas organizações*. São Paulo: Editora Atlas, 2001.
TAHA, H.A. *Operations research*. 7.ª ed. Nova Jersey: Editora Prentice Hall, 2003.
WAGNER, H.M. *Pesquisa operacional*. 2.ª ed. Rio de Janeiro: Editora Prentice-Hall, 1986.
WILLIAMS, H.P. *Model building in mathematical programming*. 4.ª ed. West Sussex: Editora Wiley, 1999.
WINSTON, W.L. *Operations research*. 4.ª ed. Toronto: Editora Thomson, 2004.

CAPÍTULO 9

ESTRATÉGIA E ORGANIZAÇÕES

Mário Otávio Batalha
Departamento de Engenharia de Produção
Universidade Federal de São Carlos

Alessandra Rachid
Departamento de Engenharia de Produção
Universidade Federal de São Carlos

INTRODUÇÃO

Este capítulo reúne duas importantes áreas da Engenharia de Produção no Brasil. Dificilmente um curso de Engenharia de Produção do país não apresentará uma disciplina ou conjunto de disciplinas que aborde os seus conhecimentos. A vitalidade e a importância dessas áreas de conhecimento se refletem no grande número de trabalhos científicos (teses, dissertações, artigos etc.) que elas têm gerado e na quantidade de pesquisadores em Engenharia de Produção que buscam nelas a inspiração e os conhecimentos necessários ao aumento da competitividade das organizações onde atuam.

Antes de abordarmos os conhecimentos específicos de cada uma dessas áreas, algumas perguntas se impõem. Por que estudar estratégia e organizações de forma conjunta? Por que considerá-las como fazendo parte de uma única área da Engenharia de Produção? Por que apresentá-las em um mesmo capítulo deste livro? Este capítulo procurará responder a essas perguntas, além de apresentar conceitos e modelos analíticos que são peculiares a cada uma dessas áreas de conhecimento.

Obviamente, este texto não pretende esgotar esses assuntos. Ele pretende tão-somente apresentar aos neófitos em Engenharia de Produção um rápido panorama dessas áreas. Trata-se de sensibilizar os leitores para a importância e a potencialidade desses conhecimentos e familiarizá-los com alguns dos seus principais conceitos e métodos. Ao longo de um curso de Engenharia de Produção aprofundam-se as questões que serão apresentadas aqui, além de apresentarem-se e discutirem-se outros temas que passaremos ao largo neste breve capítulo introdutório.

Identificar e compreender a relação entre a estratégia de uma organização e a forma pela qual esta influencia e é influenciada pela estrutura organizacional é um dos campos privilegiados da gestão empresarial atual. A ideia central que permeia e justifica esses estudos é que uma dada estratégia demanda uma estrutura organizacional que lhe seria especialmente adaptada. Assim, a escolha da estrutura organizacional seria o resultado direto das opções estratégicas. Por outro lado, diversos pesquisadores consideram que a estrutura organizacional também influencia a estratégia da organização. Esta consideração baseia-se no fato de que, ao longo de um processo de planejamento estratégico, existe a tendência de que os estrategistas levem fortemente em consideração a estrutura já existente.

Esta abordagem considera a organização como um sistema aberto, ou seja, que influencia e é influenciado pelo seu ambiente competitivo. As metodologias mais clássicas de planejamento estratégico, como veremos mais à frente, possuem etapas dedicadas à análise externa (determinação de ameaças e oportunidades no ambiente competitivo da organização) e análise interna (identificação de seus pontos fortes e fracos em relação aos objetivos a serem alcançados). Dessa forma, parece claro que, mesmo de forma indireta, o ambiente externo tenha forte influência na definição da estrutura organizacional. A Figura 9.1 ilustra o que foi discutido.

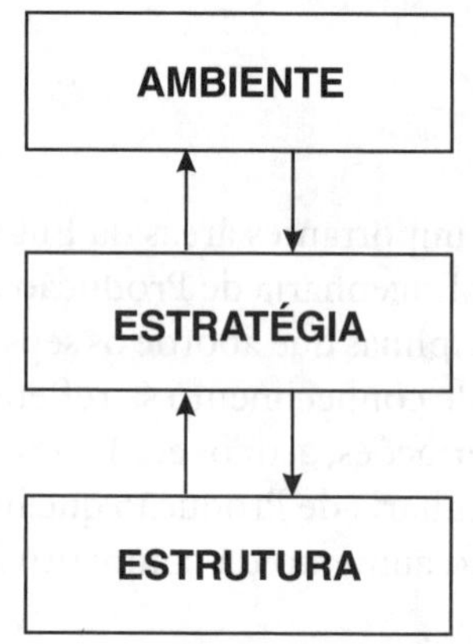

FIGURA 9.1. Relação ambiente–estratégia–estrutura.

Ao contrário de outras áreas da gestão de negócios, o objeto de estudo e trabalho das áreas de estratégia e organizações é o conjunto das atividades da organização, a corporação como um todo. Isso não acontece de forma tão evidente, por exemplo, para as áreas de desenvolvimento de produtos, planejamento e controle da produção, logística, recursos humanos etc. A formulação de estratégias e a definição da estrutura e funcionamento da organização que permitirá a operacionalização dessas estratégias alimentam-se das informações que vêm dessas outras áreas para poderem formular suas decisões e definir suas ações. Essa condição faz com que profissionais que trabalhem nesta área tenham um profundo conhecimento da estrutura e do funcionamento da organização e da forma como ela se insere no seu mercado.

A estratégia tem suas origens na arte do combate militar. Muito mais tarde esses conhecimentos foram transpostos para o mundo dos negócios. Se considerarmos a

estratégia como a arte de combater os concorrentes em um dado mercado, a estrutura organizacional se assemelhará à forma pela qual organizaríamos nossas forças (homens, armas, equipamentos etc.) para conduzir esse combate.[1]

Quanto maior for uma organização, mais complexa tenderá a ser sua estrutura organizacional. Em face de um maior número de atividades a serem desenvolvidas, ela deverá adotar processos mais sofisticados de divisão, coordenação e controle dessas atividades. Nesse caso caminha-se para uma maior especialização de pessoas e atividades. Como será discutido no decorrer deste capítulo, essa estrutura reflete-se, na maioria dos casos, em organogramas mais ou menos formais. Deve-se ter claro que a definição do organograma não depende unicamente do porte da organização. Ele depende, também e principalmente, da estratégia, a qual, por sua vez, depende do ambiente competitivo e da estrutura preexistente na firma. Setores mais dinâmicos, com maior concorrência, demandam estruturas organizacionais mais flexíveis, ao passo que setores ditos maduros podem optar por estruturas menos flexíveis.

Um termo corrente utilizado nessas áreas de conhecimento é *alinhamento* entre estratégia e estrutura organizacional. Esse alinhamento consistiria em definir e mobilizar a estrutura organizacional e outros fatores organizacionais (recursos, definição de atividades etc.) em função da estratégia da organização. Alguns autores (Peters e Waterman, 1980) argumentam que outros fatores, além da relação entre estratégia e estrutura, condicionam o sucesso da organização. Segundo esses autores, a implementação bem-sucedida de uma estratégia seria tributária da estrutura organizacional adotada (como sustentamos até o momento), mas também da liderança e estilo do pessoal envolvido no processo, bem como da própria cultura da organização. Obviamente, todos esses fatores condicionam uns aos outros.

A seguir, apresenta-se uma breve definição do que são organizações, para depois se desenvolver uma seção voltada para questões mais diretamente ligadas à estratégia corporativa, seguida de um aprofundamento das questões relacionadas aos aspectos organizacionais, em especial alguns tipos de estrutura mais comuns.

O QUE SÃO ORGANIZAÇÕES

Uma organização é constituída por um grupo de pessoas que agem em conjunto para atingir um objetivo comum. Como se percebe, essa definição de organizações é bastante ampla, incluindo até mesmo um grupo de pessoas organizando uma festa ou a comissão de formatura de um curso de graduação. Os estudos organizacionais, em geral, são voltados a organizações com vida mais longa, que têm interesse em continuar existindo, como empresas, hospitais, instituições de ensino, exércitos, associações, ONGs (organizações não governamentais), clubes, torcidas organizadas, entre vários outros.

---

[1] Obviamente, esta é uma comparação puramente pedagógica e traduz grosseiramente os complexos movimentos estratégicos das empresas atuais. Como toda analogia, ela tem seus limites. Existem diferenças substantivas entre os combates militares e os movimentos de competição em um dado mercado. Em muitos casos, por exemplo, interessa mais a uma empresa cooperar com seu concorrente do que aniquilá-lo.

Os estudos organizacionais buscam identificar comportamentos regulares, universais, que se repetem em qualquer organização, não importando o local ou a época. Esses estudos analisam fenômenos que ocorrem no âmbito das organizações, dentro delas e entre elas. Essa área enfrenta algumas dificuldades para identificar esses comportamentos regulares porque as organizações envolvem pessoas e relações entre pessoas, e o comportamento de uma afeta o comportamento das outras de uma maneira bastante complexa.

Da mesma forma, o comportamento de uma organização em particular é afetado por seu ambiente externo, ao qual ela deve se adequar para conseguir sobreviver. O ambiente externo é formado por outras organizações, consumidores, empresas que fornecem componentes, matérias-primas e serviços, empresas concorrentes, sistema de transporte, infraestrutura de estradas, sistema educacional, o governo e as leis, sindicatos, acionistas, cujo poder de influência aumentou bastante desde os anos 90, e demais organizações ou pessoas com interesses ligados à sua atuação. O ambiente externo, por sua vez, é influenciado pelo comportamento de cada organização.

É fundamental entender como as organizações se comportam pois, senão, os métodos empregados para melhoria ou solução de problemas podem não trazer os resultados esperados, mesmo quando adotados com as melhores intenções. Mesmo os equipamentos podem não render o esperado se aspectos organizacionais relacionados forem negligenciados. Dessa forma, a compreensão dos fenômenos organizacionais não é mportante apenas para o bom funcionamento das ferramentas e métodos típicos da área de estratégia e organizações, mas também para outras áreas da Engenharia de Produção e mesmo outras áreas de conhecimento aplicado às organizações.

Diversos temas são abordados nas disciplinas desta área, por exemplo, estratégia, estrutura organizacional, comportamento humano nas organizações, as diferentes formas de compreender as organizações, como burocracias, como sistemas abertos, como integrantes de uma rede de relações, como um conjunto de contratos, entre outros.

Para um primeiro contato com a área de estratégia e organizações, optou-se por apresentar uma discussão sobre estratégia e os tipos de estrutura mais utilizados, o que é feito a seguir.

ESTRATÉGIA DAS ORGANIZAÇÕES

Mesmo de maneira informal e não explícita, a estratégia sempre existiu e continuará existindo na vida de pessoas e organizações. É altamente improvável que uma pessoa, em algum momento da sua vida, tenha se detido para formalizar a estratégia da sua vida. Decisões altamente importantes na vida de cada um são tomadas sem um planejamento estratégico formal, elas simplesmente derivam de reações a mudanças no ambiente que cerca a pessoa. Isso não quer dizer que cada indivíduo não tenha em mente alguns objetivos estabelecidos para a sua vida e que não tenha pensado em estratégias para alcançar esses objetivos. Quando um estudante escolhe seguir um curso de Engenharia de Produção, considera que os conhecimentos adquiridos no curso

permitirão que ele atinja alguns dos objetivos que estabeleceu para a sua existência. Esses objetivos podem ser múltiplos e variarem de indivíduo para indivíduo: ter uma carreira de sucesso e o reconhecimento dos seus pares, desfrutar de uma posição financeira confortável, contribuir para o desenvolvimento de uma sociedade mais justa etc. Quando não se sabe onde se quer chegar – falta de objetivos –, qualquer caminho levará ao lugar errado.

Para as organizações, a situação é exatamente a mesma. Grande parte das organizações não possui um processo formal de gestão estratégica. Isso é especialmente verdadeiro para as micro e pequenas empresas. No entanto, também não quer dizer que os dirigentes dessas empresas não possuam, mesmo que de maneira informal, objetivos, metas e planos para a organização, bem como ideias de como utilizar os recursos de que dispõem – financeiros, humanos, tecnológicos etc. – para atingir os fins pretendidos. Essas preocupações estão na base de qualquer definição de estratégia. Em uma definição mais formalizada, pode-se dizer que definir estratégias envolve um conjunto de decisões e de ações relativas à escolha dos meios e à articulação dos recursos como forma de a organização atender seus objetivos.

Decisões estratégicas direcionam o comportamento atual da empresa para que ela atinja uma posição desejada no futuro. Assim, essas decisões envolvem horizontes de planejamento mais longos (implantar uma nova fábrica?, desenvolver uma nova tecnologia?, conquistar um novo mercado?, lançar um novo produto?) do que aquelas relacionadas à rotina operacional da empresa.

Talvez a decisão estratégica mais importante para qualquer organização esteja ligada à escolha de quais produtos/serviços serão ofertados e em quais mercados eles estarão competindo. Obviamente, outras decisões estratégicas também vêm completar essas duas: como vou organizar minha força de vendas?; como distribuirei meus produtos?; como organizarei minha fábrica para produzir os produtos desejados?; qual o perfil e como recrutarei minha mão de obra?; qual será o meu processo de compras (relacionamento com fornecedores)?; qual será minha política de pesquisa e desenvolvimento?; como financiarei meus investimentos e o andamento dos meus negócios? As respostas a essas perguntas são decisões estratégicas que as organizações devem assumir como premissas para o sucesso dos seus negócios.

Ao final de um curso de Engenharia de Produção, o estudante deve conhecer e saber utilizar ferramentas que serão capazes de auxiliar na resposta a essas perguntas. Além disso, para um engenheiro de produção ou para qualquer outro profissional, conhecer noções de estratégia significa:

- Identificar e compreender os objetivos da organização e a maneira como pode contribuir para atingir esses objetivos.
- Identificar fatores externos e internos que venham a indicar mudanças na organização, incluindo a própria inserção do profissional na organização.
- Argumentar e melhor justificar suas decisões, contribuindo para o sucesso da sua carreira.

Uma das preocupações fundamentais na gestão das organizações refere-se à tentativa de descobrir quais são as necessidades de seus clientes e consumidores atuais e potenciais e como satisfazê-las através de seus produtos e/ou serviços. Para uma organização, essa preocupação se desdobra em três componentes básicos: o conhecimento dos desejos ou necessidades dos consumidores, o estabelecimento de uma relação de troca (em que fica clara a necessidade de haver alguém que oferte um produto ou serviço e alguém que demande o mesmo) e a identificação de um espaço onde oferta e demanda se encontram, ou seja, o mercado. Esses três componentes estão presentes em qualquer processo de gestão estratégica.

De maneira resumida, pode-se dizer que a estratégia é uma atividade orientada pelo longo prazo, em que, tendo em vista a missão e os objetivos da empresa, são definidas ações que garantam a sua permanência no mercado através de um conjunto de produtos e serviços competitivos. Estratégias formais e consistentes são compostas de três elementos: os objetivos (o que se quer fazer) a serem alcançados, as políticas que orientam os caminhos a serem seguidos ou evitados e os planos ou programas de ação, ou seja, a operacionalização das estratégias (Quinn, 1992).

Para que as estratégias sejam efetivas, precisam estar de acordo com a missão, os fatores considerados críticos pela empresa e os próprios valores e cultura da mesma, além de coesão e foco de ação entre seus executores.

Outro ponto importante é que a estratégia lida com o imprevisível e, muitas vezes, com o desconhecido, uma vez que se trata de decisões que envolvem o futuro da empresa. Portanto, ela deve ser flexível o suficiente para se adaptar a mudanças no ambiente concorrencial.

Origens da Estratégia

O termo *estratégia* tem origem no grego *strategos,* que significava a arte do general, ou seja, um conjunto de características psicológicas ou de comportamento associado às tarefas desempenhadas por um comandante militar. No tempo de Péricles (450 a.C.), o termo *estratégia* era entendido como um conjunto de habilidades gerenciais ligadas à oratória, ao poder e à liderança. Na época de Alexandre (330 a.C.), estratégia referia-se às habilidades de organizar forças para alcançar uma posição e criar um sistema unificado de governo (Quinn, 1992). A lógica da estratégia militar se parece bastante com o uso dado à estratégia no mundo dos negócios nos dias atuais (Danet, 1992).

Cabe aos comandantes militares, antes de colocar suas tropas em marcha, avaliar seus pontos fortes e fracos e compará-los aos dos exércitos inimigos, além de tentar prever quais seriam as manobras dos mesmos, tentando descobrir os fatores-chave (ou fatores críticos) de sucesso para ganhar a guerra. Essa reflexão, trazida para os dias atuais e contextualizada no escopo deste capítulo, nada mais é do que uma das análises feitas quando uma empresa realiza seu planejamento estratégico.

A partir da década de 1960, os teóricos das organizações passaram a visualizar a importância do ambiente em que as empresas se encontravam inseridas e começaram a desenvolver trabalhos acerca da estratégia das organizações, compreendida aqui como a forma pela qual elas administram seus pontos fortes e fracos (existentes ou potenciais) para atingir seus objetivos, levando em consideração as mudanças do am-

biente (Silva, 1993). Nesse ambiente, está incluído o que os estrategistas militares chamavam de *inimigos* e que, na linguagem gerencial atual, pode-se chamar de *concorrência*.

Escolas de Pensamento Estratégico

Mintzberg et al. (2000) propuseram dividir as várias correntes de pensamento estratégico em dez "escolas" diferentes. Essas escolas de pensamento estratégico refletem a evolução do estudo e da aplicação dos conceitos de estratégia aplicados às organizações. As dez escolas de pensamento estratégico propostas por Mintzberg *et al.* (2000) são:

1. *Escola do design*. Os teóricos dessa escola assumem a separação entre a formulação e a implementação de estratégias (o planejamento é separado da ação). Essa escola introduziu alguns modelos analíticos que subsistem até hoje na literatura sobre estratégia. Entre eles pode-se citar o modelo SWOT[2] (análise de *pontos fortes e fracos* da organização, considerando as *ameaças e oportunidades* do seu ambiente competitivo). Para essa escola, a estratégia é principalmente uma preocupação da alta direção da organização, baseando-se em análise detalhada do ambiente interno (pontos fortes e fracos) e externo (ameaças e oportunidades) à organização.
2. *Escola do planejamento*. Essa escola assume a maioria das ideias da escola do *design*. A estratégia é vista como um processo formal que segue etapas bem definidas, com responsabilidades bem estabelecidas. Essa escola detalha mais do que a escola do *design* algumas das técnicas que utiliza (planejamento orçamentário, gestão de programas e projetos etc.). Embora a escola do planejamento estratégico sofra inúmeras críticas, suas premissas estão entre as mais utilizadas até hoje pelas organizações. Na próxima seção, será apresentado um modelo de planejamento estratégico que ilustra os procedimentos metodológicos dessa escola.
3. *Escola do posicionamento*. Essa escola aceita grande parte dos princípios das escolas do planejamento e do *design*. O grande autor dessa escola foi Michael Porter (Porter, 1989). Assim como nas duas escolas precedentes, a escola do posicionamento também assume que a estratégia precede a estrutura das organizações. Essa escola contribui com a proposição de alternativas estratégicas genéricas, como, por exemplo, aquelas propostas por Porter: diferenciação, dominação pelos custos e focalização. Além disso, ela introduz ferramentas bastante interessantes para a definição de estratégias. Entre essas ferramentas pode-se citar as matrizes de portfólio de produtos (como a matriz BCG, por exemplo) e o modelo da curva de experiência. O modelo das cinco forças competitivas de Porter talvez seja um dos modelos atuais mais conhecidos e utilizados para a análise estratégica. Essas três escolas iniciais podem ser consideradas escolas prescritivas.

---

[2] SWOT deriva das iniciais de *Strengths*, *Weaknesses*, *Opportunities* e *Threats*.

4. *Escola empreendedora*. Essa escola, embora mais descritiva do que prescritiva, também reconhece, como a escola do *design*, o papel do líder empreendedor como o grande estrategista da organização. Ela se preocupa em entender as motivações e o processo de formação da estratégia. Em uma crítica ao formalismo excessivo das escolas anteriores, ela privilegia o papel da intuição do líder nas decisões estratégicas. O sucesso da empresa estaria ligado a uma li derança visionária do principal executivo da organização. Embora essa escola fundamente-se em princípios fáceis de serem compreendidos e assimilados, a dependência da organização em relação a uma única pessoa para definir suas estratégias traz riscos óbvios para a organização.
5. *Escola cognitiva*. Essa escola utiliza princípios da psicologia cognitiva para tentar compreender os modelos mentais que os estrategistas utilizam nas suas análises e decisões. Dessa forma, a estratégia adotada seria o resultado de análises subjetivas baseadas na forma como o estrategista vê e interpreta a organização e sua relação com o ambiente que a cerca. A complexidade das decisões estratégicas, apregoada por essa escola, vai de encontro ao racionalismo adotado pelas escolas prescritivas. Embora essa escola tenha ideias originais e um bom potencial explicativo das ações dos estrategistas, ela é de difícil aplicação para a definição de estratégias a serem adotadas.
6. *Escola do aprendizado*. Essa escola se preocupa em saber como as estratégias se formam na organização. Seus pensadores acreditam que a estratégia, resultado de uma aprendizagem coletiva dos seus membros, emerge naturalmente no seio da organização. Embora essa ideia seja simples, ela é difícil de ser colocada em prática. Esperar que uma estratégia seja capaz de emergir da organização pode significar simplesmente que ela não tem estratégia definida. Organizações que operam em ambientes mais complexos (institutos de pesquisa, por exemplo), onde as estruturas hierárquicas são menos rígidas e o conhecimento necessário à geração de estratégias está disseminado entre seus membros, podem ser mais propícias à aplicação das premissas dessa escola.
7. *Escola do poder*. Essa escola de pensamento enfatiza o uso do poder e da política para a definição e negociação, interna e externa à organização, de estratégias a serem adotadas. Nesse caso, o poder é visto como a capacidade de pessoas, grupos ou organizações influenciarem outros agentes de forma a conseguirem seus objetivos. Os autores dividem o estudo do poder nas organizações em "poder micro" (a estratégia é vista como o resultado de interesses políticos dos agentes que as formulam) e em "poder macro". O "poder macro" estuda a forma como a organização tenta influenciar os agentes do seu ambiente externo (*stakeholders*). O grande mérito dessa escola foi o de reforçar, na literatura relacionada aos estudos estratégicos, a importância do poder e da política para a formulação de estratégias.
8. *Escola cultural*. De maneira muito simples, pode-se dizer que a cultura de uma organização reflete as crenças e as interpretações comuns dos membros que nela atuam. O processo de formação da cultura e a aculturação de novos agentes que venham a atuar na organização acontecem pela troca de conheci-

mentos tácitos entre esses agentes e pelo compartilhamento de valores e crenças comuns a eles. Os conceitos dessa escola parecem ser mais úteis para explicar o que já existe do que para prever o que acontecerá, etapa indispensável para a formulação de qualquer estratégia.

9. *Escola ambiental*. Os pensadores dessa escola enfatizam o papel do ambiente externo à empresa como agente principal a ser considerado na formulação de estratégias. Outras escolas já consideravam o ambiente externo como um fator importante, mas essa escola destaca ainda mais essa importância. Nessa linha de pensamento, a formulação de estratégias acontece como uma reação às mudanças no ambiente da empresa. Empresas menos capazes de se adaptarem às mudanças no ambiente estariam fadadas ao desaparecimento.
10. *Escola da configuração*. Essa escola procura integrar várias das premissas das escolas já descritas. Além disso, considera que variações no contexto de atuação da organização farão com que ela adote uma determinada forma de estrutura (organização empreendedora, organização-máquina, organização diversificada etc.). Mudanças no ambiente levariam a mudanças na estrutura da organização. Dessa forma, o estrategista deveria ser capaz de pinçar das premissas de todas as escolas apresentadas os conceitos e metodologias que melhor se adaptassem ao momento da empresa e/ou do ambiente no qual ela evolui.

Esta breve seção não procurou esgotar o assunto abordado. Cada uma das escolas descritas poderia ser objeto de um livro inteiro. Na próxima seção, será apresentado um exemplo de metodologia de definição de estratégia preconizado pela escola do planejamento. Embora as metodologias de planejamento estratégico tenham sofrido – e ainda sofram – várias críticas, elas continuam sendo muito aplicadas pelos estrategistas do mundo inteiro. Outras metodologias de planejamento e análise estratégica podem ser encontradas na bibliografia citada neste capítulo.

Elaboração da Estratégia: Processo de Planejamento Estratégico

Antes de iniciar esta seção, é importante ter em mente que o aspecto determinístico assumido pelas recomendações estratégicas oriundas da aplicação de metodologias de planejamento estratégico mais formais deve ser analisado levando em consideração a situação interna da empresa, as condições do ambiente que a circunda e a experiência e *feeling* do tomador de decisão e dos assessores. Um bom planejamento estratégico, assim como a competente aplicação de suas recomendações, não assegura o sucesso da empresa. Se assim fosse, as grandes empresas, que contam com bem montadas equipes de analistas/estrategistas, não sofreriam as consequências de estratégias muitas vezes desastrosas. No entanto, a prática tem mostrado que empresas com uma boa visão estratégica possuem maiores chances de sobrevivência e sucesso. Uma das principais vantagens de qualquer um dos modelos de análise estratégica repousa justamente no momento de reflexão sobre o futuro que eles proporcionam à empresa. Assim, não existem dúvidas de que a utilização de um modelo formal de análise estratégica facilita e aumenta a efetividade desse processo de reflexão.

Conforme foi visto anteriormente, qualquer grupo de pessoas unidas em torno de um objetivo comum (uma organização) – seja fabricar um produto ou defender uma causa/ideia (uma ONG, por exemplo) – normalmente tem um caminho ou rumo de ação para atingir esse objetivo, ou seja, tem uma estratégia na mente de seus integrantes. Portanto, qualquer empresa tem um processo de planejamento estratégico, mesmo que idealizado e implementado de maneira informal por seu fundador ou empreendedor. Todo indivíduo que inicia um negócio tem uma ideia de como atender (melhor) uma necessidade de um grupo de clientes e/ou consumidores. No entanto, para que esse objetivo seja atendido, é necessária a utilização de uma estratégia adequada.

É nesse ponto que um *planejamento estratégico*, que pode ser definido como um "(...) processo gerencial que possibilita ao Executivo estabelecer o rumo a ser seguido pela empresa, com vistas a obter um nível de otimização na relação da empresa com o seu ambiente" (Oliveira, 1989), pode ser útil. Essa otimização será baseada na análise dos pontos fortes e fracos da empresa, das ameaças e oportunidades encontradas no ambiente externo, bem como dos fatores-chave (ou fatores críticos) de sucesso referentes ao negócio da empresa. Mais recentemente, a palavra *otimização* tem sido gradualmente substituída por *adaptação* (Miles, 1978), entendida como um processo mais amplo, em que a interação empresa/ambiente influencia fortemente os parâmetros da decisão estratégica.

Os pontos de partida para um processo de planejamento estratégico são a cultura e os valores, bem como a filosofia empresarial do indivíduo ou grupo que vai realizá-lo. O primeiro passo de um processo de planejamento estratégico, como descrito na Figura 9.2, é a sensibilização da organização para a importância desse processo. Trata-se da discussão sobre a importância ou relevância de se fazer o planejamento estratégico para a organização. Nessa etapa inicial do planejamento estratégico também serão definidos o cronograma de execução do trabalho e a composição da equipe que participará do projeto. É vital que o cronograma esteja bem claro e que o real comprometimento da alta administração esteja refletido na alocação de tempo do pessoal envolvido no processo.

Idealmente, a equipe que participará do exercício de planejamento estratégico deverá ser composta por membros internos e externos à empresa. Os participantes externos, muitas vezes consultores contratados para esse objetivo específico, contribuem com suas experiências em processos conduzidos em outras organizações e como uma força mediadora e neutra nos conflitos que possam surgir como resultado do planejamento estratégico. Essa equipe deve ser suficientemente experiente e competente para conduzir o processo respeitando os valores e a cultura da organização. A equipe interna será composta por representantes oriundos das diversas áreas funcionais da organização. A escolha do grupo e sua dinâmica de funcionamento devem atentar para relações formais e informais que já existam no seio da organização. Ainda nessa etapa, deve ser designada uma pequena comissão que assessorará diretamente os membros externos e conduzirá o processo interno de discussão.

A fase seguinte é a definição da missão da organização. A missão pode conter dois conjuntos de elementos: os valores principais da empresa e a definição de seu

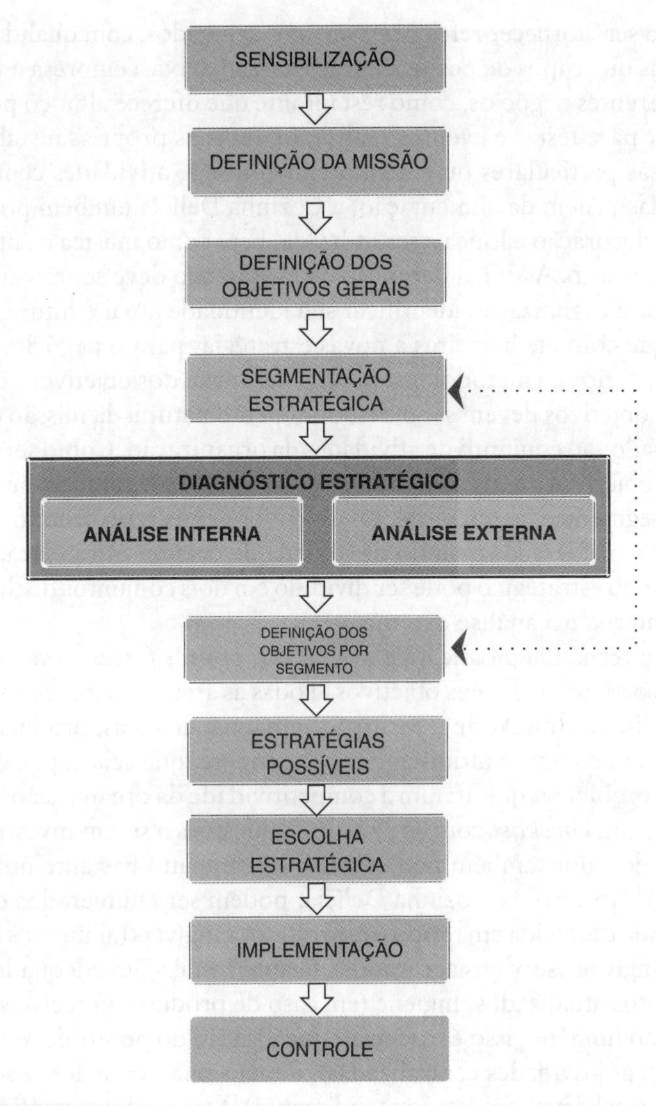

FIGURA 9.2 Etapas de um planejamento estratégico.
Fonte: Silva e Batalha, 2007.
SILVA, A.L. e BATALHA, M.O. Marketing estratégico aplicado ao agronegócio. In: Batalha, M.O. *Gestão agroindustrial*. São Paulo: Ed. Atlas, 2007.

negócio. A experiência mostra que algumas empresas utilizam os dois conjuntos de elementos separadamente, ao passo que outras contemplam, na definição de sua missão, esses dois aspectos. *Grosso modo*, a missão da organização pode ser vista como sua razão de existir. Por meio da definição da missão, procura-se identificar aonde a empresa quer chegar, qual sua razão de ser e em quais atividades deve concentrar-se no futuro.

No caso de uma empresa que deseja oferecer serviços de alimentação comercial (chamaremos a mesma de Cozinha Delícia, para efeito de exemplo didático), sua missão poderia ser "fornecer refeições e serviços agregados, com qualidade assegurada para pessoas ou grupos de pessoas".[3] Essa missão deixa a empresa à vontade para operar em diferentes negócios, como restaurante que oferece almoço por quilo, serviços de *buffet* para festas e eventos realizados em suas próprias instalações ou em clubes, em casas particulares ou em empresas (ou seja, atividades centralizadas ou descentralizadas). Além da alimentação, a Cozinha Delícia também pode responsabilizar-se pela decoração e louça a ser utilizada, bem como música e entretenimento necessários ao evento. Assim, a definição da missão não deve ser tão ampla a ponto de não permitir à organização identificar sua identidade atual e futura, e tampouco tão limitada que coloque barreiras a novas estratégias para o negócio.

A etapa posterior da metodologia prevê a definição dos objetivos gerais da organização. Esses objetivos devem ser o desdobramento natural da missão estabelecida. Estão relacionados ao conjunto de atividades da organização. Como será visto posteriormente, os objetivos gerais devem ser, por sua vez, desdobrados em objetivos específicos aos segmentos estratégicos. Os objetivos gerais representam questões amplas que serão consideradas quando da tomada de decisão estratégica.

O diagnóstico estratégico pode ser dividido em dois conjuntos distintos de análise: a análise interna e a análise externa.

A análise interna diagnosticará e avaliará os *pontos fortes e fracos da empresa* diante da concorrência e de seus objetivos. Todas as áreas funcionais da organização devem ser analisadas (marketing, recursos humanos, finanças, produção etc.). Essa etapa requer uma equipe multidisciplinar experiente, que seja capaz de identificar claramente os problemas que afetam a competitividade da organização. Nessa etapa, pode ser usado um *checklist* com as principais questões a serem investigadas. A noção de cadeia de valor também pode ser um instrumento bastante útil nessa etapa (Porter, 1989). No caso da Cozinha Delícia, podem ser enumerados como pontos fortes: qualidade oferecida em termos de produtos tangíveis (alimentos propriamente ditos) e intangíveis (serviços agregados), leiaute/instalações adequados ao processo, equipamentos atualizados, higiene (em caso de produtos perecíveis e direcionados ao consumo humano, isso é essencial), localização do ponto-de-venda principal (onde ocorrem as atividades centralizadas), dimensionamento adequado dos serviços agregados (inclusive rapidez no atendimento), fornecedores confiáveis, mão de obra profissional, confecção do cardápio levando em consideração sua adequação climática. No que se refere a pontos fracos (análise interna), pode-se observar: processo de estocagem insuficiente no prédio principal, dimensionamento do espaço de linha de frente em relação à demanda, conforto térmico deficiente (tanto na retaguarda quanto na linha de frente – cozinha e salão de refeição), poucas atividades de divulgação em mídia eletrônica e impressa (principalmente no que diz respeito a atividades de comunicação institucional), pouca atenção a atividades de planejamento financeiro e contábil.

---

[3] Agradecemos à aluna do Programa de Pós-Graduação em Engenharia de Produção da UFSCar, Andrea C. E. Ribeiro, que forneceu o exemplo de planejamento estratégico como trabalho da disciplina Organização Industrial.

A análise externa buscará identificar, no ambiente competitivo da organização, quais as principais ameaças e oportunidades aos objetivos definidos. Essa etapa também deve ser capaz de identificar os fatores críticos de sucesso no setor de atuação da organização. A análise externa compreende, na visão de Aaker (1984), a análise do mercado consumidor/cliente (segmentos, motivação e necessidades), a análise competitiva ou dos competidores, a análise da indústria ou setor de negócio em que a empresa se encontra inserida e a análise ambiental (dimensões tecnológica, cultural, econômica, demográfica e legal).

Deve-se identificar quais são os fatores-chave críticos de sucesso no ramo de negócio em que a empresa deseja investir? Ou seja, o que faz uma empresa ser bem-sucedida nesse ramo de negócios? No caso da Cozinha Delícia, podem ser enumerados como fatores críticos de sucesso: higiene, localização, dimensionamento adequado da capacidade, pessoal profissional, adequação climática do cardápio, tecnologia atual e qualidade em todo o processo. Metodologias de análises setoriais são extremamente úteis nessa etapa. Em termos de oportunidades (fatores favoráveis do ambiente), a Cozinha Delícia percebe a estabilidade econômica como uma fonte de crescimento do negócio, assim como a região onde se localiza sua sede, uma cidade em fase de desenvolvimento, passando de pólo universitário a pólo concentrador de novas indústrias. Como ameaças percebidas no ambiente, observa-se o fato de o restaurante não conseguir atender toda a demanda, e isso abre uma brecha de mercado para a concorrência. Serão vistas mais adiante as ferramentas para se proceder à análise externa, como análise da concorrência, modelo de comportamento do consumidor e forças no macroambiente da empresa.

Uma das metodologias de análise setorial mais conhecidas e utilizadas é o modelo de Porter de análise competitiva. Segundo esse modelo – também conhecido como modelo das cinco forças –, o ambiente competitivo de um determinado setor é o resultado de cinco conjuntos de elementos: a intensidade da rivalidade entre os concorrentes já existentes no setor (crescimento do setor, estruturas de custo vigentes, diversidade de concorrentes etc.); a ameaça de novos "entrantes" (economias de escala, acesso à distribuição, requisitos de capital etc.); poder dos fornecedores (diferenciação de insumos, presença de insumos substitutos, concentração dos fornecedores etc.); poder de barganha dos compradores (nível de concentração, volume dos compradores, capacidade para integrar para trás etc.); determinantes da ameaça de substituição (alterações de custo, propensão à substituição de produtos etc.).

A análise das informações obtidas no diagnóstico estratégico deve permitir uma correta segmentação das atividades da organização. Cada um dos segmentos será o objeto de uma análise competitiva individualizada. Com raras exceções, as organizações competem simultaneamente em vários mercados. Para cada um deles, respeitando os objetivos gerais previamente definidos, a organização pode ter uma estratégia diferente. Para cada um dos segmentos estratégicos identificados, onde a organização atua ou pretende atuar, devem ser estabelecidos objetivos específicos. Ao contrário do que acontece com os objetivos gerais, nesse caso os objetivos devem ser quantificados. Essa medida é importante para que o acompanhamento das ações estratégicas empreendidas seja efetivo.

Definidos os objetivos, resta identificar as opções estratégicas para atingi-los e escolher aquela mais adequada à organização. Várias ferramentas e modelos podem ser utilizados para identificar opções estratégicas para a organização. Entre eles podem ser citados os modelos baseados na curva de experiência da organização, do vetor de crescimento, da análise de portfólio e do ciclo de vida dos produtos. Esses modelos e ferramentas estão longe de ser os únicos disponíveis na literatura. No entanto, representam a base para uma série de outras metodologias e conceitos que foram posteriormente desenvolvidos.

Toda e qualquer metodologia de análise estratégica deve proporcionar subsídios ao analista para que ele possa determinar qual a melhor opção estratégica para que a firma alcance os objetivos pretendidos. A seguir serão apresentadas as principais opções que se apresentam para esse fim. A cada uma dessas opções estratégicas corresponde uma série de ações de curto, médio e longo prazo, que permitem o sucesso de sua implantação. Deve ficar claro que a divisão, tal como será proposta, corresponde a uma divisão pedagógica. Assim, nada impede que determinada empresa adote uma estratégia "mista", ou seja, que combine ações de mais de uma das opções que serão apresentadas. É evidente que essa combinação deve ser feita de forma cuidadosa, de maneira que as ações a serem empreendidas sejam complementares e não prejudiquem a coerência e a harmonia da estratégia global da empresa.[4]

1. *Especialização.* Essa opção estratégica consiste basicamente em concentrar as atividades da empresa em determinado segmento de mercado ou na utilização de dada tecnologia. Tal estratégia é muito utilizada por pequenas empresas que buscam, dessta forma, ocupar os espaços de mercado não ocupados pelos grandes grupos empresariais. Muitas vezes, esses nichos são suficientemente grandes para assegurar o sucesso de uma pequena empresa, mas demasiadamente pequenos para interessar aos líderes do setor. A especialização leva a facilidades no processo de gestão interna da firma e a um bom conhecimento das necessidades dos clientes. Assim, a firma está bem posicionada para se manter atualizada com as mudanças nos hábitos ou necessidades de consumo de seus clientes. O grande inconveniente dessa opção estratégica é o risco associado à participação em um só mercado. Caso esse mercado enfrente problemas, será a firma como um todo que estará comprometida.

2. *Integração vertical.* As vantagens proporcionadas por uma estratégia do tipo integração vertical estão fundamentalmente associadas à apropriação dos lucros dos mercados situados a montante e a jusante da atividade original da empresa e/ou ao controle desses mercados com o objetivo de favorecer sua atividade original. Determinada indústria que se integra a montante, ou "para trás", teria a garantia de que o fornecimento de suas matérias-primas, em quantidade e qualidade, estaria de acordo com suas necessidades. Por outro lado, uma empresa que se integra a jusante, ou "para a frente", teria a vantagem de poder estar mais próxima do consumidor de seus produtos e assim identificar mais facilmente suas necessidades de consumo, aumentar sua diferenciação em termos de qualidade e de serviços, controlar melhor seus canais de distribuição etc.

---

[4] Esta seção foi, em grande parte, inspirada no trabalho de Thietart (1991.).

No entanto, existem alguns incovenientes nessa opção estratégica. O investimento necessário para proceder à integração pode ser muito alto, comprometendo a alocação de recursos para a atividade principal da empresa. As dificuldades de gestão também aumentam consideravelmente com o número de mercados nos quais a empresa atua. Além disso, deve-se levar em consideração que os riscos da empresa também são elevados, visto que qualquer problema na cadeia vai afetar todas as atividades da empresa. Nesse caso, em vez de a empresa aproveitar os lucros de todos os mercados de que participa, ela vai ver seus prejuízos aumentarem pelo comprometimento do conjunto da cadeia.

3. *Diversificação.* A opção de diversificação segue uma lógica diferente da estratégia de integração vertical. A estratégia de diversificação pode dar-se basicamente através da diversificação via produtos ou via mercados. Uma empresa pode optar por se diversificar através da entrada em mercados em que não atuava, utilizando os mesmos produtos ou produtos diferentes. Outra opção é manter os mercados originais da empresa e diversificar somente os produtos com os quais ela concorre nesses mercados. Uma terceira opção nasce da combinação das duas primeiras.

Os motivos que levam uma empresa a adotar esse tipo de estratégia estão fundamentalmente ligados a três fatores. O primeiro deles está relacionado às dificuldades encontradas nos mercados originais da empresa (aumento da concorrência, diminuição da demanda, novo paradigma tecnológico etc.), o segundo à diminuição dos riscos proporcionada pela não concentração das atividades da empresa em um só setor e, finalmente, o terceiro diz respeito a um melhor equilíbrio dos fluxos financeiros, em que as atividades mais rentáveis gerariam recursos suficientes para suportar as atividades ainda em fase de implantação ou expansão de mercado.

Existem basicamente dois tipos de diversificação: a diversificação via formação de conglomerados e a diversificação dita concêntrica. A diversificação concêntrica ocorre quando a empresa procura diversificar suas atividades guardando a mesma base tecnológica, o mesmo tipo de clientela, os mesmos canais de distribuição, a mesma marca etc. A diversificação via formação de conglomerados obedece a uma lógica financeira em que a participação em novas atividades pode ser ditada, por exemplo, por uma boa oportunidade de negócio. Nesse caso, o desenvolvimento de novas atividades (produtos e serviços) ocorre independentemente de qualquer ligação com as atividades originais da empresa. Obviamente, nesse segundo caso, fica mais difícil obter sinergias, além das financeiras, entre as atividades da firma, comprometendo a coerência da estratégia global adotada.

4. *Inovação.* Uma estratégia de inovação pode ter repercussão não somente sobre as atividades da firma, mas também sobre todo o setor. Uma inovação tecnológica, em função de seu grau de proximidade (tecnologia, produtos e mercados) com as atividades originais da empresa, pode ser desenvolvida de maneira interna ou externa à empresa. Os parâmetros que norteiam o sucesso de uma inovação tecnológica estão ligados ao conhecimento do mercado em questão, à capacidade técnica da empresa em implementar a inovação (P&D e operações de produção) e ao apoio da direção geral.

A atratividade de implantação de uma inovação tecnológica aumenta com a dificuldade da concorrência em imitá-la. Existem três fatores que permitem influenciar a manutenção do ganho proporcionado por uma inovação (Teece, 1988):

- Grau de proteção da inovação (patentes e segredos de fabricação).
- Natureza dos ativos complementares necessários ao desenvolvimento da inovação.
- Paradigma tecnológico dominante. Determinada inovação que represente um avanço dentro de um paradigma tecnológico ultrapassado dificilmente proporcionará ganhos competitivos duradouros para a empresa.

5. *Fusões e aquisições.* A globalização dos mercados, a crescente necessidade de capitais para manter a competitividade, o aumento na velocidade de transmissão das informações e o aumento da uniformização dos hábitos de consumo através do mundo são fatores que ajudam a explicar essa tendência.

A seguir, são listados alguns fatores que justificam essa opção estratégica por parte de uma firma (Thietart, 1991):

- Obtenção de sinergias operacionais e/ou financeiras.
- Obtenção de economias de escala.
- Melhoria dos resultados da empresa adquirida através de uma gestão aprimorada (transferência de conhecimentos administrativos).
- Melhoria da coordenação das atividades da empresa através do controle de outros mercados de que ela participa.
- Compra de ativos avaliados abaixo de seu valor real.
- Aumento rápido da parte de mercado da empresa.

6. *Estratégias de corte.* Essa opção estratégica pode estar associada a duas situações diferentes. A primeira delas é uma grave crise na organização. A segunda situação está ligada a uma reestruturação estratégica da organização que a leve, por exemplo, a se desvincular de atividades que não sejam consideradas centrais ou que não estejam proporcionando retornos considerados adequados. As ações que caracterizam essa estratégia podem variar quanto à sua profundidade e extensão. Elas podem significar desde cortes de despesas visando recuperar a posição concorrencial da empresa, passando pela retirada de linha de produção de determinados produtos ou desinvestimento em certos mercados, até o fechamento de unidades ou da própria firma.

As últimas fases do processo de planejamento estratégico que estamos apresentando são as fases de implementação das decisões apontadas pelos estrategistas e o controle e acompanhamento dessas ações. Essas duas etapas são as que determinam o sucesso ou o fracasso do planejamento estratégico, uma vez que de nada adianta pensar prospectivamente sem tentar agir efetivamente sobre os acontecimentos futuros. A implantação do planejamento estratégico envolve o comprometimento de todos na execução do que foi planejado, exigindo que ele seja comunicado e explicado a todos os envolvidos. O controle também é uma etapa decisiva, pois é então que se analisa se as estratégias pretendidas estão sendo exequíveis ou se necessitam redire-

cionamento, ou seja, é através dele que se monitora e acompanha a execução do planejamento.

A implementação dos resultados do planejamento estratégico deve ser realizada mediante o estabelecimento de planos de ação. Assim, os planos de ação devem "desdobrar" a estratégia escolhida em ações necessárias à sua implementação. Nessa etapa, é fundamental que sejam estabelecidos objetivos por ação, prazos, responsáveis e orçamento.

A princípio, o controle da implementação das ações que resultam do processo de planejamento estratégico deverá ser realizado pela unidade/comissão que coordenou o processo. Esse controle pode se dar via reuniões periódicas entre essa equipe e o conjunto dos agentes responsáveis pela execução do plano de ação.

Sob o risco de os resultados do planejamento estratégico imobilizarem a empresa diante de mudanças inesperadas no ambiente competitivo, deve ficar claro que essa mesma célula de controle também deve exercer uma função de "vigilância estratégica". Mudanças no ambiente competitivo da empresa devem ser identificadas e analisadas rapidamente para que a empresa possa proceder, caso seja necessário, a mudanças no caminho escolhido. É nesse momento que se adapta o planejado às mudanças ocorridas no ambiente (como um novo plano econômico do governo, por exemplo) e se alteram os rumos de ação para que os objetivos e a missão da empresa possam ser alcançados.

ESTRUTURA ORGANIZACIONAL

Existem organizações dos mais diversos tamanhos, desde a cantina da escola, com duas pessoas, até organizações como a Empresa de Correios e Telégrafos (ECT), com mais de 105 mil pessoas (*Exame*, 2006). Em uma organização pequena, as pessoas podem ser responsáveis por várias atividades, mas, conforme a organização cresce, tende a haver uma divisão mais clara de tarefas, com a criação de diferentes departamentos e uma hierarquia entre os cargos. Essa divisão de tarefas e a hierarquia dão origem à estrutura organizacional, que define quem são as pessoas responsáveis por cada conjunto específico de atividades e quem tem autoridade sobre quem. A estrutura organizacional facilita a tomada de decisão, a coordenação e o controle sobre a realização das tarefas necessárias para atingir os objetivos de cada organização (Hampton, 1992).

A estrutura não deve ser vista como algo rígido, que não pode mudar, pelo contrário, existe a necessidade de que a estrutura acompanhe as mudanças de estratégia da organização. Hampton (1992) compara essa relação com a arquitetura. Em arquitetura, a atividade a ser realizada define a forma do prédio que a abrigará. Por exemplo, um prédio utilizado para restaurante será bastante distinto de um prédio utilizado como instituição financeira. De maneira análoga, a estratégia deveria definir a estrutura. Apesar disso, a estrutura apresenta maior rigidez do que a estratégia e pode limitar a capacidade de adaptação de uma organização. Os procedimentos administrativos e a estrutura organizacional existentes impõem resistências à mudança e, se a estrutura existente está dando bons resultados, ela tende a persistir (Chandler, 1990; Roberts, 2005).

A forma mais usada para representar a estrutura de uma organização é o organograma, cujo desenho é apresentado na Figura 9.3.

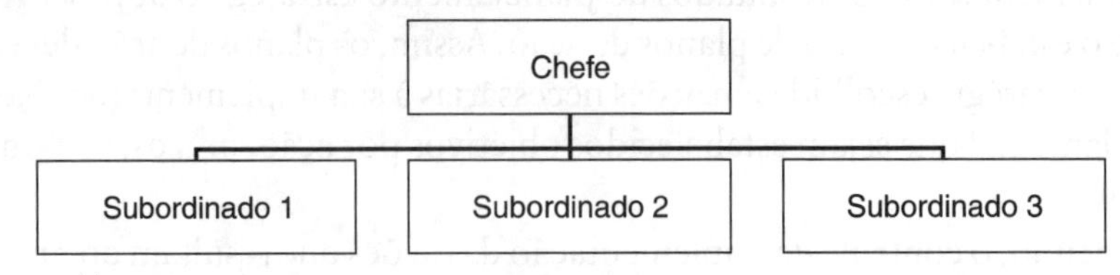

FIGURA 9.3 Um organograma.

No organograma da Figura 9.3 são representados dois níveis hierárquicos, o mais alto ocupado pelo chefe, que tem autoridade sobre seus subordinados, alocados em três departamentos distintos no nível abaixo. A estrutura do restaurante da Cozinha Delícia pode ser representada em um organograma, como o mostrado na Figura 9.4.

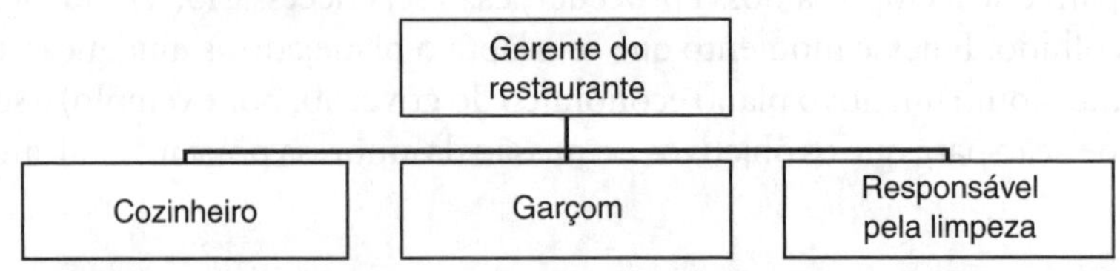

FIGURA 9.4 Organograma do restaurante Cozinha Delícia.

Deve-se ressaltar que o organograma é apenas uma representação e, como toda representação, é uma simplificação. O organograma mostra as relações formais de autoridade, comando e de divisão do trabalho, mas não mostra como as relações entre os membros de uma organização acontecem na realidade. Um dos motivos pelos quais o organograma não é suficiente para representar o que de fato ocorre é que a realidade é mais dinâmica do que pode ser apreendido numa representação gráfica.

Outro motivo é que o organograma revela apenas a organização formal. Ocorre, porém, que em toda organização formal existe uma outra organização, paralela, formada por grupos informais, que estão constantemente se reconfigurando. Segundo Chiavenato (1983) e Hampton (1992), eles decorrem das relações que se estabelecem de forma não planejada entre os membros de qualquer organização. Os grupos informais têm objetivos, formas de recompensa e punição e padrões de comportamento próprios, que podem se distanciar mais ou menos dos objetivos e regras da organização formal e não são necessariamente contrários a eles. Frequentemente, nesses grupos, pessoas sem cargos formais de comando na hierarquia exercem uma liderança informal, influenciando o comportamento das demais pessoas. Para ficar mais claro, esses grupos informais são algo semelhante às "panelinhas". Os subordinados podem não reconhecer a autoridade de seu superior hierárquico como legítima, e esses grupos informais podem agir de forma a desautorizá-lo, como ocorre, por exemplo, em times de futebol quando os jogadores querem derrubar o técnico.

A seguir, são apresentados os tipos de estrutura mais comumente observados.

Estrutura Funcional

O tipo de estrutura mais tradicional é a estrutura funcional. Nesse tipo de estrutura, o critério para divisão de tarefas é a função. Dessa forma, todas as pessoas que atuam numa determinada função são alocadas no mesmo departamento. É comum que várias pessoas de um mesmo departamento provenham de uma mesma área de formação. A Figura 9.5 apresenta o organograma de uma estrutura funcional de uma montadora de automóveis. Todas as pessoas alocadas no departamento de engenharia de processos, por exemplo, concentram suas atividades em torno dessa função. Os departamentos são formados por especialistas em cada uma das funções.

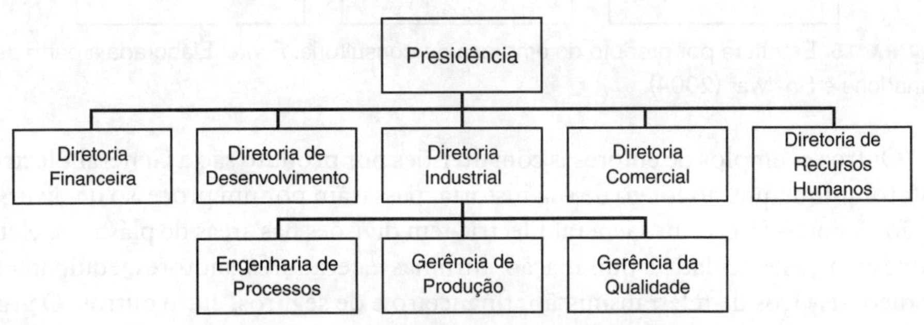

FIGURA 9.5 Estrutura funcional de uma montadora de automóveis.

Segundo Hampton (1992), esse tipo de estrutura é considerado mais adequado quando as condições do ambiente externo são relativamente estáveis; por exemplo, empresas cujos produtos se mantêm os mesmos por vários anos e quando esses produtos devem ser tecnicamente superiores ou cujas tarefas para ser produzido exijam grande especialização.

Um problema que pode ocorrer numa estrutura funcional é os departamentos ficarem isolados uns dos outros. Isso acaba sendo um risco, pois existem diversas questões que não são típicas de uma única função e que só podem ser resolvidas com a interação entre diferentes departamentos. Além disso, os membros de um departamento podem acabar se preocupando mais com a própria função do que com o desempenho da organização como um todo.

Apesar desses problemas, esse é o tipo mais comum de estrutura, e a grande maioria das organizações tem pelo menos parte de seu organograma organizado dessa forma.

Estrutura por Produto

Outro tipo de estrutura utiliza como critério para divisão de tarefas os produtos. Nesse caso, cada departamento tem profissionais de diferentes especialidades, com distintas formações, todos concentrados em torno de um determinado produto (Hampton, 1992). O gerente do departamento de um determinado produto tem de conquistar mercado, manter a lucratividade e ter controle sobre as atividades de produção, vendas, compras e desenvolvimento de novos produtos (Chandler, 1990).

A Figura 9.6 mostra parte do organograma de uma empresa de consultoria. A diretoria de serviços tem sob seu comando três gerências, uma voltada para cada tipo de produto. Cada gerência conta com profissionais distintos, por exemplo, de vendas, de desenvolvimento e de implantação e assistência ao cliente, e deve desenvolver todas as atividades relacionadas a seu produto. Dessa forma, cada departamento funciona como uma miniempresa semi-independente.

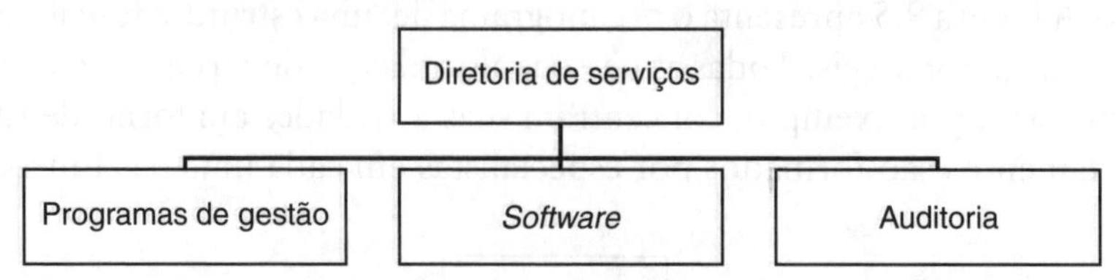

FIGURA 9.6 Estrutura por produto de empresa de consultoria. *Fonte*: Elaborada a partir de Donadone e Snelwar (2004).

Outros exemplos de empresas com divisões por produto são a General Electric e a Votorantim, que, ao longo de sua história, passaram por um processo de diversificação. A norte-americana General Electric tem divisões nas áreas de plásticos, eletrodomésticos, eletricidade e iluminação, turbinas e geradores, motores, equipamento médico, serviços de teletransmissão, financeiro e de seguros, entre outros. O grupo Votorantim, brasileiro, tem empresas nas áreas de cimento, mineração e metalurgia, celulose e papel, suco de laranja, químicas e serviços financeiros, entre outros (General Electric, 2005; Hampton, 1992; Votorantim, 2006).

Esse arranjo por produtos pode facilitar a conversa de pessoas de diferentes funções e é considerado adequado quando o produto sofre mudanças constantes. Segundo Hampton (1992), no entanto, as pessoas podem ficar inseguras nesse tipo de estrutura porque, como sua função está ligada a um produto, se este for descontinuado, elas podem perder sua função. Deve-se observar, no entanto, que esse risco não é exclusivo dessa estrutura; mesmo em uma organização funcional, um departamento pode ser eliminado caso a função deixe de ser executada dentro da própria estrutura. Ainda segundo Hampton, pode fazer falta o contato com especialistas da mesma função, para trocar ideias e experiências.

Estrutura Territorial

A estrutura territorial tem unidades voltadas para atuação em regiões específicas e é importante quando há necessidade de a organização se adaptar às condições locais. É muito frequente em organizações ou divisões voltadas para vendas (Hampton, 1992). A maioria, senão todas as organizações com operações em mais de uma localidade, tem parte de sua estrutura territorial.

A Figura 9.7 apresenta um exemplo, o organograma dos centros de distribuição do Grupo Pão de Açúcar.

A Figura 9.8 apresenta outro exemplo, o organograma das operações mundiais da Cisco, uma empresa que produz equipamentos para a Internet. Como pode ser observado, a Cisco conta com cinco divisões dentro de sua estrutura mundial, cada uma voltada para uma determinada região.

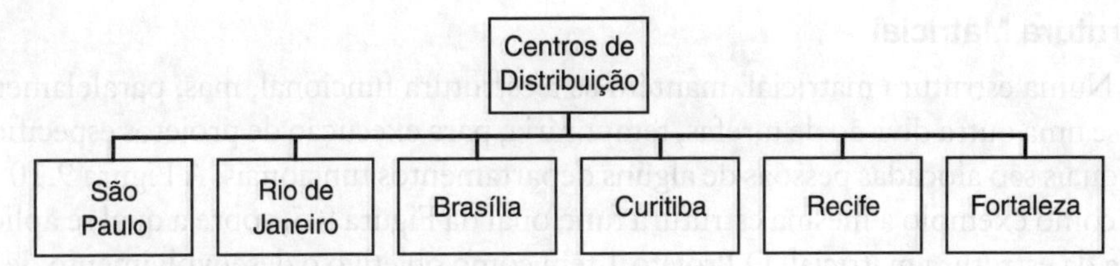

FIGURA 9.7 Estrutura territorial do Grupo Pão de Açúcar.
Fonte: Grupo Pão de Açúcar, s.d.

FIGURA 9.8 Estrutura territorial da Cisco. *Fonte*: Cisco, 2005.

Estrutura por Clientes

A estrutura por clientes é adequada quando se observa que as vendas ocorrem de maneira bastante distinta entre um cliente e outro. Com a estrutura por clientes, a organização consegue reagir mais rapidamente às necessidades manifestadas por cliente ou tipo de cliente. Por exemplo, uma editora cria uma divisão para livros didáticos, vendidos para o governo e que representam um grande volume de vendas para cada livro, e outra divisão para o público em geral, que exige um processo de venda bem diferente (Hampton, 1992).

A Figura 9.9 apresenta a estrutura da área de vendas de uma empresa fabricante de eletrodomésticos. Um departamento é voltado exclusivamente para as Casas Bahia, que compra um grande volume de produção. Os demais departamentos ocupam-se de outras grandes lojas de varejo, supermercados e hipermercados, pequenas lojas de varejo, vendas diretas ao consumidor, cada um com um comportamento distinto (Araújo *et al.*, 2004; Costa, 2007).

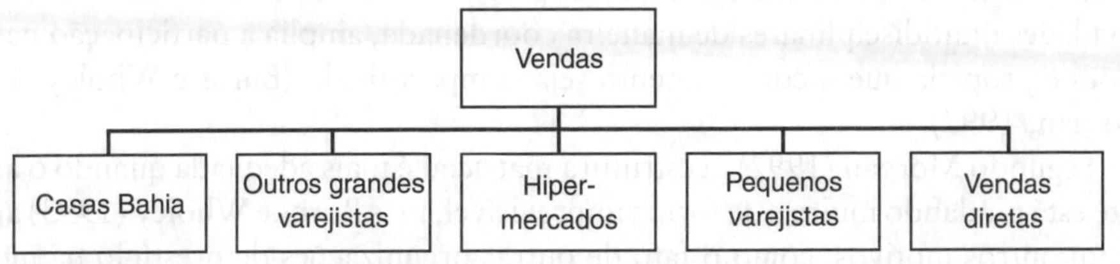

FIGURA 9.9 Estrutura funcional de empresa de eletrodomésticos. *Fonte*: Elaborada a partir de Araújo et al., 2004, e Costa, 2007.

Outro exemplo foi observado na área de produção de empresas de autopeças que separaram parte de sua fábrica para ficar dedicada de maneira exclusiva à montadora de veículos para a qual destinam o maior volume de produção (Rachid *et al.*, 2006).

Estrutura Matricial

Numa estrutura matricial, mantém-se a estrutura funcional, mas, paralelamente, faz-se uma outra divisão de tarefas, temporária, para execução de projetos específicos, aos quais são alocadas pessoas de alguns departamentos funcionais. A Figura 9.10 utiliza como exemplo a mesma estrutura funcional da Figura 9.5, sobre a qual se aplica a idéia da estrutura matricial. O Projeto 1 tem como objetivo o desenvolvimento de um novo produto e, para tanto, reúne pessoas de diferentes departamentos funcionais (desenvolvimento, processos, produção, qualidade e comercial), que ficam ligadas a esse projeto até ele acabar, sendo a uma delas alocada a responsabilidade pela coordenação do projeto. Pode também haver a participação de membros externos à organização, como fornecedores dos principais componentes que serão utilizados no novo produto. O Projeto 2 tem como objetivo estabelecer um novo sistema de salários para os funcionários e é de responsabilidade de uma equipe montada com pessoas da área de recursos humanos, da financeira e representantes dos trabalhadores.

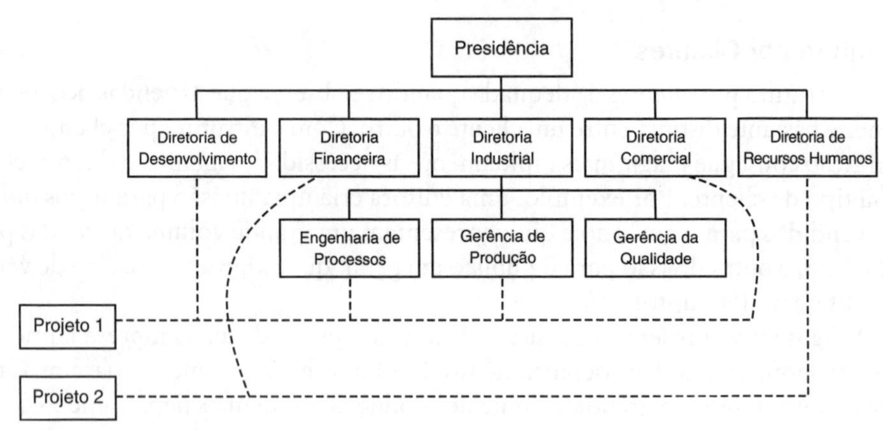

FIGURA 9.10 Exemplo de estrutura matricial.

A estrutura matricial traz consigo uma solução para o isolamento entre departamentos funcionais, mantendo os aspectos positivos desse tipo da estrutura. Promove atividades multidisciplinares de maneira coordenada, amplia a participação nas decisões e propicia que o conhecimento seja compartilhado (Burns e Wholey, 1993; Morgan, 1992).

Segundo Morgan (1992), a estrutura matricial é mais adequada quando o ambiente está mudando muito e de forma imprevisível, mas Burns e Wholey (1993) apontaram outros motivos, como o fato de outras organizações de prestígio na mesma área de atuação terem adotado esse tipo de estrutura e também a influência dos meios de comunicação.

Apesar de ser menos rígida e das demais vantagens mencionadas, a estrutura matricial também enfrenta alguns problemas: cria-se uma duplicidade de comando porque as pessoas envolvidas nos projetos passam a ter mais de um chefe, um do seu departamento funcional e outro que coordena o projeto, o que pode trazer conflitos. Burns (1989) também observou que a estrutura matricial não se altera necessaria-

mente com frequência. Nos casos analisados pelo autor, os projetos se mantiveram por vários anos e com a mesma estrutura interna.

Estrutura Multidivisional – Combinação de Diferentes Tipos de Estrutura

Quando a empresa se torna muito grande, ela tende a ter uma combinação de diferentes tipos de estrutura, a chamada estrutura multidepartamental ou multidivisional. Um autor que chamou a atenção para esse tipo de estrutura foi Chandler (1990). Em um estudo histórico sobre o desenvolvimento da estrutura hierárquica, Chandler estudou quatro grandes organizações norte-americanas que tinham introduzido mudanças significativas em sua estrutura durante seu processo de desenvolvimento: Du Pont, General Motors, Standard Oil[5] e Sears Roebuck.

Nessas organizações, tinha prevalecido a mudança da estrutura funcional centralizada, na qual as decisões se concentram no topo da hierarquia, para estruturas multidivisionais, com uma administração central e várias divisões por produto ou territoriais. Segundo o autor, a mudança na estrutura não ocorreu apenas devido ao aumento do tamanho das organizações, mas também devido à necessidade decorrente de operar em distintas localizações ou em mercados de produtos distintos.

No entanto, como mencionado, as estruturas apresentam certa rigidez. Por isso, em muitos casos, a mudança na estrutura só ocorre depois de uma crise, que obriga a organização a se reposicionar no mercado. Foi o que se passou nos quatro casos estudados por Chandler (1990). As vendas de explosivos para fins militares para o governo diminuíram. Diante disso, a Du Pont diversificou sua linha de produtos, passando a atuar em novos mercados. Para isso, teve de alterar sua estrutura. A Standard Oil fez a mudança na estrutura quando passou a operar em outros países, depois que a Corte Suprema dos Estados Unidos impôs sua divisão em várias empresas independentes. A Sears Roebuck era líder em vendas para áreas rurais com entrega pelo correio. Quando esse mercado se retraiu, a empresa começou a abrir suas lojas em áreas urbanas.

O mesmo foi observado pelo autor em várias outras organizações que adotaram a estrutura multidivisional. A possibilidade de criar novas divisões deixou os executivos dessas organizações menos relutantes em diversificar sua linha de produtos ou de investir em países estrangeiros, pois elas permitem aproveitar oportunidades de novos mercados em vez de deixá-los para os concorrentes.

Assim como nos casos analisados por Chandler (1990), há bastante tempo existem organizações que têm parte de sua estrutura funcional, parte por produto, parte territorial e ainda fazem uso da estrutura matricial, com uma administração central monitorando seu desempenho.

Os tipos de estrutura apresentados constituem uma das formas possíveis de classificação. O item a seguir apresenta mais uma forma de classificação.

Outras Formas de Classificação

Alguns autores têm buscado criar novas formas de classificação dos tipos de estrutura, por exemplo Lawler (1994), Mintzberg (2003) e Mintzberg e Heyden

[5] A Standard Oil depois se tornou Exxon.

(1999). Mintzberg (2003) agrupa as diferentes estruturas em cinco tipos: simples, mecanizada, burocracia profissional, forma divisionalizada e "adhocracia". A estrutura simples é a mais centralizada, com as decisões centralizadas pelo principal executivo, que conta com poucos assessores. Nessa estrutura, a divisão de tarefas é pouco desenvolvida e o mecanismo de coordenação ocorre pela supervisão direta pelo principal executivo, que determina, de maneira implícita, a estratégia. É o tipo de estrutura que se observa na maioria das organizações em seus primeiros anos.

Do primeiro para o último tipo, diminui a centralização, aumentando, portanto, a autonomia em outros níveis hierárquicos. Na burocracia mecanizada, a descentralização se dá por meio da padronização na forma de realizar as tarefas, comandadas por um grupo de profissionais chamado de "tecnoestrutura". A definição da estratégia ocorre de cima para baixo. Segundo o autor, esse tipo de estrutura só se adapta a ambientes estáveis.

Na burocracia profissional, há autonomia dos profissionais ligados às áreas mais técnicas, que procuram se manter capacitados e, para isso, buscam recursos externos, como treinamentos. Na forma divisionalizada, a autonomia se desloca para os responsáveis pelos departamentos e a coordenação se dá por meio de um controle dos resultados, que devem seguir um padrão estabelecido pela administração central.

O tipo mais descentralizado e menos rígido é o último, chamado pelo autor de "adhocracia".[6] Formam-se grupos com membros de diferentes profissões e áreas, com as habilidades necessárias para tomar as decisões, desenvolver projetos ou atividades específicas, que depois se desfazem e formam-se outros grupos para outras tarefas, sucessivamente. Como pode ser observado, a alocação de profissionais em equipes de projetos é semelhante à realizada na estrutura matricial.

Novas Formas de Organização

No período posterior à Segunda Guerra Mundial, o modelo de organização tida como bem-sucedida era a grande empresa integrada verticalmente. Um exemplo foi a Ford, que chegou a ter um seringal na Amazônia para extrair o látex a fim de produzir a borracha que seria utilizada nos pneus de seus veículos[7] (Silva, 2005). Outro exemplo foi a fábrica da Volkswagen no ABC paulista, que chegou a ter mais de 40 mil funcionários, na década de 1980, com diversas etapas do processo produtivo realizadas internamente (Olmos, 2006).

Desde a década de 1990, esse deixou de ser o modelo de estrutura organizacional recomendável. Ela deveria ser reduzida e, para isso, as grandes organizações passaram por sucessivos processos de mudança em sua estrutura. Diminuíram o número de níveis hierárquicos, com a eliminação de cargos intermediários de comando, e atividades que eram realizadas dentro da estrutura foram externalizadas, ou seja, passaram a ser contratadas externamente. No Brasil, foi criado um novo termo para a externalização de atividades: "terceirização".

---

[6] O termo "adhocracia" provém de *ad hoc*, do latim, que significa dedicado a uma finalidade, designado para executar uma tarefa específica (Houaiss, 2001).

[7] Um dos objetivos de Ford era se livrar do monopólio inglês sobre a comercialização do látex.

Nesse mesmo período, a forma de relação entre empresas no Japão, principalmente na indústria automobilística, passa a ser recomendada como a melhor prática, aquela que todas as organizações devem adotar. Isso se impôs principalmente devido à grande influência alcançada pelo livro de Womack *et al.* (1992). Segundo esses autores, as montadoras de veículos japonesas têm relações mais próximas com seus fornecedores de autopeças, mais duradouras, com maior confiança mútua e com trocas constantes de informações técnicas. Diante disso, defende-se que as organizações estabeleçam esse tipo de relação com as empresas fornecedoras.

Para Powell (1990), esse tipo de relação constitui uma "relação em rede", uma forma intermediária que se coloca entre as tradicionais relações de mercado e hierárquicas. Segundo o autor, quando uma organização precisava que uma atividade fosse realizada, ela escolhia entre contratar essa atividade externamente, no mercado, ou realizá-la internamente, em sua estrutura hierárquica.[8] Numa relação típica de mercado, a escolha recai sobre o fornecedor com menor preço e o contato só ocorre no momento da compra.[9] Na hierarquia, existe uma relação de autoridade sobre a divisão que executa a atividade, de maneira que se impõem as condições para sua execução, mas isso implica a manutenção de um custo fixo. Numa relação em rede, a atividade não é executada internamente à estrutura, mas também não é uma relação que só existe no ato da compra. A organização cliente, que compra, tem maior influência sobre o comportamento do fornecedor e pode impor as condições para a execução da atividade contratada. Com isso, é possível aliar vantagens das duas formas tradicionais de relação.

CONSIDERÇAÇÕES FINAIS

Como parte de um livro introdutório, este capítulo apresentou alguns temas importantes relacionados à área de estratégia e organizações. Devido à grande diversidade de temas possíveis, sua elaboração exigiu um processo de seleção sobre o que apresentar para quem está iniciando o curso de graduação em Engenharia de Produção. Pensando em um texto acessível àqueles que estão iniciando na Engenharia de Produção, mas que permitisse, ao mesmo tempo, ter uma boa ideia de fenômenos organizacionais centrais, apresentaram-se os passos necessários para definir uma estratégia formal e algumas das implicações da estratégia escolhida sobre a estrutura organizacional.

REFERÊNCIAS BIBLIOGRÁFICAS

AAKER, David A. Strategic market management. New York: John Wiley, 1984.

ARAÚJO, Ângela M.C., GITAHY, Leda, RACHID, Alessandra e CUNHA, Adriana M. (2004) Globalização, estratégias gerenciais e respostas operárias: um estudo comparativo da indústria de linha branca. Relatório para FAPESP.

BURNS, Lawton R. (1989) Matrix management in hospitals: testing theories of matrix. In: Administrative Science Quarterly, vol. 34, n.3. p.349-368.

---

[8] Essa escolha é frequentemente chamada de *make or buy*, mesmo no Brasil.

[9] Cabe observar que alguns autores, como Granovetter (1985), acreditam que as relações puras de mercado praticamente não existem, já que todas as ações econômicas, assim como qualquer ação humana, realizam-se dentro de redes de relações interpessoais. Dessa forma, qualquer conjunto de ligações entre atores, sejam eles indivíduos, organizações ou seus membros, pode ser considerado uma rede.

BURNS, Lawton R. e WHOLEY, Douglas R. (1993) Adoption and abandonment of matrix management programs: effects of organizational characteristics and interorganizational networks. In: Academy of Management Journal, vol. 36, n.1, fev. P. 106-138.

CHANDLER, Alfred D. (1990) Strategy and structure: chapters in the history of the industrial enterprise. Cambridge, MIT Press, 1990. 463 p.

CHIAVENATO, Idalberto (1983) Teoria das Relações Humanas. In: Introdução à Teoria Geral da Administração, São Paulo, Ed. McGraw Hill, 1983, p. 96-115.

CISCO (2005) Cisco's Geographic Theatre Structure Emerging. Disponível em http://newsroom.cisco.com/dlls/2005/theather_structure.pdf. Acesso em fev/2007.

COSTA, Melina (2007) Ele dobrou a Casas Bahia. In: Revista Exame, 8/fev. p.46-47.

DANET, Didier. La stratégie militaire appliquée à la vie des affaires: Austerlitz ou Waterlloo? Revue Française de Gestion. Paris, jan./fev. 1992. p. 24-29.

DONADONE, Júlio C. e SZNELWAR, Laerte I. (2004) Dinâmica organizacional, crescimento das consultorias e mudanças nos conteúdos gerenciais nos anos 90. In: Produção, vol.14, n.2. p.58-69.

EXAME (2006) Melhores e Maiores – As 500 maiores empresas do Brasil. Revista Exame, São Paulo, Ed. Abril. Jun.

GENERAL ELETRIC (2005) Our business. GE's 2004 Annual Report to Shareowners. Disponível em www.ge.com/ar2004/ob.jsp. Acesso em nov/2006.

GRANOVETTER, Mark (1985) Economic action and social structure: the problem of embeddedness. In: American Journal of Sociology, vol.91, n.3, pp.481-510.

GRUPO PÃO DE ACÚCAR (s.d.) Conheça a CBD: Centros de Distribuição. Disponível em www.cbd-ri.com.br/port/conheca/centros_distribuicao.asp. Acesso em fevereiro de 2007.

HAMPTON, David R. (1992) Projeto de organização. In: _______ Administração contemporânea. São Paulo, EditoraMcGraw-Hill, 3.ª ed. p.276-296.

HOUAISS, Antônio (2001) Dicionário eletrônico da língua portuguesa. Ed. Objetiva (CD rom - Versão 1.0).

LAWLER, Edward E. (1994) From job-based to competency-based organizations. Journal of Organizational Behavior, vol.15, n.1. p. 3-15.

MILES, R. E., SIMON, C. C. Organizational strategy, structure and process. New York: McGraw-Hill, 1978.

MINTZBERG et al. (2000)1 , , H; AHLSTRAND, B.; LAMPEL, J. Safári de estratégia . um roteiro pela selva do planejamento estratégico. Porto Alegre, Bookman, 2000.

MINTZBERG, Henry (2003) Criando organizações eficazes: estruturas em cinco configurações. São Paulo, Ed. Atlas, 2003. 2.ª edição.

MINTZBERG, Henry e HEYDEN, Ludo V. (1999) Organigraphics: drawing how companies really work. In: Harvard Business Review. Vol.77, n.5, set.-out. p.87-94.

OLIVEIRA, Djalma de Pinho Rebouças de. Planejamento estratégico: conceitos, metodologia e prática. 4.ª ed. São Paulo: Atlas, 1989

OLMOS, Marli (2006) Crise na fábrica da Volks assusta o ABC paulista. In: Valor Econômico, 16/mai. Disponível em www.valor.com.br. Acesso em fev/2007.

PORTER, M. E. Vantagem competitiva. Rio de Janeiro: Campus, 1989.

POWELL, Walter W (1990) Neither market nor hierarquy: networks forms of organization. In: Research in Organizacional Behavior, vol.12, ed. by Cummings L.L. e Shaw B., Greenwich, CT: JAI Press, pp. 295-336.

QUINN, J. B. Strategies for change. In: MINTZBERG, H., QUINN, J. B. The strategy process: concepts and context. New Jersey: Prentice-Hall, 1992. p. 4-12.

RACHID, A., SACOMANO NETO, M., BENTO, P. E. G., DONADONE, J. C. e ALVES F., A. G. (2006) Organização do trabalho na cadeia de suprimentos: os casos de uma planta modular e de uma tradicional na indústria automobilística. In: Produção, maio/ago. vol.16, n.º 2, p.189-202.

SILVA, A. L. A busca de oportunidades estratégicas: um estudo multicaso no setor avícola em Santa Catarina. Dissertação (Mestrado) em Engenharia de Produção-EPS/UFSC. Florianópolis: Universidade Federal de Santa Catarina, dez. 1993.

SILVA, Chico (2005) O delírio perdido de Ford. In: Isto é, 23/nov. Disponível em www.terra.com.br/istoe/1884/artes/1884_delirio_perdido_de_ford.htm. Acesso em fev/ 2007.

TEECE, D. J. Capturing value from technological innovation: integration, strategic partnering and licensing decisions. Interfaces, 18 May/June 198

THIETART, Raymond-Alain. La stratégie d'entreprise. Paris : McGraw-Hill, 1991.

VOTORANTIM (2006) O Grupo Votorantim – Perfil. Disponível em www.votorantim.com.br/PTB/O_Grupo_Votorantim/Perfil/. Acesso em fev/2007.

WOMACK, James P.; JONES, Daniel T.; ROOS, Daniel (1992) A máquina que mudou o mundo. Rio de Janeiro, Ed. Campus.

CAPÍTULO 10

GESTÃO DA TECNOLOGIA

Ana Lúcia Vitale Torkomian
Departamento de Engenharia de Produção
Universidade Federal de São Carlos

Ana Elisa Tozetto Piekarski
Departamento de Ciência da Computação
Universidade Estadual do Centro-Oeste

INTRODUÇÃO

A tecnologia, como conhecimento aplicado, permeia todas as áreas de atividade das organizações. Não se trata mais de um instrumento de competitividade, mas de um pré-requisito para a sobrevivência das empresas. Sendo originado nos processos de pesquisa e desenvolvimento (P&D), o grande desafio é transformar esse conhecimento – ou tecnologia – em inovações, capazes de impulsionar o desenvolvimento econômico do ambiente em que se inserem (quer seja do empreendimento, do setor ou da região e, por consequência, da nação).

O processo de desenvolvimento tecnológico no Brasil tem características distintas do perfil internacional. Embora sejam as empresas as responsáveis por transformar os conhecimentos produzidos em inovações capazes de gerar desenvolvimento econômico, no Brasil os investimentos e as atividades de P&D acontecem, em sua maioria (60%), no setor público. Portanto, a interface entre esses setores – um que produz conhecimento, outro que os transforma em inovação – é questão-chave para o desenvolvimento tecnológico.

Considerando essa realidade, atuar na interface entre a geração de conhecimento e a sua transformação em tecnologia, apresenta-se como um campo de atuação promissor ao Engenheiro de Produção, uma vez que se espera do profissional dessa área, além dos conhecimentos das áreas mais tradicionais da Engenharia de Produção, a familiaridade com novos campos da gestão empresarial. Daí a sólida base de conhecimentos tecnológicos que permite ao profissional formado atuar nas mais diversas atividades gerenciais.

Em âmbito intraempresarial, a gestão de tecnologia envolve a gerência da carteira de projetos de P&D e a coordenação de comitês operacionais e programas das áreas tecnológicas, com forte ênfase no trabalho em rede. Nessas atividades, estão envolvidas as diretrizes e a prospecção tecnológica, incluindo a construção de cenários, identificação e análise de tendências e sinais de mudança e construção e gerenciamento de redes de inteligência de tecnologia e mercado. As redes de inteligência de tecnologia e mercado, como formas de integração tecnológica, contemplam convênios e contratos com e entre universidades e institutos de pesquisa, bem como projetos multiclientes, pesquisas cooperativas, alianças estratégicas e intercâmbios. O plano estratégico da empresa é influenciado por políticas governamentais, normas e regulamentações, bem como por tendências do ambiente de negócios. As atividades estratégicas e operacionais de P&D são direcionadas pelas regulamentações sobre os investimentos, incluindo as linhas de financiamento não reembolsáveis e os empréstimos.

Nesse sentido, este capítulo se destina a apresentar os conceitos do processo de desenvolvimento tecnológico e os diversos meios que possibilitam a produção, a proteção, a transferência e o uso da tecnologia e da inovação. É destacada a importância dos mecanismos de transferência de tecnologia com vistas ao desenvolvimento inovativo, tais como os programas de estímulo e apoio ao empreendedorismo. Além de gerar novas empresas, é preciso fornecer a elas um ambiente adequado para que se desenvolvam. O resultado desta premissa foi o surgimento das incubadoras de empresas e os parques tecnológicos. Também as aglomerações industriais (tais como os pólos tecnológicos e as redes de cooperação e inovação) são mecanismos importantes que possibilitam a integração tecnológica para o desenvolvimento inovativo, em geral com a participação de universidades e institutos de pesquisa. Esses ambientes constituem mecanismos de apoio para que o desenvolvimento tecnológico aconteça, incluindo os investimentos e o arcabouço legal, que podem ser aferidos por meio dos indicadores de ciência, tecnologia e inovação (C,T&I).

TECNOLOGIA, INOVAÇÃO E DIFUSÃO TECNOLÓGICA

Comumente, tecnologia é entendida como o conjunto ordenado de todos os conhecimentos utilizados na produção, distribuição e uso de bens e serviços (Sábato, 1978).

Também podemos observar o comportamento da tecnologia como um bem econômico, uma mercadoria sujeita a todos os tipos de transações legais e ilegais: compra, venda, troca, cópia, roubo.

Comportando-se como um bem econômico, a tecnologia tem um preço. Seu valor no mercado mundial é geralmente bastante elevado, devido, principalmente, a dois fatores: os altos custos para sua produção e a valorização devido à grande demanda. Sob o ponto de vista macroeconômico, todos os países necessitam de tecnologias eficientes para manter e ampliar as taxas de crescimento de sua produção. Sob o ponto de vista microeconômico, as empresas necessitam continuamente de tecnologias novas e melhores para se manterem competitivas no mercado e, consequentemente, sobreviverem. Isso explica a elevada e crescente demanda tecnológica, a qual propicia aos detentores de tecnologia uma posição altamente vantajosa nas negociações (Longo, 1987).

Para Vasconcellos e Andrade (1996), gestão da tecnologia é o uso de técnicas de administração com a finalidade de maximizar o potencial da tecnologia como instru-

mento de apoio para atingir os objetivos da organização. No caso de empresas privadas, tais objetivos estão geralmente relacionados com redução de custos, melhoria do desempenho dos produtos atuais, desenvolvimento de novos produtos e redução dos prazos para introdução de inovações. Organizações não lucrativas usam a tecnologia para solucionar problemas prioritários da sociedade, fornecendo produtos e serviços de melhor qualidade a custos mais baixos e em prazos menores. O processo de acumulação tecnológica – bem como o aprendizado de conhecimentos tecnológicos – é o meio de se chegar à inovação (Bell; Pavitt, 1993).

A inovação pode ocorrer de forma a melhorar as características de um bem ou processo já existente, denominada inovação incremental, ou de forma a provocar ruptura no padrão organizacional, quer seja em relação aos seus produtos, quer seja em relação aos processos que opera, denominada inovação radical.

Enquanto a inovação incremental requer investimentos em menor escala e é resultante de projetos de curto a médio prazo, a inovação radical implica, em geral, projetos de P&D de longo prazo; são projetos de alto risco e têm grande impacto, pois seus resultados acabam se tornando o principal produto ou o objetivo da empresa.

Para o IBGE (2002b), a inovação tecnológica é definida, seguindo recomendação internacional, pela implementação de produtos (bens ou serviços) ou processos tecnologicamente novos ou substancialmente aprimorados. A implementação da inovação ocorre quando o produto é introduzido no mercado ou o processo passa a ser operado pela empresa.

Dessa forma, a inovação deve ser analisada tendo como base as empresas, pois são elas que trazem as inovações ao mercado e competem por ele. Da perspectiva política, pode-se desejar definir um sistema nacional de inovação como um quadro relevante de referência para as intervenções governamentais. Outros argumentam em favor de redes como unidades de análise mais abstratas (pois é através das inter-relações que as inovações emergem).

O processo inovativo envolve duas atividades principais, que devem ser diferenciadas (Bell; Pavitt, 1993):

1. *O desenvolvimento e a comercialização inicial de inovação significativa.* Essa atividade compreende o desenvolvimento da inovação em si.

2. *A aplicação em escala progressiva dessa inovação, denominada difusão tecnológica.* Mais do que aquisição de maquinário ou projetos de produtos e assimilação de conhecimento operacional, a difusão trata de moldar a inovação para as condições particulares de uso e implementar melhorias para atingir um padrão de desempenho melhor do que o original. É por meio da difusão tecnológica que os potenciais usuários podem testar, adaptar, implementar melhorias e adotar uma inovação. Nesse processo, a aprendizagem pode promover novas mudanças técnicas, denominadas *inovações incrementais.*

A partir desses conceitos, a próxima seção aborda os aspectos relacionados à geração de tecnologia, incluindo os mecanismos de proteção da propriedade intelectual e sua transferência, em especial por meio da criação de novas empresas.

GERAÇÃO E TRANSFERÊNCIA DE TECNOLOGIA

A geração de conhecimento é resultante da atividade de pesquisa e desenvolvimento (P&D), que depende de inúmeros fatores, tanto internos quanto externos à organização, tais como os investimentos realizados, a disponibilidade de mão de obra qualificada, o uso de mecanismos de proteção da propriedade intelectual (que propicia a exploração adequada do conhecimento gerado) e a infraestrutura das instituições de ensino e pesquisa. Alguns desses fatores são comentados nesta seção, a fim de demonstrar o contexto brasileiro de P&D.

Os mecanismos de transferência de tecnologia, aliados aos conceitos de empreendedorismo e ao papel das empresas de base tecnológica (EBTs), têm propiciado resultados satisfatórios, tanto em relação à geração de novas empresas (*spin-offs*), quanto à competitividade das pequenas empresas já existentes, por meio da incorporação de novos produtos e/ou processos. Todos esses fatores relacionados à geração e transferência da tecnologia também constituem esta seção.

O Cenário de Pesquisa e Desenvolvimento no Brasil

Desde 2002, cerca de 1% do PIB brasileiro – totalizando os investimentos públicos e privados – é aplicado em pesquisa e desenvolvimento. Embora seja o maior investimento na América Latina, é bastante baixo quando comparado à média de 2,2% dos países da OCDE.[1] Cerca de 60% das atividades de P&D são executadas e financiadas pelo governo. Quase dois terços dos gastos governamentais são destinados às universidades públicas (34,2%) e institutos de pesquisa e fomento (só à Empresa Brasileira de Pesquisa Agropecuária – Embrapa – são destinados 13,2% dos recursos), e uma pequena parcela é endereçada às empresas (Cruz; Mello, 2006).

Outro agravante quanto aos investimentos em P&D no Brasil é a baixa incidência de projetos envolvendo parceria universidade–empresa. Nos países da OCDE, 5% dos investimentos para pesquisa nas universidades e institutos de pesquisa provêm do setor produtivo. Nos Estados Unidos, essa média é de cerca de 7,5%.

Além dos investimentos, as atividades de P&D dependem da qualificação técnica e colocação no mercado de trabalho de cientistas e engenheiros (C&E). Quanto à qualificação, o Brasil dispõe de cursos de graduação e pós-graduação de boa qualidade, mas a quantidade está muito aquém da média dos países da OCDE. Além disso, o crescimento na oferta de vagas de graduação tem sido nas áreas de ciências sociais e humanas, principalmente em instituições particulares. O resultado é o baixíssimo índice de 0,08 engenheiro formado para cada mil habitantes, contra 0,22 nos Estados Unidos, 0,33 na Alemanha e França, e 0,8 na Coreia do Sul (Cruz; Mello, 2006).

Quanto à colocação no mercado de trabalho, os cientistas e engenheiros com alta qualificação (com mestrado ou doutorado) se concentram em universidades e

---

[1] OCDE: sigla de Organização para a Cooperação e Desenvolvimento Econômico (em inglês, Organisation for Economic Co-operation and Development – OECD). Trata-se de um grupo com 30 países-membros que compartilham um compromisso de governo democrático e economia de mercado. Também mantém contato com outros 70 países, dentre os quais o Brasil. Além das conhecidas publicações e estatísticas, a OCDE trabalha em tópicos relacionados à macroeconomia para comércio, educação, desenvolvimento e ciência e inovação (www.oecd.org).

institutos de pesquisa, e não no setor industrial, que é onde a inovação propriamente dita ocorre. Outro fator apontado como deficitário, mesmo quando comparado a outros países de baixa renda, é a difusão das tecnologias de informação e comunicação (TICs),[2] considerada como pré-requisito para o desenvolvimento da economia baseada em conhecimento (Cruz; Mello, 2006).

As universidades e institutos de pesquisa desempenham importante papel no desenvolvimento econômico, e sua aproximação com o setor produtivo tem sido crescentemente estimulada visando ao fortalecimento da indústria nacional. Os mecanismos de transferência de tecnologia podem contemplar empresas já existentes ou, utilizando-se da cultura empreendedora, favorecer o surgimento de novas empresas.

Propriedade Intelectual

A propriedade intelectual concede direitos a autores que tenham realizado criações provenientes de sua capacidade intelectual. Ela abrange direitos do autor, cultivares e organismos geneticamente modificados, circuitos integrados, programas de computador e propriedade industrial.

A propriedade industrial é uma parte componente da propriedade intelectual que visa proteger o chamado bem imaterial, resultado da criação humana, que possua aplicação industrial. Essa proteção abrange invenções e modelos de utilidade, desenhos industriais, marcas e indicações geográficas, e determina os parâmetros de repressão à concorrência desleal.

O sistema de proteção à criação intelectual busca valorizar a atividade inventiva, concedendo a exclusividade de uso ou exploração ao seu proprietário (titular), evitando que determinada tecnologia seja ilicitamente apropriada por terceiros. No Brasil, esse sistema de proteção é regido pela Lei nº 9.279, de 1996, e por atos normativos publicados pelo INPI – Instituto Nacional de Propriedade Industrial.

A patente é um título de propriedade que concede direitos exclusivos de exploração e utilização de um produto, dentro dos limites do território nacional, por um período de tempo determinado. Uma patente de invenção é definida como um bem material que seja fruto da atividade intelectual do homem e que proporcione uma melhoria no estado da técnica. Já o modelo de utilidade faz referência a um bem material já conhecido que, devido à sua forma particular, proporciona aumento de sua capacidade de utilização (melhoria funcional).

Para que um invento seja considerado patenteável deve atender aos requisitos de aplicação industrial, atividade inventiva e novidade. O desenvolvimento de estratégias eficientes para a proteção da propriedade intelectual é de importância fundamental para garantir a competitividade e o desenvolvimento econômico nacional, bem como para permitir seu uso por meio de terceiros, através de processos de transferência de tecnologia.

---

[2] Os principais índices mensurados são: número de linhas telefônicas fixas, número de telefones celulares, servidores de Internet, usuários de Internet e computadores pessoais.

Mecanismos de Transferência de Tecnologia

A transferência de tecnologia da universidade para a sociedade, além da vertente acadêmica que envolve a atividade de ensino, com a formação de recursos humanos, orientação, possibilitando a geração de dissertações e teses, e pesquisa, favorecendo avanços do conhecimento que são publicados, pode ocorrer também através da interação com empresas, em pesquisas conjuntas, consultorias, prestação de serviços ou com a geração de novos empreendimentos.

Anprotec e Sebrae[3] (2002, p. 94) definem transferência de tecnologia como o "intercâmbio de conhecimento e habilidades tecnológicas entre instituições de ensino superior e/ou centros de pesquisa e empresas. Faz-se na forma de contratos de pesquisa e desenvolvimento, serviços de consultoria, formação profissional (inicial e continuada), venda de patentes, marcas e processos industriais, publicação na mídia científica, apresentação em congressos, migração de especialistas, programas de assistência técnica, espionagem industrial e atuação de empresas multinacionais".

A existência de universidades, escolas técnicas e laboratórios de pesquisa não acadêmicos, de acordo com a área em que atuam, é considerada como fator importante para a criação de novas empresas de base tecnológica e *clusters* regionais. Outro fator significativo é a disponibilidade de infraestrutura e *links* de comunicação (Licht; Nerlinger, 1998). Ou seja, mesmo em países em que há significativos investimentos privados para o desenvolvimento tecnológico, o arcabouço de conhecimentos disponível nas instituições de ensino e pesquisa não deve ser ignorado.

Para que o conhecimento gerado nessas instituições alcance o mercado (por meio das empresas), são necessários mecanismos de transferência, que podem se dar através de interação das instituições com o mercado (empresas já existentes) ou por meio da criação de novas empresas por parte de profissionais que constituíram (temporariamente ou não) o quadro de tais instituições (essas novas empresas são denominadas *spin-offs*).

As *spin-offs* acadêmicas são empresas geradas a partir de universidades por docentes, funcionários ou alunos, da graduação ou de cursos de pós-graduação, com o objetivo de aproveitar oportunidades percebidas ou geradas através da pesquisa desenvolvida nessas instituições. Sendo assim, muitas dessas *spin-offs* são também empresas de base tecnológica (EBTs). A criação de novas empresas depende de empreendedores, como veremos a seguir.

---

[3] Anprotec é a sigla de Associação Nacional de Entidades Promotoras de Empreendimentos Inovadores. Trata-se de uma entidade sem fins lucrativos que tem o papel de criar mecanismos de apoio às incubadoras de empresas, parques tecnológicos, pólos, tecnópolis e outros organismos promotores de empreendimentos inovadores (www.anprotec.org.br).

O Sebrae – Serviço Brasileiro de Apoio às Micro e Pequenas Empresas – visa ao desenvolvimento sustentável das empresas de pequeno porte. Dentre suas atividades, promove cursos de capacitação, facilita o acesso a serviços financeiros, estimula a cooperação entre as empresas, organiza feiras e rodadas de negócios e incentiva o desenvolvimento de atividades que contribuem para a geração de emprego e renda (www.sebrae.com.br).

A citação refere-se ao *Glossário dinâmico de termos na área de tecnópolis, parques tecnológicos e incubadoras de empresas* desenvolvido em parceria pelas duas entidades, consideradas referência no contexto nacional de empreendedorismo, incubadoras de empresas, pólos e parques tecnológicos.

UM EXEMPLO DE MECANISMO DE TRANSFERÊNCIA DE TECNOLOGIA

O CASO DO PROETA – EMBRAPA

Dentre os mecanismos de transferência, vale a pena destacar o exemplo do Projeto de Apoio ao Desenvolvimento de Empresas de Base Tecnológica Agropecuária – Proeta, da Empresa Brasileira de Pesquisa Agropecuária – Embrapa.

O Proeta, desenvolvido em 2002 com o apoio do Banco Interamericano de Desenvolvimento – BID, envolvendo contrapartida da Embrapa, foi motivado pelo fato de que, no mundo todo, apenas 2% das tecnologias transferidas são de base tecnológica agropecuária, além de a Embrapa ser a maior empresa de pesquisa agropecuária dos países tropicais. O Proeta prevê a criação de novas empresas baseadas em tecnologia agropecuária, em parceria com incubadoras conveniadas já existentes nos municípios contemplados pelo projeto.

O Centro Nacional de Pesquisa e Desenvolvimento de Instrumentação Agropecuária – CNPDIA, conhecido por Embrapa Instrumentação Agropecuária, sediado em São Carlos, foi uma das cinco unidades escolhidas para implantar o piloto do Proeta; as outras são em Brasília (em três unidades da Embrapa) e Fortaleza, conforme a amplitude das tecnologias disponíveis nas unidades e o atendimento aos critérios do BID, além de se tratar de cidades que já possuíam incubadoras de empresas.

Os recursos do BID, destinados unicamente à Embrapa, preveem itens como: treinamento da equipe de coordenação do projeto, contratação do consultor, adaptação das instalações, treinamento dos incubados, auxílio aos empreendedores para a participação em feiras, confecção de *folders* e pagamento de diárias para a participação em eventos.

Além da coordenação nacional do Proeta em Brasília há, nas unidades-piloto, coordenadores e consultores locais. Os consultores locais são profissionais habilitados em incubação, empreendedorismo e transferência de tecnologia. Dentre as responsabilidades desses consultores estão cursos de empreendedorismo.

A primeira chamada do Proeta em São Carlos foi realizada por meio de edital, com cinco tecnologias disponíveis, a saber:

- Língua eletrônica: aparelho formado por polímeros condutores utilizado para avaliar a qualidade sensorial de bebidas.
- Tomógrafo portátil: equipamento para análise qualitativa e quantitativa de árvores e plantas, incluindo o ataque de cupins, formigas e besouros.
- Analisador de alimentos: aparelho fototérmico que identifica a presença de impurezas no café em pó.
- Processo de aproveitamento do lodo de esgoto: método que transforma dejetos em adubo orgânico para uso na agricultura.
- Fotorreator: equipamento de baixo custo para o tratamento de resíduos de pesticidas em água.

A partir do cadastro de pessoas físicas, houve uma pré-seleção, com o objetivo de identificar competências adequadas a partir da capacitação técnica dos empreendedores, e passou-se à elaboração do plano de negócio. A partir da seleção do empreendedor, há um processo de pré-incubação, realizado nas dependências da Embrapa, que visa aproximar o empreendedor da tecnologia e, posteriormente, o empreendedor é encaminhado à incubadora parceira do Projeto.

Com essas tecnologias do CNPDIA, quatro novas empresas foram geradas (pois um dos empreendedores cadastrados obteve o licenciamento de duas tecnologias publicadas).

Empreendedorismo

Dá-se o nome de empreendedor àquele que tem a capacidade de identificar uma oportunidade e fazer dela um negócio. O termo, inicialmente utilizado por Schumpeter em 1934, refere-se à criação de novos negócios que dinamizam a economia, tanto sob o aspecto inovativo quanto de geração de empregos, processo ao qual denominou "destruição criativa".

Há vários estudos que tentam identificar o perfil dos empreendedores de sucesso. Grande carga fica por conta de aspectos psicológicos e sociais, sobre os quais o controle é reduzido. Mas, além da capacidade técnica, um dos fatores decisivos é a habilidade gerencial, que pode ser desenvolvida. Para isso, cada vez mais o número de cursos de empreendedorismo se expande, tanto no ensino superior quanto no ensino médio, em geral vinculados a programas de incentivo à geração de novas empresas.

O movimento empreendedor encontra respaldo como forma de desenvolvimento econômico, em que as oportunidades de trabalho são identificadas e exploradas, permitindo ao indivíduo empreendedor participar do mercado de trabalho e garantir sua sobrevivência em sociedades competitivas.

O que impele um indivíduo a tomar a decisão de empreender um novo negócio está fortemente relacionado aos estímulos do ambiente que o cerca: histórico familiar, situação macroeconômica, formação técnica, além de desafio/motivação pessoal e capital (recursos financeiros).

No contexto tecnológico, em que um indivíduo identifica em uma tecnologia uma possibilidade de inovação, utiliza-se o termo empreendedorismo tecnológico ou tecnoempreendedorismo. Para Formica (2000, p. 71), as principais características de um empreendedor tecnológico são:

- Familiaridade com o mundo acadêmico.
- Busca de oportunidades de negócios na economia digital e do conhecimento (tecnologia da informação e comunicação – TIC, eletrônica, computação, *software*, biotecnologia, tecnologias voltadas para o meio ambiente).
- Cultura técnica de risco, para investir em um pequeno nicho de mercado com baixas possibilidades de sobrevivência.
- Desconhecimento da visão de negócios e conhecimento inadequado da estrutura competitiva de mercado.

A sobrevivência e o crescimento dos empreendimentos dessa natureza dependerão da aquisição de conhecimento gerencial por parte do empreendedor, bem como da expansão de sua rede de relacionamentos, em especial os vínculos de mercado (Formica, 2000). São esses empreendedores que darão origem às empresas de base tecnológica (EBTs).

Empresa de Base Tecnológica

As pequenas empresas que contribuem mais efetivamente para o processo inovativo são as denominadas empresas de base tecnológica (EBTs). Para Pinho, Côrtes e Fernandes (2002, p.138), EBTs são empresas que:

- realizam esforços tecnológicos significativos;
- concentram suas operações na fabricação de novos produtos.

Tratam-se de empreendimentos cuja fundamentação da atividade produtiva é baseada na aplicação sistemática de conhecimentos científicos e tecnológicos, resultando em novos produtos ou processos com conteúdo inovador (Anprotec; Sebrae, 2002). Em uma definição ampla, novas EBTs são empresas jovens cujos produtos são baseados em tecnologias relativamente novas (Kulicke; Krupp, 1987).

Bollinger, Hope e Utterback (1983) definem as novas EBTs a partir de:

- *Número de fundadores*: a empresa é constituída por um núcleo reduzido de pessoas (de uma a quatro ou cinco).
- *Independência*: a empresa não é parte de grande empresa ou subsidiária nem o fundador é acionário de outra, mas frequentemente um empreendedor pode fundar e vender parte dela para iniciar outro negócio.
- *Motivação primária*: a nova empresa surge para explorar uma ideia tecnológica inovativa.

Há uma série de condições sociais favoráveis para que um empreendedor inicie uma nova empresa, a começar por uma instituição-mãe, assim denominada por indicar a origem do empreendedor, e com a qual conserve um bom relacionamento, que pode ser universidade, instituto de pesquisa, empresa pública ou privada. É a partir dessa instituição-mãe que o empreendedor pode perceber espaços de mercado, desenvolver novas tecnologias, estabelecer redes de relacionamento e criar vínculos com fornecedores (Ferro; Torkomian, 1988).

Em se tratando de responder às mudanças na velocidade em que o mercado requer, espera-se que tais empresas sejam mais aptas. Dinamismo, flexibilidade e capacidade de resposta são características peculiares desses empreendimentos, assim como a facilidade de comunicação entre seus colaboradores.

No Brasil, a quantidade dessas empresas não é significativa, da mesma forma que o seu desempenho econômico (Pinho; Côrtes; Fernandes, 2002). Também não são representativas em termos de geração de empregos, pois não são intensivas em mão de obra, mas geram oportunidades de trabalho altamente qualificado. Em geral, são resultantes de processos de transbordamento e/ou transferência (através de processos de licenciamento) de tecnologia, originadas em universidades (*spin-offs*) ou outras empresas de maior porte (*spin-outs*).

É comum que as pequenas empresas busquem melhor desempenho por meio da atuação em conjunto ou sejam levadas a agrupamentos que favoreçam a competitividade. Além disso, há instrumentos que promovem o desenvolvimento de novas empresas, sua conexão com outras já existentes e o ambiente em que se inserem. Na próxima seção, são abordados os instrumentos de incentivo à criação de novas empresas, bem como as redes de cooperação e inovação.

ARRANJOS INSTITUCIONAIS FACILITADORES DO DESENVOLVIMENTO TECNOLÓGICO

O empreendedorismo encontra ambiente propício em iniciativas que buscam – por meio da disponibilidade de recursos para o desenvolvimento de novas empresas ou pelo favorecimento da associação de empresas – alavancar o desenvolvimento tecnológico do setor produtivo.

Nesta seção, são apresentados os mecanismos de apoio à geração de novas empresas – as incubadoras, bem como outros arranjos que facilitam o desenvolvimento de empresas de base tecnológica, por meio de ações conjuntas, como é o caso dos pólos e parques tecnológicos, bem como as redes de cooperação e inovação.

Incubadora de Empresas

Uma incubadora de empresas é, segundo Anprotec e Sebrae (2002, p. 59), um:

- agente nuclear do processo de geração e consolidação de micro e pequenas empresas;
- mecanismo que estimula a criação e o desenvolvimento de micro e pequenas empresas industriais ou de prestação de serviços, empresas de base tecnológica ou de manufaturas leves, por meio da formação complementar do empreendedor em seus aspectos técnicos e gerenciais;
- agente facilitador do processo de empresariamento e inovação tecnológica para micro e pequenas empresas.

Através da disponibilidade de espaço físico e infraestrutura adequada para abrigar temporariamente as empresas nascentes, a incubadora deve dispor de equipe preparada para prestar serviços compartilhados, assessorar e treinar as incubadas no que diz respeito às questões técnicas e empresariais, bem como para acompanhar e avaliar o desenvolvimento da nova empresa.

Em geral, as incubadoras são geridas por órgãos governamentais de ensino e/ou pesquisa, associações empresariais e fundações. A proximidade e o alinhamento por área tecnológica com as instituições de ensino, em especial com as universidades, deve garantir a demanda da incubadora, por meio de profissionais que desejem desenvolver novas empresas, manter a capacidade de apoio técnico e acesso a laboratórios aos incubados, e disponibilizar vínculos preestabelecidos para ampliar a rede de relações das novas empresas à medida que se façam necessários.

Quanto ao foco, as incubadoras podem ser de base tradicional (destinadas a empresas de setores tradicionais, em que a tecnologia já está difundida e consolidada), de base tecnológica (focadas em empresas cujos produtos, processos ou serviços sejam resultantes de pesquisas aplicadas) ou mistas (tanto para empresas de base tradicional quanto tecnológica).

Em se tratando de incubadoras tecnológicas, os vínculos com universidades e institutos de pesquisa devem ser ainda mais densos, sendo que o fator locacional (proximidade física) é um pré-requisito. A definição de uma área tecnológica também contribuirá para o bom desempenho da incubadora junto aos seus parceiros e incubados, além de ser fator decisivo para o sucesso da iniciativa quando se tratar de

buscar auxílio junto aos órgãos de fomento. Além disso, quanto mais tecnológica tiver sido a formação dos empreendedores, maior deverá ser o suporte gerencial oferecido, bem como os programas de treinamento sobre tópicos administrativos (Lalkaka; Bishop, 1997).

As incubadoras devem ser instrumentos de desenvolvimento econômico regional e mecanismos de difusão da cultura empreendedora, mas de forma lenta e gradual, com metas a serem atingidas a médio e longo prazos. São organizações-âncora para os demais instrumentos de agregação de empresas de base tecnológica, ou seja, os pólos e parques tecnológicos.

Pólo Tecnológico

A denominação pólo tecnológico, pólo de ciência e tecnologia, ou ainda tecnópolis, se refere a áreas de concentração industrial em que estão presentes empresas de pequeno e médio porte que atuam em segmentos correlatos e complementares. A concentração dessas empresas ocorre por vocação natural em um determinado espaço físico, em que há interação com instituições de ensino e pesquisa e agentes locais, visando o desenvolvimento de ações coordenadas de marketing de novas tecnologias (Anprotec; Sebrae, 2002).

Segundo Torkomian (1996), o termo pólo tecnológico designa regiões de potencial tecnológico intenso como decorrência da existência de universidades, institutos de pesquisa e empresas geradas a partir desse potencial. Os pólos têm como objetivo concentrar ações que propiciem o surgimento de produtos, processos e serviços, "onde a tecnologia adquire o *status* de insumo de produção fundamental".

Os componentes que devem estar presentes para que um pólo possa ser identificado são (Medeiros, 1990 *apud* Torkomian, 1996, p. 9):

- instituições de ensino e pesquisa que se especializaram em pelo menos uma das novas tecnologias;[4]
- aglomerado de empresas envolvidas nesses desenvolvimentos;
- projetos conjuntos de inovação tecnológica (empresa-universidade), usualmente estimulados pelo governo, dado o caráter estratégico das novas tecnologias;
- estrutura organizacional apropriada (mesmo informal).

Nos pólos devem estar presentes organizações, tanto públicas quanto privadas, que fomentem os acordos colaborativos entre os demais agentes. Em geral, os termos pólo e parque se confundem. No entanto, os parques, como descritos a seguir, pressupõem a existência de um espaço físico delimitado, enquanto o pólo ocorre de maneira dispersa em uma determinada área geográfica.

---

[4] Na época, eram consideradas tecnologias estratégicas para a indústria nacional: informática, mecânica de precisão, química fina, biotecnologia, aeroespacial e telecomunicações (Torkomian, 1996). Hoje, segundo a PITCE (conforme citado na seção, intitulada "Políticas Públicas e Avaliação do Desenvolvimento Tecnológico), as áreas prioritárias são: semicondutores, *softwares*, fármacos, medicamentos e bens de capital.

Parque Tecnológico

A origem do conceito de parque tecnológico é atribuída ao processo ocorrido na Universidade de Stanford, onde, a fim de propiciar o desenvolvimento de uma indústria local com capacidade de inovação tecnológica, o espaço de 660 acres próximo ao *campus* de Palo Alto foi visto como um lugar onde as empresas poderiam obter recursos de pesquisa e desenvolvimento (Lalkaka; Bishop, 1997). A Universidade de Stanford foi seguidora do pioneiro MIT (Massachussets Institute of Technology) no processo de transformação que inseriu as atividades voltadas para o desenvolvimento econômico às responsabilidades das organizações universitárias.

O parque tecnológico da Universidade de Stanford, cujo processo de criação teve início em 1949, começou com um desenvolvimento lento. Mas, depois de atrair grandes empresas e promover a criação de *spin-offs* a partir da universidade, tornou-se um foco de desenvolvimento do Vale do Silício. O modelo, então, se espalhou para outras regiões.

Assim, um parque tecnológico é um empreendimento imobiliário que propicia o desenvolvimento de empreendimentos inovadores que se beneficiam da proximidade física de recursos científico-tecnológicos existentes. O parque prevê ações cooperativas, visando à competitividade e melhoria da capacitação gerencial das empresas que abriga.

Para Lalkaka e Bishop (1997, p. 64), um parque tecnológico "pode ser considerado um desenvolvimento imobiliário diferenciado que tira vantagem da proximidade de uma fonte significativa de capital intelectual, ambiente favorável e infraestrutura compartilhada".

Como o foco das atividades do parque é o desenvolvimento tecnológico, e dadas as características de proximidade e/ou vinculação com universidades, os parques podem ser tratados como instrumentos de cooperação universidade–empresa.

Lalkaka e Bishop (1997) consideram o potencial de sinergia entre incubadoras de empresas e parques tecnológicos usando o argumento de Bugliarello (1994 *apud* Lalkaka; Bishop, 1997, p. 74-75): "Se a meta são novas empresas, a estratégia lógica é o desenvolvimento de incubadoras, laboratórios de pesquisa e, novamente, o uso da universidade."

Essa série de iniciativas para a criação e desenvolvimento de um parque industrial focado em tecnologia depende, de modo geral, do conjunto de políticas de incentivo à ciência, tecnologia e inovação, conforme discutido na seção Políticas Públicas e Avaliação do Desenvolvimento Tecnológico.

Redes de Cooperação e Inovação

A participação em uma rede possibilita que a empresa troque recursos necessários para que possa desenvolver novas tecnologias. As redes que propiciam o desenvolvimento tecnológico incluem relações horizontais e verticais de um conjunto de firmas com outras organizações, extrapolando limites de indústrias e países. Elas fornecem vantagens competitivas complementares às competências e aos recursos da própria firma (Dittrich, 2002) e essa complementaridade leva às inovações (Powell; Smith-Doerr, 1994).

As redes de inovação fornecem às firmas acesso a informações, recursos, novos mercados e tecnologias, a partir dos quais vantagens de aprendizado e economias de escala e escopo são alcançadas, permitindo atingir objetivos estratégicos por meio de compartilhamento de riscos e de monitoramento de recursos externos. Para Gulati *et al.* (2000 apud Dittrich, 2002), a emergência dessas redes muda a visão ortodoxa da competição: não mais competem as firmas que ocupam posições similares no mercado, mas as que ocupam posições similares nas redes.

Como o conhecimento tecnológico é frequentemente tácito, a troca se dá por meio de relações pessoais. Assim, o compartilhamento entre agentes com competências múltiplas irá produzir novas ideias, que explorem os interstícios das áreas de atuação dessas empresas, gerando as inovações (Powell; Smith-Doerr, 1994).

No contexto das redes, Cooke e Morgan (1994) definem a inovação como um empreendimento social, um processo colaborativo em que empresas, especialmente as pequenas, dependem do conhecimento de uma constituição social mais ampla do que a frequentemente imaginada (capacidade de trabalho, fornecedores, consumidores, institutos técnicos e educacionais etc.). Motivada pelos processos de aprendizado coletivo e pela redução dos elementos dinâmicos de incerteza, a capacidade organizacional dessas redes de relacionamentos se torna um fator determinante de desempenho.

Essas redes não envolvem apenas empresas, mas também o conjunto de organizações – locais ou não – que contribuem para o desenvolvimento tecnológico, quer sejam produtoras de conhecimento, quer sejam facilitadoras de acesso a mercados ou outros recursos. Os instrumentos que favorecem o surgimento de novas empresas, citados ao longo desta seção, também primam pelo estabelecimento dessas redes (ou, ao menos, devem tê-lo como meta).

POLÍTICAS PÚBLICAS E AVALIAÇÃO DO DESENVOLVIMENTO TECNOLÓGICO

O arcabouço legal influi de forma direta para o desempenho inovativo, quer seja em relação às contribuições para o sistema educacional e de pesquisa, quer seja em relação aos investimentos para as atividades de P&D (na forma de isenção fiscal ou linhas de financiamento para os setores de tecnologias avançadas). Esta seção comenta sobre o papel do governo em relação à evolução da infraestrutura de C&T, bem como as políticas que atualmente regem o desenvolvimento tecnológico.

Para avaliar o ambiente político que cerca o conjunto de instituições de pesquisa e o setor industrial, há indicadores desenvolvidos por agências internacionais, nacionais ou da iniciativa privada. Ao longo desta seção são apresentados alguns desses indicadores.

Política de Ciência, Tecnologia e Inovação

Roelandt e Hertog (1999) defendem que a inovação nas firmas depende fortemente da capacidade de organizar conhecimento complementar através da participação em redes estratégicas de produção. A emergência dessas redes tende a ser um processo induzido pelo mercado, com pouca interferência governamental. Nesse sentido, o papel dos governos para a formulação de políticas industriais e de inovação está mudando na maioria dos países, deixando de lado uma ação indutora direta e assumindo uma postura de influência indireta. Os autores apontam razões pelas quais os governos devem atuar para que essas redes se constituam:

- criar um conjunto de condições favoráveis para o bom funcionamento dos mercados;
- considerar as externalidades associadas com investimentos em P&D;
- atuar como agente importante (consumidor) em alguns setores da economia;
- remover imperfeições sistêmicas no conjunto de organizações e políticas que regem o desenvolvimento inovativo.

No Brasil, um dos primeiros sinais sobre o desenvolvimento de políticas de C&T ocorreu na década de 1950, com a criação do Conselho Nacional de Pesquisa (CNPq) e da Coordenação de Aperfeiçoamento de Pessoal de Nível Superior (CAPES), visando o desenvolvimento de um parque acadêmico e científico no país a partir da concessão de bolsas de estudo e auxílios à pesquisa. Posteriormente, criaram-se os mecanismos para o apoio ao desenvolvimento tecnológico, tais com o Fundo de Desenvolvimento Técnico-Científico (Funtec), vinculado ao Banco Nacional de Desenvolvimento Econômico (BNDE), a então Financiadora de Estudos e Projetos (FINEP), o Fundo Nacional se Desenvolvimento Científico e Tecnológico (FNDCT), bem como uma política governamental para C&T, denominado Programa Estratégico de Desenvolvimento (PED) e mais tarde o Sistema Nacional de Desenvolvimento Científico e Tecnológico – SNDCT (Torkomian, 1996).

Esse conjunto de agências passou, ao longo do tempo, por uma série de mudanças, bem como novas organizações foram criadas, a exemplo do Ministério de Ciência e Tecnologia (MCT). Foram publicadas as edições do Plano Nacional de Desenvolvimento (PND) e, com elas, o Plano Básico de Desenvolvimento Científico e Tecnológico – PBDCT (esses planos se estenderam de 1972 a 1985). Na execução desses planos, foram criados o Programa de Apoio ao Desenvolvimento Científico e Tecnológico (PADCT), a Política Nacional de Pós-graduação e as empresas estatais de pesquisa, como parte do SNDCT (Torkomian, 1996).

Atualmente, está em vigor a Política Industrial, Tecnológica e de Comércio Exterior (PITCE). Trata-se de um plano de ação para "o aumento da eficiência da estrutura produtiva, aumento da capacidade de inovação das empresas brasileiras e expansão das exportações".[5] A PITCE faz parte de um conjunto de ações visando investimentos planejados em infraestrutura e projetos de promoção do desenvolvimento regional. As áreas prioritárias contempladas, consideradas intensivas em conhecimento, são: semicondutores, *software*, fármacos, medicamentos, e bens de capital.

Um importante fator de impacto para as atividades de transferência de tecnologia e inovação vinculadas às universidades e institutos de pesquisa federais foi a apro-

[5] http://www.desenvolvimento.gov.br/sitio/ascom/ascom/polindteccomexterior.php.

vação da Lei n.º 10.973, a chamada Lei de Inovação. A partir dela, uma série de procedimentos, tais como transferência de tecnologia, prestação de serviços, uso compartilhado de infraestrutura de pesquisa e o afastamento de profissionais para transformar pesquisa tecnológica em inovações junto ao mercado tornaram-se legais no âmbito das instituições federais. Os impactos dela provenientes, tais como a disseminação de resultados de pesquisas tecnológicas até então restritas ao meio acadêmico e a criação de novas empresas baseadas em tecnologia, só poderão ser percebidos a médio e longo prazos.

De modo geral, os governos – e as agências – estaduais de C&T refletem políticas nacionais. Em alguns casos, os órgãos estaduais são precursores de padrões de apoio ao desenvolvimento inovativo, como é o caso da Fundação de Amparo à Pesquisa do Estado de São Paulo (Fapesp) em relação aos programas de financiamento público para a atividade inovativa em empresas.

O Programa de Inovação Tecnológica em Pequenas Empresas (PIPE) da Fapesp, tendo como objetivo prioritário a fixação de pesquisadores nas empresas, não exige titulação acadêmica, mas sim experiência em pesquisa. Nesse sentido, a avaliação do programa surpreende. Conforme apontado por Perez (2004), a concentração dos projetos aprovados coincide com a existência de centros de pesquisa, levando à conclusão de que, embora dirigido ao setor empresarial, o PIPE constitui um mecanismo de transferência de tecnologia do ambiente acadêmico para novas empresas constituídas por egressos.

Entretanto, há discussões a respeito da participação dos governos no que tange ao processo de desenvolvimento tecnológico e inovativo. Como proposta, Formica (2000, p. 81) sugere "menos impostos, menos subsídios". Para o autor, "inovação e empreendedorismo resultam de um processo orgânico de crescimento que prospera em ambientes que propiciam cooperação competitiva. Na direção oposta estão os ambientes que resultam do conluio entre os atores, regulados por sistemas de subsídios, o que significa 'passar o chapéu entre as agências do governo'. Tais sistemas prejudicam a competitividade e aumentam impostos".

Indicadores de Ciência, Tecnologia e Inovação

Existindo um conjunto de elementos adequado para a criação e o desenvolvimento de um setor de pequenas empresas baseadas em tecnologia, bem como mecanismos para a transferência de tecnologia, além das políticas públicas de incentivo, é adequado mensurar os resultados do ambiente no qual ocorrem tais iniciativas. Para isso, existem alguns indicadores de C,T&I, que permitem avaliar o desempenho de P&D das empresas, tais como os desenvolvidos pelo IBGE.

Dentre as dimensões institucionais dos Indicadores de Desenvolvimento Sustentável do IBGE, estão os gastos com pesquisa e desenvolvimento (P&D), calculados com base no PIB e nos dispêndios em P&D feitos pelo setor empresarial e governos estaduais e federal, tais como renúncia fiscal e investimentos em pós-graduação.[6]

---

[6] Segundo o documento, a contabilização dos investimentos em pós-graduação justifica-se pelo fato de que são "também apresentadas informações relativas às atividades de ciência e tecnologia (C&T), em seu conjunto, por representarem um espectro mais amplo do esforço científico nacional" (IBGE, 2002a, p. 160).

Esses gastos refletem, segundo esse documento, o grau de preocupação do país com o desenvolvimento científico e tecnológico, bem como provocam o surgimento e a adoção de inovações tecnoprodutivas, orientadas ao desenvolvimento sustentável (IBGE, 2002a).

Com o objetivo de construir indicadores nacionais das atividades de inovação tecnológica nas empresas industriais, compatíveis com as recomendações internacionais em termos conceituais e metodológicos, foi desenvolvida pelo IBGE, em parceria com a FINEP e o MCT, a "Pesquisa Industrial – Inovação Tecnológica – Pintec 2000" (IBGE, 2002b).

A Pintec 2000 se refere ao período de 1998 a 2000 e seus resultados são relativos à amostra de 10 mil das cerca de 72 mil empresas industriais localizadas no território nacional, registradas no Cadastro Nacional de Pessoa Jurídica (CNPJ), com 10 ou mais funcionários.

Novas edições da Pintec foram realizadas em 2003 e 2005. Para o triênio 2001/2003, a amostra consistiu de 10 mil empresas, selecionadas do conjunto de 84,3 mil empresas cadastradas nas fontes utilizadas (IBGE, 2005). Na última edição (IBGE, 2007), com dados referentes ao período de 2003 a 2005, a amostra foi definida a partir de um refinamento que considerou um conjunto de cadastros[7], a fim de obter informações de empresas com caráter inovador, sendo classificadas como indústrias extrativas e de transformação (13.575 empresas) e de serviços de telecomunicações e informática (759 empresas).

Considerando as três edições da pesquisa, o percentual das empresas que implantaram inovações subiu de 31,5% em 2000, para 33,3% em 2003, mantendo-se no triênio 2003-2005 (33,4%).

Além dessas avaliações do IBGE, outros indicadores que refletem o desenvolvimento científico, tecnológico e inovativo são:

- produção científica gerada pelo meio acadêmico;
- avaliação de recursos humanos alocados em P&D;
- número de patentes depositadas em bases nacionais e internacionais.

Em relação às publicações científicas, o Brasil, que no início da década de 1980 respondia por 0,4% da produção mundial, atingiu, em 2004, a marca de 1,7%. O desempenho é maior do que a média em se tratando de algumas áreas específicas, tais como Agronomia e Veterinária, Medicina, Física, Astronomia, Ciência Espacial e Microbiologia. Nesse aspecto, o desempenho nacional se equipara aos demais países da OCDE. O crescimento constante no número de publicações tem acompanhado a formação de doutores (Cruz; Mello, 2006).

---

[7] São eles: cadastro do Ministério de Ciência e Tecnologia (empresas beneficiárias de incentivos fiscais a P&D e inovação tecnológica e da Lei de Informática), Banco de Dados de Patentes e de Contratos de Transferência de Tecnologia do INPI, cadastro do Censo de Capitais Estrangeiros do Banco Central, amostra da Pesquisa Industrial Anual – Empresa, amostra da Pesquisa Anual de Serviços, cadastro de empresas graduadas da ANPROTEC, cadastro da FINEP (empresas beneficiárias de Projetos Reembolsáveis Contratados), cadastro da SOFTEX, resultados da PINTEC 2000 e 2003.

Enquanto nos Estados Unidos e Coreia cerca de 80% do trabalho de cientistas está no setor industrial, no Brasil essa participação é de apenas 26%. Em virtude disso – e também vale a pena lembrar que no contexto brasileiro os investimentos para P&D são públicos e se concentram em órgãos estatais –, enquanto em produção científica (quantidade de publicações) o Brasil apresenta uma taxa de crescimento razoável quando comparado aos países da OCDE, em produção tecnológica (número de patentes) a participação nacional é incipiente.

Embora o número de patentes depositadas seja um "produto típico do ambiente de P&D empresarial e não do ambiente acadêmico" (Cruz, 2004, p. 14), no Brasil há o predomínio de depósitos realizados (tanto no INPI como em bases internacionais) por órgãos estatais (a exemplo da Petrobras) e universidades públicas (Unicamp). A Fapesp também tem figurado como uma das principais depositantes.

REFERÊNCIAS BIBLIOGRÁFICAS

ANPROTEC; SEBRAE. *Glossário dinâmico de termos na área de tecnópolis, parques tecnológicos e incubadoras de empresas*. Brasília: Anprotec; Sebrae, 2002.

BELL, M.; PAVITT, K. Technological accumulation and industrial growth: contrast between developed and developing countries. *Industrial and Corporate Change*, v. 2, n. 2, p. 157-210, 1993.

BOLLINGER, L.; HOPE, K.; UTTERBACK, J.M. A review of literature and hypotheses on new technology-based firms. *Research Policy*, v. 12, p. 1-14, 1983.

COOKE, P.; MORGAN, K. The creative milieu: a regional perspective on innovation. In: DODGSON, M.; ROTHWELL, R. (Org.). *The handbook of industrial innovation*. Cheltenhan, UK: Edgar Elgar Publishing, p. 25-32, 1994.

CRUZ, C.H.B.; MELLO, L. *Boosting innovation performance in Brazil*. OECD Economics Department Working Paper n.º 532. 2006. Disponível em: <http://www.oecd.org/eco/working_papers>.

DITTRICH, K. The evolution of innovation networks in the global ICT industry. In: DRUID Summer conference on industrial dynamics of the new and old economy: who is embracing whom?, Jun. 2002, Copenhagen. *Anais*... Copenhagen: DRUID, 2002. Disponível em: <http://www.druid.dk/conferences/summer2002/Papers/Dittrich.pdf>. Acesso em 4 de abril de 2004.

DORNELAS, J.C.A. *Planejando incubadoras de empresas:* como desenvolver um plano de negócios para incubadoras. Rio de Janeiro: Campus, 2002.

DOSI, G. et al. (Org.). *Technical Change and Economic Teory*. Londres: Pinter Publishers, p. 312-329, 1988.

FERRO, J.R.; TORKOMIAN, A.L.V. A criação de pequenas empresas de alta tecnologia. *Revista de Administração de Empresas*, v. 28, n. 2, p. 43-50, 1988.

FORMICA, P. Inovação e empreendedorismo: um ponto de vista do contexto italiano das PME. In: IEL. *Empreendedorismo:* ciência, técnica e arte. Brasília: CNI, IEL Nacional, 2000.

IBGE. *Indicadores de desenvolvimento sustentável*. Rio de Janeiro: IBGE, 2002a.

IBGE. *Pesquisa industrial inovação tecnológica 2000 – Pintec 2000*. Rio de Janeiro: IBGE, 2002b.

IBGE. *Pesquisa industrial de inovação tecnológica 2003*. Rio de Janeiro: IBGE, 2005.

IBGE. *Pesquisa industrial de inovação tecnológica 2005*. Rio de Janeiro: IBGE, 2007.

KULICKE, M.; KRUPP, H. The formation, relevance and public promotion of new technology-based firms. *Technovation*, v. 6, p. 47-56, 1987.

LALKAKA, R.; BISHOP Jr, J.L. Parques tecnológicos e incubadoras de empresas: o potencial de sinergia. In: GUEDES, M.; FÓRMICA, P. (ed.). *A economia dos parques tecnológicos*. Rio de Janeiro: Anprotec; IASP; AURRP, p. 59-96, 1997.

LICHT, G.; NERLINGER E. New technology-based firms in Germany: a survey of the recent evidence. *Research Policy*, v. 26, p. 1005-1022, 1998.

LONGO W.P. Tecnologia e transferência de tecnologia. In: I Seminário sobre Propriedade Industrial e Transferência de Tecnologia. Instituto de Estudos Espaciais. *Anais*... São José dos Campos: p. 82-96, 1987.

PAVITT, K. The social shaping of the national science base. *Research Policy*, v. 27, p. 793-805, 1998.

PINHO, M.; CÔRTES, M.R.; FERNANDES, A.C. *A fragilidade de empresas de base tecnológica em economias periféricas:* uma interpretação baseada na experiência brasileira. Ensaios FEE, v. 23, n. 1, p. 135-162, 2002.

PEREZ, J.F. Inovação tecnológica, a Fapesp e o PIPE. In: ENGLER, J.J.C. *Novos caminhos em pesquisa empresarial: resultados do Programa Inovação Tecnológica em Pequenas Empresas*. São Paulo: Fapesp, 2004.

POWELL, W.W.; SMITH-DOERR, L. Networks and economic life. In: SMELSER, N.J.; SWEDBERT, R. (org.). *The handbook of economic sociology*. Princeton: Princeton University Press, p. 368-402, 1994.

ROELANDT, T.J.A.; HERTOG, P. Cluster analysis and cluster-based policy making in OECD countries: an introduction to the theme. In: OECD Proceedings. *Boosting Innovation: The cluster approach*. Paris: OECD, 1999. p. 9-23, 1999.

SÁBATO, J. Sobre la autonomia tecnologica. In: GOMES, S.F.; LEITE, R.C.C. (ed.). *Ciência, tecnologia e independência*. São Paulo: Livraria Duas Cidades, p. 59-74, 1978.

SAXENIAN, A. *Regional advantage: culture and competition in Silicon Valley and Roue 128*. Cambridge: Harvard University Press, 2000.

TORKOMIAN, A.L.V. *Estrutura de pólos tecnológicos*. São Carlos: EDUFSCar, 1996.

UFSCar. *Manual de propriedade industrial.* São Carlos, 22 p, 2004.

VASCONCELOS, E.; ANDRADE, V.L.. Planejamento estratégico da tecnologia na Companhia Vale do Rio Doce. In: XIX Simpósio de Gestão da Inovação Tecnológica. *Anais*... São Paulo, p. 1167-83, 1996.

CAPÍTULO 11

SISTEMAS DE INFORMAÇÃO E GESTÃO DO CONHECIMENTO

Adiel Teixeira de Almeida
Departamento de Engenharia de Produção
Universidade Federal de Pernambuco

Ana Paula Cabral Seixas Costa
Departamento de Engenharia de Produção
Universidade Federal de Pernambuco

INTRODUÇÃO

Este capítulo trata de áreas da Engenharia de Produção (EP) que englobam a gestão da informação e a gestão do conhecimento. Destaca-se que essas são duas áreas distintas ligadas por uma relação fornecedor–cliente. A área de sistemas de informação gera o produto informação, que é matéria-prima para a criação do conhecimento e sistemas de informação destinados a suportar o processo de gestão do conhecimento. Ambas se relacionam fortemente com a área de estratégia e organização (ver Capítulo 9). Assim, serão apresentadas de forma distinta iniciando-se por sistemas de informação, que foi a primeira a ser reconhecida como uma importante área da EP, tendo inclusive um capítulo dedicado ao seu posicionamento no país em livro lançado pela ABEPRO em 2001 (Pereira, 2001).

A gestão da informação tem um impacto concreto na competitividade de um sistema de produção. Em função disso, tem sido objeto de preocupação de estudiosos no assunto. Para as empresas, essa preocupação tem se manifestado através de seus gerentes e executivos. A gestão da informação deve ser desenvolvida incorporando uma ótica diretamente associada aos impactos na competitividade do negócio da organização.

A informação, seu tratamento e uso têm uma relação direta com o funcionamento de uma organização, seja qual for o tipo de produto ou tipo de sistema de produção que envolva essa organização.

SISTEMAS DE INFORMAÇÃO

Conceitos e Definições em Sistemas de Informação

Vários conceitos são encontrados na literatura sobre informação. Esses conceitos são importantes para estabelecer uma visão adequada dos sistemas de informação pelos quais uma organização pode estar interessada. Quase sempre os conceitos sobre informação são apresentados em contraposição aos de dados, os quais se referem aos fatos brutos, isto é, geralmente na forma em que são obtidos. Na realidade, pode-se verificar que, em muitos casos, alguns sistemas de informação geram dados, embora transformados.

A palavra informação vem do latim *(informare)*, tendo em sua origem o significado de dar forma. Na Figura 11.1 é apresentada uma ilustração associada a esse significado e que é apresentada na literatura relacionada ao contexto de Engenharia de Produção. Nesse contexto a informação é um produto obtido de um sistema de produção que utiliza o dado como matéria-prima. Assim, fazendo uma analogia com os sistemas de produção, pode-se considerar que os dados estão para a informação assim como a matéria-prima está para o produto final, ou seja, um sistema de informação transforma dados em informação associada a escolhas ou tomadas de decisões.

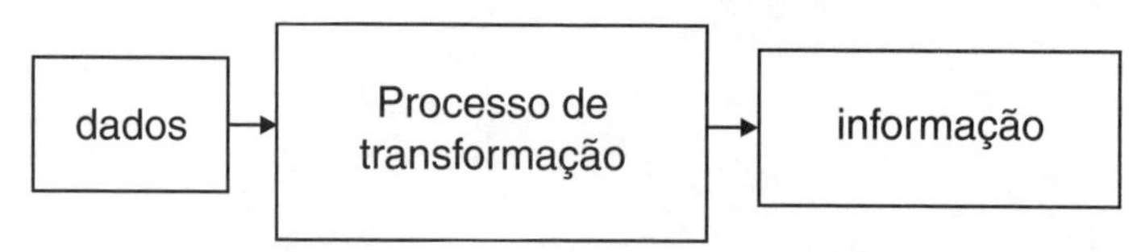

FIGURA 11.1 Informação – produto de um sistema de produção.

Para a maioria dos filósofos, a mente humana dá forma aos dados para criar uma informação e um conhecimento significativos. Há várias visões sobre conceito para informação. A seguir são apresentadas algumas:

- "conjunto de dados aos quais os seres humanos deram forma para torná-los significativos e úteis" (Laudon, 1998);
- "conjunto de fatos organizados de tal forma que adquirem valor adicional além do valor do fato em si" (Stair, 1996);
- "corresponde ao dado que tenha sido processado de uma forma que tem significado para o receptor (usuário) e tem valor, real ou percebido, em ações ou decisões atuais ou futuras" (Davis, 1985).

Para o contexto de gestão e, neste caso da EP, a última definição apresenta maior riqueza e, de certa forma, inclui as outras definições. Um aspecto importante está relacionado ao uso da informação para uma decisão (atual ou futura). Esse aspecto chama a atenção para numerosos sistemas de informação implantados nas organizações que geram grande quantidade de relatórios para gerentes, com grande volume de "informação" inútil, que na realidade consistem em dados tratados e não em informação.

Surge neste momento a necessidade de ressaltar o papel da EP no trato dessa questão e destacar as oportunidades de intervenção do profissional de EP (vale tam-

bém mencionar as oportunidades no mercado de trabalho). O profissional de TI (tecnologia da informação – soluções providas por recursos computacionais que instrumentalizam os sistemas de informação) geralmente tem forte ênfase nos recursos tecnológicos e não na informação, como elemento básico para o funcionamento do sistema de produção. Já o profissional de EP, além da capacitação básica para lidar com tecnologia, tem a formação apropriada para tratar de maneira mais adequada a questão da informação e seu papel num sistema de produção. Consequentemente, esse profissional pode atuar melhor no planejamento e gestão da informação, fornecendo uma concepção mais harmoniosa com os propósitos do negócio ao qual o sistema de produção serve.

Implicações Cognitivas em Sistemas de Informação

Vários aspectos de natureza psicológica e comportamental são estudados e considerados para o projeto mais efetivo de sistemas de informação ou mesmo para a compreensão das estruturas básicas de abordagens de sistemas de informação apresentadas no próximo item. Dentre estes se destaca a seguir o problema da limitação do ser humano para tratamento da informação quanto ao volume de estímulo (entrada) apresentado (Davis, 1985).

Conforme ilustrado na Figura 11.2, no processo de percepção humano há uma filtragem natural no volume de informações de entrada, de forma que apenas uma parte dessas informações é transferida para o estágio de processamento mental. Assim, o filtro é um importante elemento a ser considerado no processo de percepção. Uma sobrecarga de informação apresentada na entrada como estímulo não será repassada para a saída do filtro. Até certo nível de estímulo, a saída do filtro fornece as informações apresentadas. A partir de certo nível, a sobrecarga faz com que a saída do filtro forneça um volume menor de informação.

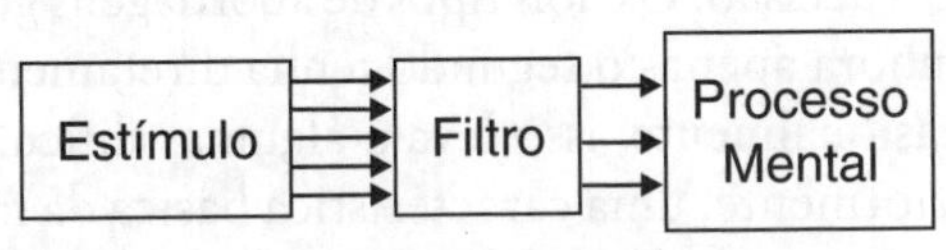

FIGURA 11.2 Filtro no processo de percepção humano.

Isso serve como uma simples ilustração de que, na área de sistemas de informação, o profissional de EP leva em consideração vários fatores para buscar a maximização de resultados favoráveis ao desempenho do sistema de informação. O fator cognitivo é um elemento importante para o processo de gestão da informação, quando se busca uma repercussão mais favorável da informação no processo de transformação do próprio sistema de produção, visto que esse tipo de sistema envolve pessoas em seu funcionamento.

Pode-se destacar, também, a questão de resistências a mudanças. Procedimentos e recomendações são considerados para a implantação de um novo sistema de informação que altera de forma significativa a vida das pessoas numa organização.

Vários outros aspectos, apresentados na literatura, devem ser considerados quando se procura adequar a informação ao contexto de gestão. A gestão envolve uma organização; portanto, seres humanos estão presentes no processamento dessas informações. Os estudos geralmente apresentam a questão em duas fases: a percepção da informação e o processamento da informação. Características distintas são observadas para cada etapa. Como decorrência dos estudos que avaliam a questão cognitiva relacionada a sistemas de informação, várias recomendações e observações são obtidas (Davis, 1985; Bidgoli, 1989; Ahituv & Neumann, 1983).

Abordagens Básicas em Sistemas de Informação

Uma visão adequada de processo decisório é importante para a compreensão do uso da informação na gestão de uma organização. Os sistemas de informação geram um produto (informação) que está associado a uma decisão, conforme definição anterior. Os diferentes tipos de abordagens de sistemas de informação estão relacionados aos tipos de problemas de decisões na organização, em função do nível de estruturação (Sprague & Watson,1989; Davis, 1985; Bidgoli, 1989; Ahituv & Neumann, 1983):

- *Decisões estruturadas* – tarefas programadas, bem definidas; não precisa de um decisor para implementação; existem procedimentos bem definidos (ou podem existir).
- *Decisões semiestruturadas* – não totalmente definidas por procedimentos padrões; incluem aspectos estruturados; exemplos: previsão de demanda, orçamentação, análise de compra de capital.
- *Decisões não estruturadas*– são decisões únicas pela sua natureza; a intuição do decisor tem presença forte; há um menor uso de tecnologia de computação e maior uso de modelos de decisão; exemplo: introdução de novos produtos.

Essa visão é fundamental para distinguir as diferenças básicas entre as abordagens de sistemas de informação, especialmente entre sistemas de informação gerencial e sistemas de apoio a decisão. Os dois tipos de abordagens geram informação que suportam decisões, embora apenas o segundo tenha diretamente essa indicação em sua denominação. Ocasionalmente, isso leva a algumas dificuldades de interpretação. Como visto anteriormente, uma característica básica da informação está associada à tomada de decisão presente ou futura. Assim, os sistemas de informação gerencial também suportam decisões. A diferença está relacionada ao tipo de problema de decisão, que é estruturada.

As abordagens básicas para sistemas de informação são:

- *SIT* – sistema de informação transacional;
- *SIG* – sistema de informação gerencial;
- *SAD* – sistema de apoio a decisão.

Os *sistemas de informação transacional* estão intimamente interligados com as atividades da rotina da empresa, ou seja, com as transações da empresa. Tratam da automação dos processos operacionais em todo o sistema de produção.

Os *sistemas de informação gerencial* fornecem aos gerentes informações úteis para gerenciar as várias atividades da empresa, com foco na informação, para problemas estruturados.

Os *sistemas de apoio a decisão* suportam a tomada de decisão em face de problemas não estruturados ou semiestruturados, considerando o estilo do decisor. O SAD obtém e processa dados de fontes diferentes, dispõe de flexibilidade de apresentação e operação, realiza a modelagem dos problemas, além de executar análises utilizando *softwares* específicos, simulações e cenários (Davis, 1985; Sprague & Watson, 1989).

Além das abordagens básicas para sistemas de informação, outra abordagem tem tido muito destaque: os sistemas de informação executiva (SIE), que são voltados para o executivo, envolvendo usualmente um foco estratégico (Watson *et al.*, 1992).

Sistemas de Informação Transacional e de Informação Gerencial

Os sistemas de informação transacional tratam de problemas muito bem estruturados, envolvendo as atividades da rotina da empresa, as transações da empresa. Tratam da automação das tarefas. As transações de um SIT permitem: entrada dos dados; processamento e armazenamento de dados; geração de consultas e relatórios. O SIT processa dados gerados por e sobre transações, tornando as informações mais precisas, assegurando integridade de dados e informação, rapidez na disponibilização da informação, minimizando erros, garantindo, dessa forma, o fornecimento de melhores produtos e serviços (Stair, 1996; Lucas, 1990).

Esses sistemas fornecem suporte a transações em todos os processos de suporte da organização ou mesmo nos processos centrais da função básica de produção. Na manufatura, esses sistemas podem envolver características especiais de tecnologia de automação, com sofisticados e caros mecanismos automáticos de coleta de dados. A literatura ocupa-se da manufatura integrada por computador para tratar parte dos problemas resolvidos nesse seguimento (Costa & Caulliraux, 1995).

Os sistemas de informação gerencial fornecem aos gerentes informações úteis para gerenciar as várias atividades da empresa. A saída dos SIG são relatórios. A diferença entre os relatórios gerados pelo SIT e os gerados pelo SIG é que o primeiro tem por objetivo a eficiência dos processos e o segundo a eficácia da gestão.

Os relatórios atendem a solicitações do usuário e são pré-formatados. Manipulam dados estruturados. Uma das principais entradas para o SIG são dados e/ou informações geradas e/ou manipuladas no SIT. Esses relatórios são basicamente de três tipos (Stair, 1996; Tom, 1991):

- *Programados* – produzidos periodicamente, diariamente, semanalmente ou mensalmente.
- *Sob solicitação* – relatórios produzidos sob solicitação; o gerente precisa de uma determinada informação e solicita o relatório.
- *Relatórios de exceção* – são relatórios emitidos quando uma situação incomum acontece.

Esses relatórios informam situações em que algum indicador gerencial está fora de controle. É importante ressaltar que um SIG é utilizado pelos gerentes para tomar decisões que dizem respeito a problemas estruturados.

Por fim, ressalta-se a forte relação entre SIG e indicadores gerenciais ou indicadores de desempenho, que é destacada no item a seguir, sobre sistemas de informação e decisão.

Sistemas de Apoio a Decisão (SAD)

Um sistema de apoio a decisão é um sistema de informação utilizado para dar suporte a um tomador de decisão de qualquer nível, diante de problemas semiestruturados e não estruturados (Davis, 1985).

Um SAD é composto de uma base de dados que auxilia o sistema, uma base de modelos que provê a capacidade de análise e o sistema de gerência de diálogo (SGD), que fornece a interação entre o usuário e o sistema, conforme ilustra a Figura 11.3 (Almeida e Ramos, 2002; Sprague e Watson, 1989; Bidgoli, 1989).

Na base de dados, os dados podem ser acessados diretamente pelo usuário ou entram como *input* para a base de modelos. Os dados podem ser obtidos pelo sistema transacional da organização. Outros dados internos podem ser utilizados, como o conhecimento *a priori* de gerentes e engenheiros (Almeida e Ramos, 2002). Dados externos podem ser necessários, especialmente quando as decisões são dos níveis mais altos da organização. As características básicas do SAD, dirigido para problemas de decisão não estruturadas, envolvem muitas vezes dados não previstos anteriormente, que precisam ser importados (dados externos).

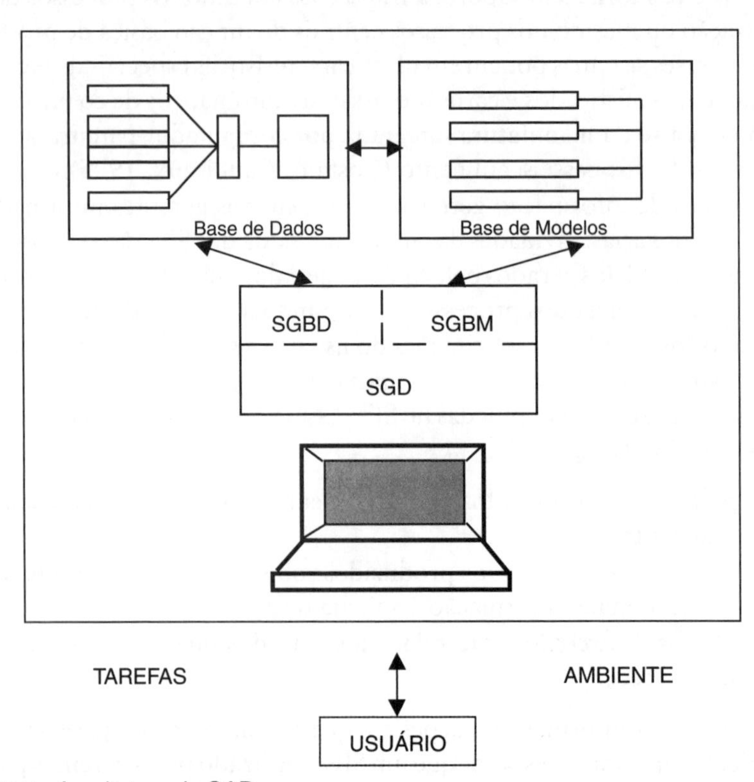

FIGURA 11.3 Arquitetura de SAD.

A base de modelos é prover a capacidade de análise para o SAD. Usando uma representação matemática do problema, os algoritmos servem para gerar informação para auxiliar a tomada de decisão. Esses modelos são construídos com base nos diversos métodos de pesquisa operacional (ver Capítulo 8).

O componente diálogo diz respeito ao que o usuário conhece sobre o uso do sistema, as opiniões para direcionar as ações do sistema, as alternativas de representação do sistema, o conhecimento das bases e as linguagens de ação e apresentação.

Os resultados do SAD podem ser apresentados de várias formas, como gráficos, tabelas, dados detalhados ou sumarizados. Essas opções são designadas para os diferentes estilos e necessidades dos decisores.

Para que o SAD seja capaz de auxiliar todas as fases da tomada de decisão, o seu componente-base de modelos deve ser capaz de analisar os dados no componente-base de dados usando diferentes tipos de análises como, por exemplo, operações matemáticas, estatísticas, análise de tendência. A base de modelos deve ser capaz de gerar opções para resolver um problema através do uso de recursos de dados e/ou modelos alternativos. Deve também ser capaz de comparar alternativas de decisão e escolher a melhor ou fazer sugestões a respeito de cada uma delas, fazer *performance* de simulação, otimização e previsão. Adicionalmente, os modelos de um SAD devem incluir análises como busca de metas e análise de sensibilidade.

Existem vários tipos de modelos que podem ser classificados pelas suas funções, pelo seu propósito, pelo tratamento da aleatoriedade ou pela generalidade de aplicação. Mais detalhes sobre esses tipos de modelos podem ser vistos na literatura especializada de SAD (Sprague e Watson, 1989; Bidgoli, 1989; Almeida e Ramos, 2002) ou mesmo no Capítulo 8 deste livro.

Um SAD pode ser projetado para auxiliar em qualquer dos níveis da organização, contudo sua ênfase está na média ou no mais alto nível na organização, onde os problemas semiestruturados e não estruturados ocorrem com maior frequência. Para os diferentes níveis da organização existem diferentes tipos de informações e estilos de pessoas; logo, o SAD deve considerar isto.

Duas formas de relação entre base de modelos e base de dados do SAD podem acontecer. Os modelos recebem dados da base de dados. Ao mesmo tempo, o modelo pode entrar com informações geradas pelas suas análises na base de dados, tornando essa nova informação (ou dado tratado) disponível para todos os modelos, podendo atender todos os modelos numa análise futura. Retornar os dados gerados pela análise para a base de dados é uma vantagem do modelo de análise no ambiente SAD sobre os modelos tradicionais de análises. Em modelos tradicionais, cada modelo tem acesso apenas aos seus próprios dados. No ambiente de um SAD, todos os dados são armazenados, manipulados e atualizados pelo sistema de gerenciamento de base de dados (SGBD). De forma similar, a base de modelos é operada pelo sistema de gerenciamento de base de modelos (SGBM).

Sistemas de Informação Executiva (SIE)

Os sistemas de informação executiva (SIE) surgem como uma ferramenta de consulta para executivos de uma organização, permitindo congregar informações estratégicas para dar suporte ao processo decisório desses executivos de forma simples, acessível e confiável.

A literatura apresenta diferentes definições para SIE que, em comum, apontam para um tipo de sistema de informações que fornece suporte ao processo decisório dos executivos de uma organização, disponibilizando informações corporativas e estratégicas para os executivos, melhorando sua habilidade para tomar decisões estratégicas nos negócios.

Basicamente, a diferença entre SAD e SIE está no fato de que o SIE permite a monitoração do ambiente para detectar a existência de eventuais oportunidades ou ameaças, no contexto estratégico, passando a ser tratados como potenciais problemas de decisão que precisam ser investigados. O SAD entra para apoiar a fase de decisão (escolha de alternativas), a partir da indicação obtida com apoio do SIE.

O modelo de Simon para o processo decisório é usado com frequência na literatura de SI (Davis, 1985; Sprague e Watson, 1989; Bidgoli, 1989; Almeida e Ramos, 2002) para ilustrar como o SAD e o SIE podem ser utilizados. Esse modelo estabelece três fases no processo: inteligência, desenho (*design*) e escolha. Na fase de inteligência investiga-se a existência de potenciais ameaças para a organização ou oportunidades de ação, que implicam problemas de decisão que precisam ser analisados. Muitas vezes, essa fase nem é desenvolvida; o problema aparece de forma crítica, requerendo uma reação do decisor. A fase de desenho consiste na estruturação do problema, estabelecimento das alternativas e avaliação de sua viabilidade. A fase de escolha compreende a seleção da alternativa a ser adotada na solução do problema. Observa-se que o SIE tem um papel especial na fase de inteligência para situações que envolvem problemas estratégicos com executivos. Já o SAD exerce seu papel nas três fases do modelo de Simon.

Sistemas de Informação e Decisão

Uma empresa não consegue alcançar seus objetivos se não tiver um processo de tomada decisão eficaz nem como garantir a eficiência de seus processos de operação. Os sistemas de informação exercem um papel fundamental no alcance desses objetivos. A relação entre decisão e informação surge no próprio conceito para informação, havendo ainda uma clara dependência de informação para a tomada de decisão. Os sistemas de informação e decisão compreendem uma visão integrada de gestão dos sistemas de informação integrados com métodos de apoio a decisão (especialmente de pesquisa operacional) na formação de sistemas de decisão.

A literatura apresenta desde a administração clássica, com o método de planejamento e controle descrito por Taylor ou o PDCA (*Plan*, *Do*, *Check*, *Action*) por Ishikawa (1980) – ver Capítulo 4 (Qualidade) – na gestão pela qualidade até as mais modernas formas de administração, e é preciso monitorar os resultados dos processos, estudar causas e efeitos, estabelecer metas e garantir o alcance dos objetivos empresariais. Isso não é possível sem o registro e a análise periódica de informações sobre os processos em suas várias fases, seus resultados e o ambiente. Nem é possível obter isso sem sistemas de informação para atender aos níveis de gestão estratégica, tática e operacional, e suas necessidades específicas de informação.

A relação entre processo de gestão e sistema de informação, incluindo os sistemas de decisão, pode ser visualizada nas abordagens de SI no PDCA. Na fase de planejamento (P), há uma extensa utilização de sistema de apoio a decisão para várias decisões, envolvendo cenários diferentes, estabelecimento de metas etc. Na fase de execução (D) há um predominante uso de sistema de informação transacional para implementação dos processos. Na fase de controle ou *check* (C) há um extenso uso de sistema de informação gerencial, que envolve problemas estruturados de verificação se as metas de desempenho estão sendo atendidas como planejadas. Caso haja algum desvio e a fase de ação (A) seja desencadeada, pode haver grande uso de sistema de apoio a decisão para investigar as causas do desvio, o que pode ser caracterizado como um problema não estruturado, típico do processo de investigação e busca de explicações para desvios no desempenho no sistema de produção.

Há uma forte relação entre SIG e indicadores gerenciais. Um indicador é uma informação e, portanto, está associado a uma decisão. Geralmente, a decisão a ser tomada após a observação de um indicador é investigar um desvio de comportamento no sistema ou não fazer nada, pois o indicador mostra que o sistema se comporta como previsto e planejado. Este é um problema estruturado, que consiste no monitoramento periódico (às vezes continuamente) de condições dos processos da organização.

Quando se fala em indicadores de desempenho ou gerenciais, pretende-se a obtenção de um tipo de informação que apoia a decisão na organização no monitoramento do desempenho do sistema organizacional. Procura-se identificar se os processos estão funcionando com o desempenho planejado. Caso haja desvios, os SIGs indicam, mostrando para cada indicador previamente estabelecido o que está fora do previsto. Esses indicadores podem estar associados à fase C do ciclo PDCA, já mencionado.

O Planejamento de Sistemas de Informação

As organizações precisam mais do que nunca de processos que permitam decidir pelos SI mais apropriados, o que significa a existência de um alinhamento entre a estratégia do negócio e a estratégia de SI (Almeida e Ramos, 2002). Sem a integração do planejamento de SI com a estratégia da organização (ver Capítulo 9), os investimentos realizados podem falhar e não conseguir os benefícios que a organização objetiva.

Muitas organizações, no entanto, dirigem o foco para analisar apenas como investir em infraestrutura de informação. O investimento em SI pode não implicar automaticamente lucratividade para uma organização, e um erro que usualmente as organizações cometem é querer expressar o retorno desse investimento apenas em termos de valores financeiros. Alguns benefícios do investimento em SI não podem ser avaliados nesses termos, embora tragam benefícios reais para o negócio. O alinhamento do planejamento de SI com a estratégia do negócio é uma forma de maximizar o valor desse investimento.

A necessidade de planejamento de SI tem sido reconhecida como um assunto gerencial de extrema importância para as organizações e de grande interesse por parte de pesquisadores (Lederer & Sethi, 1996; Boynton & Zmud, 1987 apud Wang &

Tai, 2003). Esse planejamento refere-se ao processo de identificação de um conjunto de aplicações, que podem contribuir com a organização na execução de seu plano de negócios e alcançar suas metas, permitindo a avaliação dos recursos de informação da organização e a criação de estratégias que otimizem esses recursos (Lederer & Sethi, 1996; King & Teo, 2000; Rezende, 2003; Hartono et al., 2003).

De acordo com Wang & Tai (2003), o planejamento de SI pode ser descrito como um processo gerencial para integrar as considerações de SI ao processo de planejamento corporativo, ligando as aplicações de SI às metas de negócios e determinando os requisitos de informação necessários para atender às metas de curto e longo prazos da organização.

O processo de planejamento de SI pode ser dividido em vários estágios, cada um correspondendo à elaboração de um plano num determinado nível, estabelecendo assim uma estrutura hierárquica de planos, iniciando-se com um plano estratégico e a partir daí o desenvolvimento de planos subsequentes (Almeida e Ramos, 2002). Cada estágio do processo de planejamento é uma elaboração dos estágios precedentes, culminando no planejamento das aplicações operacionais. Pode-se visualizar a seguinte classificação para essa hierarquia de planos: planejamento estratégico de SI, planejamento de SI a longo prazo, planejamento de SI a médio prazo, planejamento de curto prazo.

Vários pesquisadores defendem essa abordagem *top-down* para o planejamento de SI, assegurando automaticamente um alinhamento entre SI e os objetivos dos negócios. De acordo com Ranganathan & Kannabiran (2004), um processo *top-down* de planejamento de SI e a existência de um processo formal, assim como o alinhamento entre os planos de SI e de negócios, contribuem para um desempenho melhor da função SI nas organizações.

Contudo, a literatura mostra que não existe uma única metodologia para integrar os planos de negócio e de SI e guiar um gerente a tomar a decisão certa de investimento. Há várias propostas de metodologias que podem ser utilizadas no planejamento de SI, incluindo vários aspectos, tais como alinhamento estratégico com a organização e abordagens para análise de requisitos de informação da organização (Schniederjans *et al.*, 2004; Almeida e Ramos, 2002). Uma dessas metodologias é a BSP (*Business System Planning*), a qual usa uma abordagem em que os processos do negócio juntamente com a visão estratégica são a base de suporte aos SI. Métodos de apoio multicritério a decisão têm sido incorporados a essa metodologia para a formalização da priorização de SI com uma visão global de todo o sistema de produção e da organização onde está inserido (Almeida e Costa, 2002; Almeida e Ramos, 2002; Almeida, 2002).

Infelizmente, a aplicação pura e simples desses métodos não pode assegurar o sucesso do planejamento de SI. Dentre os principais problemas para o insucesso do planejamento de SI nas organizações, pode-se apontar:

- ausência de ativa participação e envolvimento da alta gerência;
- falhas na transferência dos objetivos e estratégias em planos de ação;
- negligência no ajuste do plano de SI como reflexo de mudanças no ambiente.

Assim, para que os planos de SI sejam efetivos, o envolvimento da alta gerência, de especialistas da área de SI e usuários é de fundamental importância, além da flexibilidade para responder às situações não previstas, também a aplicação de uma metodologia que consiga transportar a visão estratégica da organização para as aplicações de SI.

Esse é um desafio que pode ser efetivamente assumido pelo profissional de EP, que tem em sua formação os elementos necessários para integrar uma gama de métodos e habilidades para enfrentá-lo com sucesso.

Aplicações e Ferramentas em Sistemas de Informação

A crescente importância do papel dos sistemas de informação nas organizações e a velocidade da evolução tecnológica disponibilizam no mercado inúmeras ferramentas que contribuem significativamente para a melhoria da gestão dos negócios, tais como sistemas integrados de gestão empresarial, CRM (*Customer Relationship Management* – gerenciamento do relacionamento com clientes) e *e-business*.

As abordagens de SI anteriormente apresentadas (SIG, SAD etc.) relacionam-se ao contexto do problema de decisão e/ou à fase do processo decisório que cada tipo de SI irá apoiar, sendo incorporadas às empresas com um significado mais conceitual. As ferramentas relacionadas anteriormente são tecnologias de informação que podem instrumentalizar essas abordagens.

Um sistema integrado de gestão empresarial ou ERP (*Enterprise Resource Planning*) integra o fluxo de informação entre todas as atividades da empresa. A entrada de dados acontece uma única vez, estando esses dados disponíveis para toda a organização (Norris *et al.*, 2000; O'Brien, 2001). O ERP selecionado e implantado de forma adequada às necessidades de uma organização garante integração de processos e um fluxo de informação otimizado entre as diferentes unidades do negócio.

O *e-business* diz respeito às instituições que usam as tecnologias da Internet para transformar processos de negócio não restritos apenas ao comércio eletrônico. É um termo para expressar uma nova forma de fazer negócio integrando ferramentas para a Web com as já existentes na organização (Norris et al., 2000). Um exemplo de *e-business* é o *business to business*, nome dado a transações de negócio entre empresas através de sistemas computacionais. Através de aplicações de *business to business*, explorando tecnologia de redes, pode-se estabelecer intercâmbio automático de informações entre os sistemas de diferentes organizações, melhorando os serviços oferecidos aos clientes e parcerias com fornecedores. Como exemplo, pode-se citar a situação em que é possível reduzir o tempo e os custos de manuseio de estoque, qualificando fornecedores para que verifiquem níveis de estoque e façam as reposições necessárias automaticamente, de sistema para sistema.

O CRM é uma estratégia que as empresas usam para melhor informar-se sobre as necessidades e os comportamentos dos clientes e desenvolver relações mais estreitas com eles. Parte do princípio de que todos os clientes devem ser conhecidos pela empresa ou se sentirem como tal, devendo receber tratamento personalizado, independentemente de condição financeira ou outro diferencial.

Embora, algumas vezes, a tecnologia seja visualizada como um fator responsável por eliminar o caráter pessoal das relações humanas, para que uma empresa otimize todos os seus processos de relacionamento com o cliente, uma estrutura de SI adequada aliada a recursos de tecnologia de informação é fundamental. Uma empresa com um CRM eficiente é capaz de reconhecer o cliente de maneira personalizada, melhorar os serviços oferecidos e identificar novas oportunidades de negócio.

Uma organização fazendo uso de sistemas de informação para atender a todas as suas necessidades de informação, nos vários níveis de gestão de forma integrada, pode alavancar vantagem competitiva de toda essa arquitetura de SI, usando a mesma aliada a recursos de tecnologia de informação (TI) como redes de computadores (WANs e LANs) e Internet para trazer inteligência ao negócio.

É possível encontrar nas organizações vários exemplos ilustrativos dos sistemas de informação apresentados neste capítulo. Os sistemas de folha de pagamento, contabilidade, controle de estoques, contas a pagar e a receber, faturamento etc. são exemplos de *SI transacionais*. Destacando-se a forte relação entre o SI gerencial e os indicadores de desempenho, um exemplo de SI gerencial pode ser encontrado em um sistema que analisa as receitas e as despesas de uma organização e possibilita que os gerentes as relacionem e comparem com o que foi planejado no orçamento.

Como ilustração dos benefícios desses sistemas para as organizações pode-se mencionar o caso de uma empresa brasileira distribuidora de gás natural que, através de sistema de informação transacional e gerencial, otimizou seus processos e é capaz de antecipar e prevenir qualquer possível falha na operação de suas redes de distribuição de gás.

Outro exemplo é o de uma indústria química, responsável por 49% do mercado nacional de cloro líquido e 17% do mercado de soda cáustica, que iniciou a partir de 1998 a sua reestruturação interna através do projeto “Empresa Classe Mundial”, que buscava identificar reais oportunidades de progresso e desenvolvimento, através da comparação de seus processos com as melhores práticas existentes no mercado. Para alcançar esse objetivo, a empresa buscou um *sistema de informação gerencial* que pudesse gerenciar toda a área de manutenção, suprimentos, engenharia e gestão de materiais para que o processo industrial da empresa trabalhasse com todo o seu potencial, além de alcançar as metas em seu plano mundial.

Uma empresa sem fins lucrativos, da área de saúde, tinha como desafios eliminar retrabalhos, reduzir o tempo das consultas e reunir e agregar dados importantes dos pacientes, como consultas médicas, diagnósticos, históricos e testes. Através da utilização de sistemas de informação transacional e gerencial conseguiu gerenciar a informação dos pacientes, reduzindo os formulários em papel, disponibilizando espaço do arquivo morto, e integrar as informações da equipe multidisciplinar armazenando num mesmo lugar dados médicos, nutricionais e fisioterapêuticos. Ainda foi possível analisar e comparar dados dos pacientes abrindo espaço para a pesquisa científica.

Como exemplo de aplicação dos *sistemas de apoio a decisão*, pode-se destacar o suporte a decisões nas atividades bancárias. Um banco, utilizando um sistema de

apoio a decisão com ferramentas analíticas e um *data warehouse*, com modelos de dados específicos ao setor e a consultoria de um analista de decisão, conseguiu como benefícios para a organização: elevar a taxa de resposta de mala direta de 1% para 10%; identificar linhas de produto não lucrativas e investigar algumas ofertas altamente lucrativas que se revelaram muito dispendiosas.

Outro exemplo da utilização do SAD é o caso de uma empresa de distribuição de energia do Nordeste brasileiro que utiliza esse tipo de sistema para apoiar, com base em vários critérios, a decisão de qual a melhor localidade para manter um transformador reserva. O problema é de natureza não estruturada, pois envolve a constante modelagem de preferências do decisor sobre as relações de importância entre custo, atendimento à população e atendimento às empresas, o que pode mudar com a época do ano e com as circunstâncias locais.

Um exemplo clássico e mais especializado de sistemas de apoio a decisão são as ferramentas de pesquisa operacional (por exemplo: Lindo, Macbeth, DPL, Decision Explorer, Logical Decision) e de estatística (por exemplo: Statistica, SPSS, SAS, Minitab). São ferramentas para tarefas de natureza geral, com facilidades para análise de problemas não estruturados, que envolvem várias interações do usuário, com diferentes dados e cenários, inclusive com análise de sensibilidade até a fase final, quando pode ser emitida uma recomendação.

Sistemas de Informação e Inteligência de Negócios

A análise e a utilização das informações geradas pelas ferramentas mencionadas até agora em proveito dos negócios é a essência da inteligência de negócio (Kudyba, 2001). Algumas técnicas e ferramentas utilizadas são a seguir apresentadas:

- *Data warehouse* – É um repositório de dados originados de várias fontes; contém normalmente grande volume de informação histórica gerada nos próprios sistemas de informação da organização ou obtida do ambiente externo. Constrói e mantém esses dados com o objetivo de suportar a tomada de decisões. Ao construir um *data warehouse,* toda informação é colocada num único lugar (Devlin, 1996).
- *Data mart* – Contém dados de uma *data warehouse* construídos especialmente para suportar os requisitos de análise específicos de uma unidade de negócio. Essa solução é adotada por organizações que não dispõem de recursos e tempo exigidos para a implementação de um *data warehouse.*
- *Data mining* (mineração de dados) – processo de extração de conhecimento de grandes bases de dados; procura relações de similaridade ou discordância entre os dados (Kudyba, 2001).

Pelo exposto se percebe que a vantagem competitiva apenas fará parte de uma organização se ela se transformar numa organização que aprende. Isso significa explorar o conhecimento explícito, que mencionamos nas técnicas vistas, dos dados armazenados nos sistemas de informação e de documentos e coisas escritas. Mas é preciso ir além e explorar outro tipo de conhecimento: o conhecimento tácito, aquele que reside nas pessoas que fazem a organização.

A administração do conhecimento é uma das aplicações estratégicas dos sistemas de informação. As empresas estão construindo sistemas de *gestão do conhecimento* para administrar o processo de aprendizagem na organização e seu *know-how*, facilitando também a criação do conhecimento (O'Brien, 2001).

GESTÃO DO CONHECIMENTO

Inúmeras são as definições sobre gestão do conhecimento encontradas na literatura. Focando o sistema de produção numa visão de melhoria de competitividade, destaca-se o conceito desenvolvido por Fleury e Oliveira Jr. (2001): "Gestão estratégica do conhecimento tem a tarefa de identificar, desenvolver, disseminar e atualizar o conhecimento estrategicamente relevante para a empresa, seja por meio de processos internos, seja por meio de processos externos às empresas."

O tema gestão do conhecimento tem bases em várias abordagens distintas e complementares. A análise de algumas questões-chave continua a representar importantes desafios (Terra, 2003):

- Como mapear o conhecimento (competências individuais) existente nas empresas.
- Como facilitar e estimular a explicitação do conhecimento tácito dos funcionários.
- Como utilizar os investimentos em tecnologia de informação e comunicação para aumentar o conhecimento da empresa e não apenas gerir o fluxo de informações.
- Como atrair e selecionar pessoas com as requeridas competências, habilidades e atitudes; que sistemas, políticas e processos devem ser implementados para moldar comportamentos relacionados ao estímulo à criatividade e ao aprendizado.
- Como manter o equilíbrio entre o trabalho em equipe e o trabalho individual, e entre o trabalho multidisciplinar e a requerida especialização individual.

Terra (2001) evidencia a importância da gestão do conhecimento afirmando que são muitos os sinais de que o conhecimento se tornou o recurso econômico mais importante para a competitividade das empresas e dos países e que, apesar da complexidade exigida por uma efetiva gestão do conhecimento, as práticas gerenciais relacionadas a ela estão intensamente associadas a melhores desempenhos.

As organizações enfrentam com frequência problemas de desempenho em seu custo, qualidade, relação com os clientes, e assim por diante, mas entre essas dificuldades existe um problema mais crucial: a incapacidade das organizações de aprender e abster-se de repetir constantemente os mesmos erros. A verdadeira competitividade é conseguida quando as organizações são sistemas que aprendem com facilidade (Shaw e Perkins, 1994 apud Terra 2001). As empresas que prosperarem e se mantiverem competitivas no século XXI serão sistemas de aprendizado eficientes, capazes de prever mudanças em seu ambiente e que ficarão cada vez mais inteligentes no decorrer do tempo (DeGeus, 1988). A rapidez com que as organizações aprendem pode tornar-se a única vantagem competitiva sustentável, especialmente nas indústrias que mudam rapidamente, o que torna a gestão do conhecimento tão importante (Strata, 1989).

Conforme a tipologia de conhecimento definida por Nonaka e Takeuchi (1996), o conhecimento pode ser:

- individual ou coletivo;
- tácito (implícito) ou explícito;
- estoque ou fluxo;
- interno ou externo.

O processo de desenvolvimento do conhecimento envolve interação entre o conhecimento explícito e o tácito. Davenport & Prusak (1998) observam que "o conhecimento é uma mistura fluida de experiência condensada, valores, informação contextual e *insight* experimentado, a qual proporciona uma estrutura para a avaliação e incorporação de novas experiências e informações. Ele tem origem e é aplicado na mente dos conhecedores. Nas organizações, costuma estar embutido não só em documentos ou repositórios de dados, mas também em rotinas, processos, práticas e normas organizacionais".

O conhecimento explícito encontra-se codificado nos manuais, em repositórios de dados, nos livros etc. Refere-se ao conhecimento que pode ser transmissível em linguagem formal e sistemática. O conhecimento tácito é implícito e provém do aprendizado e da experiência desenvolvida ao longo da vida. Esse conhecimento tácito torna-se a base das competências essenciais, quando integrado de modo coletivo.

Nonaka & Takeuchi (1995) destacam que o conhecimento é criado por meio da interação entre o conhecimento tácito e o conhecimento explícito que permite postular quatro modos diferentes de conversão (Figura 11.4):

	Conhecimento Tácito	Conhecimento Explícito
Conhecimento tácito	**Socialização** Conhecimento compartilhado	**Externalização** Conhecimento conceitual
Conhecimento explícito	**Internalização** Conhecimento operacioanal	**Combinação** Conhecimento sistêmico

FIGURA 11.4 Espiral de criação do conhecimento.

1. de conhecimento tácito em conhecimento tácito, chamado de socialização;
2. de conhecimento tácito em conhecimento explícito, denominado externalização;
3. de conhecimento explícito em conhecimento explícito ou combinação;
4. de conhecimento explícito para conhecimento tácito ou internalização.

A "espiral de criação do conhecimento" é o processo de interação tácito-explícita em que os quatro modos de conversão do conhecimento são conduzidos de forma articulada e cíclica. Nessa espiral, o conhecimento inicia-se no indivíduo, move-se para o grupo e, então, posteriormente, para toda a organização. De acordo com o modelo de conversão do conhecimento, parte-se do princípio de que os conhecimentos tácito e explícito já existem no interior da organização (Fleury & Oliveira Jr., 2001).

Para implantar a gestão do conhecimento em uma organização é fundamental reorganizá-la, construindo uma cultura de gestão do conhecimento e criando uma infraestrutura de sistemas de informação que facilite o aprendizado organizacional. Sistemas que suportam o desenvolvimento de atividades em grupo e o trabalho colaborativo podem ser usados para essa finalidade.

Os sistemas de informação têm um papel essencial no suporte à gestão do conhecimento. Uma infraestrutura de SI adequada pode ajudar a promover a geração de novas idéias individuais ou em grupo, gerando conhecimento; bases de conhecimento podem ser utilizadas para armazenar e organizar o conhecimento corporativo, além de permitirem o acesso a quem precise desse conhecimento.

VISÃO PANORÂMICA DOS GRUPOS DE PESQUISA NO BRASIL E INSTITUIÇÕES NAS ÁREAS DE SISTEMAS DE INFORMAÇÃO E GESTÃO DO CONHECIMENTO

A partir da análise da base de dados do CNPq de grupos de pesquisa pode-se ter uma visão da atuação em sistemas de informação e gestão do conhecimento desses grupos no Brasil. Foram consultados os dados cadastrados e disponíveis na página do CNPq em janeiro de 2007. Foram analisados os dados dos grupos relacionados às áreas de conhecimento de Engenharia de Produção (EP) e Administração (ADM). A busca foi feita pelos temas básicos de sistemas de informação (incluindo sistemas de informações gerencias, sistemas de apoio a decisão, gestão de tecnologia da informação, gestão da informação e gestão do conhecimento).

Nessa base do Diretório de Grupos de Pesquisa do CNPq foram encontrados 69 grupos que atuam mais diretamente na área de sistemas de informação e gestão do conhecimento, dos quais aproximadamente 48% têm atuação mais abrangente nessas áreas; os demais grupos atuam predominantemente em outras áreas, apresentando uma linha de pesquisa na área de SI e ou gestão do conhecimento. O ano de formação dos grupos varia entre 1989 e 2007. Os grupos apresentam, em média, sete pesquisadores (máximo 35, mínimo dois). Desses 69 grupos pesquisados, foram encontrados 27 grupos na área de Engenharia de Produção (Quadro 11.1).

QUADRO 11.1 Grupos de Pesquisa na Área de Engenharia de Produção

Grupo de Pesquisa	Instituição
Ergonomia e Usabilidade de Produtos, de Processos, de Informação e da Interação Humano–Computador	PUC/RJ
Gestão da Tecnologia da Informação – GTI	USP
Grupo de Desenvolvimento de Negócios	CERTI
Grupo de Desenvolvimento Empresarial	CEFET/SC
Grupo de Pesquisa em Sistemas de Informação e Decisão	UFPE
Indicadores Estratégicos na Gestão de Informação de Instituições de Ensino Superior Privado (IESP)	UNIP
Laboratório de Otimização de Produtos e Processos	UFRGS
Metodologias Quantitativas para Abordagem de Sistemas Energéticos e Ambientais	UFRJ
Núcleo de Gestão de Tecnologia e Inovação	UTFPR
Numa – Núcleo de Manufatura Avançada	USP
Placo – Planejamento e Controle da Produção	UFSCAR
Sistemas de Apoio a Decisão	USP
Arsig – Análise de Redes com Sistemas de Informações Geográficas	UNESP
Gestão Estratégica da Produção	UNIMEP
Engenharia Integrada e Engenharia de Integração	USP
Planejamento e Gestão da Tecnologia da Informação	UTFPR
TGL – Núcleo de Estudos de Tecnologia, Gestão e Logística	UFRJ
Laboratório de Sistemas de Apoio a Decisão	UFSC
Multicriteria: Sistemas de Apoio a Decisão em Ambientes Corporativos	UFF
Núcleo de Desenvolvimento e Otimização de Processos e Sistemas Produtivos	UNIMEP
Nupeapi – Núcleo de Pesquisa em Estatística Aplicada	UFJF
Planejamento Estratégico de Sistemas Logísticos: o Caso Capacitado e a Logística Reversa	UFRJ
Gestão da Produção	UNIFEI
Gestão do Conhecimento e da Inovação	CEFET/RJ
ITOI – Inovação Tecnológica e Organização Industrial	UFRJ
Produção, Estratégia, Tecnologia e Trabalho	UFPB
IGTI – Núcleo de Estudos em Inovação, Gestão e Tecnologia da Informação	UFSC

Com respeito a associações científicas na área de gestão do conhecimento tem-se a Sociedade Brasileira da Gestão do Conhecimento, que mantém página na Internet (http://www.sbgc.org.br). Semelhante à SBGC existem sociedades de gestão do conhecimento em vários países (Japão, Malásia, África do Sul, Filipinas), além de associações de gestão do conhecimento de dimensão mais ampla, tais como a AKMA (Asian Knowledge Management Association) e a EKMA (European Knowledge Management Association).

Já na área de sistemas de informação, no cenário nacional, tem-se basicamente em atuação a ABEPRO (Associação Brasileira de Engenharia de Produção, www.abepro.org.br), a SOBRAPO (Sociedade Brasileira de Pesquisa Operacional, www.sobrapo.br) e a ANPAD (Associação Nacional de Pós-Graduação e Pesquisa em Administração, www.anpad.org.br). No âmbito internacional há várias sociedades científicas com atuação na área de SI, destacando-se: Informs/ISS (Information System Society, infosys.society.informs.org), ORS (The Operational Research Society, www.theorsociety.org) e DSI (The Decision Sciences Institute, www.decisionsciences.org).

CONTRIBUIÇÃO DO PROFISSIONAL DE EP ÀS ÁREAS DE SISTEMAS DE INFORMAÇÃO E GESTÃO DO CONHECIMENTO

Na área de sistemas de informação, o profissional de EP leva em consideração vários fatores para buscar a maximização de resultados favoráveis para uma organização. A questão da definição de informação já mostra de forma concreta como desenhar o SI, que deve ser voltado para a visão da organização, suas estratégias e os resultados esperados pelo sistema de produção. Tem-se a informação como elemento básico para o funcionamento do sistema de produção. Vários fatores próprios do funcionamento de um sistema sociotécnico devem ser considerados. Foi destacado, por exemplo, que o fator cognitivo é um elemento importante para o processo de gestão da informação.

Para que os planos de SI sejam efetivos, o envolvimento da alta gerência, de especialistas da área de SI e usuários é de fundamental importância, além da aplicação de uma metodologia que consiga transportar a visão estratégica da organização para as aplicações de SI. Este é um desafio que pode ser efetivamente assumido pelo profissional de EP, que tem em sua formação os elementos necessários para integrar uma gama de métodos e habilidades para enfrentá-lo com sucesso.

Todos esses fatores são próprios do perfil de formação e de atuação de um profissional de EP, que, além de visualizar o sistema de produção e suas necessidades de gerenciamento, pode planejar e gerenciar o SI de forma aderente a esse sistema de produção. Ademais, o próprio SI pode ser visto, planejado e gerenciado como um sistema de produção. A contribuição do profissional de EP abre uma ampla gama de oportunidades no seu mercado de trabalho.

A contribuição do profissional de EP no trato dessa questão é claramente associada ao seu perfil, incluindo a formação interdisciplinar, visualizada nos diversos capítulos deste livro. Essa formação permite sua intervenção profissional na área de sistemas de informação de forma muito mais efetiva do que qualquer outro profissional. Por outro lado, o profissional de TI (tecnologia da informação) geralmente tem uma forte ênfase de formação nos recursos tecnológicos e não na informação, muito menos em métodos de gestão e apoio a decisão. Já o profissional de EP, além da capacitação básica para lidar com tecnologia, tem a formação apropriada para tratar de maneira mais adequada da questão da informação e de seu papel num sistema de produção. Consequentemente, esse profissional pode atuar me-

lhor no planejamento e gestão da informação, fornecendo uma concepção mais harmoniosa com os propósitos do negócio ao qual o sistema de produção serve.

O profissional de EP pode resolver vários problemas em SI, com base nos aspectos e métodos mencionados de forma introdutória, dentre os quais destacam-se: planejamento de SI; gerenciamento de SI; estabelecimento de indicadores de desempenho para uma organização (desenho do SIG); projeto e desenvolvimento de SAD; apoio na análise de decisões com uso de SAD; seleção de tecnologias de informação; avaliação de impactos de SI na organização.

Também em gestão do conhecimento, o profissional de EP pode desempenhar um papel relevante, uma vez que a gestão do conhecimento significa para uma organização decidir adotar uma nova filosofia de gestão que refletirá em mudanças culturais muito mais que tecnológicas, embora o suporte tecnológico exista e seja necessário. Como já foi mencionado, esse profissional está apto para se envolver com as questões de tecnologia e principalmente com as mudanças organizacionais que a implantação de uma filosofia de gestão requer.

Na espiral do conhecimento, este se inicia com a especialização individual e move-se para a organização por meio do trabalho multidisciplinar. O profissional de EP tem o perfil adequado para conduzir esse processo e estabelecer o equilíbrio entre o desenvolvimento do conhecimento tácito através das experiências individuais e a explicitação e posterior socialização desse conhecimento através do trabalho em equipe.

A formação interdisciplinar do profissional de EP o permite explorar com mais propriedade como os sistemas de informação podem facilitar nas organizações os processos de mapear o conhecimento existente; explicitar o conhecimento tácito e a aprendizagem organizacional, além de poder desenvolver novas formas de conversão do conhecimento.

Para contribuir de forma efetiva com essa área, o profissional de EP precisará utilizar-se, entre outros conteúdos da sua formação básica já apresentada em outros capítulos, de tópicos em sistemas de informação (incluindo teorias cognitivas, métodos de planejamento de SI), sistemas de informação gerencial e executiva, sistemas de apoio a decisão, gestão de tecnologia da informação e gestão do conhecimento.

CONSIDERAÇÕES FINAIS

Neste capítulo foram apresentados conceitos, definições e considerações sobre as temáticas de sistemas de informação e gestão do conhecimento, sendo enfatizado o impacto dessas áreas na competitividade das organizações. Foram mencionados aspectos de natureza cognitiva e organizacional importantes para um efetivo sistema de informação e apresentadas as abordagens de SI, comentando-se algumas tecnologias de informação. O planejamento de SI foi apresentado como fundamental para o alinhamento entre SI e o negócio. Também foram feitas considerações sobre os sistemas de informação e a inteligência de negócios. Na área de gestão do conhecimento foi efetuada uma breve explanação sobre a filosofia de gestão que permeia o tema. A bibliografia de base, principalmente alguns livros-texto mais clássicos, foi apresentada e citada, juntamente com outras referências sobre os temas abordados.

É importante destacar que a área de SI tem um cruzamento e interação importante com várias outras áreas da EP. Destacam-se, principalmente, as áreas de gestão de operações, pesquisa operacional, organização e estratégia, e qualidade, que foram mencionadas ao longo do texto. A área de ergonomia (ver Capítulo 6) tem mostrado grande interação na questão de desenho de interfaces do homem com os sistemas de informação.

De igual forma, a área de GC tem um cruzamento e interação importante com algumas outras áreas da EP, de onde destacam-se as áreas de organização e estratégia, qualidade, gestão da tecnologia.

Todas as considerações apresentadas neste capítulo evidenciam o relevante papel que o profissional de EP pode desempenhar, tanto na área de sistemas de informação como na área de gestão do conhecimento.

Sintetizando tudo o que foi apresentado, cita-se Marion Harper Jr. apud Oliveira (1986): "Administrar bem um negócio é administrar seu futuro; e administrar seu futuro é administrar informações."

REFERÊNCIAS BIBLIOGRÁFICAS

AHITUV, N.; NEUMANN, S. *Principles of information systems for management*. Vm. C. Brown Company Publishing, 1983.

ALMEIDA, A. T. Multicriteria priorities assignment for information technology based on organisational aspects. *International Journal of Operations Quantitative Management,* v. 8, n. 4, p. 251-263, 2002.

ALMEIDA, A. T. DE; COSTA, A.P..C.S. *Aplicações com métodos Multicritério de apoio a decisão*. Editora Universitária, 2003.

ALMEIDA, A. T.; RAMOS, F.S. (org.). *Gestão da informação na competitividade das organizações*. 2.ª ed. Editora Universitária UFPE, 2002

ALMEIDA, A. T. de; STEINBERG, H.; BOHORIS, G. A. Management information and decision support system of a telecommunication network. *Journal of Decision Systems*, Editora Hermes, v. 1, n. 2, p. 213-241, 1992.

ALMEIDA, A. T.; COSTA, A. P. C. S. Modelo de decisão multicritério para priorização de sistemas de informação baseado no método Promethee. *Gestão & Produção*, v. 9, n. 2, p. 201-214, 2002.

BIDGOLI, H. *Decision support systems – principle and practice*. West Publishing Company, 1989.

COSTA, L. S. S.; CAULLIRAUX, H. M. (org.). *Manufatura integrada por computador – sistemas integrados de produção: estratégia, organização, tecnologia e recursos humanos*. Rio de Janeiro: Editora Campus, 1995.

DAVENPORT, Thomas; PRUSAK, Laurence. Conhecimento empresarial: como as organizações gerenciam o seu capital intelectual. Rio de Janeiro: Campus, 1998. 237p.

DAVIS, C.B.; OLSON M. H. *Management information systems: conceptual foundations, structure and development*. McGraw-Hill, 1985.

DE GEUS, Arie. Planning as Learning. Harvard Business Review, Murch-April, 1988.

DEVLIN, B.; *DatawWarehouse fromaArchitectre to implementation*. 1.ª ed. Addison Wesley Pub, 1996.

FLEURY, M.T. JR., OLIVEIRA, M. M. *Gestão estratégica do conhecimento: integrando aprendizagem, conhecimento e competências*. São Paulo: Atlas, 2001.

GRAY, P. *Decision support and executive information systems,* Englewood Cliffs: Prentice Hall, 1994.

HARTONO, E.; LEDERER, A. L.; SETHI, V.; ZHUANG, Y. Key predictors of the implementation of strategic information systems plans. *Database for Advances in Information Systems*, 34(3):41-53, Verão de, 2003.

HOLTHAM, C. *Executive information system and decision support*. Chapman & Hall, 1992.

ISHIKAWA, K. *How to operate QC circle activiteties*. JUSE – Japanese Union of Scientists and Engineers, Tóquio, 1985.

KING, W. R.; TEO, T. S. H. Assessing the impact of integrating business planning and IS planning. *Information & Management*: 30:309-321, 1996.

LEDERER, A. L.; SETHI, V. Key prescriptions for strategic information systems planning. *Journal of Management Information Systems,* 13:35-62, 1996.

LUCAS, H. C. Jr. *Information systems concepts for management*. McGraw-Hill International, 1990.

MITTRA, S.S. *Decision supportsSystems – tools and techniques*. John Wiley & Sons, 1986.

NONAKA, I.; TAKEUCHI, H. *The knowledge – criating company: how Japanese companies creates the namics of innovation*. Nova York: Oxford University Press, 1995.

NORRIS, G.; HURLEY, JAMES R.; DUNLEAVY, J. *E-business and ERP a transformation strategy*. 1.ª ed. John Wiley Trade, 2000.

O'BRIEN, J. A. *Sistemas de informação e as decisões gerenciais na era da Internet*. São Paulo: Editora Saraiva, 2001.

OLIVEIRA, D.P.R. *Planejamento estratégico – conceitos, metodologia e práticas.* São Paulo: Editora Atlas, 1986.

PEREIRA, N. A. Um panorama da área de sistemas de informações no Brasil. In: RIBEIRO, J. L. D. A *Engenharia de Produção no Brasil: Panorama 2001*, volume 1. ABEPRO, p. 37-48, 2001.

RANGANATHAN, C.; KANNABIRAN, G. Effective management of information systems function: an exploratory study of Indian organizations. *International Journal of Information Management*, 24:247-266, 2004.

REZENDE, D.A.; ABREU, A.F. *Tecnologia da informação aplicada a sistemas de informação empresariais: o papel estratégico da informação e dos sistemas de informação nas empresas*. 3.ª ed. São Paulo: Atlas, 2003.

SCHNIEDERJANS, M.J.; HAMAKER, J. L.; Schniederjans, A. M. *Information technology investment: decicion making methodology*. World Scientific. 2004.

SPRAGUE JR, R. H.; WATSON, H. J. (ed.). *Decision supportsSystems – putting theory into practic.*, Prentice-Hall, Inc., 1989.

STAIR, R.M. *Princípios de sistemas de informação – uma abordagem gerencial.* 2.ª ed. Rio de Janeiro: LTC Editora, 1996.

STRATA, R. Organisational learning – the key to management innovation, *Sloan Management Review*, pp.63-74, 1989.

TERRA, J. C. C. (org.). *Gestão do conhecimento e e-learning na prática*. Rio de Janeiro: Elsevier, 2003.

TERRA, J.C. Gestão do conhecimento: aspectos conceituais e estudo exploratório sobre as práticas de empresas brasileiras. In: *Gestão estratégica do conhecimento.* São Paulo: Atlas, 2001.

THIERAUF, R. J. *Decision support systems for effective planning and control – a case study approach*. New Jersey: Englewood Cliffs, Prentice-Hall, Inc, 1982.

TOM, P. L. *Managing information as a corporate resource*. Harper Collings Publishers, 1991.

WANG, E. T. G.; TAI, J. C. F. Factors affecting information systems planning effectiveness: organizational contexts and planning systems dimensions. *Information & Management*, 40:287-303, 2003.

WATSON, H.J.; RAINER R.K.; HOUDESHEL G. *Executive information systems*. John Wiley & Sons, 1992.

WEBER, R. *Information Systemas Control and Audit*. 1.ª ed. Prentice Hall, 1998.

CAPÍTULO 12

GESTÃO AMBIENTAL

Paulo Mauricio Selig
Departamento de Engenharia de Produção e Sistemas
Universidade Federal de Santa Catarina

Lucila Maria de Souza Campos
Programa de Pós-graduação em Administração e Turismo
Universidade do Vale do Itajaí

Alexandre de Avila Leripio
Programa de Mestrado em Ciência e Tecnologia Ambiental
Universidade do Vale do Itajaí

INTRODUÇÃO

Este capítulo trata do tema gestão ambiental e procura contextualizá-lo no âmbito da Engenharia de Produção. Há alguns anos, este era um tema pouco abordado na formação de um engenheiro de produção. Não havia disciplinas sobre esse assunto no curso, tampouco se discutiam os impactos que as atividades produtivas causavam ao meio ambiente. Hoje, porém, o engenheiro de produção necessita do conhecimento sobre o que é gestão ambiental.

Neste capítulo abordaremos os seguintes assuntos relacionados à gestão ambiental: histórico e definição de gestão ambiental, conceitos de sustentabilidade, ciclo de vida, valorização de resíduos e, para finalizar, *design* de produtos e processos.

HISTÓRICO E DEFINIÇÃO DE GESTÃO AMBIENTAL

Definindo Gestão Ambiental

Para compreender o significado da expressão *gestão ambiental*, faz-se necessário definirmos primeiro o conceito de meio ambiente e recurso natural, uma vez que serão estes os objetos da gestão propriamente dita.

A legislação nacional define meio ambiente como o conjunto de condições, leis, influências e interações de ordem física, química e biológica, que permite, abriga e rege a vida em todas as suas formas.

O termo *meio* deriva do latim *mediu* e significa o lugar onde se vive. Já o termo *ambiente* deriva também do latim *ambiente* e denomina aquilo que cerca ou envolve os seres vivos por todos os lados. Dessa forma, a expressão meio ambiente pode ser definida como o lugar onde os seres vivos habitam. Esse hábitat interage com os seres vivos e forma um conjunto harmonioso essencial para a existência da vida como um sistema.

Já Barbieri (2004, p. 2) define meio ambiente como:

> "O ambiente natural e o artificial, isto é, o ambiente físico e o biológico originais e o que foi alterado, destruído e construído pelos humanos, como as áreas urbanas, industriais e rurais. Esses elementos condicionam a existência dos seres vivos, podendo-se dizer, portanto, que o meio ambiente não é apenas o espaço onde os seres vivos existem ou podem existir, mas a própria condição para a existência de vida na Terra."

O meio ambiente pode ser classificado em quatro tipos:

- *Meio ambiente natural*: abrange os recursos naturais, a flora, a fauna, ou seja, a natureza.
- *Meio ambiente cultural*: abrange a cultura das civilizações, incluindo áreas e monumentos tombados pelo patrimônio cultural da humanidade.
- *Meio ambiente artificial*: relaciona-se a tudo o que não é natural, mas é inerente à vida humana, como construções, por exemplo.
- *Meio ambiente do trabalho*: diz respeito a tudo aquilo relacionado à vida no trabalho.

O uso do meio ambiente para a produção de mercadorias ocorre por meio da exploração de vários tipos de meio ambiente, sobretudo da exploração dos recursos naturais. Entretanto, a grande maioria dos recursos naturais não é renovável, ou seja, eles são limitados, motivo pelo qual deve haver a preocupação com a conservação do meio ambiente de forma a utilizar, mas não esgotar, os recursos naturais existentes e vitais para a sobrevivência da humanidade.

Para Barbieri (2004), o conceito tradicional de recurso natural é aquele que deriva de uma concepção instrumental do meio ambiente físico e biológico, pois desse ponto de vista nem tudo o que existe na natureza constitui recurso, mas apenas aquilo que, de alguma forma, pode ser do interesse humano.

Os recursos naturais são classificados, segundo a noção de renovação, em dois tipos: renováveis e não renováveis. Esse conceito de renovação leva em consideração somente a questão temporal.

Portanto, segundo essa classificação, os recursos naturais são renováveis se puderem ser obtidos sem limitações, sem que se corra o risco de se esgotarem em determinado momento como, por exemplo, plantas e animais, entre outros. Já os recursos naturais não renováveis são aqueles limitados e que são objeto de extinção, como, por exemplo, combustíveis fósseis (petróleo, carvão e mesmo gás natural) e minérios (de ferro, argilas, calcários etc.).

Com relação ao conceito de gestão ambiental, o termo *gestão* deriva do latim *gestione* e significa o ato de gerir, gerenciar. O termo *ambiente*, como já foi visto, de-

riva também do latim *ambiente* e denomina aquilo que cerca ou envolve os seres vivos por todos os lados. Dessa forma, a junção das duas palavras forma uma terceira, que significa, de forma simplificada, a *forma de gerenciar o meio ou a organização de modo a não causar impacto negativo sobre o ambiente sob sua influência*. Ou seja, atualmente, pode-se dizer que gestão ambiental é um instrumento que pode proporcionar a sobrevivência e a diferenciação das organizações no mercado.

A expressão gestão ambiental é bastante abrangente. Ela é frequentemente usada para designar ações ambientais em determinados espaços geográficos, como, por exemplo: gestão ambiental de bacias hidrográficas, gestão ambiental de parques e reservas florestais, gestão de áreas de proteção ambiental, gestão ambiental de reservas de biosfera e outras tantas modalidades de gestão que incluam aspectos ambientais.

Por sua vez, a gestão ambiental empresarial está essencialmente voltada para organizações, ou seja, companhias, corporações, firmas, empresas ou instituições, e pode ser definida como sendo um conjunto de políticas, programas e práticas administrativas e operacionais que levam em conta a proteção do meio ambiente por meio da eliminação ou minimização de impactos e danos ambientais decorrentes do planejamento, implantação, operação, ampliação, realocação ou desativação de empreendimentos ou atividades, incluindo todas as fases do ciclo de vida de um produto (sobre ciclo de vida de um produto, ver o Capítulo 7).

Vários autores já definiram gestão ou gerenciamento ambiental em outros livros. Apresentaremos aqui algumas dessas definições.

Para Reis (1996, p. 10), o gerenciamento ambiental é "um conjunto de rotinas e procedimentos que permite a uma organização administrar adequadamente as relações entre suas atividades e o meio ambiente que as abriga, atentando para as expectativas das partes interessadas". Segundo o mesmo autor, é um processo que objetiva, dentre suas várias atribuições, identificar as ações mais adequadas ao atendimento das imposições legais aplicáveis às várias fases dos processos, desde a produção até o descarte final, passando pela comercialização, zelando para que os parâmetros legais sejam permanentemente observados, além de manter os procedimentos preventivos e proativos que contemplam os aspectos e efeitos ambientais da atividade, produtos e serviços, e os interesses e expectativas das partes interessadas.

Já para Moreira (2001), a empresa que apresenta um nível mínimo de gestão ambiental geralmente possui um departamento de meio ambiente, responsável pelo atendimento às exigências do órgão ambiental e pela indicação dos equipamentos ou dispositivos de controle ambiental mais apropriados à realidade da empresa e ao potencial de impactos ambientais. Ou seja, a empresa demonstra quase sempre uma postura reativa, procurando evitar os riscos e limitando-se ao atendimento dos requisitos legais, o que normalmente significa investimentos. Por outro lado, ainda segundo a autora, uma empresa que implantou um sistema de gestão ambiental adquire uma visão estratégica em relação ao meio ambiente, deixando de agir em função apenas dos riscos e passando a perceber oportunidades.

Barbieri (2004, p. 19-20) define gestão ambiental "como as diretrizes e as atividades administrativas e operacionais, tais como planejamento, direção, controle, alocação de recursos e outras realizadas com o objetivo de obter efeitos positivos sobre o meio ambiente, quer reduzindo ou eliminando danos ou problemas causados pelas ações humanas, quer evitando que elas surjam".

Barbieri (2004, p. 21) também apresenta uma outra definição para o termo gestão ambiental, afirmando que a expressão "gestão ambiental"

> (...) aplica-se a uma grande variedade de iniciativas relativas a qualquer tipo de problema ambiental. Na sua origem, estão as ações governamentais para enfrentar a escassez de recursos. (...) Qualquer proposta de gestão ambiental inclui, no mínimo, três dimensões, a saber: (1) a dimensão espacial que concerne à área na qual se espera que as ações de gestão tenham eficácia; (2) a dimensão temática que delimita as questões ambientais às quais as ações se destinam; e (3) a dimensão institucional relativa aos agentes que tomaram as iniciativas de gestão.

Pode-se dizer também que a gestão ambiental está relacionada ao conjunto de atividades da função gerencial que determinam a política ambiental, os objetivos, as responsabilidades, e os colocam em prática por intermédio do sistema ambiental, do planejamento ambiental, do controle ambiental e da melhoria do gerenciamento ambiental.

Portanto, a gestão ambiental é o gerenciamento eficaz do relacionamento *organização × meio ambiente.*

Alguns autores e pesquisadores afirmam ainda que a gestão ambiental compõe o pacote da gestão da qualidade total, constituída por um conjunto de instrumentos e programas que visam, inicialmente, proporcionar um processo de mudança organizacional para, posteriormente, proporcionar um processo de melhoria contínua (ver Capítulo 4).

A gestão é aplicada sobre os meios (instrumentos, técnicas, programas, teorias), de modo a obter resultados (fins) que satisfaçam todas as partes interessadas das organizações. Sendo assim, Viterbo Junior (1998) afirma que é preciso melhorar os resultados por intermédio da adoção de uma filosofia de gestão e de um método para se atingir resultados, principalmente a melhoria dos resultados ambientais.

Concluindo, gestão ambiental nada mais é do que a forma como uma organização administra as relações entre suas atividades e o meio ambiente que as abriga, observadas as expectativas das partes interessadas. Ou seja, é parte da gestão pela qualidade.

Da Qualidade à Gestão Ambiental

Nos últimos 30 anos, o termo qualidade tornou-se um dos grandes focos no mundo dos negócios. Desde então, os clientes vêm aprimorando seus desejos e anseios, e exigindo produtos com maior qualidade e valor agregado. A acessibilidade a novos mercados contribuiu ainda mais para aumentar a competitividade entre os produtores, obrigando-os a baixar cada vez mais seus custos. Por sua vez, para baixar custos foram obrigados a conhecer e gerenciar melhor suas organizações.

Pode-se dizer que o movimento global da qualidade trouxe grande contribuição à gestão ambiental. Tanto o TQC (Total Quality Control) quanto o TQM (*Total*

Quality Management) foram importantes, pois estavam baseados no conceito de melhoria contínua, primordial para a gestão ambiental. Os conceitos de qualidade são abordados com maior profundidade no Capítulo 4.

Mas foram os sistemas da qualidade ou sistemas de gestão da qualidade (ver Capítulo 4), mais especificamente o conjunto de normas ISO 9000, que mais contribuíram para a gestão ambiental, sobretudo para os sistemas de gestão ambiental.

No entanto, os sistemas de gestão ambiental não foram influenciados apenas pelos sistemas da qualidade, mas também por outros sistemas e iniciativas que foram sendo desenvolvidos e aprimorados em diversos países, sobretudo com maior vigor nas últimas três décadas.

Em 1947, foi criado, nos Estados Unidos, o *Federal Insecticide, Fungicide, and Rodenticide Act* com a responsabilidade de regulamentar e investigar as ações e impactos dos fungicidas, herbicidas, agrotóxicos – entre outros produtos – no meio ambiente, bem como seus efeitos na humanidade. Em 1955, mais uma importante iniciativa ocorreu também nos Estados Unidos: foi criado o *Air Pollution Control Act*, com o intuito de investigar os efeitos da poluição na atmosfera e controlá-la. No entanto, não foi antes da década de 1970 que o governo americano começou a agir no sentido de controlar a poluição ambiental.

Em 1970, o então presidente americano Richard M. Nixon assinou uma ordem executiva e consolidou a criação de uma única agência ambiental americana: a Federal Environmental Protection Agency (EPA). O propósito da EPA tornou-se, a partir de então, "proteger nosso ambiente hoje e para as futuras gerações, seguindo e obedecendo as leis determinadas pelo Congresso americano e nossa missão maior, que é de controlar a poluição nas áreas relacionadas a ar, água, resíduos, pesticidas, radiação e substâncias tóxicas, sempre em cooperação com os governos locais e estaduais" (Culley, 1998).

Apesar de o primeiro foco da EPA ter sido de regulamentação às leis governamentais e não o desenvolvimento de sistemas de gestão ambiental, suas iniciativas vêm contribuindo para muitas empresas americanas desenvolverem uma cultura ambiental sistêmica. Uma outra importante contribuição foi seu envolvimento direto no desenvolvimento da ISO 14001. A EPA, em função da sua vasta experiência na área, participou intensamente do desenvolvimento de dois temas importantes da ISO 14001: a prevenção da poluição e o atendimento à legislação.

Além das contribuições comentadas anteriormente, cabe ainda salientar a importância das contribuições europeias aos sistemas de gestão ambiental. Em maio de 1991, a Alemanha criou uma lei na área de reciclagem que exigia dos fabricantes que assumissem toda e qualquer responsabilidade pela reciclagem e disposição final das embalagens de seus produtos. Essa lei tornou-se importante pelo seu pioneirismo no assunto. Após tal iniciativa, outros países europeus, como Suécia e Holanda, iniciaram ações semelhantes no sentido de promover a reciclagem de produtos e embalagens, responsabilizando seus geradores.

Os Primeiros Princípios e Sistemas de Gestão Ambiental

Apresenta-se a seguir os principais programas ou sistemas de gestão ambiental adotados pelas indústrias com o intuito de legitimar sua gestão ambiental.

Responsible Care Program

Programa desenvolvido pela Canadian Chemical Producers Association – CCPA, surgido no Canadá em 1985 e implantado nos Estados Unidos em 1988 e na Inglaterra e Austrália a partir de 1990. Em abril de 2006, segundo a Abiquim, o Programa *Responsible Care* se encontrava consolidado em 52 países com indústrias químicas.

Segundo Donaire (1999), o *Responsible Care* se propõe a ser um instrumento eficaz para o direcionamento do gerenciamento ambiental, além de preocupar-se com a questão ambiental de cada empresa, incluindo recomendações para a segurança das instalações, processos e produtos, e questões relativas à saúde e segurança dos trabalhadores.

No Brasil, coube à Associação Brasileira de Indústrias Químicas (Abiquim) adaptá-lo às condições nacionais e, a partir de 1990, passou a desenvolvê-lo junto a empresas químicas sob a denominação de Programa de Atuação Responsável. Tal programa possui atualmente seis elementos, alinhados com os do *Responsible Care*:

- Princípios diretivos.
- Códigos de práticas gerenciais.
- Comissões de lideranças empresariais.
- Conselhos comunitários consultivos.
- Avaliação de progresso.
- Difusão para a cadeia produtiva.

Vale ressaltar que o Programa de Atuação Responsável consiste numa série de iniciativas específicas de gerenciamento, sendo de caráter voluntário e não certificável. Mais informações podem ser obtidas junto à própria Abiquim (*www.abiquim.com.br*).

Norma Britânica BS 7750

A norma BS 7750 iniciou em 1991 e teve sua primeira publicação em junho do mesmo ano, com a formação de um comitê técnico no British Standards Institution (BSI). A norma modificou o vocabulário da comunidade ligada à área do meio ambiente e introduziu um novo enfoque para a resolução de problemas ambientais – da auditoria ambiental à gestão ambiental, da identificação e resolução de problemas "a jusante" à previsão e gerência de problemas "a montante" (Gilbert, 1995).

Trata-se de uma especificação para o desenvolvimento, implementação e manutenção de um sistema de gestão ambiental, para assegurar e demonstrar conformidade com as declarações da empresa quanto à sua política, objetivos e metas relativos ao meio ambiente. A norma exige atendimento às exigências legais locais e o comprometimento com a melhoria contínua, não estabelecendo uma exigência absoluta com o desempenho ambiental (Campos, 2001).

EMAS – Eco – Management and Audit Scheme

O sistema europeu de ecogestão e auditorias (EMAS–Eco – *Management and Audit Scheme*) foi adotado pelo Conselho da União Europeia (CE) em junho de

1993. Ele é aberto à participação voluntária das empresas desde abril de 1995, tendo sido publicada uma nova versão desse regulamento (CE n.º 761/2001 do Parlamento Europeu e do Conselho) em março de 2001.

Os EMAS têm o objetivo primário de promover a melhoria contínua do desempenho ambiental de atividades industriais através do estabelecimento e implementação de políticas ambientais, programas e sistemas de gestão pelas organizações; da avaliação sistemática, objetiva e periódica do desempenho dos elementos contidos nas regulamentações; das informações à comunidade sobre o desempenho ambiental da organização (Alberton, 2003).

Do ponto de vista da produção limpa, o EMAS atende ao princípio do controle democrático, que trata do amplo acesso a informações pela comunidade e, dessa forma, permite a participação mais efetiva das partes interessadas, contribuindo para a melhoria do desempenho ambiental da organização que voluntariamente adota esse esquema. É recomendada a utilização de indicadores ambientais para avaliação do comportamento ambiental de uma organização, assegurando-se que os mesmos demonstrem uma avaliação do comportamento da organização, sejam claros, permitam comparação anual do desempenho ambiental, comparação com *benchmarking* setoriais, nacionais e regionais, e aferição dos requisitos legais (Campos, 2001).

No entanto, o EMAS não fornece um guia com exemplos de indicadores, como a norma ISO 14031, dedicada à Avaliação de Desempenho Ambiental, porém estabelece critérios para a sua seleção. Isso demonstra a importância do estabelecimento de indicadores para a avaliação do desempenho ambiental das organizações que fazem a opção pela certificação do seu sistema de gestão ambiental pelas duas iniciativas.

O EMAS, basicamente, permite às empresas que desenvolvem atividades industriais nos países-membros da Comunidade Europeia obterem registros de suas unidades junto a uma comissão da CE. Anualmente é publicada no jornal oficial da Comunidade Europeia uma lista de todas as unidades registradas. Tal registro pode ser considerado, portanto, como um "certificado" de bom desempenho ambiental para quem o obtiver. O EMAS, por sua vez, tem como principal diferença em relação aos outros sistemas a exigência de apresentação de uma autodeclaração ambiental de auditoria e ecogestão, regulamentada junto à Comunidade Europeia através de publicação no jornal oficial da CE (Campos, 2001).

Norma NBR ISO 14001

A ISO (International Organization for Standardization) é uma federação mundial não governamental, com sede em Genebra, na Suíça. Fundada em 1947, tem por objetivo propor normas que representem o consenso dos diferentes países para homogeneizar métodos, medidas, materiais e seu uso.

Como consequência da Rio-92, a Conferência das Nações Unidas de Meio Ambiente e Desenvolvimento, realizada no Rio de Janeiro em 1992, foi proposta a criação de um grupo especial na ISO para elaborar normas relacionadas com o tema meio ambiente.

Em março de 1993 instalou-se o comitê técnico ISO/TC207 – Gestão Ambiental, com a participação de 56 países, responsável por elaborar a série de normas ISO 14000 inter-relacionando-se com o comitê que elaborou as Normas de Gestão da Qualidade (série ISO 9000) (Moreira, 2001).

A ISO 14001 especifica os requisitos de tal sistema de gestão ambiental, tendo sido redigida de forma a aplicar-se a todos os tipos e portes de organizações, não estabelecendo requisitos absolutos para desempenho ambiental além do comprometimento, expresso na política, de atender à legislação e regulamentos aplicáveis com melhoria contínua.

Destaca-se que implantar um sistema de gestão ambiental em uma organização implica alterações na política, estratégias, reavaliações de processos produtivos e, principalmente, do modo de agir. Para Valle (1995), um efetivo sistema de gestão ambiental permite a uma organização estabelecer e avaliar a real situação de seus processos e procedimentos estabelecidos para aplicação de uma política de gestão ambiental e seus objetivos.

Valle (1995, p. 39) destaca ainda que o ciclo de atuação da gestão ambiental, para que ela seja eficaz, deve cobrir desde a fase de concepção do projeto até a eliminação efetiva dos resíduos gerados pelo empreendimento depois de implantado durante toda a sua vida útil. Deve também assegurar a melhoria contínua das condições de segurança, higiene e saúde operacional de todos os seus empregados e um relacionamento sadio com os segmentos da sociedade que interagem com esse empreendimento e a empresa.

Assim, o sucesso do sistema depende do comprometimento de todos os níveis e funções, especialmente da alta direção. Contudo, a adoção dessa norma não garantirá, por si só, resultados ambientais ótimos (Moreira, 2001).

De acordo com Porter (1999, p. 372), as normas ambientais elaboradas de forma adequada são capazes de desencadear inovações que reduzem os custos totais de um produto ou aumentam seu valor. Essas inovações permitem que as empresas utilizem uma gama de insumos de maneira mais produtiva – abrangendo matéria-prima, energia e mão de obra –, compensando, assim, os custos da melhoria do impacto ambiental.

Ressalte-se que a norma é de caráter voluntário, porém percebe-se que tem sido cada vez mais frequente a imposição do mercado pela adoção da ISO 14001 pelas empresas, fazendo com que a certificação seja a entrada para as transações comerciais, principalmente por corporações exportadoras, que necessitam de padrões que auxiliem na racionalização do processo de comércio internacional.

CONCEITO DE SUSTENTABILIDADE

Segundo Starke (1991), a expressão desenvolvimento sustentável surgiu pela primeira vez em 1980, no documento *Estratégia de Conservação Mundial: Conservação dos Recursos Vivos para o Desenvolvimento Sustentável*. Esse documento foi publicado pela União Internacional para a Conservação da Natureza (UICN), pelo Fundo Mundial para a Vida Selvagem (WWF) e pelo Programa das Nações Unidas para o Meio Ambiente (PNUMA).

De acordo com esse documento, "para ser sustentável, o desenvolvimento precisa levar em conta fatores sociais e ecológicos, assim como econômicos; as bases dos recursos vivos e não vivos; as vantagens de ações alternativas, a longo e a curto prazos" (Starke, 1991, p. 9).[1]

Em 1987, a Comissão Mundial sobre Meio Ambiente e Desenvolvimento elaborou um novo significado para o termo. Para a Comissão, desenvolvimento sustentável passa a ser "aquele que atende às necessidades do presente sem comprometer a possibilidade de gerações futuras atenderem às suas próprias necessidades" (CMMAD, 1988, p. 46).

Em junho de 1992, no Rio de Janeiro, na Conferência das Nações Unidas sobre Meio Ambiente e Desenvolvimento, reconheceu-se a importância de assumir a ideia de sustentabilidade em qualquer programa ou atividade de desenvolvimento.

Apesar da inegável importância da definição do termo desenvolvimento sustentável, ele gera uma diversidade de ideias que reflete a falta de precisão na conceituação corrente do mesmo. Baroni (1992) apresenta uma visão crítica do termo apontando as contradições e inconsistências das definições adotadas. Segundo Baroni há uma linha de pensamento que trata o termo desenvolvimento sustentável como sendo o mesmo que "sustentabilidade econômica", isto é, aquela que somente tem relação com a capacidade dos recursos se reproduzirem ou não se esgotarem.

Dentro desse contexto de definição do termo desenvolvimento sustentável, Ignacy Sachs (1993) apresenta cinco dimensões do que se pode chamar desenvolvimento sustentável ou, como Sachs denominava na época, ecodesenvolvimento. Para Sachs, todo o planejamento de desenvolvimento que almeje ser sustentável precisa levar em conta as cinco dimensões de sustentabilidade descritas a seguir:

- A *sustentabilidade social*, que se entende como a criação de um processo de desenvolvimento sustentado por uma civilização com maior equidade na distribuição de renda e de bens, de modo a reduzir o abismo entre os padrões de vida dos ricos e dos pobres.
- A *sustentabilidade econômica*, que deve ser alcançada através do gerenciamento e alocação mais eficientes dos recursos e de um fluxo constante de investimentos públicos e privados.
- A *sustentabilidade ecológica*, que pode ser alcançada através do aumento da capacidade de utilização dos recursos, limitação do consumo de combustíveis fósseis e de outros recursos e produtos que são facilmente esgotáveis, redução da geração de resíduos e de poluição, através da conservação de energia, de recursos e da reciclagem.
- A *sustentabilidade espacial*, que deve ser dirigida para a obtenção de uma configuração rural–urbana mais equilibrada e uma melhor distribuição territorial dos assentamentos humanos e das atividades econômicas.
- A *sustentabilidade cultural*, incluindo a procura por raízes endógenas de processos de modernização e de sistemas agrícolas integrados, que facilitem a geração de soluções específicas para o local, o ecossistema, a cultura e a área.

---

[1] O assunto sustentabilidade é retomado no Capítulo 13 deste livro.

Pode-se perceber, portanto, que o termo desenvolvimento sustentável, por si só, não traz respostas ou soluções ao conflito existente entre a necessidade de crescimento e a sustentabilidade dos recursos naturais que ainda restam (Campos, 2001).

Considerando que, nos dias de hoje, as organizações produzem bens vastamente consumidos pelas sociedades modernas e que algumas dessas sociedades assumem esses bens como de suma importância para a sua sobrevivência, torna-se inegável o papel relevante que essas organizações de produção de bens e os engenheiros de produção têm na busca pela prática de um desenvolvimento sustentável.

É fato que a produção dos bens consumidos pelas sociedades gera poluição ao meio ambiente, atingindo direta ou indiretamente a própria humanidade. Por outro lado, a mesma sociedade parece não querer abrir mão do conforto e comodidade proporcionados por alguns desses bens.

A busca de uma solução para esse conflito deverá passar por uma mudança de valores e de orientação nos sistemas produtivos das organizações e da sociedade, com a produção e o consumo visando à minimização dos danos e impactos ambientais negativos normalmente causados.

CICLO DE VIDA

Sustentabilidade da Cadeia Produtiva

A necessária mudança dos valores e da orientação dos sistemas produtivos será decorrência de uma mudança na percepção das pessoas que compõem uma organização, o que pode ser executado através de dois elementos básicos: por consciência (sentido de necessidade) ou por espírito empreendedor (sentido de oportunidade). Ou seja, ou a motivação é oriunda dos impactos ambientais e prejuízos decorrentes dos processos de produção e consumo, que precisam ser minimizados ou eliminados, ou decorrente da visão da oportunidade da geração de novos negócios a partir dos problemas atualmente gerados. Nesse contexto, os resíduos e subprodutos, tratados como perdas e desperdícios, são os alvos principais dessa abordagem.

O principal fator motivacional para as empresas mudarem sua "fraca percepção" a respeito dos impactos ambientais que seus resíduos geram é a busca da sustentabilidade do negócio. Nesse aspecto, a expressão sustentabilidade é fundamentada na abordagem de Sachs (1993), que preconiza a existência de cinco faces da sustentabilidade (social, econômica, ecológica, espacial e cultural), conforme apresentado no item anterior. A partir das ideias do sociólogo francês, foram propostas interpretações voltadas às organizações produtivas, como será apresentado a seguir.

Uma abordagem aplicada ao negócio, adaptação de Lerípio (2001), da dimensão social da sustentabilidade proposta por Sachs, teria a seguinte premissa: "O negócio tem que ser gerador de emprego e renda, bem como proporcionar a melhoria da qualidade de vida da comunidade." Ou seja, o negócio deve ser ético com seus colaboradores e com a comunidade.

Em termos de sustentabilidade econômica, Lerípio (2001), alicerçado nos fundamentos do desempenho sustentável, lança a premissa básica para a face econômica

da sustentabilidade: "Os negócios têm que ser lucrativos." O lucro de um negócio pode ser maior a partir da economia gerada com a eliminação de desperdícios, por exemplo.

Uma interpretação aplicada ao negócio sustentável da sustentabilidade ecológica poderia levar à afirmação: "O negócio tem que estar inserido de forma equilibrada no ecossistema", ou seja, ele deve se integrar de forma harmônica aos processos ecossistêmicos e aos fluxos de matéria e energia existentes.

Para contemplar a sustentabilidade espacial, em relação ao negócio, a adaptação de Lerípio (2001) aponta para a seguinte afirmação: "O negócio tem que utilizar racionalmente os recursos naturais existentes e disponíveis." Cabe uma ressalva à expressão "racionalmente", devido ao caráter relativo da mesma, ou seja, uma decisão racional para empresários "sem percepção ou com pouca percepção ambiental" pode ser algo muito diferente do que uma decisão racional de empresários social e ambientalmente corretos, ou seja, com percepção mais desenvolvida. Portanto, no contexto deste livro, *racionalidade* parte do pressuposto conservacionista, ou seja, usar com racionalidade significa usar o recurso de forma a não esgotá-lo ou extingui-lo.

Segundo Lerípio (2001), em termos de organizações produtivas, a sustentabilidade cultural pode ser traduzida pela seguinte expressão: "Os negócios têm que ser independentes de tecnologias de produção importadas e de monopólios de fornecimento." Isso significa fomentar a "raiz endógena dos processos criativos", como diria Sachs, ou seja, valorizar o capital intelectual das organizações.

Por fim, a sustentabilidade temporal, implícita nas colocações do sociólogo francês, pode ser explicitada pela seguinte afirmação, aplicada à realidade das empresas e suas relações com o meio ambiente: "O negócio pode ser mantido ao longo do tempo, sem restrições ou escassez de insumos e matérias-primas." Existem dois caminhos básicos, dependendo da renovabilidade da matéria-prima: em um primeiro caso, utilizando recursos renováveis como matéria-prima deve-se conservar sua capacidade regenerativa ou respeitar seu ciclo natural, adequando a velocidade de consumo do recurso com sua capacidade de reposição. No segundo caso, com a utilização de matérias-primas oriundas de recursos naturais não renováveis, o negócio sustentável deve proporcionar o "fechamento de ciclos", de forma a manter a viabilidade do negócio a partir da reciclagem dos produtos pós-consumo, por exemplo, como já faz a indústria do alumínio no Brasil e no mundo.

Para que uma organização rume em direção à sustentabilidade, ela deve:

- assumir um compromisso no âmbito de sua rede de relações (responsabilidade social corporativa);
- produzir produtos de melhor qualidade, com menor poluição e menor uso dos recursos naturais (ecoeficiência);
- analisar o ciclo de vida dos produtos, bem como os impactos ambientais resultantes das atividades de produção em toda a cadeia produtiva;
- formar parcerias empresariais tendo como objetivo a formação de complexos industriais sistêmicos, onde os resíduos sejam transformados em novos recursos, imitando os ecossistemas naturais (emissão zero);
- aderir aos sistemas de gestão certificáveis;

- aplicar continuamente estratégias ambientais aos processos e produtos, com o intuito de reduzir riscos ao meio ambiente e ao ser humano (produção mais limpa);
- desenvolver relatórios de sustentabilidade corporativa, bem como os acionistas da empresa devem governar seu negócio, otimizando o desempenho da empresa e facilitando o acesso ao capital (governança corporativa).

Desse modo, respeitando esses princípios e adotando tais métodos, a organização estará a caminho da sustentabilidade, ou seja, poderá garantir sua sobrevivência em um mercado cada vez mais competitivo.

Responsabilidade Estendida do Produtos (EPR)

As primeiras legislações do início dos anos 70 seguiam a tendência de responsabilizar os governos pelo impacto ambiental causado pelos resíduos sólidos pós-consumo. No entanto, mais recentemente, as legislações tendem a responsabilizar os fabricantes, direta ou indiretamente, pelo impacto de seus produtos ao meio ambiente. Essa responsabilização pode ser feita por meio de leis dirigidas às etapas de reciclagem ou, indiretamente, por meio de proibições de disposição em aterros sanitários e do uso de certos tipos de embalagens. Essas legislações têm sua origem nas ideias da denominada filosofia de EPR *(Extended Product Responsability)* (Leite, 2003).

A responsabilidade estendida do produtor é uma das mais significativas tendências normativas atualmente encontradas no cenário europeu e internacional. Sua definição mais difundida e aceita foi proposta por pesquisadores da Universidade de Lundt:

> (...) a extensão da responsabilidade do produtor é uma estratégia visando à redução do impacto ambiental de um produto, tornando o produtor responsável pelo ciclo de vida total do produto e, em particular, pela recuperação, pela reciclagem e pela digestão dos resíduos finais. A extensão da responsabilidade pode ser implementada através de instrumentos administrativos, econômicos e informativos. A composição desses instrumentos determina a fórmula precisa da extensão da responsabilidade (University of Lundt, 1992 apud Manzini & Vezzoli, 2005).

O ciclo de vida do produto, segundo Mourad et al. (2002), inicia-se quando os recursos para a sua fabricação são removidos de sua origem, a natureza ou *o berço*, e finaliza quando o material retorna para a terra, *o túmulo*. O chamado princípio EPR fundamenta a ideia de estender a toda a cadeia industrial direta a responsabilidade de reduzir os impactos de seus processos e produtos no meio ambiente, atribuindo ao produtor a responsabilidade pelo produto durante todo o seu ciclo de vida, "do berço ao túmulo".

No terreno de ação da EPR, esta poderia expandir-se ao ciclo inteiro de vida do produto, sugere Manzini & Vezzoli (2005), abrangendo não somente a produção e a valorização de seu fim de vida, mas também a sua correta gestão durante seu período de vida útil.

O fabricante tenderia, assim, a mudar de papel e posicionar-se também como um operador, cujo trabalho não mais derive apenas da venda dos seus produtos, mas também da venda dos resultados deles (mobilidade, entretenimento, limpeza da casa e do vestuário), ou seja, uma empresa fabricante de condicionadores de ar não venderia mais o direito de propriedade do aparelho ao cliente, mas o direito de uso por tempo predeterminado (até o fim estimado da vida útil). O fabricante ou seu representante poderia prestar serviços de "climatização de ambientes", por meio dos aparelhos produzidos, que continuariam com a posse/propriedade/responsabilidade do fabricante.

Logística Reversa

As exigências cada vez maiores de adequação dos processos das organizações à proteção ao meio ambiente fizeram surgir uma subárea da logística empresarial, a logística reversa. Essa subárea "engloba práticas de gerenciamento de logística e atividades envolvidas na redução, gerência e disposição de resíduos, incluindo distribuição reversa, que é o processo pelo qual uma companhia coleta seus produtos usados danificados, vencidos ou as embalagens de seus consumidores finais" (CSCMP – Council of Supply Chain Management Professionals, 2007).

Segundo Leite (2003), os canais de distribuição reversos compreendem as etapas, as formas e os meios em que uma parcela dos produtos da empresa, com pouco uso após a venda, com ciclo de vida útil ampliado ou após extinta a sua vida útil, retorna ao ciclo produtivo ou de negócios, readquirindo valor em mercados secundários pelo reuso ou pela reciclagem de seus materiais constituintes.

Leite (2003) define duas categorias de canais de distribuição reversos: os canais de distribuição reversos de *pós-consumo* e de *pós-venda*. Os canais reversos de pós-consumo subdividem-se em canais reversos de reuso de bens duráveis e semiduráveis, de desmanche de bens duráveis e de reciclagem de produtos e materiais constituintes. Os canais reversos de pós-venda são constituídos pelas diferentes formas e possibilidades de retorno de uma parcela de produtos, com pouco ou nenhum uso, motivados por problemas relacionados à qualidade em geral ou a processos comerciais entre empresas, retornando ao ciclo de negócios de alguma maneira. Na Figura 12.1 pode-se observar o fluxo dos produtos nos canais de distribuição diretos e reversos, desde as matérias-primas virgens até o mercado, entendido aqui como o mercado primário de produtos.

A conscientização ecológica e a busca por um desenvolvimento sustentável, aliados às pressões legislativas de proteção ao meio ambiente e à consequente responsabilidade social por parte das empresas, representam fatores de influência no surgimento das cadeias produtivas reversas.

Segundo Leite (2003), observa-se um avanço nas legislações de diversos países, visando responsabilizar as empresas pelo retorno de seus bens e materiais, evitando o impacto disso sobre o meio ambiente.

Como exemplo, podem ser citados o RoHS – *Restrictions for Hazardous Substances* – e o WEEE – *Waste from Electrical and Electronic Equipment* –, exigidos na União Europeia a partir de 1.º de janeiro de 2006, baseados na responsabilidade estendida do produtor (EPR). Observa-se também maior preocupação dos empresários na busca de competitividade por meio da logística reversa, visto que ela permite uma diferenciação mercadológica de serviço perceptível aos clientes.

A responsabilidade social representa um fator fundamental para a implantação de programas de logística reversa em que a redução de custos não seja significativa ou até mesmo haja o aumento de custos diretos, que são compensados pela redução de impactos negativos na comunidade traduzidos em custos indiretos ou mesmo inatingíveis (Simões, 2002).

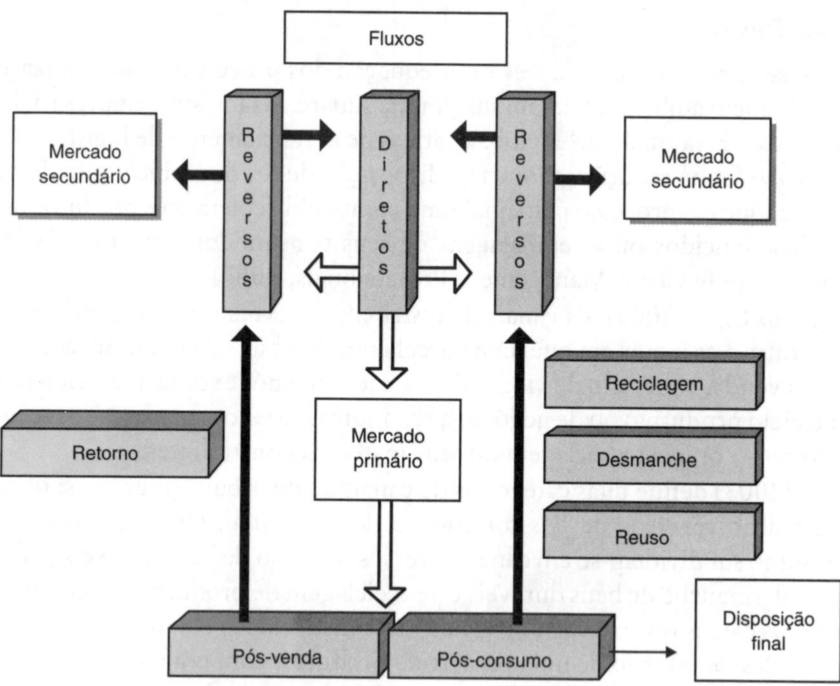

FIGURA 12.1 Canais de distribuição diretos e reversos.
Fonte: Adaptada de Leite (2003).

Exemplos interessantes de logística reversa são atualmente aplicados pelas empresas de materiais eletroeletrônicos, como a HP e a Xerox, destacadas na Figura 12.2 (respectivas páginas das empresas na Internet).

VALORIZAÇÃO DE RESÍDUOS

O embasamento conceitual sobre resíduos e seu potencial de valorização é uma necessidade premente, essencial para diversos tipos de profissionais, em especial os engenheiros de produção, seja por apresentarem o conhecimento teórico acerca das características e potenciais de valorização, seja por indicarem alguns procedimentos de segurança e prevenção de caráter prático, recomendados para adoção pelas organizações.

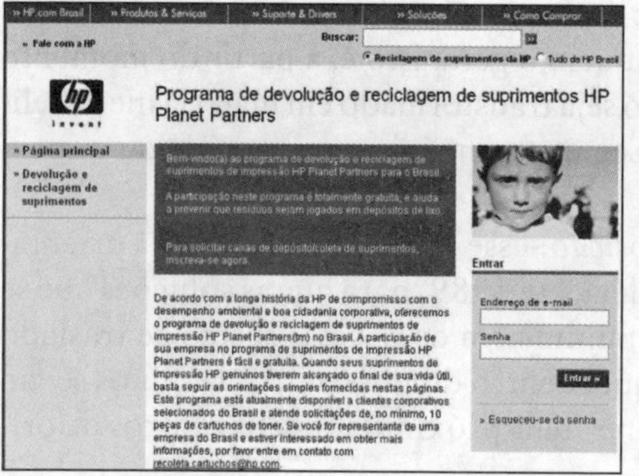

Fonte: www.hp.com.br

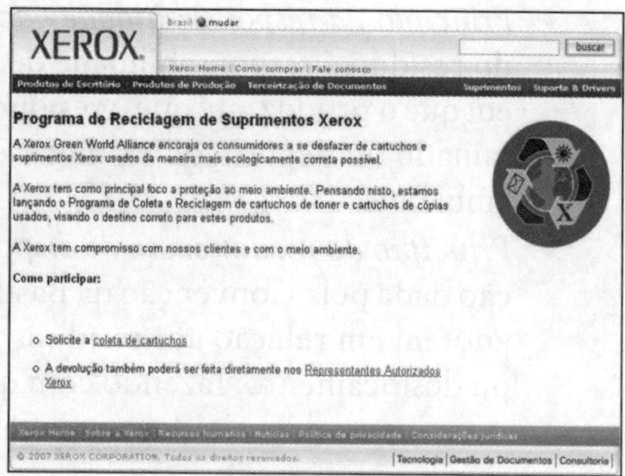

Fonte: www.xerox.com.br

FIGURA 12.2 Exemplo de ações de logística reversa no setor de informática.

Resíduos como Efeitos de Ineficiência de Processos e Cadeias Produtivas

Os restos das atividades humanas, considerados como inúteis, indesejáveis ou descartáveis, são chamados de resíduos. A classificação desses restos como resíduos varia de acordo com o espaço, o tempo e a cultura.

Os problemas associados aos resíduos, segundo Figueiredo (1995), decorrem de dois componentes principais: a crescente geração de resíduos e a evolução "qualitativa" dos mesmos. Quanto ao primeiro componente, o rápido crescimento ocorre em função tanto do crescimento populacional e seu adensamento espacial quanto do aumento da geração *per capita* de resíduos, imposto pelos padrões de propaganda, que intensificam a associação do consumo à qualidade de vida. Com relação ao segundo componente, a evolução na composição da massa de resíduos se deve à evolução dos materiais empregados pela sociedade.

Para a busca de uma gestão ambiental focalizada em resíduos, no intuito de superar a ineficiência de processos e cadeias produtivas, é indispensável perseguir os seguintes pressupostos citados em Oliveira (2002):

- *Princípio de sustentabilidade ambiental*: a política deve ser orientada para a obtenção de um comportamento dos agentes geradores dos resíduos e responsáveis pelos mesmos em todas as etapas de seu ciclo de vida, de forma a minimizar o impacto sobre o meio ambiente, preservando-o como um conjunto de recursos disponíveis em iguais condições para as gerações presentes e futuras.
- *Princípio do "poluidor pagador"*: essencial na destinação dos custos de prevenção da contaminação, esse princípio estabelece que são os geradores de resíduos, os agentes econômicos, as empresas industriais e outras que devem arcar com o custeio que implica o cumprimento das normas estabelecidas.
- *Princípio da precaução*: o princípio sustenta que a autoridade pode exercer uma ação preventiva quando há razões para crer que as substâncias, os resíduos ou a energia introduzidos no meio ambiente podem ser nocivos para a saúde ou para o meio ambiente.

- *Princípio da responsabilidade "do berço ao túmulo"*: o impacto ambiental do resíduo é responsabilidade de quem o gera, isto é, a partir do momento em que o produz, até que o resíduo seja transformado em matéria inerte, eliminado ou depositado em lugar seguro, sem risco para a saúde ou o meio ambiente.
- *Princípio do menor custo de disposição*: esse princípio define uma orientação dada pela Convenção da Basiléia, em 1989, para que as soluções que se adotem em relação aos resíduos minimizem os riscos e custos de traslado ou deslocamento, fazendo com que, dentro do possível, os resíduos sejam tratados ou depositados nos lugares mais próximos de seus centros de origem.
- *Princípio da redução na fonte*: sustenta a conveniência de evitar a geração de resíduos mediante o uso de tecnologias adequadas, tratamento ou minimização em seu lugar de origem.
- *Princípio do uso da melhor tecnologia disponível*: é um princípio pouco aplicável em países como o Brasil, que possui dependência tecnológica.

Para Figueiredo (1995), a preocupação com a reintegração dos resíduos à cadeia cíclica dos materiais no planeta inclui muitos aspectos que vão desde a escolha dos componentes utilizados pelo setor produtivo até a distribuição espacial associada ao consumo.

O mesmo autor aponta que, a despeito dos vários problemas ocorridos ao longo da história, em nenhum momento a questão dos resíduos foi tratada com seriedade. Atualmente, por representar uma ameaça real ao meio ambiente, e consequentemente ao próprio homem, os resíduos vêm conquistando a atenção mundial, especialmente no que diz respeito ao processamento, transporte e à disposição final.

Além desses fatores, o questionamento da sociedade e das autoridades acerca da intensidade de geração e das possibilidades e limitações no seu reaproveitamento por parte dos próprios fabricantes também tem sido motivação para a crescente preocupação com os resíduos gerados pelas atividades humanas.

Produção Mais Limpa (P+L)

O conceito de "produção mais limpa" (*Cleaner Production*) teve sua origem na proposta feita pela organização ambientalista internacional Greenpeace, chamada "produção limpa" (*Clean Production*). Esse novo conceito ganhou maior visibilidade a partir de 1989, quando o Programa das Nações Unidas para o Meio Ambiente (PNUMA) criou o programa de Produção Mais Limpa, visando racionalizar a produção industrial.

A produção mais limpa envolve a aplicação contínua de estratégias ambientais aos processos e produtos de uma indústria, com o intuito de reduzir riscos ao meio ambiente e ao ser humano (Lerípio, 2001). Para Furtado (1999), essa estratégia visa prevenir a geração de resíduos, efluentes e emissões, bem como minimizar o consumo de matérias-primas e energia.

A P+L, segundo Rigola (1998), se aplica aos:

- processos de produção: conserva as matérias-primas e a energia, elimina matérias-primas tóxicas e reduz a quantidade e a toxicidade de todas as emissões e resíduos;
- produtos: reduz os impactos negativos ao longo do ciclo de vida de um produto, desde a extração das matérias-primas até sua disposição final;
- serviços: incorpora a preocupação ambiental no projeto e execução de serviços.

Almeida (2002) insere a implantação de um programa de P+L em três etapas, que não devem ser "queimadas". A primeira concentra-se na identificação de oportunidades de redução de poluição na fonte e no que se chama de *housekeeping* ("arrumação da casa'), ou seja, medidas pontuais, que exigem pouco ou nenhum investimento econômico e, em geral, dão retorno imediato ou em curto prazo. Já a segunda etapa significa introduzir mudanças no processo de produção. Exige investimento econômico de baixo a médio e o retorno é em curto ou médio prazo. E, finalmente, a terceira etapa incorpora mudanças tecnológicas e/ou de *design* de produto. O investimento econômico é de médio a grande e o retorno é a médio e longo prazo.

Alguns dos incentivos que uma empresa desfruta na aplicação da P+L são abordados por Rigola (1998). Esses incentivos compreendem:

- cumprimento da legislação presente ou previsível em um futuro próximo;
- obtenção de benefícios econômicos na exploração e aumento da competitividade;
- melhora da imagem empresarial e, associada a ela, estabelecimento de melhores relações com os clientes, vizinhos e a sociedade em geral;
- redução de possíveis responsabilidades civis e penais; aperfeiçoamento das condições de trabalho no que diz respeito à higiene e segurança, e redução de necessidades de tratamento de efluentes, deixando capacidade disponível nas instalações para futuros projetos de ampliação e reduzindo a inversão que seria necessária.

Além disso, essas melhorias podem se transformar em vantagens perante negociações de prêmios de seguros juntos às companhias seguradoras.

Conforme Schmidheiny (1992), existem três impedimentos principais que servem como barreiras para a adoção de posturas ambientalmente corretas: as preocupações econômicas, a falta de informações e as atitudes dos gerentes. Assim, segundo Rigola (1998), a adoção da P+L pode apresentar algumas dificuldades, como:

- falta de consciência ambiental;
- típica resistência burocrática a introduzir qualquer tipo de troca;
- falta de suporte empresarial por parte dos altos níveis de gestão;
- falta de informação sobre as possibilidades e vantagens existentes na P+L;
- falta de tecnologia apropriada;
- prevenção por parte dos responsáveis pela pesquisa, desenvolvimento, engenharia ou produção;

- incorreta consignação dos custos de tratamento ou disposição final que não permitem refletir os benefícios econômicos;
- falta de recursos financeiros;
- falta de internalização dos custos ambientais.

A P+L se descreve como uma atividade sistemática e permanente por facilitar uma resposta contínua às novas situações a que a empresa se expõe. Contudo, a P+L proveitosa para o meio ambiente e a economia tem determinadas limitações em cada setor industrial. Rigola (1998) menciona a possibilidade de reduzir em até 30% os problemas ambientais através da P+L, no entanto existe um grande caminho a percorrer até alcançar os objetivos de uma iniciativa como a emissão zero, que será apresentada no próximo item.

Como exemplos de aplicação da P+L, podem ser citados os casos das empresas mostradas na Figura 12.3.

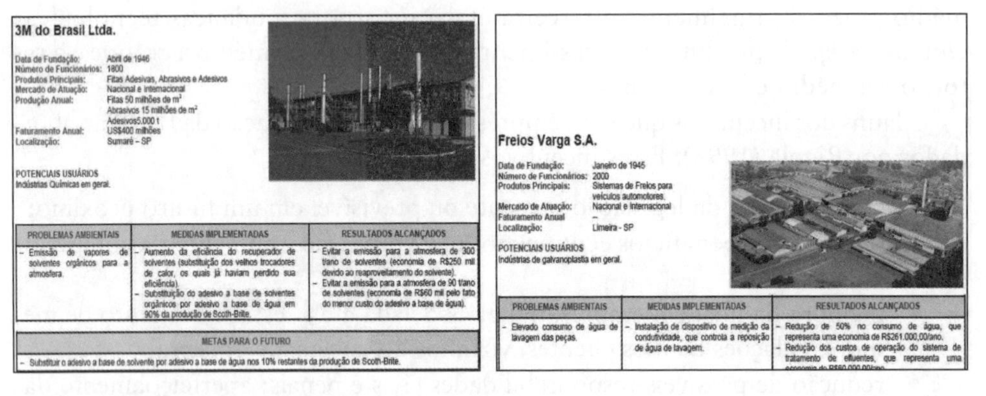

3M do Brasil Ltda.

Data de Fundação: Abril de 1946
Número de Funcionários: 1800
Produtos Principais: Fitas Adesivas, Abrasivos e Adesivos
Mercado de Atuação: Nacional e internacional
Produção Anual: Fitas 50 milhões de m^3
Abrasivos 15 milhões de m^2
Adesivos5.000 t
Faturamento Anual: US$400 milhões
Localização: Sumaré – SP

POTENCIAIS USUÁRIOS
Indústrias Químicas em geral.

PROBLEMAS AMBIENTAIS	MEDIDAS IMPLEMENTADAS	RESULTADOS ALCANÇADOS
– Emissão de vapores de solventes orgânicos para a atmosfera.	– Aumento da eficiência do recuperador de solventes (substituição dos velhos trocadores de calor, os quais já haviam perdido sua eficiência). – Substituição do adesivo a base de solventes orgânicos por adesivo a base de água em 90% da produção de Scoth-Brite.	– Evitar a emissão para a atmosfera de 300 t/ano de solventes (economia de R$250 mil devido ao reaproveitamento do solvente). – Evitar a emissão para a atmosfera de 90 t/ano de solventes (economia de R$60 mil pelo fato do menor custo do adesivo a base de água).

METAS PARA O FUTURO
– Substituir o adesivo a base de solvente por adesivo a base de água nos 10% restantes da produção de Scoth-Brite.

Freios Varga S.A.

Data de Fundação: Janeiro de 1945
Número de Funcionários: 2000
Produtos Principais: Sistemas de Freios para veículos automotores.
Mercado de Atuação: Nacional e Internacional
Faturamento Anual –
Localização: Limeira - SP

POTENCIAIS USUÁRIOS
Indústrias de galvanoplastia em geral.

PROBLEMAS AMBIENTAIS	MEDIDAS IMPLEMENTADAS	RESULTADOS ALCANÇADOS
– Elevado consumo de água de lavagem das peças.	– Instalação de dispositivo de medição da condutividade, que controla a reposição de água de lavagem.	– Redução de 50% no consumo de água, que representa uma economia de R$261.000,00/ano. – Redução dos custos de operação do sistema de tratamento de efluentes, que representa uma economia de R$60.000,00/ano.

FIGURA 12.3 Exemplo de ações de produção mais limpa nos setores químico e metal-mecânico.

Zero Emissions Research Initiative (ZERI)

A iniciativa para a pesquisa em emissão zero (ZERI, por sua sigla em inglês *Zero Emissions Research Initiative*) foi lançada, em 1994, pela Universidade das Nações Unidas (UNU – United Nations University) em Tóquio, no contexto do Programa de Eco-Re-estruturação para o Desenvolvimento Sustentável (Pauli, 1998).

O ZERI surgiu na UNU como resultado da convergência de três correntes de pensamento que dominaram o cenário mundial nos últimos 60 anos: a *desenvolvimentista*, voltada para o crescimento econômico e a expansão da produção industrial; a *social*, atenta ao bem-estar humano individual e coletivo, e a *ecológica*, defendendo os sistemas naturais e a qualidade do meio ambiente.

Um dos princípios fundamentais que inspiraram o conceito de ZERI foi a intenção de imitar os ecossistemas naturais, harmonizando as atividades econômicas com os ciclos biológicos, respeitar as leis da vida sobre o planeta enquanto se busca o progresso material e bem-estar social, e proporcionar às atuais gerações o que necessitam, sem comprometer as chances de que as futuras gerações tenham o mesmo (Lerípio, 2001).

Nesse contexto, o ZERI emergiu de um processo de cristalização dos ideais do desenvolvimento sustentável proclamados na Conferência de Estocolmo, consagrados na Rio-92, e da busca de estratégias apropriadas para promovê-lo.

A metodologia ZERI se apoia, segundo Pauli (1998), em cinco etapas distintas:

- Modelos de aproveitamento total: utilização completa de todos os resíduos gerados no próprio processo produtivo.
- Modelos de entrada e saída: quando não é possível a transformação total dos materiais de entrada, se procede a um inventário de todos os componentes de saída para a análise de possíveis usos.
- Modelos de conglomerados industriais: em uma terceira etapa, busca-se o agrupamento de indústrias que através de novas relações comerciais possam conseguir um benefício mútuo.
- Identificação de novas tecnologias: os agrupamentos industriais podem não ser economicamente viáveis, tendo de identificar as trocas tecnológicas necessárias e lançar programas de investigação para conseguir o objetivo de poluição zero.
- Planejamento de políticas industriais: todas as etapas anteriores devem ser acompanhadas por uma política industrial e uma legislação apropriadas que facilitem o progresso e os objetivos marcados.

O ZERI traz a abordagem sistêmica para dentro do conjunto das atividades industriais, contrapondo-se à visão linear tradicional da empresa, na qual o processo produtivo se resume em três estágios: insumo, processo e produto. Analisa o processo produtivo interligado e sugere políticas e estratégias de gestão do sistema econômico e social.

Apesar da sua aplicabilidade, o ZERI tem limitações. A falta de conhecimento, a literatura escassa, a divulgação incipiente e o desafio paradigmático de mudar a mente conservadora exigem forte colaboração e cooperação entre todas as partes interessadas (governo, academia e setor privado) (Lerípio, 2001).

A metodologia ZERI, comenta Pauli (1998), fornece um instrumento interessante para muitos setores alcançarem o desenvolvimento sustentável. Os ambientalistas a veem como um instrumento para uma redução extraordinária da poluição. O gerenciamento existente a utiliza para aumentar sua competitividade. Os investidores a veem como um instrumento para obtenção de ganhos substanciais de capital em ativos ocultos e utilizam a metodologia para a identificação de empresas que representem oportunidades de aquisição para conversão à emissão zero e eventual revenda. Os governos utilizam a metodologia para a identificação de políticas públicas para o desenvolvimento sustentável de regiões, para as quais um pacote especial de incentivos pode ser planejado. Já os cientistas se voltam à metodologia ZERI porque ela oferece um sistema único para integrar diversas disciplinas, todas com interesse na construção de um futuro sustentável, mas que até agora encontraram poucas conexões para a realização de um programa pertencente a todos.

Sua aceitação no mundo dos negócios está ainda começando, tendendo a se consolidar em um futuro próximo, em função das experiências de êxito já implantadas em diversos países do mundo, como, por exemplo, o Caso de Las Gaviotas na Colômbia.

O Centro de Pesquisa Ambiental Las Gaviotas, estabelecido e dirigido por Paolo Lugari na zona oriental da Colômbia, é uma das aplicações mais avançadas da Ciência Generativa, do *upsizing* e da emissão zero. Las Gaviotas estabeleceu originalmente seu marco com o desenvolvimento de energias renováveis. O uso do vento para bombear a água, o uso da energia solar para o aquecimento da água, a combinação de divertimento e de geração de energia demonstraram, logo de início, que os engenheiros que estavam trabalhando nesse centro de criatividade pensaram soluções práticas para os problemas das pessoas pobres que estavam querendo ajudar.

O fato de a Colômbia estar devastando sua principal floresta a uma velocidade de 650.000 hectares ao ano foi o ponto de partida para a iniciativa. O projeto Las Gaviotas está comprometido com o programa de reflorestamento mais importante já iniciado na Colômbia.

É um grande desafio plantar árvores em Vichada. O solo é ácido, muito ácido, com pH 4. As condições extremas de verão, com temperaturas superiores aos 40°C por meses a fio, com um solo seco e praticamente nenhuma chuva por períodos extensos, limita as chances de que as árvores jovens sobrevivam. Existe uma grande variedade de árvores. Após uma análise detalhada, foi concluído que o pinheiro do Caribe seria uma árvore nativa excelente para ser plantada e cultivada na savana dos *llaños* da zona oriental da Colômbia.

Até o ano 2000, Las Gaviotas plantou cerca de 11.000 hectares. A plantação levou a alguns resultados surpreendentes e a sucessos inesperados. Os pinheiros protegem o solo da ação do sol escaldante e a queda contínua das agulhas está resultando em uma capa de húmus rica. Isso melhorou o pH, que subiu de 4 para 5, e essa elevação no pH, por sua vez, facilitou o crescimento de plantas rasteiras e a chegada de muitas plantas e árvores novas. Com um índice de sobrevivência de 92%, Las Gaviotas prova que o reflorestamento é viável, mesmo quando considerado, à primeira vista, impossível ou até acusado de promover a monocultura.

Conforme o último levantamento botânico, podem ser encontradas aproximadamente 250 espécies novas no microclima único dessa região da savana. A proteção contra o calor, o novo húmus e o nível de acidez do solo, com sua melhora gradual, regeneram a biodiversidade há muito perdida em decorrência da ignorância humana. As aves, as abelhas e o vento carregam consigo esporos e sementes das florestas tropicais localizadas a mais de 400 quilômetros de distância em direção ao leste, onde o rio Orinoco marca o início da selva amazônica.

O pinheiro é resistente à acidez do solo e – até melhor que isso – é produtivo. A árvore atinge a maturidade entre oito e dez anos, e produz rapidamente cerca de sete gramas de colônia ao dia. Essa resina pode ser processada na gomaresina (a colofônia). Esse produto refinado é um fator de *input* essencial para o preparo de tintas naturais e de papel lustroso de qualidade, um produto que apresenta demanda crescente.

Atualmente, a Colômbia importa 4.000 toneladas de colofônia ao ano, principalmente de Honduras, da Venezuela, do México e da China. Las Gaviotas pode fornecer ao mercado local um produto local e refinado em seu próprio estabelecimento,

em El Vichada. O preço de mercado varia entre US$1.000 e US$1.300 por tonelada, e com 40 toneladas ao mês Las Gaviotas respondeu ao desafio de gerar valor agregado, mantendo as atividades do reflorestamento, a biodiversidade e o desenvolvimento tecnológico em uma economia de mercado aberta.

O processo de produção tem a emissão zero como meta. Todos os sacos de polietileno (PB) utilizados para a coleta da colofônia são recuperados e recondicionados na forma de tubos. Uma vez ao mês, todo o resíduo é coletado e enviado para Bogotá para ser processado. Os sacos plásticos são coletados e secos, no local, de forma que toda a colofônia desperdiçada – meros 0,2% da colheita – possa ser recuperada. A colofônia residual representaria resíduo tóxico ao solo, e a recuperação dessa pequena quantidade em cada processo equivale ao custo de um ciclo de produção por ano. A colofônia residual que termina no fundo do lago é recuperada e utilizada como um ingrediente na fabricação de tijolos resistentes à água, o material principal das habitações locais.

DESIGN DE PRODUTOS E PROCESSOS

O *ecodesign* ou *green design* ou ainda *design for environment* é uma atividade de *design* que dá especial relevância a critérios ambientais na concepção de produtos e processos, procurando reduzir ao máximo seu impacto negativo sobre a natureza. A seguir serão apresentados o *design for environment* para produtos e para processos e cadeias produtivas.

Design for Environment (DFE) para Produtos

As escolhas que os projetistas fizerem durante o desenvolvimento de um produto novo ou melhorado determinarão o impacto ambiental durante cada fase do ciclo de vida do produto, desde a aquisição de materiais, passando pela manufatura, uso, reuso e finalmente o descarte final do produto. Os mesmos podem avaliar também o desempenho ambiental de seus produtos e propor soluções muito originais aos interesses ambientais ou podem ajudar a sintetizar as melhorias que agora incluem interesses ambientais (Prates, 1998).

A prática de realizar formalmente o processo de melhoramento do projeto é conhecida como projeto para o meio ambiente (Manzini & Vezzoli, 2005). O projeto para o meio ambiente (DFE, por sua sigla em inglês, *design for environment*) significa fazer das considerações ambientais uma parte integral do processo de projeto de produtos, com o objetivo de facilitar a reciclagem de um produto, assim como adaptar os novos materiais e processos, na melhoria e criação de novos produtos.

O DFE usa os conceitos de ciclo de vida juntamente com algumas estratégias a fim de reduzir o impacto ambiental. As estratégias apresentadas nessa perspectiva, citadas por Manzini & Vezzoli (2005), são as seguintes:

- Minimização dos recursos: reduzir o uso de materiais e de energia.
- Escolha de recursos e processos de baixo impacto ambiental: selecionar os materiais, os processos e as fontes energéticas de maior ecocompatibilidade.
- Otimização da vida dos produtos: projetar artefatos que perdurem. Essa es-

trategia está relacionada, mais propriamente, às fases de distribuição (embalagem), uso e descarte/eliminação.

- Extensão de vida dos materiais: projetar em função da valorização (reaplicação) dos materiais descartados. Essa estratégia é própria da fase de descarte/eliminação.
- Facilidade de desmontagem: projetar em função da facilidade de separação das partes e dos materiais. Esse preceito é funcional para a otimização da vida dos produtos e para a extensão da vida dos materiais.

Para Manzini & Vezzoli (2005), as decisões mais importantes e influentes de um *design* ambientalmente consciente são tomadas nas primeiras fases do projeto. É importante, portanto, introduzir e integrar as questões e os requisitos ambientais desde o início do processo de desenvolvimento de um produto ou de um serviço. Assim, para que essas estratégias citadas sejam eficazes, elas devem ser aplicadas somente depois da definição dos objetivos do projeto e dos requisitos daí derivados (ver Capítulo 7).

DFE para Processos e Cadeias Produtivas

O desenvolvimento de produtos limpos pode requerer tecnologias limpas, mas certamente requer uma nova capacidade de *design* (de fato, é possível chegar a produtos limpos mesmo sem muitas sofisticações tecnológicas). De maneira semelhante, a busca da promoção do consumo e do comportamento limpos exige novos produtos, podendo também direcionar a orientação das escolhas para um novo *mix* de produtos e serviços que, para serem aceitos, dependem de uma mudança na cultura e no comportamento dos usuários. Nesse âmbito, portanto, propor soluções que apresentem uma alta qualidade ambiental não pode prescindir do quanto e do como elas sejam social e culturalmente aceitáveis (Manzini & Vezzoli, 2005).

Dentro desse quadro geral de referência, para Manzini & Vezzoli (2005), o papel do *design* pode ser sintetizado como a atividade que, ligando o tecnicamente possível com o ecologicamente necessário, faz nascer novas propostas que sejam social e culturalmente apreciáveis. Uma atividade que possa ser articulada, conforme o caso, em diferentes formas, cada uma delas dotada de suas especificidades.

Os objetivos do projeto para o meio ambiente visando ao aprimoramento dos processos e cadeias produtivas, na busca do menor impacto ambiental e apoiando o crescimento sustentável, são apresentados a seguir, conforme Prates (1998):

- Análise do projeto: inclui várias atividades inter-relacionadas, as quais pretendem avaliar sistematicamente as opções de projeto.
- Identificação do perfil ambiental: fornecem ao projetista uma boa indicação por onde começar a revisão de possíveis estratégias de projetos.
- Estratégia de projeto: uma vez que a fase de ciclo de vida dominante é identificada, o projetista deverá avaliar as opções de projeto inicial juntamente com as estratégias definidas.
- *Check-list* de ciclo de vida: esses questionários são desenvolvidos para ajudar os projetistas a incluírem as considerações ambientais associadas com as estratégias de melhoria.

- Análise de opção de projeto: a proposta é atentar para identificar as opções de projeto com o maior potencial para a competitividade ambiental.
- Otimização de projeto: cada uma das opções de projeto analisadas pode ser acoplada com outras considerações e avaliada juntamente com os objetivos do projeto. Fazer escolhas entre as opções é uma característica regular da atividade de projeto.

Manzini e Vezzoli (2005) prescrevem que o *design* para a sustentabilidade deve aprofundar suas propostas na constante avaliação comparada das implicações ambientais, nas diferentes soluções técnicas, econômicas e socialmente aceitáveis, e deve considerar, ainda durante a concepção de produtos e serviços, todas as condicionantes que os determinem por todo o seu ciclo de vida. As mudanças necessárias à transição para a sustentabilidade são de ordem sistêmica e, portanto, exigem inovações não somente tecnológicas, mas também sociais e culturais.

CONSIDERAÇÕES FINAIS

Apesar do tema gestão ambiental não constituir uma novidade nas organizações, verifica-se que o mesmo passou a ser um fator fundamental nos modelos gerenciais competitivos delas. A pergunta que devemos fazer é como olhar o nosso futuro e incorporar definitivamente às ações dos engenheiros de produção os conhecimentos aqui apresentados. Acreditamos que Jensen (1999) nos encaminha para um pensamento interessante quando diz o seguinte: "O sol está se pondo na sociedade da informação mesmo antes de nos termos completamente ajustado à sua demanda como indivíduos e como companhias. Vivemos como pescadores, agricultores e trabalhamos em fábricas, e agora vivemos em uma sociedade baseada na informação. Estamos parados diante do quinto tipo de sociedade: a sociedade do sonho!"

Essa sociedade que está por vir é decorrente das nossas ações e deverá incorporar com mais naturalidade os conceitos aqui brevemente apresentados, e sem dúvida os futuros engenheiros de produção serão parte fundamental nesse sonho.

Por fim, Maquiavel, em seu clássico *O príncipe*, provoca reflexões a respeito dos processos de mudanças:

> "Não existe nada mais difícil de se executar nem de sucesso mais duvidoso ou mais perigoso que dar início a uma nova ordem das coisas. Pois o reformador tem como inimigos todos os que ganham com a ordem antiga e conta apenas com defensores tímidos entre aqueles que ganham com a nova ordem. Parte dessa timidez vem do medo dos adversários, que têm a lei a seu favor; e parte vem da incredulidade da humanidade que não tem muita fé em qualquer coisa nova, até que a experimente."

REFERÊNCIAS BIBLIOGRÁFICAS

ALBERTON, A. *Meio ambiente e desempenho econômico financeiro: o impacto da ISO 14001 nas empresas brasileiras.* Tese de Doutorado – Programa de Pós-Graduação em Engenharia de Produção (PPGEP), Florianópolis: Universidade Federal de Santa Catarina (UFSC), 2003.

ALMEIDA, F. *O bom negócio da sustentabilidade.* Rio de Janeiro: Nova Fronteira, 2002.

BARBIERI, J. C. *Gestão ambiental empresarial*: *conceitos, modelos e instrumentos*. São Paulo: Saraiva, 2004.

BARONI, M. Ambiguidades e deficiências do conceito de sustentabilidade. *RAE*, São Paulo, v. 32, n. 2, abr./jun., p. 14-24, 1992.

CAMPOS, L. M. S. *SGADA – Sistema de Gestão e Avaliação de Desempenho Ambiental*: *uma proposta de implementação*. Tese de Doutorado – Programa de Pós-Graduação em Engenharia de Produção (PPGEP), Florianópolis: Universidade Federal de Santa Catarina (UFSC), 2001.

CMMAD – Comissão Mundial sobre Meio Ambiente e Desenvolvimento. *Nosso Futuro Comum*. Rio de Janeiro: FGV, 1988.

CSCMP – Council of Supply Chain Management Professionals. (www.cscmp.org, acesso em 25 de maio de 2007).

CULLEY, W. C. *Environmental and quality systems integration*. Boston: Lewis Publishers, 1998.

DONAIRE, D. *Gestão ambiental na empresa*. 2.ª ed. São Paulo: Atlas, 1999.

FIGUEIREDO, P. J. M. *A sociedade do lixo: os resíduos, a questão energética e a crise ambiental*. Prefácio de A. Oswaldo Seva Filho. 2.ª ed. Piracicaba: Editora Unimep, 1995.

FURTADO, J. S. *Atitude Ambiental Responsável na Construção Civil: Ecobuilding& Produção Limpa*. www.vanzolini.org.br/areas/desenvolvimento/producaolimpa. 2 de julho de 1999.

JENSEN, R. *The Dream Society*. Londres: McGraw Hill, 1999.

GILBERT, M. J. *ISO 14001 / DS 7750*: *sistema de gerenciamento ambiental*. São Paulo: IMAM, 1995.

LEITE, P. R. *Logística reversa: meio ambiente e competitividade*. São Paulo: Prentice Hall, 2003.

LERÍPIO, A. A. *GAIA: um método de gerenciamento de aspectos e impactos ambientais*. Tese de Doutorado – Programa de Pós-Graduação em Engenharia de Produção (PPGEP), Florianópolis: Universidade Federal de Santa Catarina (UFSC), 2001.

MANZINI, E.; VEZZOLI, C. *O desenvolvimento de produtos sustentáveis*. Tradução de Astrid de Carvalho. 1ª reimpr. São Paulo: Editora da Universidade de São Paulo, 2005.

MOREIRA, M. S. *Estratégia e implantação do sistema de gestão ambiental* modelo ISO 14000. Belo Horizonte: Editora de Desenvolvimento Gerencial, 2001.

MOURAD, A. L.; GARCIA, E. E. C.; VILHENA, A. *Avaliação do ciclo de vida: princípios e aplicações*. Campinas: CETEA/Cempre, 2002.

OLIVEIRA, A. S. D. de. *Lixo (resíduos sólidos municipais) desvelando coisas Malditas*. Rio Grande, 2002.

PAULI, G. *Upsizing: como gerar mais renda, criar mais postos de trabalho e eliminar a poluição*. Tradução de Andréa Caleffi. Porto Alegre: Fundação ZERI Brasil/L&PM, 1998.

PRATES, G. A. *Ecodesign utilizando QFD, métodos Taguchi e DFE*. Dissertação de Mestrado – Programa de Pós-Graduação em Engenharia de Produção (PPGEP), Floranópolis: Universidade Federal de Santa Catarina (UFSC), 1998.

REIS, M. J. L. *ISO 14000 – Gerenciamento ambiental*: *um novo desafio para a sua competitividade*. Rio de Janeiro: Qualitymark, 1996.

RIGOLA, M. *Producción +lLimpia*. Barcelona: Rubes Editorial, S.L., 1998.

SACHS, I. *Estratégias de transição para o século XXI*. São Paulo: Nobel, 1993.

SCHMIDHEINY, S. *Mudando o rumo: uma perspectiva empresarial global sobre desenvolvimento e meio ambiente*. Rio de Janeiro: FGV, p. 5-195, 1992.

SIMÕES, J. C. P. *A logística reversa aplicada à exploração e produção de petróleo*. Dissertação de Mestrado – Programa de Pós-Graduação em Engenharia de Produção (PPGEP), Florianópolis: Universidade Federal de Santa Catarina (UFSC), 2002.

STARKE, L. *Lutando por nosso futuro em comum*. Rio de Janeiro: FGV, 1991.

VALLE, C. E. *Qualidade ambiental – o desafio de ser competitivo protegendo o meio ambiente*. São Paulo: Pioneira, 1995.

VITERBO JÚNIOR, E. *Sistema integrado de gestão ambiental: como implementar um sistema de gestão que atenda à norma ISO 14001, a partir de um sistema baseado na norma ISO 9000*. 2.ª ed. São Paulo: Aquariana, 1998.

CAPÍTULO 13

RESPONSABILIDADE SOCIAL, ÉTICA E SUSTENTABILIDADE NA ENGENHARIA DE PRODUÇÃO

Osvaldo Luiz Gonçalves Quelhas
Latec – Laboratório de Tecnologia,
Gestão de Negócios e Meio Ambiente
Universidade Federal Fluminense

Cid Alledi Filho
Latec – Laboratório de Tecnologia,
Gestão de Negócios e Meio Ambiente
Universidade Federal Fluminense

Marcelo J. Meiriño
Latec – Laboratório de Tecnologia,
Gestão de Negócios e Meio Ambiente
Universidade Federal Fluminense

RESPONSABILIDADE SOCIAL,[1] ÉTICA[2] E SUSTENTABILIDADE NA ENGENHARIA DE PRODUÇÃO

Inicialmente, para perfeito entendimento da influência da responsabilidade social, da ética e da sustentabilidade na Engenharia de Produção, é necessário partir do conceito de que o engenheiro de produção tem por objeto de estudo o fenômeno produtivo. Outro conceito que o engenheiro de produção precisa ter bem claro é o

[1] Responsabilidade social: "Relação ética e transparente de uma organização com todas as suas partes interessadas visando ao desenvolvimento sustentável" (ABNT/NBR 16001). Responsabilidade social é, em resumo, uma filosofia e uma prática empresarial voltadas para a viabilização de ações que levem a empresa ou instituição a comprometer-se com a comunidade em que se insere.

[2] Ética: Do grego *ethos* – caráter –, é o estudo sistemático da natureza dos conceitos de valor. Parte da filosofia responsável pela investigação dos princípios que motivam, distorcem, disciplinam ou orientam o comportamento humano, refletindo simplesmente a respeito da essência, das normas, valores, prescrições e exortações presentes em qualquer realidade social. Conjunto de regras e preceitos de ordem valorativa e moral de um indivíduo, de um grupo social ou de uma sociedade.

de que a organização deve mapear os "impactados pelo seu processo", comumente designados como *stakeholders*.[3] Esse mapeamento consiste em identificar os que são impactados pelo processo de produção, suas expectativas e impactos, assim como em relacionar meios e ações destinadas a reduzir ou eliminar quaisquer impactos negativos. Esse procedimento é o gerenciamento de risco, no nosso caso ambiental e social. Responsabilidade social, sustentabilidade e ética não são áreas estanques, mas constituem o núcleo de princípios e de diretrizes a serem consideradas quando o engenheiro de produção exerce sua função técnica e sua cidadania. Desde o levantamento das necessidades do cliente, ao projeto do processo e do produto, da logística e da gestão da produção, os cuidados quanto aos impactos sociais, ambientais e econômico-financeiros devem ser atendidos pelo engenheiro de produção. A Figura 13.1 ilustra a necessidade de abordagem sistêmica no exercício da profissão e da pesquisa em Engenharia de Produção. O fenômeno produtivo é um sistema complexo e com muitos subsistemas intervenientes, que deve merecer atenção e cuidado. A ética empresarial, organizada atualmente em código de ética[4] organizacional, contém o núcleo de princípios de relacionamento com as partes interessadas e impactadas na operação da organização.

A sociedade como um todo vem gradativamente ampliando a importância das responsabilidades social e ambiental atreladas aos processos produtivos de bens e serviços. Todo o movimento em prol da formulação de modelos de desenvolvimento mais equilibrados, capazes de viabilizar uma relação harmônica entre os fatores econômicos, sociais e ambientais, vem se potencializando nos últimos anos. Isso é mais relevante quando se consideram as alterações climáticas observadas e seus imagináveis reflexos à condição da vida no planeta.

Todas as inquietações desenvolvidas no campo ambiental encontram paralelo no campo social. A sociedade vem percebendo que uma parcela das responsabilidades ambientais e sociais cabe às organizações. Além disso, os impactos negativos consequentes ao processo produtivo não podem ser simplesmente exteriorizados por elas. Assim sendo, as organizações precisam gerenciar seus processos de uma maneira mais equilibrada, buscando minimizar os seus custos sociais e ambientais. Esse novo panorama que se formula encontra reflexos nas atividades do engenheiro de produção.

Os impactos mais visíveis ocorrem nas estratégias e políticas das organizações, com desdobramentos naturais sobre os modelos de processos produtivos, campo de atuação mais direta do profissional da Engenharia de Produção. A atuação profissio-

---

[3] *Stakeholders* (partes interessadas ou envolvidas): Termo em inglês amplamente utilizado para designar as partes interessadas, ou seja, qualquer indivíduo ou grupo que possa afetar a empresa por meio de suas opiniões ou ações, ou ser por ela afetado. Há uma tendência cada vez maior em se considerar *stakeholder* quem se julgue como tal. Frequentemente utilizado num contexto de responsabilidade social, representa todas as partes envolvidas, todos os intervenientes na produção da empresa e todos aqueles sobre os quais ela tem de alguma forma uma repercussão.

[4] Código de ética: Código de ética ou de compromisso social é um instrumento de realização da visão e da missão da empresa, que orienta suas ações e explicita sua postura social a todos com quem mantém relações. É um instrumento que orienta as ações dos agentes internos e explicita a postura da organização diante dos diferentes públicos com os quais ela interage.

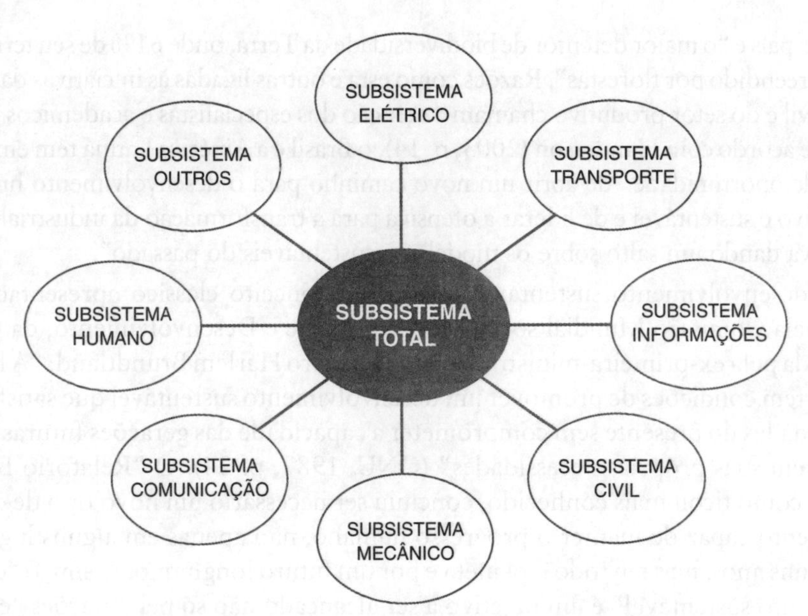

FIGURA 13.1 A tarefa do engenheiro de produção: integrar subsistemas para a sustentabilidade organizacional.

nal deve estar alinhada com o novo panorama socioeconômico-tecnológico e precisa ser sensível às questões de ordem ética, de responsabilidade social, ambientais, entre outras. Enfim, deve-se estar atento a todas as questões relacionadas com a sustentabilidade. A seção ISO 26000 e a Engenharia de Produção permitirá compreender a norma ISO 26000 e seus reflexos na Engenharia de Produção.

CONCEITOS DE RESPONSABILIDADE SOCIAL, ÉTICA E SUSTENTABILIDADE[5]

O Desenvolvimento Sustentável e a Sustentabilidade nas Organizações Brasileiras

Recentemente a ONU (Organização das Nações Unidas, 2005) declarou que a questão da sustentabilidade do planeta Terra ocasionará a destinação de trilhões de dólares para mercados emergentes. Esse fato proporciona impacto imediato nos processos de produção de bens e serviços, como veremos na seção ISO 26000 e a Engenharia de Produção. De acordo com a ONU, isso ocorrerá devido a um "alinhamento poderoso de interesses legais, financeiros e de investimento (...) relacionados à mudança climática, à tecnologia limpa e ao uso sustentável de recursos naturais" (ibid.).

As organizações brasileiras devem estar cientes da importância do Brasil no novo cenário mundial traçado para o desenvolvimento sustentável: segundo Penteado (2003,

[5] Autossustentação: estado alcançado por uma organização quando consegue gerar – por meio de suas próprias atividades – as receitas necessárias para garantir o financiamento de todos os seus programas e projetos.

p. 27), o país é "o maior detentor de biodiversidade da Terra, onde 61% de seu território é compreendido por florestas". Razões como esta e outras ligadas às iniciativas da sociedade civil e do setor produtivo chamam a atenção dos especialistas e acadêmicos para o país. De acordo com Handerson (2003, p. 14), o Brasil e a América Latina têm em mãos a grande oportunidade "de abrir um novo caminho para o desenvolvimento humano equitativo e sustentável e de liderar a ofensiva para a transformação da industrialização primitiva dando um salto sobre os modelos insustentáveis do passado".

O desenvolvimento sustentável teve o seu conceito clássico apresentado em 1987 pela Comissão Mundial sobre Meio Ambiente e Desenvolvimento, da ONU, presidida pela ex-primeira-ministra da Noruega, Gro Harlem Brundtland: "A humanidade tem condições de promover um desenvolvimento sustentável que satisfaça às necessidades do presente sem comprometer a capacidade das gerações futuras de satisfazerem suas próprias necessidades" (ONU, 1987, p. 24). O "Relatório Brundtland", como ficou mais conhecido, concluiu ser necessário um novo tipo de desenvolvimento capaz de manter o progresso humano, não apenas em alguns lugares e por alguns anos, mas em todo o planeta e por um futuro longínquo. Assim, o "desenvolvimento sustentável" é um objetivo a ser alcançado não só pelas nações "em desenvolvimento", mas também pelas industrializadas (ONU, 1987, p. 4).

Segundo França (2002, p. 18), a Comissão Brundtland teve como objetivo "estudar e propor uma agenda global com objetivos de capacitar a humanidade para enfrentar os principais problemas ambientais do planeta e assegurar o progresso humano sem comprometer os recursos para as futuras gerações". Esse novo tipo de progresso humano torna-se imperativo, pois historicamente o desenvolvimento ou o colapso das civilizações, de acordo com Karl-Henrik Robert, parecem ser "as duas cruéis alternativas culturais da história" (Robèrt, 2002, p. 22).

O desenvolvimento sustentável, segundo Almeida (2002, p.19), só será possível num "contexto de um mundo em que o poder é equilibradamente dividido em três pólos: o governo, as empresas e a sociedade". Um mundo tripolar, de acordo com o World Business Council for Sustainable Development (WBCSD), deve juntar "a inovação e a prosperidade que os mercados propiciam, a segurança e as condições básicas que os governos dão e os padrões éticos que a sociedade civil reclama" (ibid.).

De acordo com Foladori (2001), a consciência de que o ser humano afetou a biosfera de forma radical, provocando consequências que podem pôr em risco a sua própria vida, vem se construindo desde a década de 1970. Começando pelos impactos localizados, como poluição de rios e córregos ou do ar de certas cidades, ou extração, até o esgotamento, de minerais e recursos não renováveis, passou-se à consciência dos impactos em escala mundial, como a deterioração da camada de ozônio, o aquecimento global do planeta, o aumento do nível dos oceanos ou os riscos de grande alcance de resíduos nucleares (Foladori, 2001, p. 101); "(...) a questão ambiental tem a particularidade de ser tão ampla e de seus elementos estarem tão interconectados que sua delimitação não é tarefa fácil" (ibid., p. 102). O Quadro 13.1 mostra alguns dos "principais indicadores da crise ecológica do planeta, que são, ao mesmo tempo, os problemas ambientais que aparecem nas listas dos organismos internacionais dedicados a essa questão" (ibid.).

QUADRO 13.1 Principais Indicadores da Crise Ambiental do Planeta

Devastação das Matas
Contaminação da Água
Contaminação de Costas e Mares
Sobreexploração de Mantos Aqüíferos
Erosão de Solos
Desertificação
Perda da Diversidade Agrícola
Destruição da Camada de Ozônio
Aquecimento Global do Planeta

Fonte: Moguel, P. & Toledo V.M., Ecologia política,1990, apud Foladori, 2001, p. 101.

Tanto as questões ambientais quanto as sociais e as econômico-financeiras, representadas por pobreza, consumo, corrupção, sonegação, assédios e trabalho degradante, por exemplo, constituem hoje uma das maiores preocupações das principais organizações. Na prática, isso representa a incorporação no dia a dia das empresas de valores e práticas organizacionais voltados ao respeito ao meio ambiente, às comunidades, ao governo, aos acionistas, funcionários, clientes/consumidores, dentre outros. São ações que devem ser cada vez mais integradas à gestão empresarial.

Com várias facetas inter-relacionadas, as forças globais de mudança impõem novas questões de gestão para as empresas, que podem ser resumidas em ecologia e meio ambiente, saúde e bem-estar, diversidade, direitos humanos e comunidades. Em cada uma dessas questões há componentes diferentes que terão efeitos tanto próprio quanto cumulativo nas decisões de negócios e na responsabilidade das empresas. A importância de cada componente vai diferir conforme uma série de variáveis interdependentes, como o lugar de atuação da empresa, os hábitos culturais do local, o setor industrial ou comercial (Grayson & Hodges, 2002, p. 95).

A Norma Brasileira de Responsabilidade Social, NBR 16001, tem como um dos seus objetivos promover o desenvolvimento sustentável e a transparência das atividades das organizações. Ela define desenvolvimento sustentável como o "desenvolvimento que supre as necessidades do presente sem comprometer a capacidade das gerações futuras em supri-las" (ABNT, 2004, p. 2), sendo a sustentabilidade "o resultado do desenvolvimento sustentável (...) nas dimensões ambiental, econômica e social" (ibid.).

O modelo de desenvolvimento baseado na sustentabilidade apoia-se no tripé do *Triple Bottom Line*, conforme ilustrado na Figura 13.2, o *TBL*, expressão cunhada pela consultoria inglesa Sustain Ability; ou seja, é um modelo de desenvolvimento apoiado em resultados associados às dimensões econômica, social e ambiental.

A sustentabilidade e a responsabilidade social corporativa são conceitos intimamente relacionados: a responsabilidade social tem como objetivo básico promover o bem-estar dos diversos públicos de uma organização (Alledi, 2002, p. 106) e a sustentabilidade tem como regra fundamental o uso responsável dos fatores ambientais, sociais e econômico-financeiros (Figura 13.3).

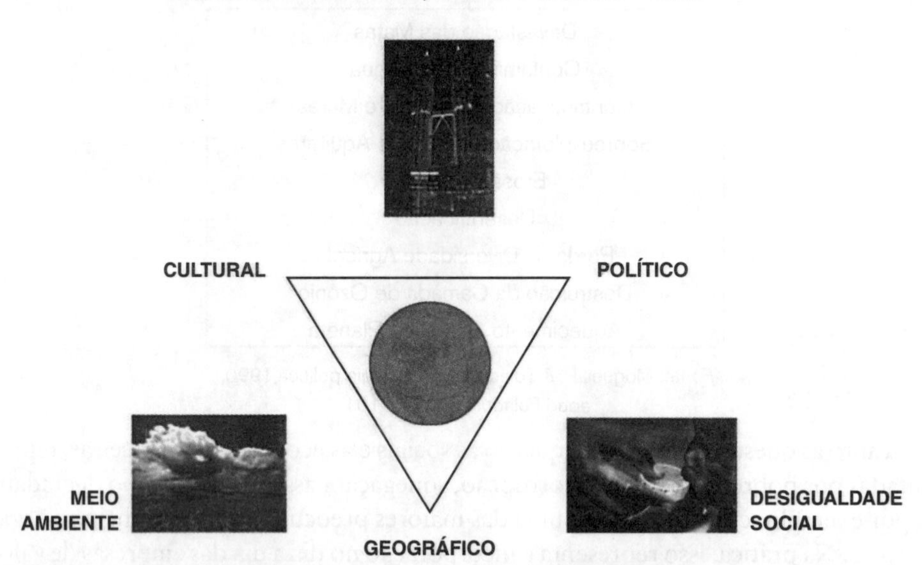

FIGURA 13.2 Diretrizes de projetos em Engenharia de Produção: visando ao alto desempenho com relevantes resultados sociais, ambientais e econômicos.

A Figura 13.3 apresenta um "modelo mental" das áreas de atuação da Engenharia de Produção. A interseção, por exemplo, da dimensão econômico-financeira e a dimensão social induz ao conceito do consumo responsável e ao comércio justo. A interseção entre a dimensão econômico-financeira e a dimensão ambiental traduz a preocupação de o projeto do produto ou processo ser viável, em virtude do crescente número de limitações e marcos legais para a operação e ampliação de capacidades industriais.

A Responsabilidade Social

A expressão "responsabilidade social" é de complexa conceituação (Peloza, 2006). Adotamos a definição clássica de Carroll (1979): "A responsabilidade social engloba a totalidade de obrigações empresariais junto à sociedade." Esse grupo de responsabilidades empresariais em relação à sociedade pode ser discriminado em quatro categorias (Figura 13.4). Essas categorias definem o desempenho organizacional em responsabilidade social:

Responsabilidades econômicas: são as responsabilidades fundamentais das empresas para com a sociedade e dizem respeito à capacidade de a organização oferecer os serviços e produtos em concordância com a demanda exigida, tendo a firma o direito de remuneração adequada.

Responsabilidades legais: o arcabouço legal é representativo da vontade social. Metaforicamente, o ordenamento jurídico desponta como encarnação dos almejos legítimos do corpo social; assim sendo, ao atender aos requisitos legais, as empresas estão satisfazendo demandas legítimas da sociedade que integra.

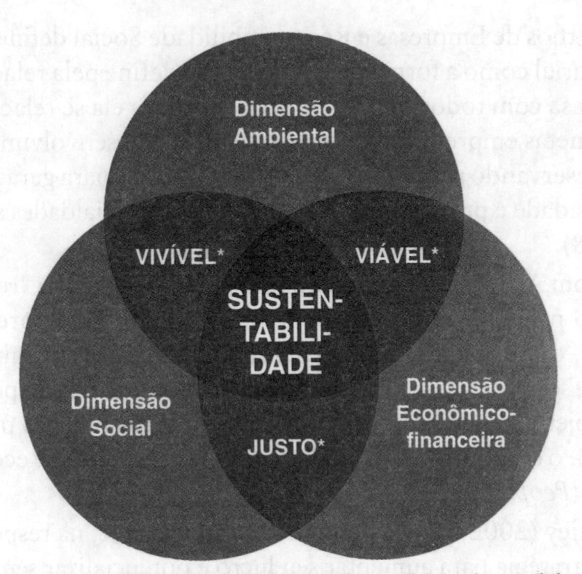

FIGURA 13.3 A sustentabilidade e as suas dimensões ambientais, sociais e econômico-financeiras.
Fonte: Alledi, 2002; AFNOR 2003.[6] Material de sala de aula.

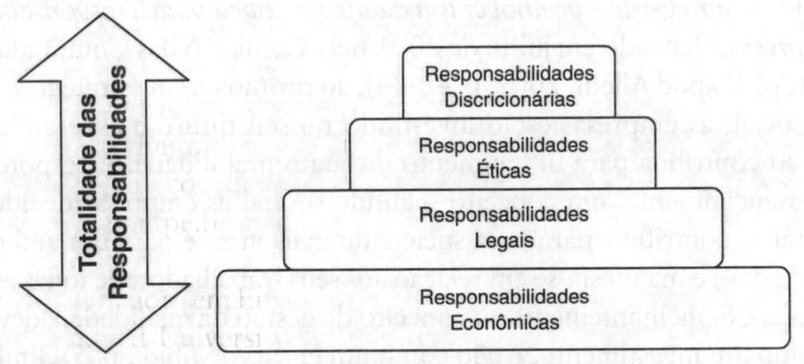

FIGURA 13.4 As dimensões da responsabilidade social corporativa.
Fonte: Caroll (1979).

Responsabilidades éticas: ocorre que nem todos os almejos sociais encontram-se explícitos e respaldados legalmente; por exemplo, valores e costumes sociais, mesmo que não abarcados pelo arcabouço legal devem ser ponderados pelas iniciativas empresariais.

Responsabilidades discricionárias: tal categoria é de árdua definição, pois extrapola a obrigação ética das decisões empresariais; engloba situações em que os gestores podem ou não se envolver, mas, caso optem por realizá-las, deverão empreendê-las ponderando os aspectos sociais, econômicos e ambientais.

---

[6] As palavras *vivível*, *viável* e *justo* são tradução da norma francesa SD 21000 – AFNOR 2003 [tradução nossa].

O Instituto Ethos de Empresas e Responsabilidade Social define responsabilidade social empresarial como a forma de gestão que se define pela relação ética e transparente da empresa com todos os públicos com os quais ela se relaciona e pelo estabelecimento de metas empresariais compatíveis com o desenvolvimento sustentável da sociedade, preservando recursos ambientais e culturais para gerações futuras, respeitando a diversidade e promovendo a redução das desigualdades sociais (Instituto Ethos, 2006, p. 8).

De acordo com Alledi (2004, p. 16), não por acaso a palavra "responsável" aparece no cerne do movimento mundial que busca novas e melhores possibilidades para a sociedade, os negócios e o ambiente natural. Para as organizações privadas, tudo o que se faz, se planeja e se pratica sob os fundamentos da responsabilidade social tem como objetivo equilibrar, de forma integrada, os três pês preconizados por Elkington (2001): o equilíbrio ambiental (*Planet*), a prosperidade econômica (*Profit*) e a justiça social (*People*).

Segundo Ashley (2002, p. 3), "o mundo empresarial vê, na responsabilidade social, uma nova estratégia para aumentar seu lucro e potencializar seu desenvolvimento". Ainda segundo a autora, "deve haver um desenvolvimento de estratégias empresariais competitivas por meio de soluções socialmente corretas, ambientalmente sustentáveis e economicamente viáveis" (ibid.).

Segundo o *Livro verde – promover um quadro europeu para a responsabilidade social das empresas*,[7] lançado em julho de 2001 pela Comissão das Comunidades Europeias (2001, p. 3, apud Alledi, 2002, p. 43-44), ao promoverem estratégias de responsabilidade social, as empresas estão investindo no seu futuro e esperando que esse compromisso contribua para um aumento da sua rentabilidade. A responsabilidade social "é, essencialmente, um conceito segundo o qual as empresas decidem, numa base voluntária, contribuir para uma sociedade mais justa e para um ambiente mais limpo" (ibid., p. 4) e manifesta-se em relação aos seus trabalhadores e todas as suas partes interessadas. Semelhantemente ao conceito de gestão da qualidade, "deve ser considerada como um investimento, e não como um encargo" (ibid., p. 5). Embora a sua obrigação primeira seja a obtenção de lucros, as empresas podem, ao mesmo tempo, contribuir para o cumprimento de objetivos sociais e ambientais mediante a integração da responsabilidade social, enquanto investimento estratégico, no núcleo da sua estratégia empresarial, nos seus instrumentos de gestão e nas suas operações (Comissão das Comunidades Europeias, 2001, p. 4, apud Alledi, 2002, p. 44).

Segundo Ferrell; Fraedrich & Ferrell (2001, p. 68, apud Alledi, 2002, p. 45), a responsabilidade social corporativa "consiste na obrigação da empresa de maximizar seu impacto positivo sobre os *stakeholders* (clientes, proprietários, empregadores, comunidade, fornecedores e governo) e em minimizar o negativo".

---

[7] *Livro verde* da Comunidade Europeia: O objetivo do *Livro verde* é lançar um amplo debate público sobre o modo como a União Europeia poderá promover a responsabilidade social das empresas nos planos europeu e internacional, sobre a melhor forma de explorar as experiências existentes, fomentar o desenvolvimento de práticas inovadoras, melhorar a transparência e reforçar a fiabilidade da avaliação e da validação das diversas iniciativas promovidas na Europa.

A Comissão das Comunidades Europeias relaciona quatro motivos – um deles é a transparência – que levam as organizações a estruturarem os seus programas de responsabilidade social:

- novas preocupações e expectativas dos cidadãos, consumidores, autoridades públicas e investidores num contexto de globalização e de mutação industrial em larga escala;
- critérios sociais que possuem uma influência crescente sobre as decisões individuais ou institucionais de investimento, tanto na qualidade de consumidores como de investidores;
- preocupação crescente diante dos danos provocados no meio ambiente pelas atividades econômicas;
- transparência gerada nas atividades empresariais pelos meios de comunicação social e pelas modernas tecnologias da informação e da comunicação (Comissão das Comunidades Europeias, 2001, p. 4, apud Alledi, 2002, p. 80).

A NBR 16001, Norma Brasileira de Responsabilidade Social, define transparência como "acesso, quando aplicável, das partes interessadas às informações referentes às ações da organização" (ABNT, 2004, p. 3).

De acordo com Alledi (2002, p. 81), no relatório *Cidadania corporativa global*,[8] lançado em 2002, o World Economic Forum recomenda algumas diretrizes para que as empresas possam gerir os seus impactos na sociedade e suas relações com os seus diversos públicos. Uma delas é ser transparente: construa a confiança comunicando consistentemente aos seus diversos públicos quais são os princípios, as políticas e as práticas da companhia de uma forma transparente, dentro dos limites da confidencialidade comercial. Uma das maiores demandas que as companhias estão recebendo dos seus diferentes públicos, dos investidores institucionais aos ativistas sociais e ambientais, é ser mais transparente sobre as suas *performances* econômicas, sociais e ambientais (World Economic Forum, 2002, p. 9). O documento ainda recomenda que os dirigentes das organizações estabeleçam uma estratégia corporativa para a responsabilidade social; definam as ações e os públicos importantes para o programa; e façam isso funcionar, estabelecendo e implantando políticas e procedimentos envolvendo toda a organização no programa.

Almeida (2002, p. 85) afirma que "o crescente poder de organização da sociedade civil gera novas pressões sobre as empresas para que estas sejam mais abertas e transparentes em suas relações com a sociedade e valorizem a ética". Um dos requisitos enumerados por ele para a sustentabilidade é a transparência, "em todos os níveis e de todos os agentes sociais (governos, empresas e organizações da sociedade civil)" (ibid., p. 80).

Transparência significa ausência de corrupção, pois a corrupção não é compatível com a competição que sustenta um mercado livre e saudável; ausência de subsídios, pela mesma razão; previsibilidade das regulamentações governamentais, pois

[8] Cidadania corporativa ou empresarial: compromisso assumido por uma empresa a favor da promoção da cidadania e do desenvolvimento das comunidades. É a expressão da responsabilidade social de uma empresa em sua relação com a comunidade em que está inserida.

mudanças bruscas nas regulamentações inibem a confiança dos empreendedores no contexto regulador e intimidam os investidores. Para a empresa, transparência significa também ouvir e considerar em suas decisões as opiniões e expectativas de todas as partes interessadas (os *stakeholders*) – indivíduos, instituições, comunidades e outras empresas que com ela interagem, numa relação de influência mútua. Trata-se de aceitar que, além dos donos ou acionistas (*shareholders*), a empresa precisa dialogar com os *stakehoders*: empregados e suas famílias, consumidores, fornecedores, legisladores, habitantes da região em que a empresa opera e organizações da sociedade civil (Almeida, 2002, p. 81, apud Alledi, 2002, p. 83).

A importância da transparência está baseada no seu ponto fundamental, que é a honestidade. De acordo com Shuster, Carpenter & Kane (1997, p. 11, apud Alledi, 2002, p. 89), sua instituição na organização requer um gerenciamento transparente, que "pode influenciar a maneira como realizaremos os negócios tão significativamente quanto a qualidade influenciou nessas últimas décadas". Esse gerenciamento exige o compromisso de fazer o melhor que se possa, por si mesmo e para o bem da equipe e da empresa. Ele exige honestidade, coragem para assumir riscos, franca admissão dos erros, gosto pelo *feedback* bom e ruim e uma inclinação para o aprendizado contínuo (Schuster; Carpenter & Kane, 1997, p. 21, apud Alledi, 2002, p. 89).

Anualmente, a organização não governamental Transparency International divulga o Índice de Percepção de Corrupção, que no ano de 2006 classificou 163 países em função do grau de corrupção percebida entre funcionários públicos e políticos e que é elaborado a partir de pesquisas realizadas com empresários e analistas, tanto locais como de fora do país. Entre zero e 10, quanto menor a nota, maior a percepção de corrupção. Pelo índice de 2006, o Brasil recebeu a nota 3,3, posicionando-se na 70ª posição dentre os países pesquisados, mesma nota atribuída à China, Índia, México, Peru e Arábia Saudita. Finlândia, Islândia e Nova Zelândia, todos com nota 9,6, situam-se em primeiro lugar, sendo considerados os países com menor índice de percepção de corrupção do mundo (Transparência Brasil, 2006). Desde que foi criado o índice, em 1995, o Brasil obteve as notas indicadas no Gráfico 13.1 em relação à percepção de corrupção.

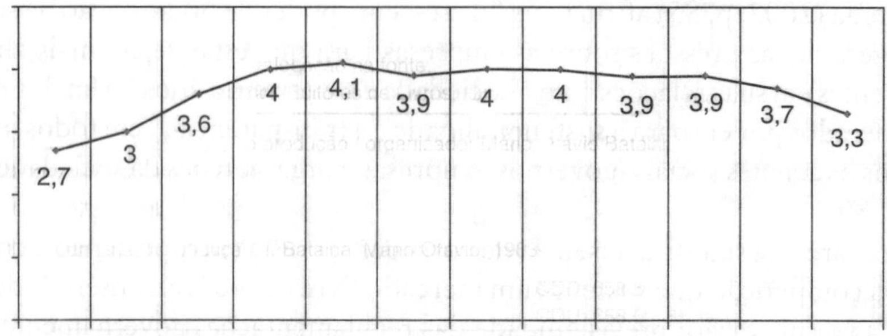

GRÁFICO 13.1 Evolução da percepção da corrupção no Brasil. Dados: Transparency International. www.transparency.org/policy_research/surveys_indices/cpi. Acesso em 5 de setembro de 2006. *Fonte*: Alledi, 2006.

Essas notas, que são resultado de pesquisa de opinião junto a empreendedores de vários países, influenciam na decisão de investir ou não em determinadas regiões. Logo, ter fama de correção e ética é relevante para o país e para as organizações em geral, pois atrai investimentos.

Ética e Engenharia de Produção

A ética é parte fundamental da responsabilidade social e do desenvolvimento sustentável, assim como a transparência. A ética tem por objetivo dar às organizações direção e consistência aos seus programas, e a transparência é a sua chancela, cujo objetivo é disponibilizar as informações sobre as organizações para a sociedade como um todo (ALLEDI, 2002, p. 106), reforçando o seu compromisso com padrões mais éticos nos negócios. A pressão pela mudança na forma de operar das empresas vem da transparência provocada por esse aquário global onde todas as empresas estão operando e nada mais pode ser jogado para debaixo do tapete. Aliás, mal se consegue encontrar o tapete. Quando ele existe, está preso na parede de todos os lados e não é possível jogar nada embaixo dele. A ética passa a ser uma pressão coletiva. Esperamos, todos, que se trabalhe pelo bem-estar coletivo. Esta é a ética (Mattar, 2001, p. 13, apud Alledi, 2002, p. 25).

Ferrell, Fraedrich & Ferrell consideram que a ética está ligada aos indivíduos e grupos, e compreende princípios, padrões e regras de conduta que orientam as tomadas de decisão da organização, enquanto a responsabilidade social consiste nos efeitos dessas decisões sobre a sociedade. A ética empresarial diz respeito a regras e princípios que pautam decisões de indivíduos e grupos de trabalho, ao passo que a responsabilidade social refere-se ao efeito de decisões das empresas sobre a sociedade (Ferrell, Fraedrich & Ferrell, 2001, p. 8, apud Alledi, 2002).

Não há um consenso claro quanto ao conceito de ética, mas, segundo Vazquez (1985, p. 12), "ética é a teoria ou ciência do comportamento moral dos homens em sociedade; ou seja, é a ciência de uma forma específica do comportamento humano". Trata-se de uma definição que exalta a necessidade de um tratamento científico da ética e das questões morais.

Uma empresa tem características hierárquicas cujas tomadas de decisão competem aos seus gestores. As ações e exemplos dos seus líderes vão determinar diretamente o comportamento das pessoas que a compõem. Por esse motivo, pode-se afirmar que os princípios éticos de uma organização são formados na alta administração. Para disseminá-los, a ferramenta utilizada é o código de ética, que pode ser considerado a base para uma cultura empresarial socialmente responsável.

O código de ética ou de compromisso social é um instrumento de realização da visão e missão da empresa, que orienta suas ações e explicita sua postura social a todos com quem mantém relações. Este e o comprometimento da alta gestão com sua disseminação e cumprimento são as bases de sustentação da empresa socialmente responsável. A formulação dos compromissos éticos da empresa é importante para que ela possa se comunicar de forma consistente com todos os parceiros. Dado o dinamismo do contexto social, é necessário criar mecanismos de atualização do código de ética e promover a participação de todos os envolvidos (Instituto Ethos, 2000, p. 7, apud Alledi, 2002, p. 32-33).

Deve estar explícita a integração entre a organização, que é um sistema aberto, e a sociedade, sendo a ética definida como as práticas de relacionamento entre as organizações e a sociedade. Dentre as consequências, além das ações sociais[9] e filantrópicas, vê-se a importância da transparência e da abordagem do consumo responsável.

Para ser bem-sucedido, o código de ética deve envolver todos os públicos de uma organização e o seu sucesso vem exatamente daí: "É essa cumplicidade e transparência que levará os participantes desse processo a contribuir e dar vida às intenções presentes na origem do documento" (Instituto Ethos, 2000, p. 8, apud Alledi, p. 33).

Algumas das iniciativas propostas para a ética, a transparência, a responsabilidade social e a sustentabilidade nas organizações, no Brasil e no mundo têm sido mais facilmente observadas com a ampliação do movimento da responsabilidade social e o uso das suas ferramentas e indicadores, que têm a finalidade de estimular medidas proativas, monitorar e melhorar as condições sociais, ambientais e econômico-financeiras das organizações, que serão vistas a seguir.

PRINCIPAIS INICIATIVAS E FERRAMENTAS DE RESPONSABILIDADE SOCIAL E SUSTENTABILIDADE

Particularmente no que tange à responsabilidade social, as ferramentas, os indicadores e os conceitos estão em pleno período de desenvolvimento e amadurecimento. Multiplicam-se metodologias, critérios de avaliação e princípios de gestão. O engenheiro de produção, como já foi dito, tem como objeto de pesquisa e atuação o fenômeno produtivo. O objetivo desta seção é apresentar as principais ferramentas e conceitos aplicáveis às organizações. A Tabela 13.1 apresenta mapeamento das diretrizes, normas e metodologias abordadas nestae seção, identificando o seu âmbito de aplicação: na organização ou nação.

Diretrizes da OCDE para Empresas Multinacionais

A OCDE, Organização para Cooperação e Desenvolvimento Econômico, de acordo com Torres, Bezerra & Hernandes (2004, p. 15), tem a missão de "construir economias fortes nos países-membros, melhorar a eficiência e os sistemas de mercado, expandir o livre comércio e contribuir para o desenvolvimento nos países industrializados e naqueles em vias de desenvolvimento". Trinta países são membros da OCDE. O Brasil, assim como a Argentina e o Chile, apesar de não serem membros, apóiam as diretrizes (ibid., p. 14-15).

As diretrizes foram criadas em 1976 e passaram por diversas revisões até chegar ao seu atual formato, lançado em 2000. Fornecem princípios voluntários e padrões para uma conduta empresarial responsável e consistente com as leis ado-

---

[9] Ação social: atividade realizada para atender às comunidades em suas diversas formas (conselhos comunitários, organizações não governamentais, associações comunitárias etc.) em áreas como assistência social, alimentação, saúde, educação, cultura, meio ambiente e desenvolvimento comunitário.

TABELA 13.1 Mapeamento de Metodologias, Normas e Diretrizes Ligadas à Responsabilidade Social e seu Âmbito de Aplicação (Organização ou Nação)

	Metodologia	Normas	Diretrizes
Organização	PACTO GLOBAL IBGC IBASE DJSGI ETHOS ISE	NBR 16001 AA 1000 SA8000 OHSAS 18001 ISO 26000	GRI
Nação			DIRETRIZES OCDE METAS DO MILÊNIO CARTA DA TERRA

IBGC – Instituto Brasileiro de Governança Corporativa;[10] *Ibase* – Instituto Brasileiro de Análises Sociais e Econômicas; *DJGSI* – Dow Jones Sustainability Index; *Ethos* – Instituto Ethos de Empresas e Responsabilidade Social; *ISE* – Índice de Sustentabilidade Empresarial da Bolsa de Valores de São Paulo, Bovespa; *NBR 16001* – Norma brasileira (Responsabilidade Social); *AA 1000* – AccountAbility 1000,[11] norma editada pelo Institute of Social and Ethical Accountability – ISEA, Inglaterra; *SA 8000* – Social Accontability 8000, norma editada pelo Social Accontability International, Estados Unidos; *OHSAS 18001* – Occupational Health and Safety Assessment Series 18001, norma editada por diversos órgãos internacionais; *ISO 26000* – Norma que está sendo editada pela International Organisation for Standardization, Suíça; *GRI* – Global Reporting Initiative; *OCDE* – Organização para a Cooperação e o Desenvolvimento Econômico.

tadas. As diretrizes objetivam: assegurar que as atividades dessas empresas estejam em harmonia com as políticas governamentais, de modo a fortalecer as bases de uma confiança mútua entre as empresas e as sociedades nas quais elas realizam operações; ajudar a melhorar o clima para investimentos estrangeiros; e contribuir para um desenvolvimento sustentável produzido pelas empresas multinacionais (Brasil, www.fazenda.gov.br/sain/pcnmulti/diretrizes.asp, acesso em 27 de fevereiro de 2007).

As diretrizes da OCDE para empresas multinacionais constituem a única ferramenta global de responsabilidade social adotada por governos. Elas visam a estabelecer padrões de atuação não só para as empresas multinacionais em suas operações globais, como também servir de exemplo de atuação socialmente responsável para as empresas de todos os tipos, tamanhos e nacionalidades. Estão divididas conforme o Quadro 13.2.

---

[10] Governança corporativa ou *Corporate governance:* é o sistema pelo qual as sociedades são dirigidas e monitoradas, envolvendo os relacionamentos entre acionistas/cotistas, conselho de administração, diretoria, auditoria independente e conselho fiscal. As boas práticas de governança corporativa têm a finalidade de aumentar o valor da sociedade, facilitar seu acesso ao capital e contribuir para a sua perenidade. *Fonte*: Instituto Brasileiro de Governança Corporativa – IBGC (www.ibgc.org.br).

[11] *Accountability:* prestação pública das contas da organização e explicação ou justificativa de atos e omissões pelos quais alguém é responsável. Envolve o conceito de transparência, proatividade e conformidade.

Dentre os pontos fortes das diretrizes, encontra-se o fato de serem reconhecidas, promovidas e adotadas por governos, além de constituírem uma forma mais simples do que ações judiciais para a solução de queixas e denúncias em relação às empresas multinacionais. Dentre os seus pontos fracos estão o seu caráter voluntário, ausência de monitoramento e linguagem vaga em alguns parágrafos.

QUADRO 13.2 Diretrizes da OCDE para Empresas Multinacionais

Prefácio
I. Conceitos e Princípios
II. Políticas Gerais
III. Publicação de Informações
IV. Emprego e Relações Trabalhistas
V. Meio Ambiente
VI. Luta contra a Corrupção
VII. Interesses dos Consumidores
VIII. Ciência e Tecnologia
IX. Concorrência
X. Obrigações Fiscais

Fonte: Construído a partir de Torres, Bezerra & Hernandes, 2004.

Carta da Terra

Segundo o Instituto Ethos (2005, p. 13), a Carta da Terra "é um código de normas éticas e morais, com orientações e metas práticas para que a humanidade avance no processo de criar um mundo baseado no desenvolvimento sustentável". Seu primeiro esboço só apareceu em 1997, chegando ao texto definitivo em 2000. Foi aprovada pela ONU em 2002 (Instituto Ethos, 2005, p. 13). De acordo com a Secretaria Internacional del Proyecto Carta de la Tierra (apud Boff, 2003, p. 15-16), esse documento foi concebido como uma declaração de princípios éticos fundamentais e como um roteiro prático de significado duradouro, amplamente compartilhado por todos os povos. De forma similar à Declaração Universal dos Direitos Humanos das Nações Unidas, a Carta da Terra será utilizada como um código universal de conduta para guiar os povos e as nações na direção de um futuro sustentável (Boff, 2003, p. 15-16). Ela se divide em quatro grandes temas e 16 princípios (Quadro 13.3).

SA 8000

Lançada no final de 1997 e revisada em 2001, a norma *Social Accountability 8000* (SA8000) tem como objetivo "fornecer um código de conduta e um sistema de gestão para serem utilizados por empresas preocupadas com a humanização do ambiente de trabalho e que visem à melhora contínua das relações laborais" (Ethos, 2006a, p. 21). Foi elaborada pela SAI, Social Accountability International, com sede nos Estados Unidos, e contou com a colaboração de representantes de sindicatos, or-

QUADRO 13.3 Temas e Princípios da Carta da Terra

Temas	Princípios
I. Respeitar e cuidar da comunidade da vida	1. Respeitar a Terra e a vida em toda sua diversidade
	2. Cuidar da comunidade da vida com compreensão, compaixão e amor
	3. Construir sociedades democráticas que sejam justas, participativas, sustentáveis e pacíficas
	4. Garantir as dádivas e a beleza da Terra para as atuais e as futuras gerações
II. Integridade ecológica	5. Proteger e restaurar a integridade dos sistemas ecológicos da Terra, com especial preocupação pela diversidade biológica e pelos processos naturais que sustentam a vida
	6. Prevenir o dano ao ambiente como o melhor método de proteção ambiental e, quando o conhecimento for limitado, assumir uma postura de precaução
	7. Adotar padrões de produção, consumo e reprodução que protejam as capacidades regenerativas da Terra, os direitos humanos e o bem-estar comunitário
	8. Avançar o estudo da sustentabilidade ecológica e promover a troca aberta e a ampla aplicação do conhecimento adquirido
III. Jutiça social e econômica	9. Erradicar a pobreza como um imperativo ético, social e ambiental
	10. Garantir que as atividades e instituições econômicas em todos os níveis promovam o desenvolvimento humano de forma equitativa e sustentável
	11. Afirmar a igualdade e a equidade de gênero como pré-requisitos para o desenvolvimento sustentável e assegurar o acesso universal à educação, à assistência de saúde e às oportunidades econômicas
	12. Defender, sem discriminação, os direitos de todas as pessoas a um ambiente natural e social, capaz de assegurar a dignidade humana, a saúde corporal e o bem-estar espiritual, concedendo especial atenção aos direitos dos povos indígenas e minorias
IV. Democracia, não violência e paz	13. Fortalecer as instituições democráticas em todos os níveis e proporcionar-lhes transparência e prestação de contas no exercício do governo, participação inclusiva na tomada de decisões e acesso à justiça
	14. Integrar, na educação formal e na aprendizagem ao longo da vida, os conhecimentos, valores e habilidades necessárias para um modo de vida sustentável
	15. Tratar todos os seres vivos com respeito e consideração;
	16. Promover uma cultura de tolerância, não violência e paz

ganizações de direitos humanos, academias, varejistas, fabricantes, contratantes e empresas de consultoria, contabilidade e certificação (SAI, www.sa-intl.org, acessado em 12 de março de 2007). A SA 8000 é uma norma certificável, baseada nas convenções da Organização Internacional do Trabalho, na Declaração Universal dos Direitos Humanos e na Convenção das Nações Unidas sobre os Direitos da Criança. Ela é "reconhecida no mundo como um sistema efetivo de implementação, manutenção e verificação de condições dignas de trabalho" (Balanço Social, www.balancosocial.org.br, acessado em 12 de março de 2007). Sua metodologia está baseada nas normas ISO, o que facilita a integração com outras normas. São nove os requisitos da norma (Quadro 13.4).

QUADRO 13.4 Requisitos da SA 8000

1. Trabalho Infantil
2. Trabalho Forçado
3. Saúde e Segurança
4. Liberdade de Associação & Direito à Negociação Coletiva
5. Discriminação
6. Práticas Disciplinares
7. Horários de Trabalho
8. Remuneração
9. Sistemas de Gestão

Fonte: SA 8000 (SAI, 2001).

NBR 16001

A Associação Brasileira de Normas Técnicas (ABNT) é a representante brasileira oficial da ISO 26000. Em dezembro de 2002, a ABNT estabeleceu um grupo-tarefa sobre responsabilidade social para o desenvolvimento de uma norma brasileira. A norma ABNT NBR 16001 foi lançada em dezembro de 2004. Possibilitar às organizações elementos para estruturação de um sistema de gestão no campo da responsabilidade social é seu principal objetivo. Diversos documentos nacionais e internacionais foram insumos para a elaboração da NBR 16001. São eles: AA 1000, Agenda 21, Carta da Terra, critérios do PNQ, Diretrizes OCDE para Multinacionais, Diretrizes GRI, *Dow Jones Sustainability Index*, Indicadores Ethos, normas nacionais, Metas do Milênio, Pacto Global da ONU, Princípios de Governança Corporativa da OCDE, princípios da FSC (*Forest Stewardship Council*), SA 8000 e *The Natural Step*.

A NBR 16001 foi formatada para prestar-se a todos os tipos e portes de organizações e condições geográficas, culturais e sociais brasileiras. Para que de fato os preceitos da norma se transformem em resultados positivos, faz-se necessário que todos os níveis e funções das organizações estejam comprometidos com o objetivo, especialmente a alta direção.

Um preceito importante na formulação de uma normativa que atue diretamente sobre os modelos de gestão é que ela contribua para a implantação de um processo de melhoria continua. Assim, a NBR 16001 foi organizada com base no modelo do PDCA da ISO 14001:2004, o que lhe garante esta característica (Figura 13.5).

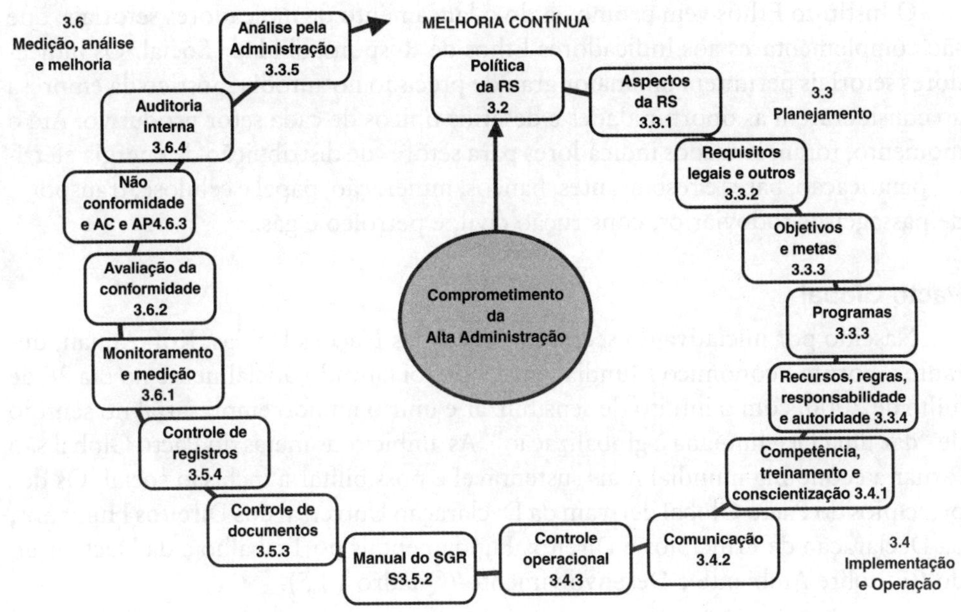

FIGURA 13.5 Responsabilidade social – sistema de gestão – Requisitos, 2006.
Fonte: Apresentação ABNT, NBR 16001.

Indicadores Ethos

Os indicadores elaborados em 2002 pelo Instituto Ethos de Empresas e Responsabilidade Social têm como característica ser uma ferramenta de autodiagnóstico, auxiliando as empresas a gerenciarem seus impactos ambientais e sociais,[12] função de suas atividades produtivas. Tais indicadores possibilitam a integralização dos conceitos de responsabilidade social empresarial e adicionalmente sugerem direcionamentos políticos e ações que a empresa pode desenvolver para incrementar seu maior comprometimento com os aspectos da RSE. São anualmente atualizados e permitem uma clara interpretação de quais aspectos são realmente importantes e fazem parte de uma gestão socialmente responsável, tendo desempenhado um importante papel nesse sentido. Eles permitem, assim, que as empresas façam uma autoavaliação de seu desempenho em sete temas: valores, transparência e governança; público interno; meio ambiente; fornecedores; consumidores e clientes; comunidade; e governo e sociedade.

Tomando por ferramenta os Indicadores Ethos, a empresa pode fazer uma avaliação interna sobre alguns aspectos fundamentais de uma gestão socialmente responsável. Assim, ao responderem ao questionário, as empresas passam a ter um parâmetro sobre o qual podem refletir a respeito de que informações são de fato importantes para a formatação de um balanço social consistente.

[12] Impacto social: é a transformação da realidade de uma comunidade ou região a partir de uma ação planejada, monitorada e avaliada. Só é possível dimensionar o impacto social se a avaliação de resultados detectar que o projeto efetivamente produziu os resultados que pretendia alcançar e afetou a característica da realidade que queria transformar. *Fonte*: FIEMG.

O Instituto Ethos vem promovendo o lançamento de indicadores setoriais, que são complementares aos Indicadores Ethos de Responsabilidade Social. Os indicadores setoriais permitem um maior grau de precisão no autodiagnóstico da empresa ao considerarem as oportunidades e desafios típicos de cada setor produtivo. Até o momento, foram lançados indicadores para setores de distribuição de energia elétrica, panificação, bares e restaurantes, bancos, mineração, papel e celulose, transporte de passageiros rodoviários, construção civil, e petróleo e gás.

Pacto Global

Nascido por iniciativa do secretário-geral das Nações Unidas, Kofi Annan, durante o Fórum Econômico Mundial em 1999, foi lançado oficialmente no dia 26 de julho de 2000, com o intuito de sensibilizar e unir o mundo empresarial no sentido de "dar uma face humana à globalização". As ambiciosas metas do Pacto Global são tornar a economia mundial mais sustentável e possibilitar a inclusão social. Os dez princípios do Pacto Global derivam da Declaração Universal dos Direitos Humanos, da Declaração de Princípios e Direitos Fundamentais no Trabalho e da Declaração do Rio sobre Ambiente e Desenvolvimento (Quadro 13.5).

QUADRO 13.5 Princípios do Pacto Global

Direitos Humanos	Princípio 1: As empresas devem apoiar e respeitar a proteção de direitos humanos internacionalmente proclamados.
	Princípio 2: As empresas devem certificar-se de que não são cúmplices em abusos de direitos humanos.
Direitos do Trabalho	Princípio 3: As empresas devem apoiar a liberdade de associação e o efetivo reconhecimento do direito à negociação coletiva.
	Princípio 4: As empresas devem apoiar a eliminação de todas as formas de trabalho forçado ou compulsório.
	Princípio 5: As empresas devem apoiar a efetiva erradicação do trabalho infantil.
	Princípio 6: As empresas devem apoiar a eliminação de discriminação relativa ao emprego e à ocupação.
Proteção Ambiental	Princípio 7: As empresas devem apoiar uma abordagem preventiva aos desafios ambientais.
	Princípio 8: As empresas devem desenvolver iniciativas para promover maior responsabilidade ambiental.
	Princípio 9: As empresas devem incentivar o desenvolvimento e a difusão de tecnologias ambientalmente amigáveis.
Contra a Corrupção	Princípio 10: As empresas devem combater a corrupção em todas as suas formas, inclusive extorsão e propina.

O Pacto Global permitiu a formação de diversos projetos sociais, parcerias e alianças ao redor do mundo, tendo sido dos seus aspectos mais relevantes ter viabilizado a discussão e o estabelecimento do conceito de responsabilidade social corporativa a países que ainda não tinham despertado para essa nova forma de conduzir os negócios. O Pacto conta com duas ferramentas de gestão:

- *Raising the Bar*: apresenta como os princípios do Pacto Global podem ser inseridos na gestão da empresa, trazendo uma série de orientações e informações correlatas; demonstra que uma boa *performance* social e ambiental é uma questão de compromisso com a transformação, o que requer esforços e comprometimento para que resultem em sucesso à gestão da empresa;
- *Indicadores Ethos Aplicados aos Princípios do Pacto Global*: desenvolvidos como um instrumento de autodiagnóstico em relação aos dez princípios do Pacto Global; devem ser utilizados como complemento aos Indicadores Ethos de Responsabilidade Social Empresarial.

Práticas de Governança Corporativa do IBGC

Segundo o Instituto Brasileiro de Governança Corporativa (IBGC), "governança corporativa é o sistema pelo qual as sociedades são dirigidas e monitoradas, envolvendo os relacionamentos entre acionistas/cotistas, conselho de administração, diretoria, auditoria[13] independente e conselho fiscal. As boas práticas de governança corporativa têm a finalidade de aumentar o valor da sociedade, facilitar seu acesso ao capital e contribuir para a sua perenidade." O IBGC foi o organismo que tomou para si a responsabilidade da formulação, no âmbito brasileiro, do Código das Melhores Práticas de Governança Corporativa; seu lançamento ocorreu em maio de 1999. Em sua primeira edição concentrava-se principalmente no conselho de administração, partindo da reflexão sobre a Lei das Sociedades Anônimas então vigente e das discussões e conclusões de um representativo grupo de empresários.

A partir do lançamento desse código, observou-se que os principais modelos e práticas de governança corporativa passaram por intenso questionamento e houve uma acentuada evolução do ambiente institucional e empresarial em nosso país, representando a passagem de um período em que a expressão governança corporativa era praticamente desconhecida para outro em que o tema passa a ser amplamente discutido.

Em abril de 2001 promoveu-se a primeira revisão do código, levando em conta os avanços no âmbito legislativo e regulatório no campo da governança corporativa. Seu lançamento, em março de 2004, representou, sobretudo, um esforço de consolidação e amadurecimento dos pontos-chave que poderão auxiliar as empresas brasileiras na busca por capitais.

O principal objetivo do Código de Governança Corporativa do IBGC é indicar caminhos para todos os tipos de organizações, visando a aumentar o valor da socie-

---

13 Auditoria social: avaliação sistemática do impacto social de uma organização em relação aos seus padrões ou expectativas. É avaliado, entre outros, o cumprimento de normas Internacionais, nomeadamente as que dizem respeito às condições de trabalho (remuneração, liberdade sindical, não discriminação, saúde e segurança).

dade, melhorar seu desempenho, facilitar seu acesso ao capital a custos mais baixos e contribuir para sua perenidade.

O código está dividido em seis capítulos: propriedade (sócios), conselho de administração, gestão, auditoria independente, conselho fiscal, e conduta e conflito de interesses.

Os princípios básicos que inspiram esse código são: transparência, eqüidade, prestação de contas (*accountability*) e responsabilidade corporativa.

Balanço Social do Ibase

Em 1984, a Nitrofértil publicou o que é "considerado o primeiro documento brasileiro do gênero, que carrega o nome de Balanço Social" (ibid.).

De acordo com o Ibase, o balanço social é um demonstrativo publicado anualmente pelas empresas reunindo um conjunto de informações sobre os projetos, benefícios e ações sociais dirigidas aos empregados, investidores, analistas de mercado, acionistas e à comunidade. É também um instrumento estratégico para avaliar e multiplicar o exercício da responsabilidade social corporativa (Balanço Social, www.balancosocial.org.br, acessado em 4 de março de 2007).

O Ibase desenvolveu o seu modelo em 1997, quando o sociólogo Herbert de Souza, o Betinho, "lançou uma campanha para incentivar a divulgação voluntária do balanço social e propôs um modelo simplificado de autoavaliação das práticas das organizações" (Instituto Ethos, 2005, p. 25). O grande diferencial desse modelo é a sua simplicidade. Em 1998, com o objetivo de incentivar as empresas a publicarem os seus balanços sociais, "o Ibase lançou o Selo Balanço Social Ibase/Betinho (...) conferido anualmente a todas as empresas que publicam o balanço social no modelo sugerido pelo Ibase, dentro da metodologia e dos critérios propostos" (Balanço Social, www.balancosocial.org.br, acessado em 4 de março de 2007).

O modelo de balanço social do Instituto Ethos foi lançado em 2001 e "incorpora o modelo proposto pelo Ibase, mas sugere que as empresas façam um maior detalhamento do contexto em que as decisões são tomadas, dos problemas encontrados e dos resultados obtidos" (Instituto Ethos, 2005, p. 25). Além de permitir uma visão sistêmica da empresa, esse modelo de balanço social também pode ser utilizado como instrumento de diagnóstico e gestão, uma vez que agrupa informações importantes sobre o papel social da empresa, permitindo acompanhar a evolução e a melhora de seus indicadores. É importante salientar que a publicação de um balanço social oferece uma proposta de diálogo com os diferentes públicos envolvidos no negócio da empresa que o adota: público interno, fornecedores, consumidores/clientes, comunidade, meio ambiente, governo e sociedade (Instituto Ethos, 2005, p. 25).

GRI – Global Reporting Initiative

A Global Reporting Initiative (GRI) é uma organização formada por milhares de especialistas de vários países que participam da sua equipe de gestão e dos seus grupos de trabalho. A GRI foi lançada em 1997 com o objetivo de melhorar a qualidade, o rigor e a aplicabilidade dos relatórios de sustentabilidade (socioeconômico-ambi-

ental), tornando-os rotineiros e comparáveis, como os tradicionais balanços financeiros. Essa iniciativa tem recebido o apoio efetivo e a participação de representantes da indústria, de grupos ativistas sem fins lucrativos, de órgãos contábeis, de organizações de investidores e de sindicatos, entre outros. Trabalhando conjuntamente para atingir um consenso sobre as diretrizes para que os relatórios possam alcançar aceitação mundial, em 2002 foi lançada a segunda geração das diretrizes (GRI, 2002, p. 1). Atualmente há a terceira versão ("G3", terceira geração), lançada em 2006.

A GRI é uma ferramenta valiosa que serve para a avaliação interna sobre a consistência entre a política de sustentabilidade corporativa e sua efetiva realização, assim como o seu formato facilita o entendimento pelas partes interessadas e sua utilização para o campo social e ambiental (Instituto Ethos, Localizador de Ferramentas, www.ethos.org.br, acessado em 4 de março de 2007).

De acordo com a GRI (2006, p. 3), um relatório de sustentabilidade deve incluir tanto as informações positivas quanto as negativas sobre a organização. Estão sujeitos a testes e melhoria contínua.

OHSAS 18001

É uma norma para sistemas de gestão da segurança e da saúde no trabalho. Implantar e certificar um sistema de gestão da segurança e saúde ocupacional (SGSSO) tem se configurado como questão estratégica para as organizações, similar aos sistemas de gestão da qualidade e ambiental, certificáveis em conformidade com as normas ISO 9001 e ISO 14001. O passivo trabalhista, no qual se incluem os acidentes do trabalho e as doenças ocupacionais, influencia o custo do produto ou serviço, a motivação dos empregados, o valor patrimonial e a imagem das empresas. A necessidade de as organizações assumirem compromissos por meio de certificação, seja por melhoria de desempenho da imagem, de vantagem competitiva, para transpor barreiras não tarifárias ou por pressão de clientes, tem sido considerada como processo irreversível.

Após a introdução da variável ambiental no planejamento estratégico das empresas e com a implantação de sistemas de gestão integrados, a percepção nos ambientes acadêmico e organizacional foi a de existência de um modelo de gestão incompleto: os aspectos organizacionais ligados à qualidade e ao meio ambiente por si só não garantem o gerenciamento efetivo dos riscos inerentes a cada processo produtivo. O gerenciamento da segurança e saúde ocupacional (SSO) dos trabalhadores é componente imprescindível e complementar para se assegurar a qualidade total, com processos produtivos seguros e competitivos.

As preocupações com SSO são tratadas como sistema de gestão na norma OHSAS 18001 (*Occupational Health and Safety Assessment Series*), incluindo em si o método PDCA; ou seja, utiliza uma forma organizada e sistemática de perseguir a melhoria contínua no desempenho em segurança e saúde ocupacional. Embora exista uma identidade estrutural com a norma ISO 14001, a OHSAS 18001 não tem a chancela ISO (International Organisation for Standardisation). Foi elaborada por um *pool* de certificadoras e credenciadoras e visa a suprir a demanda de empresas que buscam certificação, normalmente complementar à ambiental e à qualidade.

Alguns programas de SSO se basearam na norma britânica BS 8800, de 1996. Diferentemente da BS 8800,[14] reconhecida como diretriz de procedimentos, a norma OHSAS 18001, editada em 1999, possui requisitos mandatórios, podendo ser auditados objetivamente, o que permite a certificação por terceiros.

Um SGSSO é construído de forma proativa a partir de levantamento de riscos operacionais e é um requisito legal previsto na NR-9, PPRA – Programa de Prevenção de Riscos Ambientais.

AA 1000

Lançada em 1999, a AA 1000 é uma norma que define as melhores práticas de prestação de contas, para assegurar a qualidade da contabilidade, auditoria e relato ético-social. Enquanto a SA 8000 destina-se a auxiliar as organizações a desenvolver a gestão da responsabilidade social para o público interno, a AA 1000 aplica-se ao público externo das organizações.

Estruturada para auxiliar as organizações, acionistas, auditores, consultores e instituições certificadoras, ela pode ser usada isoladamente ou em conjunto com outros padrões de prestação de contas, como a *Global Report Initiative* (GRI) e normas padrões como as ISO e SA 8000. A AA 1000 apresenta os principais tópicos ligados à responsabilidade social, os pontos de divergência e de convergência com os demais padrões.

A estrutura da AA 1000 contém processos e princípios para relatórios, prestação de contas e auditoria. A implantação dos processos da AA 1000 se dá em cinco fases (Quadro 13.6).

QUADRO 13.6 Fases de Implantação da AA 1000

Fase 1	Planejamento
Fase 2	Contabilidade
Fase 3	Auditoria e Relatório
Fase 4	Implementação
Fase 5	Engajamento das Partes Interessadas

Uma das mais relevantes contribuições da AA 1000 situa-se nos processos e definições que dão suporte à prática da responsabilidade social organizacional. Dá-se relevância à inovação na forma de adotar as regras, permitindo que cada empresa defina seu próprio caminho. Isso confere às organizações maior responsabilidade.

Índice de Sustentabilidade Empresarial Dow JonesONES (Sustainability Index – DJSGI)

Índice do Grupo de Sustentabilidade Dow Jones (DJSGI – Dow Jones Sustainability Group Index) pretende identificar o desempenho das companhias líderes no que diz respeito ao seu desenvolvimento sustentável. Foi lançado em setembro de

[14] BS 8800: Norma criada pela British Standards sobre sistema de gestão da saúde e segurança no trabalho.

1999 através de uma parceria entre o Dow Jones Indexes, organização responsável pela apuração dos índices da Bolsa de Valores de Nova York, e o SAM (Sustainability Group), organização sediada em Zurique, especializada em administração de ativos, investimentos em empresas, pesquisa de cenários e classificação de empresas quanto à sustentabilidade.

O sucesso no desempenho é diretamente relacionado ao compromisso para com os cinco princípios da sustentabilidade corporativa, segundo DJSGI (13.7).

QUADRO 13.7 Princípios da Sustentabilidade Corporativa

Tecnologia	A criação, produção e entrega de produtos e serviços deveria ser baseada em tecnologia inovadora e organização que utiliza recursos naturais, sociais e financeiros de maneira eficiente, efetiva e mais econômica no longo prazo
Governo	Sustentabilidade corporativa deveria ser baseada em altos padrões de governo corporativo, incluindo responsabilidade gerencial, capacidade organizacional, relações com *stakeholders* e cultura corporativa
Acionistas	As exigências de acionistas deveriam ser conhecidas pelo volume de retorno financeiro, crescimento econômico de longo prazo, aumento de produtividade de longo prazo, competitividade global aguçada e contribuições para o capital intelectual
Indústria	Companhias sustentáveis deveriam conduzir a mudança de sua indústria em direção à sustentabilidade demonstrando seu compromisso e divulgando seu desempenho superior
Sociedade	Companhias sustentáveis deveriam encorajar o bem-estar social duradouro pela sua apropriada e oportuna resposta à rápida mudança social, à evolução demográfica, ao fluxo migratório, à mudança da tendência cultural e à necessidade de aprendizagem vitalícia e educação continuada

Os princípios descritos também assumem o caráter de critérios, os quais permitem identificação e categorização das companhias sustentáveis para possíveis propostas de investimentos. Adicionalmente permitem uma qualificação financeira do desenvolvimento sustentável através do enfoque na busca de oportunidades sustentáveis da companhia.

O modelo proposto pela DJSGI viabiliza o alinhamento entre pretensos investimentos em sustentabilidade, unindo benefício mútuo para companhias e investidores.

O índice de sustentabilidade da organização é medido através de uma pesquisa aplicada pela SAM, a qual se apóia nas três dimensões básicas do *triple botton line* TBL (econômica, smbiental e Social).

Metas do Milênio

Resultaram da Assembleia do Milênio realizada pela Organização das Nações Unidas em setembro de 2000, em Nova York, reunindo chefes de Estado ou de governo de 191 países, os quais subscreveram a Declaração do Milênio, um conjunto de objetivos para o desenvolvimento e a erradicação da pobreza no mundo – as chamadas "Metas do Milênio" (MDM). Trata-se de um conjunto de oito metas correlacionadas a 18 objetivos, que devem ser buscados pelos países signatários da Declaração do Milênio até o ano 2015, dentre eles o Brasil, para que sejam viabilizadas o mínimo de condições necessárias para o desenvolvimento global sustentável. O Quadro 13.8 apresenta as oito metas da Declaração do Milênio.

QUADRO 13.8 As Oito Metas da Declaração do Milênio

Meta 1	Erradicar a extrema pobreza e a fome.
Meta 2	Atingir o ensino básico universal.
Meta 3	Promover a igualdade entre os sexos e a autonomia das mulheres.
Meta 4	Reduzir a mortalidade infantil.
Meta 5	Melhorar a saúde materna.
Meta 6	Combater o HIV/Aids, a malária e outras doenças.
Meta 7	Garantir a sustentabilidade ambiental.
Meta 8	Estabelecer uma parceria mundial para o desenvolvimento.

Dadas essas oito metas internacionais comuns, mais de 40 indicadores foram definidos para possibilitar uma avaliação uniforme das MDM nos níveis global, regional e nacional. Os primeiros relatórios internacionais, como o Relatório de Desenvolvimento Humano, divulgado pelo Programa das Nações Unidas para o Desenvolvimento (PNUD), dão conta da dificuldade dos países de atingirem as metas acordadas. As características específicas de cada país ou região devem ser consideradas no acompanhamento das Metas do Milênio. Assim, cada país deve promover por si suas capacidades para monitorá-las.

Bovespa

O ISE, Índice de Sustentabilidade Empresarial, no Brasil é resultado do esforço entre a Bovespa (Bolsa de Valores de São Paulo) e várias instituições – Abrapp, Anbid, Apimec, IBGC, IFC, Instituto Ethos e Ministério do Meio Ambiente. Essas organizações decidiram unir esforços para criar um índice de ações que seja um referencial (*benchmark*)[15] para os investimentos socialmente responsáveis.

A Bovespa é o órgão responsável pelo desenvolvimento do ISE, pelo cálculo e pela gestão técnica do índice. Esse índice objetiva demonstrar o retorno de uma carteira composta por ações de empresas com reconhecido comprometimento com a responsabilidade social e a sustentabilidade empresarial; adicionalmente pretende assumir o caráter de mecanismo fomentador e das boas práticas no meio empresarial brasileiro.

A metodologia de avaliação da sustentabilidade corporativa tem por base um questionário que permite aferir o desempenho das companhias emissoras das 150 ações mais negociadas da Bovespa. Esse mecanismo de avaliação da sustentabilidade empresarial desenvolve-se a partir do conceito do *triple bottom line* (TBL), que en-

[15] *Benchmark:* constitui uma medida de referência muito utilizada no mercado econômico, sendo empregada para designar produtos, serviços, processos e/ou práticas considerados como referenciais ou modelos de eficácia, eficiência e efetividade.

volve a avaliação de elementos ambientais, sociais e econômico-financeiros de forma integrada. O questionário do ISE acrescenta aos princípios do TBL dois novos grupos de indicadores: critérios gerais e de natureza do produto (que questionam, por exemplo, a posição da empresa perante acordos globais, se a empresa publica balanços sociais, se o produto da empresa acarreta danos e riscos à saúde dos consumidores, entre outros); e critérios de governança corporativa. Quatro conjuntos de critérios compõem as dimensões ambiental, social e econômico-financeira: políticas (indicadores de comprometimento), gestão (indicadores de programas, metas e monitoramento), desempenho e cumprimento legal.

As empresas do setor financeiro, por seu relacionamento diferenciado com a questão ambiental, respondem a um questionário diferenciado. As demais empresas são dividas em "alto impacto" e "impacto moderado" (o questionário para elas é idêntico, mas as ponderações são diferentes). O preenchimento do questionário é voluntário, sendo composto apenas por questões objetivas, demonstrando o comprometimento da empresa com as questões de sustentabilidade, questões estas que vêm ganhando gradativamente maior projeção e representam novas oportunidades da atratividade de negócios.

É empregada uma ferramenta de análise estatística na análise das informações prestadas pelas organizações denominada "análise de *clusters*", que se presta a identificar o conjunto de empresas com desempenhos similares e aponta o grupo com melhor desempenho geral. Esse grupo seleto comporá a carteira final do ISE, que constará com um número máximo de 40 empresas.

A ISO 26000 E A ENGENHARIA DE PRODUÇÃO

As organizações brasileiras podem ter benefícios como consequência da adoção, em suas práticas de gestão, de princípios de responsabilidade social. Esses benefícios envolvem: oportunidade de geração de inovações em processos e produtos, como relatam Hall e Vrendenburg (2003); melhoria da *performance* financeira, como indica Peloza (2006); fortalecimento da imagem institucional da empresa, segundo Miles e Covin (2000); e exploração de vantagens mercadológicas, como ressaltado por Ginsberg e Bloom (2004).

Simultaneamente às oportunidades comerciais advindas da implementação de responsabilidade social, observa-se a crescente percepção por parte da sociedade do estreito relacionamento entre o setor produtivo e as questões ambientais e sociais. A articulação entre avanços tecnológicos e consequentes impactos socioambientais torna-se a cada dia mais perceptível. Os desequilíbrios socioambientais que os modelos produtivos geram são frequentemente lembrados. A sociedade gradativamente toma consciência dessa realidade e passa a cobrar do setor produtivo que assuma as suas responsabilidades, tomando para si ao menos parte das exteriorizações que vinham sendo repassadas aos governos e à sociedade. Tais exteriorizações são fatores sociais, econômicos ou ambientais que impactam ou são impactados pelo processo de produção. Por exemplo, a utilização de entregas frequentes nas fábricas, para evitar estoques intermediários de matéria-prima nelas, pode provocar desgaste e sobrecarga das vias e dos sistemas de transporte de uma região. As organizações têm de optar responsavelmente por suas decisões no processo produtivo, de forma a não impactarem ou transferirem custos para a sociedade. No exemplo citado, a sociedade tem de redimensionar vias, investir na pavimentação de estradas devido ao desgaste do uso intenso por caminhões etc. Um exemplo de exteriorizações que influenciam o processo produtivo é a necessidade de competências humanas. As organizações responsáveis investem, complementando as ações governamentais, para dotar a comunidade de pessoas que tenham habilidades que a atendam.

As atividades filantrópicas advindas de programas de voluntariado dos funcionários da organização ou por ela financiadas são estratégicas para promover a melhoria do IDH (Índice de Desenvolvimento Humano) da região. O IDH é considerado fundamental para avaliar a sustentabilidade dos empreendimentos e é fator importante na decisão de escolha de regiões para aplicação de investimento.

As responsabilidades social e ambiental são aspectos cada vez mais cobrados das organizações. A importância deste tema no ambiente competitivo justifica a iniciativa de criação da ISO 26000.

ESTRUTURAS DA ISO 26000

0. Introdução
1. Escopo
2. Referências normativas
3. Termos e definições
4. O contexto de responsabilidade social que deve ser considerado por todas as organizações
5. Princípios de responsabilidade social
6. Orientações para organizações na implementação de responsabilidade social

FIGURA 13.6 Estrutura da ISO 26000.

No caso da responsabilidade social, a ISO 26000 surge da pretensão de reunir em um único modelo as características diversas, presentes nas mais variadas ferramentas ligadas à responsabilidade social, e inclui o objetivo de atuar como um regulador reconhecido e aceito globalmente. Uma aplicação importante será a regulação das negociações comerciais entre as partes, fortalecendo o comércio mundial. Como ilustrado na Figura 13.6, destina-se a ser um instrumento orientador. Tem, contudo, caráter não certificável. Objetiva-se também que a ISO 26000 seja um fator de integração de todas as normas de gestão que uma organização possui.

A Figura 13.7 apresenta a ilustração tradicional do processo em que é indicada a ISO26000 e os resultados esperados para o processo: alto desempenho social, econômico e ambiental.

A adaptação das organizações ao modelo de gestão proposto pela norma ISO 26000 se apresenta como importante passo para o estabelecimento de linguagem comum em relação à responsabilidade social organizacional. A ISO 26000 pretende fortalecer a interação das questões econômicas, sociais e ambientais à estratégia da empresa.

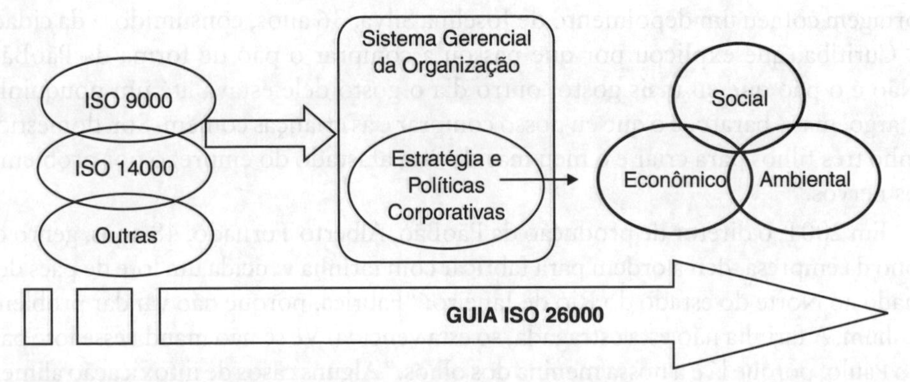

FIGURA 13.7 A ISO 26000 como guia empresarial para a responsabilidade social.
Fonte: Adaptada de Cajazeira e Barbieri (2005).

As reformulações na estratégia e na política das organizações representam consequência imediata no campo operacional, com novos arranjos nos modelos de processo produtivo. Tais escolhas e intervenções são intimamente ligadas à competência do engenheiro de produção. O processo de transformação do modelo estratégico organizacional, para incorporar os princípios de responsabilidade social e ambiental somente se dará se a formação dos engenheiros estiver alinhada com esse cenário. Cabe ao engenheiro de produção buscar soluções equilibradas nos aspectos econômico, ambiental e social.

ESTUDO DE CASO – PÃOBÃO INDÚSTRIA DE PÃES LTDA.

O texto a seguir exemplifica bem os dilemas éticos e as questões envolvidas no âmbito da responsabilidade social corporativa no contexto de um processo de produção.

A PãoBão é uma indústria mineira de pães com atuação nacional, situada na cidade de Juiz de Fora. No ano de 2003 chegou ao posto de primeiro lugar em vendas no país, fato que foi extremamente comemorado pelo seu fundador e atual presidente, José Alves, 64 anos, ex-deputado federal eleito por três mandatos pela região: "Nosso sucesso se deve ao trabalho árduo e honesto, aos grandes investimentos que fizemos em tecnologia, à capacitação do nosso pessoal interno e ao respeito ao nosso consumidor final, que é o nosso maior bem."

A empresa foi aberta em 1976 e nesses 30 anos de atuação experimentou um crescimento impressionante, mesmo com críticas severas por parte da imprensa, de alguns setores da sociedade e, principalmente, dos seus concorrentes. O grande sucesso da PãoBão pode ser explicado pela sua famosa frase, encontrada na missão da empresa, nos seus anúncios e com enorme destaque nas embalagens dos seus produtos: "Pão gostoso e barato para todos". Ao entrar nos mercados de Paraná, Santa Catarina e Rio Grande do Sul, em 1996, seus produtos chegavam às prateleiras dos supermercados com preços, em média, 30% inferiores aos dos concorrentes. Fabricantes gaúchos a acusaram de concorrência desleal. A imprensa local noticiou o fato, entrevistou atacadistas e proprietários de supermercados, mas nada comprovou. A reportagem colheu um depoimento de Joselina Silva, 36 anos, consumidora da cidade de Curitiba, que explicou por que passou a comprar o pão de forma da PãoBão: “Não é o pão que eu mais gosto, outro dia o gosto dele estava até um pouquinho amargo, mas é barato, é o que eu posso comprar e as crianças comem. Sou doméstica, tenho três filhos para criar e o meu marido está afastado do emprego por problemas nos nervos.”

Em 2001, o diretor de produção da PãoBão, Alberto Tornado, 48 anos, genro do dono da empresa, deu a ordem para fabricar com farinha vencida um lote de pães destinado ao Norte do estado do Rio de Janeiro: “Fabrica, porque não vai dar problema nenhum. A farinha não está estragada, só está vencida. Vê se não manda esse lote para São Paulo, porque lá é a nossa menina dos olhos.” Alguns casos de intoxicação alimentar no Norte fluminense vieram à tona nas semanas seguintes: um médico local denunciou que três pacientes internados tinham comido da mesma marca de pão, mas, como a região estava passando por sérios problemas de inundação, nada se comprovou.

A denúncia, porém, levou dois fiscais da Vigilância Sanitária às instalações da empresa. Um empregado com 19 anos de casa e que já tinha ganhado por dois anos o título de “FuncionárioBão” denunciou em segredo o que tinha ocorrido, e a multa à empresa que, de acordo com palavras dos próprios fiscais, seria de milhões de reais, não saiu do papel. Alberto Tornado ofereceu aos dois fiscais R$40 mil reais em dólares a cada um para que a multa não fosse lavrada, o que foi aceito e combinado em quatro parcelas consecutivas. Duas semanas depois, o empregado que fez a denúncia foi demitido por contenção de despesas.

Dois anos depois, em 2003, o problema foi muito maior. A Scandinavian Breads, empresa multinacional europeia que adquirira em 1999 a Inpapa – Indústria Panificadora Paulista S.A., empresa brasileira líder do setor naquela época, denunciou que o mercado estava sendo tomado pela PãoBão por conta de concorrência desleal, causada por uma vasta rede de sonegação e corrupção. Para chegar mais barato ao consumidor final em várias cidades do país, a PãoBão estaria sonegando impostos, usando mão de obra não registrada, comprando ingredientes sem comprovação e utilizando a mesma nota fiscal nos transportes rodoviários, fato somente possível se acordado com as grandes redes de distribuição e com o pagamento de propina a fiscais, políticos e policiais rodoviários. Foram constatados os problemas, e o presidente e os diretores da empresa, assim como vários integrantes do esquema, foram presos com ampla repercussão na imprensa nacional.

Para não criar um problema social maior, uma vez que o fechamento da PãoBão representaria a demissão de centenas de trabalhadores da região, dois políticos saíram em defesa da empresa. Conseguiram não só a liberação do presidente e dos diretores, como também a garantia de funcionamento da empresa. Com isso, conquistaram a simpatia do eleitorado e – secretamente – uma boa quantia prometida pessoalmente por José Alves a ser aplicada nas campanhas de reeleição dos mesmos.

Aproveitando o acontecimento, moradores vizinhos à fábrica principal aproveitaram a oportunidade para novamente denunciar que o sumiço dos peixes na lagoa local era devido aos efluentes lançados há anos pela PãoBão, fato sempre contestado pela empresa.

Passada a turbulência, a PãoBão contratou profissionais ambientais, fez acordos para o pagamento das dívidas e continuou líder de vendas em alguns pontos do país, com preços, em média, 15% a 20% mais baratos do que os concorrentes. Conquistou o descrédito de alguns consumidores, mas em algumas regiões a venda dos seus produtos cresceu por causa da aparição do seu nome em rede nacional, mesmo ligado a esquemas de corrupção.

Numa passeata ocasionada por problemas políticos em Campos dos Goytacases, cidade situada ao Norte do estado do Rio de Janeiro, o representante de vendas local reportou que viu uma pessoa na multidão segurar uma cartolina escrita à mão onde se lia: "Boicote à PãoBão, Diga Não à Corrupção".

A Super Brasil, uma grande rede nacional de supermercados com sede em São Paulo, decidiu não trabalhar mais com os produtos da PãoBão. Na reunião foi decidido também incluir como política de responsabilidade social o incentivo à venda de produtos fabricados por fornecedores que priorizam a ética nos negócios e o respeito à natureza, ao trabalhador e ao consumidor. Decidiu-se, ainda, lançar uma nova linha de produtos próprios intitulada "Super Brasil Ecológico", e a instalação nos seus supermercados de um novo setor voltado para a comercialização de produtos orgânicos. Em alguns deles o setor terá algumas prateleiras somente, em outros terá uma grande área com luz natural, que incluirá também produtos artesanais de bom nível confeccionados por comunidades de todo o Brasil e até uma cafeteria construída em parceria com um produtor de café orgânico capixaba.

A PãoBão trata desses assuntos como acontecimentos isolados e já incluiu no seu planejamento estratégico duas novidades: a exportação dos seus produtos para os mercados argentino, uruguaio, venezuelano, paraguaio e boliviano, e o lançamento de uma linha saudável de pães no mercado brasileiro, livre de açúcar e com grãos orgânicos, que será a maior campanha de vendas já realizada pela empresa. Um galã de novelas e uma famosa modelo já foram contatados para estrelar os comerciais. O cachê de ambos é uma verba à parte e constitui um segredo guardado a sete chaves pela companhia. Numa reunião com o corpo gerencial, um estagiário ouviu do diretor de marketing, José Alves Filho, 27 anos, filho do fundador da empresa, que essa nova linha de produção será formada basicamente por trabalhadores portadores de necessidades especiais: "No final vamos ficar bem na fita. Vamos pagar menos a eles, eles vão poder trabalhar e nós vamos ganhar em divulgação espontânea. Isso tem nome, é relação ganha-ganha. A gente podia ir além: Alberto, que tal uma linha só com mães solteiras e outra só com travestis? Vai ser notícia no Jornal Nacional!" Vários risos e gargalhadas foram ouvidos por quem passava no corredor.

Atividade: utilizando uma das ferramentas apresentadas neste capítulo, realizar avaliação do desempenho da responsabilidade social da PãoBão.

REFERÊNCIAS BIBLIOGRÁFICAS

ALLEDI FILHO, C. *Ética,transparência e responsabilidade social corporativa.* 2002. 111 f. Dissertação (Mestrado Profissional em Sistemas de Gestão). Orientador: Osvaldo Luiz Gonçalves Quelhas. Niterói: Universidade Federal Fluminense, Faculdade de Engenharia de Produção, 2002.

ALLEDI FILHO, C.; SCHIAVO, M. *Pesquisa sobre ética, transparência, responsabilidade social e sustentabilidade na indústria de petróleo e gás da América Latina e Caribe.* Montevidéu: Arpel, 2005. 87 p.

ALMEIDA, F. *O bom negócio da sustentabilidade.* Rio de Janeiro: Nova Fronteira, 2002. 191 p.

BALANÇO SOCIAL. *Ferramentas de RSE.* Disponível em http://www.balancosocial.org.br/cgi/cgilua.exe/sys/start.htm. Acesso em 27 de fevereiro de 2007.

BOFF, L. *Ética e eco-espiritualidade.* Campinas: Verus Editora, 2003. 208 p.

BRASIL. MINISTÉRIO DA FAZENDA. *Responsabilidade social corporativa: diretrizes da OCDE para empresas multinacionais.* Disponível em http://www.fazenda.gov.br/sain/pcnmulti/novo.asp. Acesso em 20 de abril de 2005.

_______. Ministério do Meio Ambiente. Disponível em http://www.mma.gov.br/port/sbf/chm/. Acesso em 30 de outubro de 2004.

_______. Ministério do Meio Ambiente. *A Carta da Terra.* Disponível em www.mma.gov.br/estruturas/agenda21/_arquivos/carta_terra.doc. Acesso em 1.º de março de 2007.

_______. Ministério da Educação. Resolução CNE/CES n.º 11, aprovada em 11 de março de 2002. Disponível em http://portal.mec.gov.br/sesu/arquivos/pdf/1102Engenharia.pdf. Acesso em 5 de março de 2006.

_______. Presidência da República, Câmara de Políticas dos Recursos Naturais, CPDS – Comissão de Políticas de Desenvolvimento Sustentável e da Agenda 21 Nacional. *Agenda 21 Brasileira – bases para a discussão.* Brasília, 2000.

CAJAZEIRA, J.E.R.; BARBIERI, J.C. *A futura norma ISO 26000 sobre responsabilidade social: barreira não-tarifária ou comércio justo?* Anais do VIII ENGEMA, p. 1-16, 2005.

CARROLL, A.B. A three-dimensional conceptual model of corporate social performance. *Academy of Management Review.* v. 4, p. 497-505, 1979.

COMISSÃO DAS COMUNIDADES EUROPEIAS. *Livro verde: promover um quadro europeu para a responsabilidade social das empresas.* Bruxelas, jul. 2001. 35 p. Disponível em http://europa.eu.int/comm/off/green/index_pt.htm. Acesso em 14 de março de 2002.

ELKINGTON, J. The triple bottom line: implications for the oil industry. *Oil & Gas Journal*, v. 97, n. 50, p. 139-142, 1999.

ELKINGTON, John. *Canibais com garfo e faca.* São Paulo: Makron Books, 2001. 472 p.

FERRELL, O.C.; FRAEDRICH, J.; FERRELL, L. *Ética Empresarial: dilemas, tomadas de decisões e casos.* 4.ª ed. Rio de Janeiro: Reichmann & Affonso, 2001. 420 p. Tradução de Business Ethics: ethical decision making and cases, 4th edition.

FOLADORI, G. *Limites do desenvolvimento sustentável.* Campinas: Editora Unicamp, 2001. 221 p. Tradução de Los Limites del Desarrollo Sustentable.

FRANÇA, S.L.B. *Gestão empresarial fundamentada na Agenda 21 da ONU: contribuição para o desenvolvimento de critérios de gestão na indústria da construção civil.* 103 f. Dissertação (Mestrado em Engenharia Civil). Faculdade de Engenharia Civil. Niterói: Universidade Federal Fluminense, 2003.

HALL, J.; VRENDENBURG, H. The challenges of innovating for sustainable development. *MIT Sloan Management Review*, v. 45, n. 1, p. 61-68, 2003.

HENDERSON, H. *Além da globalização.* São Paulo: Editora Cultrix, 2003. 184 p. Tradução de Beyond globalization: shaping a sustainable global economy.

INSTITUTO ETHOS DE EMPRESAS E RESPONSABILIDADE SOCIAL. *Indicadores Ethos de responsabilidade social empresarial.* Disponível em www.ethos.org.br. Acesso em: 8 de maio de 2002.

_______. *Formulação e implantação de código de ética em empresas. Reflexões e sugestões.* São Paulo: Instituto Ethos de Empresas e Responsabilidade Social, 2000. 34 p. Disponível em www.ethos.org.br. Acesso em 15 de junho de 2002.

_______. *Diálogo empresarial sobre os princípios do Global Compact.* São Paulo: Instituto Ethos, 2002. 72 p.

_______. *Guia de compatibilidade de ferramentas.* São Paulo: Instituto Ethos, 2005. 32 p. Disponível em www.ethos.org.br. Acesso em 27 de fevereiro de 2007.

_______. *Critérios essenciais de responsabilidade social empresarial e seus mecanismos de indução no Brasil.* São Paulo: Instituto Ethos, 2006. 127 p. Disponível em www.ethos.org.br. Acesso em 27 de fevereiro de 2007.

MATTAR, H. *Instituto Ethos – reflexão. Os novos desafios da responsabilidade social empresarial.* Ano 2. Número 5. São Paulo: Instituto Ethos de Empresas e Responsabilidade Social, jul. 2001. 20 p.

MILES, M.P.; COVIN, J.G. Environmental marketing: a source of reputational, competitive and financial advantage. *Journal of Business Ethics*, v. 23, n. 3, p. 299-311, 2000.

ONU – ORGANIZAÇÃO DAS NAÇÕES UNIDAS. *Sustentabilidade valerá trilhões em 10 anos.* Disponível em *http://www.onu-brasil.org.br/view_news.php?id=3266.* Acesso em 5 de dezembro de 2005.

_______. *Brundtland Report: our common future*. ONU: 1987. Disponível em www.are.admin.ch/imperia/md/content/are/ nachhaltigeentwick/brundtland_bericht.pdf. Acesso em 20 de março de 2006.

PELOZA, J. Using corporate social responsibility as insurance for financial performance. *California Management Review*. v. 48, n. 2, p. 52-71, 2006.

PENTEADO, H. *Ecoeconomia: uma nova abordagem*. São Paulo: Lazuli Editora, 2003. 239 p.

ROBÈRT, K.-H. *The natural step: a história de uma revolução silenciosa*. São Paulo: Editora Cultrix, 2003. 299 p. Tradução de The Natural Step History.

SCHUSTER, J.P.; CARPENTER, J.; KANE, M.P. *O poder do gerenciamento transparente*. Trad. Eduardo Lassere. São Paulo: Futura, 1997. 305 p. Tradução de The Power of Open-Book Management.

TORRES, C.; BEZERRA, I.; HERNANDES, T. (org.). *Responsabilidade social de empresas multinacionais: diretrizes da OCDE*. Rio de Janeiro: Ceis/Ibase, 2004. 92 p. Disponível em http://www.balancosocial.org.br/media/DiretrizesOCDE_Aplicacao_das.pdf. Acesso em 27 de fevereiro de 2007.

TRANSPARÊNCIA BRASIL. *Índice de percepção de corrupção*. www.transparencia.org.br/miscelanea/cpi-2006.pdf. Acesso em 16 de novembro de 2006.

VALLS, A. *O que é ética*. 9.ª ed. São Paulo: Ed. Brasiliense, 1996.

VAZQUEZ, A.S. *Ética*. 8.ª ed. Rio de Janeiro: Civilização Brasileira, 1985.

WORLD ECONOMIC FORUM. *Global corporate citizenship: the leadership challenge for CEOs and Boards*. Genebra: World Economic Forum; The Prince of Wales International Business Leaders Forum, 2002. 13 p. Disponível em www.weforum.org. Acesso em 10 de julho de 2002.

Índice

markpress
BRASIL
TEL.: (11) 2225-8383
WWW.MARKPRESS.COM.BR